KB199483

호남명촌 구림

호남명촌 구림

초판발행일 • 2006년 4월 3일
초판2쇄발행일 • 2006년 7월 27일

지은이 • 구림지편찬위원회
펴낸이 • 이재호
펴낸곳 • 리북
등   록 • 1995년 12월 20일 제13-663호

서울시 마포구 서교동 395-68 2층
T. 02-322-6435   F. 02-322-6752

정   가 • 28,000원

ISBN 89-87315-72-X   03980

호남명촌 구림

구림지편찬위원회 지음

리북

우리나라 서남쪽 끝자락 영암땅, 남도 땅에서 달이 가장 예쁘게 뜨는 월출산이 있다. 그 월출산 무릎 아래 아름다운 마을, 뜻 모아 마음 모아 더불어 사는 마을이 있다. 바로 구림이다.

구림은 우리나라 자연마을 가운데 그 풍광과 규모는 물론 더불어 사는 공동체 전통에서도 으뜸이라고 할 수 있는 남도의 명촌이다. 왕인박사, 도선국사의 탄생지이자 수많은 문화유산이 선비정신과 전통문화를 고스란히 간직하고 있는 곳이다. 어디 그뿐이랴, 400여년을 이어져 오는 대동계를 필두로 한마음 한뜻의 정신이 살아 있는 어울림의 땅, 더불어 사는 사람들의 터전이다.

이 책은 아름답고 얼과 정신이 살아있는 구림마을 역사를 후대에 전하기 위해 구림사람들이 손수 쓴 구림마을 역사이다. 구림마을이 형성된 내력과 구림에 태와 뼈를 묻었던 선조들이 어떻게 살아왔는지, 그리고 수많은 시련과 험난했던 고비들을 어떻게 극복하며 여기까지 왔는지를 기록한 책이다. 구림에서 자신의 생을 시작하여 배우고 자란, 이제는 어느새 머리 희끗거리는 구림사람들이 원고를 쓰고 자료를 찾아 '우리는 어디서 왔는가?'를 묻게 될 후손들을 위해 열과 성으로 쓴 마을의 역사이다.

삼국시대부터 마을을 형성하고 모여 살아온 오랜 구림의 역사가 어디 책 한권으로 담겨질 수 있겠는가? 구림 곳곳에 배인 따뜻한 정담과 진한 삶의 이야기가 온전히 옮겨질 수 있겠는가? 하지만 우리는 구림공동체가 가진 정신과 선조들의 헌신적인 삶을 기록으로 남기고자 〈구림지편찬위원회〉를 만들었고, 더 늦기 전에 그리하여 잊혀지기 전에 기록으로 남겨야 한다는 마음으로 시작했다. 편찬위원회는 장구한 구림의 자연사와 생활사를 정리하기 위해 수많은 기억들과 전승의 이야기를 모으고 기록과 자료를 찾았으며, 마을 원로들의 경험들을 들었다. 특히 구림이 면면히 간직해 온 올곧은 선비정신과 공동체 정신을 확인하고 기록하기 위해 많은 노력을 쏟았다.

우리는 할아버지가 들려주는 옛날이야기의 재미와 정겨움을 살리려 애쓰기도 했고, 무엇보다도 체계적이고 총체적으로 구림의 역사를 정리하고자 노력을 쏟았다. 그리하여 구림에 정착한 주요 씨족들의 문중기록 등을 포함한 문헌과 옛 시들은 물론, 전승되어 온 전설과 설화 그리고 구림의 옛 생활을 기억하고 있는 어른들의 생생한 구술들을 모으고 간추렸다.

이 책에는 구림에서 나고 자란 많은 현인들의 이야기는 물론, 남도 8대 정자 회사정, 호남 삼대 시가단 간죽정 등 유향 구림을 대표하는 많은 문화유적들을 소개하였다. 정자에 걸려있는 편액과 정자와 연관된 많은 시를 통해 옛 구림 풍광을 음미하며 당시의 생활상을 엿보고 옛 시의 매력을 느끼는 재미도 살리려 하였다. 아울러 화민성속 化民成俗의 기치로 400여년의 전통을 지켜온 대동계大洞契이야기와 송계, 청년계 등의 역사와 활동을 소개하며 더불어 살아 온 구림공동체 정신과 지혜를 소개하고자 했다.

특히 구림의 근현대사를 새로이 정리하는데 많은 노력을 기울였다. 민족의 시련기에 한마음으로 일어섰던 3.1만세운동, 광주학생운동 때 선봉에 섰던 구림 유학생들, 광복 후 일본 경찰과 군인들의 무장 해제 등은 구림이 가진 불의에 대한 저항과 선비정신의 발로라고 볼 수 있다. 이는 구림의 자랑을 넘어 우리 근현대사 한복판을 살아온 민초들의 생생한 역사이기도 하다.

아울러 1950~70년대의 보다 나은 삶과 터전을 만들기 위해 열정적으로 일한 구림사람들의 노력들을 기록하는 것은 기쁜 일이었다. 구림청년들을 중심으로 마을 사람들이 함께 한 선구적인 노력과 성취들은 우리 농촌이 걸어왔던 발자취에 대한 소박하면서도 귀중한 현장기록이 될 것이다.

특히 이 책의 발간과 함께 구림사람들은 우리 민족 모두가 피할 수 없었던 근현대사의 상처를 극복하기 위해 뜻깊은 사업을 준비하고 있다. 6.25를 전후한 갈등과 전쟁의 틈바구니에서 희생당한 분들의 영령을 달래 주며, 그동안 슬픔을 묻어두고 살아왔던 후손들에게 조금이나마 위로가 되고, 화해하고 용서하는 계기가 될 '사랑(평화)과 화해의 위령탑'을 건립하고자 하는 것이다. 이 책이 역사의 기록을 넘어 화해와 평화의 기운을 만들어간다면 또 하나의 큰 성과이자 보람이 될 것이다.

구림 사람 모두가 힘을 모아 십 수년의 준비와 2년 6개월의 산고 끝에 이 책은 세상에 나오게 되었다. 준비과정과 집필, 구성과 내용은 물론 그 의의까지 말 그대로 구림마을 모두의 작품이자 성과이다. '우리 손과 우리 힘으로 쓰는 우리 마을 이야기'라는 첫 뜻을 가지고 함께 쓴 이 책이 구림과 연이 닿은 모든 분들에게 고향에 대한 자부심을 확인하고 선배들의 기개와 진취적 사고를 배우고 미래에 대한 자신감을 심어주는 희망의 역사가 되었으면 한다.

아울러 일반 독자들에게도 이 책이 우리 역사에 대한 새로운 체험의 기회가 되고, 우리의 문화적 전통이 흔들리고 있는 현실에서 우리가 깃들어 살아가지 않으면 안 되는 작고 큰 공동체 생활에 성찰과 사색의 계기로 함께 하기를 기대한다.

끝으로 이 책을 위해 물심양면의 힘을 모아주신 재경 구림 인사들과 고령의 나이에도 발로 뛰며 자료를 모으고 기금을 모아주신 구림마을 현지의 모든 분들께 진심어린 감사를 드린다. 일일이 이름 밝혀 감사의 마음 전하지 못하는 것이 송구스럽다. 아울러 기획에서부터 출간 전과정을 이끌어 오신 최철종 편찬위원회 회장, 원고를 보내주신 모든 분들, 좋은 사진을 제공해 주신 박철, 김용군 씨께 특별히 감사드린다. 또한 향토사의 본보기가 될 수 있다며 기꺼이 출판을 맡아준 리북출판사에 고마움을 전한다.

이 책이 담고 있는, 또한 여러 부족함으로 채 담아내지 못한 구림마을의 풍광과 그 아름다운 삶들이 영원하기를, 구림이 간직한 문화·정신적 자산이 오래토록 간직되고 현재형으로 발전되기를 염원한다.

2006년 4월
구림지편찬위원회

차 례

제1장

정과 삶의 발자국으로 엮어진 산하

1. 구림의 풍광과 지형

 구림마을은 한반도 서남단에 위치하고 있으며, 행정구역상으로는 영암군靈巖郡 군서면郡西面에 속하고 국립공원 월출산月出山 서쪽 자락에 자리하고 있다. 영암은 삼국시대 이전에는 마한馬韓의 땅이었고, 369년(백제 근초고왕近肖故王 14년)경에 백제百濟에 복속되어 월나군月奈郡으로 불리었으나 758년(통일신라 경덕왕景德王 17년)에 영암군으로 바뀌었다.

 고려高麗 왕건王建이 삼국을 통일한 후 군세郡勢가 확장되어 996년(고려 성종 15년)에 낭주朗州 안남도호부安南都護府로 승격되었으나 1018년(현종 9년)에 제도 개편으로 도호부가 전주로 이전되고, 현재의 영암군은 1914년 11개 면으로 개편 확정되었다.

 광주에서 1번 국도를 따라 나주를 거쳐 영암읍까지는 55km이며 영암읍에서 월출산을 왼쪽에 두고 819호 지방도로를 따라 남서쪽으로 8km를 가면 구림마을 신근정新根亭 사거리가 나온다. 사거리에서 동쪽으로 가면 도갑사道岬寺로 가는 길이며 서쪽으로 가면 마을 가운데를 지나 모정, 양장을 거쳐 서호면西湖面 성재리聖才里와 연결된다. 남쪽 8km 지점에 학산면鶴山面 독천이 있으며 독천을 지나 29km쯤 가면 목포木浦에 이른다.

 마을 동쪽에는 기암괴석으로 장식된 천황봉天皇峰, 구정봉九井峰,

도갑산, 노적봉 등의 봉우리를 거느린 남한의 소금강이라 불리는 월
출산이 장엄하게 버티고 서 있다. 구름 한 점 없는 가을밤에 월출산
에서 떠오르는 보름달과 쏟아지는 달빛은 황홀함을 넘어 신비롭기까
지 하다. 구림에서 바라보는 달맞이만이 월출산이란 이름의 진면목
이며 진수眞髓이다.

월출산에서 갈라져 내려와 죽순봉, 월대암, 주지봉朱芝峰 등이 연
봉連峰을 이루면서 남서쪽으로 달려가다 돈바우에서 마무리한 산들
이 마을의 동남풍을 막아준다. 도갑산에서 내려오는 산줄기가 나지
막한 언덕을 이룬 수박등을 거쳐 죽정마을 북쪽을 지나 도토리봉에
서 숨을 고르고, 서쪽으로 내리 뻗다 북송정北松亭 뒤에서 솟아올라
서호정 뒷동산이 되었다. 다시 상대上臺에서 뒤돌아 신흥동을 감싸
돌며 북서쪽으로 내달으면서 오른쪽은 지남평야指南平野, 왼쪽으로
는 백암동白岩洞과 학파농장鶴波農場을 굽어보며 모정, 양장마을을 지
나 학파농장 제방 앞 매부리에서 멈춰 선다. 마을 남쪽에는 주지봉

자락이 한번 발을 굴러 매봉을 만들고 학암鶴岩 마을을 건너다보며 서쪽으로 머리를 돌려 내려가면서 고산리高山里 뒷동산과 불무등을 남기고 남송정南松亭 마을을 끌어안고 상대와 마주보는 남산南山이 꽈리를 틀며 좌정한다.

마을 북쪽은 월출산 자락에서 펼쳐지기 시작한 큰 들이 들몰(평리)을 한 가운데 남겨놓고 지남들로 이어져 지남제 너머로 영산강榮山江 간척지와 무안 땅이 바라다 보인다. 서쪽에는 넓은 학파농장이 있고 그 건너로 치마바위 쪽두리봉을 거느리고 남북으로 길게 누운 은적산, 그 너머로 비단결같은 고운 저녁노을을 남기고 해가 숨어든다. 남동쪽으로는 성기聖基들, 당세기들, 남서쪽은 시경, 장실 등 자그마한 들이 산재해 있으며 마을 한가운데는 당산堂山과 학암 사이에 알뫼들이 있었으나 지금은 집들이 들어서 있다.

도갑사를 끼고 오른쪽으로 올라가 도갑제를 넘으면 강진군 성전면 월하月下, 월남月南 마을이 나오고 무위사無爲寺에 갈 수 있다. 소나무, 대나무, 감나무, 팽나무, 느티나무 등 온갖 나무들이 우거지고 남과 북을 동산洞山이 병풍처럼 둘러싸고 있는 마을 가운데를 월출산에서 발원한 구림천이 수박등에서 죽정 마을을 양지촌陽地村, 음지촌陰地村으로 가르고 서쪽으로 흘러 학암에서는 학바위, 간죽정에서는 동정자東亭子 바위에 부딪치며 동계, 고산리를 거쳐 서호정과 회사정會社亭을 크게 안고 돌아 남송정 앞을 지나 상대바위의 마중을 받으며 서호강으로 흘러 성기천과 구림천이 만난다.

구림은 옛날에는 열 다섯 동네가 있었다는 기록도 있으나 보통 구림 열 두 동네라 불린다. 지금은 동구림, 서구림, 도갑리를 구림이라 하는데 동구림 3,988,195㎡, 서구림 3,770,255㎡, 도갑리 10,801,025 ㎡이고 모두 합하여 18,559,475㎡(5,614,215평)의 면적을 차지하고 있다.

이처럼 구림마을을 에워싼 남과 북의 동산은 좌청룡, 우백호가 뚜렷하고 큰 매가 날개를 쫙 펴 마을을 감싸 안은 듯하며 마을 가운데를 구림천鳩林川이 흐르니 어찌 호남의 삼대 명촌인 태인 정토산 밑 수금마을, 나주 금성산 밑 금안동 중에서도 으뜸이 아니겠는가.

1500년 전의 덕진만 일대의 해안선

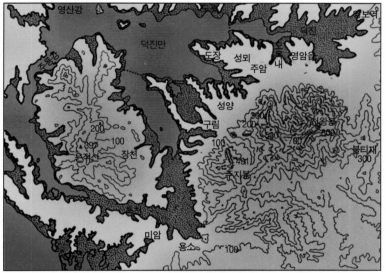

약 1,500여년 전의 구림을 중심으로 한 지형. 당시는 은적산이 하나의 섬이었다
출처: 〈왕인과 도선의 마을 구림〉, 향토문화진흥원 발행

1540년 이전의 구림의 지형

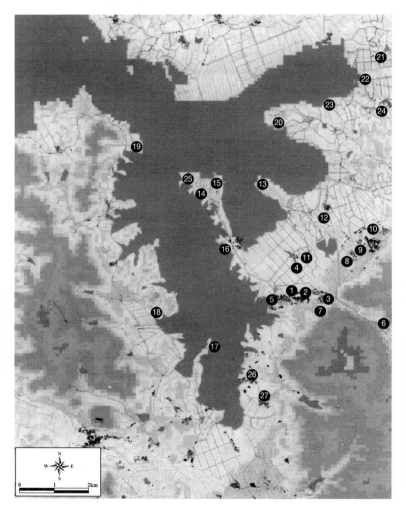

① 서구림리	② 동구림리	③ 죽 정	④ 평 리	⑤ 상대포	⑥ 도갑사	⑦ 성기동
⑧ 월 암	⑨ 월 산	⑩ 초 동	⑪ 월악동	⑫ 성양리	⑬ 동호리	⑭ 양장리
⑮ 원 머 리	⑯ 모 정 리	⑰ 아천리	⑱ 장천리	⑲ 성제리	⑳ 도장리	㉑ 영보리
㉒ 덕 진 포	㉓ 해 창	㉔ 송 계	㉕ 메부리	㉖ 신복천	㉗ 용산리	

목포대학 도서문화연구소 문병채 교수 제공

지남제 축조 (1540년) 후의 구림의 지형

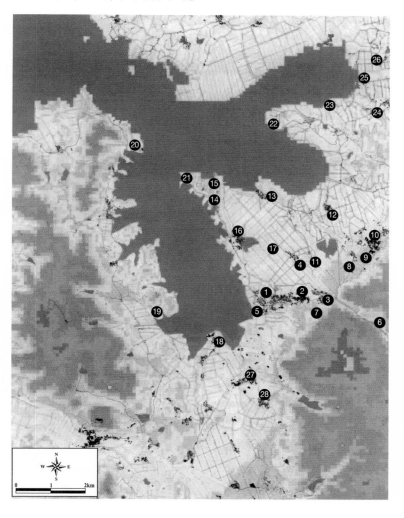

① 서구림리 ② 동구림리 ③ 죽 정 ④ 평 리 ⑤ 상대포 ⑥ 도갑사 ⑦ 성기동
⑧ 월 암 ⑨ 월 산 ⑩ 초 동 ⑪ 월악동 ⑫ 성양리 ⑬ 동호리 ⑭ 양장리
⑮ 원머리 ⑯ 모정리 ⑰ 지남들 ⑱ 아천리 ⑲ 장천리 ⑳ 성제리 ㉑ 메부리
㉒ 도장리 ㉓ 해 창 ㉔ 송계리 ㉕ 덕진포 ㉖ 영보리 ㉗ 신복천 ㉘ 용산리

목포대학 도서문화연구소 문병채 교수 제공

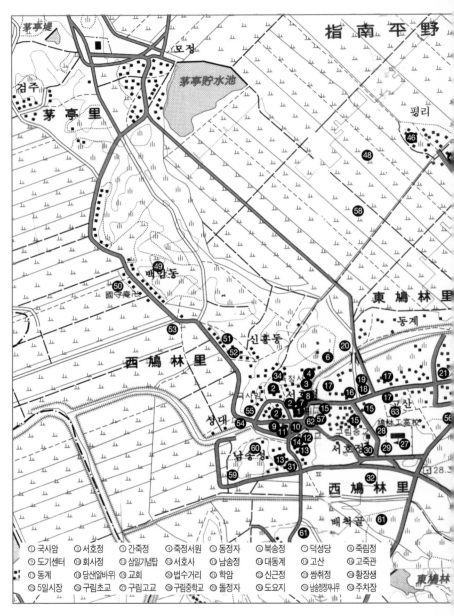

① 국사암　② 서호정　③ 간죽정　④ 죽정서원　⑤ 동정자　⑥ 북송정　⑦ 덕성당　⑧ 죽림정
⑨ 도기센터　⑩ 회사정　⑪ 삼일기념탑　⑫ 서호사　⑬ 남송정　⑭ 대동계　⑮ 고산　⑯ 고죽관
⑰ 동계　⑱ 당산알바위　⑲ 교회　⑳ 법수거리　㉑ 학암　㉒ 신근정　㉓ 쌍취정　㉔ 황장생
㉕ 5일시장　㉖ 구림초교　㉗ 구림고교　㉘ 구림중학교　㉙ 돌정자　㉚ 도요지　㉛ 남송정재나무　㉜ 주차장

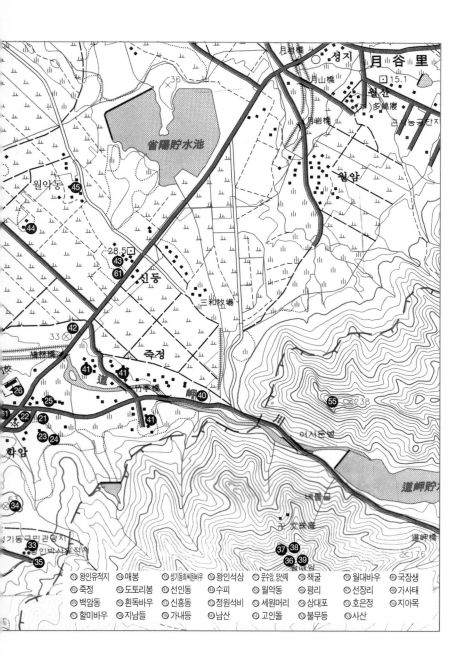

① 왕인유적지	⑭ 매봉	㉟ 성기동체씨원바우	㊼ 왕인석상	⑭ 문수암 앙샌째	㊱ 책굴	㉟ 월대바우	⑳ 국장생
② 죽정	⑮ 도토리봉	㊱ 선인동	㊽ 수피	⑮ 월악동	㊲ 평리	㊻ 선장리	⑭ 가사태
③ 백암동	⑯ 흰독바우	㊲ 신흥동	㊾ 정원석비	⑯ 세원머리	㊳ 상대포	㊼ 호은정	⑮ 지아목
④ 할미바우	⑰ 지남들	㊳ 가내등	㊿ 남산	⑰ 고인돌	㊴ 불무등	㊽ 사산	

현재의 구림의 산 지형

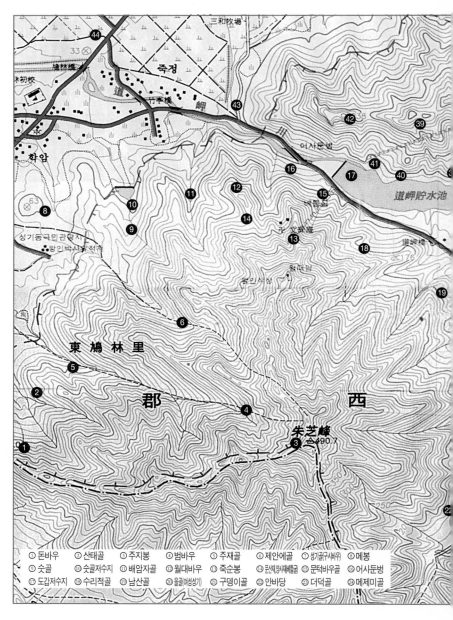

① 돈바우 ② 산태골 ③ 주지봉 ④ 범바우 ⑤ 주재골 ⑥ 제안에골 ⑦ 생기굴(구새바위) ⑧ 메봉
⑨ 숫골 ⑩ 숫골저수지 ⑪ 배암자골 ⑫ 월대바우 ⑬ 죽순봉 ⑭ 다산께(양사재터골) ⑮ 문덕바우골 ⑯ 어사둔벙
⑰ 도갑저수지 ⑱ 수리적골 ⑲ 남산골 ⑳ 울굴(여성성기) ㉑ 구뎅이골 ㉒ 안바당 ㉓ 더덕골 ㉔ 메제미골

노적봉

道岬里

道岬里
동암암

道岬山
도갑재
△375.8

㉓도갑제(산사)	㉕동암골	㉗주산등	㉙도갑사	㉛용제연폭포	㉝여래좌상	㉟도선국사비	㊲홍계골
㉔상견성암	㉖미양제(억새밭)	㉘노적봉	㉚산성터	㉜방게등	㉞샘암골	㊱가새바우	사진모퉁이
석문거리	부엉바위(우째터)	수박등	도토리봉				

구림에 있는 들판을 비롯한 여러 가지 지명

들판			
가네등들	가삿터들	강담안들	기아대들
남송정앞들	당새기들	대촌머리들	돌정자앞들
뒷들	방죽골들	방천거리들	배첫골들
비죽들	상대들	선장리들	성기들
소섬들	시경들	신근정들	쇠기등들
아랫사우 앞들	알뫼들	왕부자들	원지등들
월악등들	장실들	죽정 뒷들	지남들
짱바탕들	참새골들	칠성바우들	탑골들
학파 농장들	황산들		

산골짜기			
가마멧골	구댕이골	남산골	대파리골
더덕골	더부네골	도추골	독세골
동백골	동암골	둔벙골	등장골
따망골	막음재골	망계등골	메지미골
무수밭골	문턱바우골	배암자골	복구골
봉신암골	북단골	북당골	비트리골
산태골	새암자골	성기골	세양골
쇠시랑골	수리재골	숯골	안바탕골
애기넘어골	양골	온골	옹골
외얏골	음골	재안애골	절터골
정낭골	주재골	함정골	행당골
홀태골	홍개골		

등

가네등	뒷등	망계등	방죽골잔등
불무등	상대잔등	수박등	신등
쏘기등	아이고메잔등	애기등	원지등
월악등	주산등	지아목잔등	지장계등
행당골등			

산봉

노적봉	도둑봉	도토리봉	매봉
주지봉	죽순봉		

둔벙

고춧가루둔벙	귀신둔벙	봇둔벙	산태둔벙
어사둔벙	용사둔벙	조리둔벙	

바위

가세바우	국사바우	당산바우(알뫼)	돈바우
동자바우	마당바우	말바우	문턱바우
범바우	부엉바우	봉창바우	삿갓바우
상대바우	손쿠리바우	월대바우	지름바우
지침바우	택걸이바우	통쇠바우	평풍바우
학바우	할미정바우	흰덕바우	

제

도갑제	미앙제

2. 구림에는 언제부터 사람이 살았을까?

선사시대의 구림

구림마을은 자연마을로는 우리나라에서 그 규모가 으뜸이라고 할 수 있고 공동체 의식이 남다르게 높은 마을이다. 또한 고고한 선비정신이 대대로 이어져 내려오며 수많은 역사적 설화와 인물을 배출한 유서 깊은 마을이기도 하다. 이 아름답고 뛰어난 풍광에 안긴 구림마을에 언제부터 사람이 살았을까? 구림마을이 형성되기 시작한 그 때, 선조들은 어떤 내력으로 구림마을에 모여 살게 되었을까?

구림마을의 역사적인 기원을 살피기 위해서는 한반도에 살았던 우리 선조들의 이야기를 따라 거슬러 올라가야 한다. 구림마을 주변의 여러 산과 들과 인근의 영산강 유역에는 고인돌 유적이 많이 남아 있다. 이로 미루어 보아 청동기시대나 철기시대부터 사람들이 구림에 집단으로 모여 살았고, 이는 한반도에 우리의 선조들이 정착생활을 한 시기와 때를 같이 한다고 추측할 수 있다.

역사학자들은 한반도가 속한 아시아지역의 생성과 변화를 이렇게 설명하고 있다. 기원전 200만~1만 년 전까지는 지구의 북쪽지역과 고산지대가 빙하로 덮여 있었고 중국과 한반도, 일본열도와 대만은 연결된 하나의 대륙이었다고 한다. 그러다가 빙기氷期와 간빙기間氷期가 여러 차례 반복되면서 기원전 10,000년 전부터 기후가 따뜻해져

서 빙하가 녹아 해수면이 100~1,400m가량 높아졌다고 한다. 기원전 5,000년 전부터는 지금과 같은 바다 높이가 되어 한반도는 중국 대륙과 북쪽으로 연결되고 일본 열도와 대만은 섬으로 남게 되었다는 것이다.

이렇게 형성된 한반도에 우리의 선조들이 살았던 흔적들을 살필 수 있는 고고학적인 유물들은 아주 많다. 1962년 함북 웅기의 석포리石浦里, 1964년 공주의 석장리石壯里에서 출토된 구석기 시대의 유물이 기원전 2~3만 년 전 것으로 판명됨으로써 이 무렵부터 한반도에 사람이 살았음이 입증되었다. 구석기 시대에는 기후에 따라 사람들이 이동하며 동굴이나 바위 그늘에 살면서 산짐승, 물고기를 잡고 나무열매나 뿌리, 조개 등을 채집하며 살다가 기원전 1만~8,000년경부터 시작된 신석기 시대 이후 피, 기장, 조, 콩 등과 같은 밭농사를 짓고 가축도 기르게 되었다.

우리의 선조들이 벼농사를 짓기 시작한 것은 여주군 흔암리, 부여군 송구리, 부안, 김해 등지에서 기원전 8세기 경의 것으로 추정되는 탄화미炭化米, 2002년 청원군 옥산면 소로리에서 발굴된 기원전 15,000년 이전 것으로 확인된 59톨의 볍씨 등에서 그 역사를 확인할 수 있다.

남송정 마을 배척골에 있는 고인돌

일부 학자들은 중국 화남과 화중지방과 가깝고 따뜻한 영산강 유역이 한반도에서 제일 먼저 벼농사를 시작했을 것이라고 주장하기도 한다. 이와 같이 농경사회가 시작되어 떠돌이 생활이 끝나고 움막을 짓고 여러 가족이 집단적으로 정착하여 씨족 집단이 생겨나고 같은 씨족끼리 결혼하지 않는 관습이 생김에 따라 다른 씨족과 혼인하게 되니 혈연과 지연으로 묶여지는 부족이란 공동체가 자연스럽게 형성되었다.

주석, 구리, 아연을 합금한 청동기靑銅器가 발명되면서 기원전 10세기 경 청동기 문화가 시작되었는데 청동기시대의 대표적 유적으로는 부족장 무덤인 고인돌, 석관묘 등이 있다. 우리나라에서는 상주, 부여, 고창, 영암군 시종면 서호면 장천리 등에서 발견되고 또한 비파형 동검과 더욱 세련되고 개량된 세형동검細形銅劍이 금강, 영산강 유역의 마한馬韓지역에서 집중적으로 출토되고 있다.

씨족사회는 평등 사회였고, 여성중심 사회였으나 여러 씨족과 부족이 할거割據하고 부족간의 영역 다툼과 전쟁이 자주 일어나 힘이 강한 남성 위주의 부계父系사회로 바뀌어 갔다. 부족구성원 중에서 힘이 강하고 지혜가 많은 사람이 여러 씨족을 통솔하고 지휘할 수 있는 부족장이 되어 구성원 전체를 지배할 수 있게 되니 느슨한 형태의 부족국가가 생겨났다. 마한에는 54개의 소국小國이 있었는데 큰 것은 10만호, 적은 것은 수천에서 수 백호를 거느렸다. 가장 세력이 강한 목지국目支國이 여러 부족국가를 지배했다고 한다. 구림 주변 일대는 목지국의 중심지였을 것으로 추정된다.

이와 같이 구림마을의 선조들도 영산강 유역에서 구석기, 신석기 시대를 거치며 부족국가에서 살아왔을 것이다. 그러나 이 시기의 흔적은 아직 발견하지 못하고 있다. 다만 청동기시대의 유물인 고인돌이 구림, 죽정, 성기, 선인동, 사산 등에 널려 있으며 시종면이나 서호

상대바위. 멀지 않은 옛날에는 여기까지 배가 드나들었다

면 장천리에서 많이 발견된 것으로 보아 부족장이나 군장君長 아래서 집단생활을 하였을 것으로 추정된다.

주위 환경과 마을의 형성

약 1,500여 년 전의 구림을 중심으로 한 지도를 살펴보면 현재의 영산강이 덕진을 거쳐 영보永保마을 앞을 지나 영암 춘양리, 계신리까지 뻗어 들어가 있다. 한편 북쪽으로는 동호, 양장, 모정 마을 앞을 지나 평리까지 다가와 있으며, 서쪽으로는 서호강이 상대 서호정까지 들어오고 또 한 가닥은 배척골, 남송정, 돌정자 앞을 지나 성기동 앞까지 파고 들어와 있다. 또 서호강 한줄기는 몽해, 아천포 앞을 지나 학산면 용소리까지 밀고 올라가다 독천으로 돌아서 주룡강 아래서 영산강과 합류하니 은적산을 중심에 두고 동서로 나뉘어져 있는 서호면과 학산면은 섬이었고, 구림은 덕진만에서 성재리를 거쳐 구림으로 오는 수로와 목포에서 주룡목 못미처서 독천으로 돌아들어오는 수로가 있어 양방향에서 출입할 수 있게 되어 있었다.

1530년 간행된 〈신증동국여지승람〉에 구림마을 이름과 최씨원이 처음 나오는데 '고최씨원금조가장古崔氏園今曹家庄'이라고 음각된 바위가 지금까지도 성기동에 보존되고 있다.

조선시대 숙종(1690년) 때 이중환李重煥이 엮은 〈택리지〉의 전라도편을 보면 "월출산 따뜻한 남쪽에 월남月南 마을이 있고, 서쪽에 구림鳩林이란 큰 마을이 있는데 모두 신라 때 명촌이다."라고 기록되어 있다. 또한 "신라에서 당나라로 갈 때에는 본군 바다에서 배가 떠났다. 하루를 타고 가면 흑산도에 이르고, 이 섬에서 하루를 타고 가면 홍의도紅衣島에 이르며 또 하루를 타고 가면 가거도可居島에 이르며 여기서 북동풍으로 사흘을 가면 곧 대주垈州 영파부寧波府에 이르고 만약 순풍이면 하루 만에 이른다. 남송이 고려와 통하는 대도 정해현定海縣 해상에서 배를 출발시켜 7일에 고려 국경에 상륙하는데 그 곳이 영암군靈巖郡이다."라는 대목이 있다. 따라서 신라시대에 이미 구

림마을이 형성되어 있었을 것으로 짐작하고, 따라서 지금으로부터 약 1,300년 전에 이미 마을이 있었다고 추정할 수 있다. 옛날에도 물자를 운반할 때 배를 이용하였으며 배의 출발지나 도착지는 물자의 집산集散이 활발하고 사람의 왕래가 많았다. 또한 여러 가지 소식이나 정보를 주고받

"고최씨원금조가장"이라고 음각된 성기동에 있는 바위

을 수 있고 농산물이나 물자(공예품, 도자기)를 생산할 수 있는 조건을 갖춘 곳이다 보니 자연스럽게 큰 마을이 형성되곤 했다. 당시(신라, 백제, 고려)의 무역 경로는 남양만(경기)과 산동반도, 울산—아라비아, 영암—상해가 대표적인 통로였다. 구림(영암)이 무역항으로 좋은 입지적 조건을 갖추었던 것은 월출산이 있었기 때문이라고 할 수 있다. 옛날에는 항해할 때 밤에는 별자리를 보고, 낮에는 태양의 위치나 섬 등을 기준 삼았고, 먼 바다에서도 잘 보이는 육지의 높은 산봉우리였다. 따라서 영암에는 높은 월출산이 있어 배가 항해할 때의 대표적인 길잡이가 되었을 것이다. 또한 구림이 중국의 화남과 화중(상해)에서 제일 가깝기 때문에 지리적으로 유리한 위치에 있었다고 볼 수 있다.

백제 아신왕 14년(405년)에 왕인이 논어와 천자문을 갖고 구림 상대포에서 일본으로 건너간 것이나, 신라말엽 최치원, 김가기, 최승우, 김운경 등이 유학생으로 영암에서 배를 타고 당나라로 떠난 것이나 도선국사의 당나라 유학설 등에 비추어 보아 옛 구림은 대표적인 무역항이었으며, 큰 마을이었을 것으로 여겨진다. 〈신증동국여지승람新增東國輿地勝覽〉, 〈택리지擇里志〉, 임호林浩가 쓴 〈구림동중수계서鳩林洞中修契序〉 등의 기록으로 보면 삼한시대부터 마을 터를 잡았고, 신라시대 마을 전성기에는 약 1,000~2,000호가 있었다고 전하고 있다.

또한 마한시대에 축조되었다는 주장과 도선국사나 김완 장군이 쌓았다는 설이 있는 도갑산성道岬山城은 그 정교하고 방대한 규모로 보아 성을 쌓을 때 많은 사람이 필요했을 것이며, 이 인력의 조달이 가능했다는 것은 가까운 거리에 큰 마을이 있었다는 것을 의미한다.

월출산 주지봉 기슭 따뜻한 언덕배기에 이림爾林이란 마을이 왕인박사王仁博士 탄생 후 성기동聖基洞이란 이름을 얻고 농사짓기에 편리한 개천이나 바닷가로 내려와 살면서 밭을 일구고 바다를 막아 농토

평리(들몰) 사람들과 애환을 같이 한 정자나무 고사목과 입석

를 넓혀 서호강 기슭으로 내려오면서 현재의 위치에 자리 잡고 도선
국사道詵國師 출생 후 현재의 구림으로 마을 이름이 바뀌었다.

1540년 나주목사牧使를 지낸 임구령林九齡이 지남제指南堤를 막아
1,000여 두락의 농토를 만들고 1944년 현준호가 서호강을 막아 1,000
정보의 학파농장을 만들어 농지가 넓어져 주변에 여러 마을이 생겼
다. 이에 따라 구림의 정착 인구가 증가하여 1960년 초에는 630여 호
에 인구가 3,400여명에 이르렀으나, 농촌을 떠나는 사람이 많아지면
서 현재 677호 1,649명으로 호수는 많아졌으나, 인구는 줄어들었다.

구림에 있는 '왕부자터'의 존재나 왕인의 출생으로 보아 이전에
는 왕씨 성의 선조들이 구림에 살았을 것으로 추측되나 기록이 남아
있지 않다. 신라 때부터 낭주최씨의 본토였고, 그 후 난포박씨(1400년
전후), 함양박씨(1418년), 연주현씨(1500년), 선산임씨(1504년), 창녕조
씨(1556년), 해주최씨(1601년) 순으로 정착하여 구림의 주류 성씨를 이
루고 살았다. 이후 난포박씨와 선산임씨는 구림을 떠나고 현재는 농
토와 인척의 연고를 따라 여러 성씨가 구림에 거주하게 되었다.

3. 구림이란 지명의 유래

우리나라의 마을 이름은 지리적 위치나 특이한 상징물 또는 전해 내려오는 설화 등에 의해 붙여진 곳이 많다. 영암군에 있는 여러 마을들의 이름을 보면 이름 끝자리에 정亭 64개, 동洞 57개, 촌村 14개, 기타 리里, 호湖, 포浦, 등嶝, 천川 등이 널리 쓰이고 있다.

구림에 있는 동네 이름들도 죽정竹亭, 들몰(평리) 학암鶴岩, 동계東溪, 고산高山 서호정西湖亭, 동정자東亭子, 남송정南松亭, 북송정北松亭, 쌍취정雙醉亭, 쌍와촌雙蛙村, 국사암國師岩, 아랫사우(下祠宇, 율정), 백

도선국사가 중국으로 갈 때 흰 옷을 벗어 던졌다는 설화가 있는 흰덕바우(백의암)

암동白岩洞 등으로 이러한 보편적인 형식을 따르고 있다. 〈일본서기 日本書紀〉를 이용한 이은창 교수의 글에는 구림 이전의 땅이름은 이림성爾林城으로 적고 있다. 그는 이爾음은 니尼음과 같이 니로 '얕은 (低)'의 뜻이며, 림林은 숲이고 성城은 '재'나 '골'의 뜻으로 각각 풀어 얕은 숲골(低林洞)이 구림의 백제 때 지명이라고 주장하고 있다. 또한 옛부터 성소聖所나 시조신始祖神에 제사를 지내는 숲은 닭숲(鷄林) 또는 비둘기숲(鳩林)이라고 일컬어지고 있다고 했다.(〈한국 성씨뿌리를 찾아서〉, 이경구 박사 저)

구림의 지명은 이림爾林, 성기동, 구림으로 바뀌어 왔다. 구림이라는 마을 이름에서 시적 풍류와 비둘기와 숲이 어울려 사는 자연 친화적인 정감을 불러일으키는 것은 다음에 소개하는 이름에 얽힌 설화 때문이 아닌가 한다.

신라 흥렬왕(826~836) 때 월출산 주지봉 자락의 나지막한 언덕배기에 자리한 성기동이란 마을에 농부 내외와 과년한 딸이 함께 사는 최씨 일가가 있었다. 집 앞에는 사시사철 맑은 물이 흘러내리는 성기천 聖基川이 있어 최씨 처녀는 가끔 구시바위(조암槽岩) 웅덩이 빨래터에서 빨래를 하곤 했다. 이 날도 처녀는 여느 때 같이 구시바위에서 빨래를 하고 있었는데 위쪽에서 먹음직스러운 오이 하나가 떠내려 와 빨래 방망이로 밀쳐 냈으나 다시 돌아오고 또 밀쳐 냈으나 다시 처녀 앞으로 다가왔으므로 이를 건져 먹었다. 그 후 처녀는 태기가 있더

최씨 처녀가 오이를 건져 먹었다는 구시바우

니 날이 갈수록 배가 불러와 딸이 임신한 사실을 알게 된 농부 내외는 황당하고 놀랍고 남부끄러워 이 사실을 감추어 오던 끝에 해산을 기다려 아이를 버리기로 작정하였다. 이윽고 처녀가 귀여운 옥동자를 출산했으나 농부 내외는 집에서 한참 떨어진 인적이 드문 동정자東亭子 숲 속 바위 위에 아이를 포대기(강보)에 싸서 버렸다.

그 후 며칠이 지난 후 어머니가 그곳에 가 보니 수십 마리의 비둘기가 바위를 맴돌며 울어대고 한편으로는 먹을 것을 물고 날아들어 숲을 헤치고 살펴보니 눈동자도 영롱한 옥동자를 수리는 날개를 펴서 덮고

성기동 구수바위 옆에 있는 성천

비둘기는 먹을 것을 먹이고 있지 않는가. 이 기이한 광경을 보고 이 아이가 보통아이가 아님을 깨닫고 다시 집으로 데려와 키웠다.

이 아이는 열다섯 되는 해에 월산 월암사(월남사)로 출가하여 불경을 배웠는데 하나를 가르치면 열 가지를 깨우치는 신동이었음에 이 아이가 도선비기道詵秘記와 비보사찰裨補寺刹 등 풍수지리설과 여러 설화를 남긴 도선국사(道詵國師, 827~898)로 성장하였다.

이런 연유로 마을 이름을 비둘기 구鳩, 수풀 림林을 붙여 구림鳩林이라고 부르고, 아이가 버려졌던 바위는 국사암이라고 불려지고 있다.

고려시대 전남지역 행정체계도

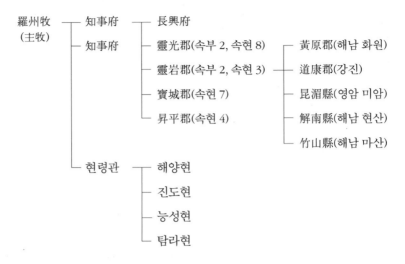

羅州牧 ─── 知事府 ──── 長興府
(主牧) ─── 知事府 ──── 靈光郡(속부 2, 속현 8) ──── 黃原郡(해남 화원)
　　　　　　　　　　　靈岩郡(속부 2, 속현 3) ──── 道康郡(강진)
　　　　　　　　　　　寶城郡(속현 7) ──── 昆湄縣(영암 미암)
　　　　　　　　　　　昇平郡(속현 4) ──── 解南縣(해남 현산)
　　　　　　　　　　　　　　　　　　　　 竹山縣(해남 마산)
　　　 ─── 현령관 ──── 해양현
　　　　　　　　　　　진도현
　　　　　　　　　　　능성현
　　　　　　　　　　　탐라현

영암군 소재면의 옛 이름들(1914년 확정)

1. 靈巖邑 : 郡始面+郡終面

2. 郡西面 : 西始面-西終面

3. 新北面 : 北一終面+非音面+北一終面 一部

4. 始終面 : 北二始面+終南面(羅州郡)

5. 金井面 : 金磨面+元井面

6. 德津面 : 北一始面+北二終面

7. 都浦面 : 北一終面+終南面

8. 西湖面 : 昆二終面+昆二始面 一部

9. 鶴山面 : 昆二始面

10. 美巖面 : 昆一始面

11. 三湖面 : 昆一終面

4. 구림의 풍수지리

구림마을 터는 옛사람들이나 지사地師들의 풍수지리설을 인용하면 심원류원深源流遠한 도갑래용道岬來龍이 무방戊方으로부터 벌려 내려 구림마을을 좌우로 안아 청룡靑龍과 백호白虎를 이루고 압수押水는 현란하게 마을 중심을 꿰뚫고 해방향亥方向의 서호강西湖江으로 흘러드는 형국形局으로 즉, 압수가 흐르는 분지盆地 속의 마을이다. 다시 말하면 〈택리지〉에 기술된 맑고 뛰어난 화성조천火星朝天이란 월출산의 조산祖山인 천황봉天皇峰 줄기에서 솟아오른 주지봉에서 입수入首한 을용乙龍이 서방으로 내달아 구림터를 만들어 냈다.

풍수지리설에 득수위상得水爲上 장풍차지藏風次之라는 말이 있다. 길지吉地에는 반드시 길수吉水(좋은 물)가 따라야하고 또 행수行水(물 흐르는 방향)는 법에 따라야하며 바람의 갈무리가 잘 되어야 한다는 말이다. 마을의 형성도 마찬가지로 내(川)가 흘러야 하고 그 물이 흐르는 방향은 반드시 마을 가운데를 흐르는데 곧은 흐름이 아니라 갈지자(之字)로 굽이쳐 흘러야 한다고 했다. 그 다음은 바람을 막아주는 동산이 있어 분지형으로 마을이 파고들어 앉은 형국이 되어야한다는 것이다. 이를 볼 때 구림터는 실로 보기 드문 길형吉形의 방촌芳村이다.

또 다른 풍수지리 해석에 의하면 구림에서 바라보는 주지봉은 붓

끝처럼 보이기도 하고 머리에 쓰는 관대나 불꽃 형상을 닮아 '문필봉' 또는 '관대봉'이란 별명도 있다. 관대봉은 서호면 은적산의 족두리봉과 마주보고 있어 대칭을 이룬다. 화성火星의 용은 물과 대치해야 화가 미치지 않고 다스려지는데, 옛날에는 서호강과 대치하고 있었으므로 조화를 이루었으나 서호강이 농장이 됨으로써 조화가 깨지고 구림의 관문인 뱃길이 막힘으로써 6.25전쟁을 전후해서 많은 인명피해가 있었다고 호사가들은 말하고 있다. 지금은 도갑천을 막아 저수지가 생겨 물을 공급해 줌으로서 화를 잠재우고 영암~독천간 새로운 우회도로가 성곽처럼 마을을 감싸 안으면서 신흥동으로 진입하는 길이 뚫렸으니 옛날 당나라까지 왕래하던 상대포의 위치로 관문을 되찾았다고 할 수 있다. 이렇게 본다면 구림은 옛날의 명성을 되찾을 수 있을 것이다.

한편 구림터를 풍수의 형국론으로는 공작새 형국이라고 한다. 서호정(상대) 뒷동산에서 내리 뻗은 산맥의 끝이 양장羊場 메부리이다. 메부리라는 지명대로 메부리를 공작새의 머리로 보고 천황봉에서 주지봉으로 이어지는 능선이 펼쳐진 공작의 꼬리 형상이고 구림은 공작의 몸통에 해당된다. 아울러 동네 맨 아래쪽에 국사암, 가운데 당산바위 알뫼, 맨 위쪽에 황산이 자리 잡은 것을 삼란三卵이라하여 이 모습은 새가 알을 품은 형국이라고 한다. 그리고 마을에는 사대문四大門이 뚜렷한데 동에 쌍취정, 서에 서호정西湖亭, 남에 남송정南松亭, 북에 북송정北松亭이 외부로 통하는 통문通門 구실을 하고 있다. 이와 같은 풍수지리설로 보아 보기 드문 길지吉地라 할 수 있으며 이런 연유로 구림이 400여 년 동안 유향儒鄕으로 면면히 이어져 내려오지 않았나 싶다.

풍수지리학자 최창조崔昌祚의 말을 빌리면 〈정감록鄭監錄〉에 나타나는 승지勝地의 지세적地勢的 특징은 비장秘藏 즉 잘 감추어진 곳을 말하는데 구림은 1,500여 년 전의 지도에 의하면 동쪽과 남쪽은 월출산 줄기로 가려지고 북쪽과 서쪽은 바다에 의하여 다른 곳과 격리되어 있는데다 밖에서 동네가 보이지 않게 감추어져 있어 승지의 모든 조건을 갖추고 있다는 것이다. 이화낙지형梨花落地形, 맹호출림형猛虎出林形 또는 도갑사가 있는 곳은 와우형臥牛形의 길지라 하기도 하고, 근처에 학명당鶴名堂이 있다는 설 등 구림과 도갑리 일대는 한마디로 풍수의 전시장이라 해도 과언이 아니라고 했다. 한 가지 더 덧붙이면 천황봉-구정봉-향로봉-도갑산-주지봉으로 이어지는 월출산맥을 이어 받아야 마을의 주산主山으로서 위엄이 있지 않겠느냐는 생각에서 주산을 주지봉이라고 하나, 그보다는 월출산 주맥主脈에서 약간 오른쪽으로 가지를 뻗은 도갑저수지 북쪽 산줄기와 노적봉露積峰을 주산으로 삼는 것이 풍수논리로 따지면 순리라고 주장하기도 했다.

구림마을 풍수형상도

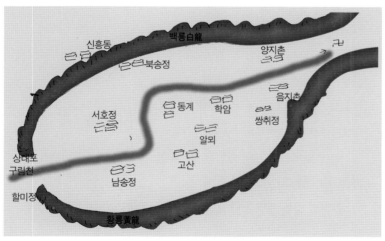

5. 구림 풍광을 노래한 서호십경과 낭호신사

서호십경

구림마을에는 회사정會社亭이란 오래된 정자가 있다. 이곳의 현판을 쓴 사람은 조선 효종 때 대제학大提學을 거쳐 좌의정左議政과 영의정領議政을 지낸 이경석李景奭이다. 이경석은 당시의 구림 풍광을 멋들어지게 표현한 한시 〈서호십경西湖十景〉을 남겼다. 구림마을의 풍광과 자연미를 눈에 선하게 그려낸 시에서는 구림의 옛 정취가 고스란히 전해진다.

1. 孤山雪梅고산설매

　　小山相望大山外소산상망대산외

　　　　작은 산이 마주하는 큰 산 모퉁이에,

　　山帶西湖舊號來산대서호구호래

　　　　고산은 서호와 함께 예로부터 불러온 이름.

　　白雪不知梅發處백설부지매발처

　　　　눈에 덮여 매화 피어 있는 곳 알 수 없지만,

　　暗香方認是新梅암향방인시신매

　　　　그윽한 향기 깨닫고 나니 새봄의 매화로구나.

주지봉, 일명 문필봉이라고도 하고 구림의 주산이다

2. 斷橋烟柳단교연류

　　烟似靑羅柳似絲연사청라유사사

　　　　안개는 푸른 비단이요, 능수버들은 실낱같은데,

　　斷橋斜逕更添奇단교사경경첨기

　　　　끊어진 다리에 비탈길이 더욱 기이하구나.

　　閒吟坐聽黃鸝語한금좌청황려어

　　　　한가로이 앉아서 꾀꼬리 소리에 귀 기울이니,

　　遠勝騎驢踏雪時원승기려답설시

　　　　나귀 타고 눈 밟던 때보다 더한 흥이로세.

3. 岬寺晚鐘갑사만종

　　竹林深處掩松關죽림심처엄송관

　　　　죽림 깊은 곳 솔문이 닫혔는데,

　　蕭寺踈鐘隔暮山소사소종격모산

　　　　호젓한 산사 종소리 해 저문 산으로 멀어가네.

倦鳥初還人語靜권조초환인어정

  지친 새 깃에 들고, 사람들의 말조차 조용한데,

數聲遙出白雲間수성요출백운간

  몇 마디 소리 멀리 백운간에서 들려오네.

4. 竹嶼遠颿죽서원범

  孤嶼蒼然壓水心고서창연압수심

    외로운 섬 창연하여 바다 가운데 엎드렸는데,

  遠帆時見揀喬林원범시견간교림

    멀리 돛단배 나타나서 때론 무성한 산림을 찾네.

  斜陽細雨俱堪翫사양세우구감완

    석양에 내리는 가랑비 이 마저 모두 싫지 않고,

  更愛輕雲一渚陰경애경운일저음

    가벼운 구름 물가에 그늘져 한결 사랑스럽네.

5. 月峯朝嵐월봉조람

  月出峰頭日未昇월출봉두일미승

    월출산 봉우리에 해는 아직 오르지 않았는데,

  早朝嵐氣翠仍蒸조조람기취잉증

    이른 아침의 이내 푸르스름하게 피어오르네.

  須臾却被風吹散수유각피풍취산

    부는 바람에 날려 잠깐 사이 흩어지니,

  畫出屛顏碧數層화출잔안벽수층

    그림 같은 산의 모습 푸르기가 여러 층이네

6. 龍津暮潮룡진모조

　雲沙漠漠望中遙운사막막망중요

　　　구름 낀 모래사장 넓디넓어 바라보기 아득한데,

　古渡烟波控海潮고도연파공해조

　　　옛 나루에 자욱한 연파조수를 끌어당기네.

　潮去潮來朝又暮조거조래조우모

　　　썼다가 드는 바닷물 아침저녁 거듭하고,

　滿汀靑影亂峰搖만정청영란봉요

　　　물에 가득한 그림자 봉우리 져 흔들리네.

7. 平湖秋月평호추월

　澄湖秋色絶纖塵징호추색절섬진

　　　맑은 호수 가을 경치 티끌도 없이 깨끗한데,

　月蘸潭心萬頃銀월잠담심만경은

창영조씨 문각 뒤의 방풍림, 그 뒤에 불무등이 있다

달은 못 가운데 잠겨 모두가 은빛이로다.

十里荷花何足道십리하화하족도

　십리의 연꽃 어찌 말로 다 이를 수 있으랴!

最憐桂影此時新최린계영차시신

　몹시도 사랑스런 달그림자 이때가 새롭구나.

8. 圓峰落照원봉낙조

層巓逈倚碧空圓층전형의벽공원

　층층 산꼭대기 하늘에 멀리 의지해 둥근데,

佳景須看落照懸가경수간낙조현

　가경을 잠깐 보니 낙조가 걸려 있구나.

一抹半分飛島外일말반분비도외

　조금씩 나누어져 섬 밖으로 흩어지니,

山光水色共爭姸산광수색공쟁연

　산과 물의 경치 아름다움을 서로 다투네.

9. 仙巖聞鶴선암문학

苔岩留得老仙名태암유득노선명

　이끼 낀 바위 오래된 신선 이름 남겼는데,

靜裏時聞鶴唳聲정이시문학려성

　고요 속에 때론 학의 울음소리 들려라.

好是淸秋明月夜호시청추명월야

　좋기로는 맑은 가을 달 밝은 밤이라,

依俙玄圃紫鸞笙의희현포자란생

　어렴풋이 현포에선 난의 피리소리 울리네.

10. 香浦觀魚향포관어

水氣蒼蒼浦口香수기창창포구향

　　물기는 짙푸르고 포구에는 향기 그윽한데,

網中銀躍滿漁航망중은약만어항

　　그물 속 뛰는 고기 배에 가득하네.

閒居長占濠梁興한거장점호양흥

　　한가롭게 호량 다리 즐거움 마음껏 누리니,

却笑秋風憶膾忙각소추풍억회망

　　가을바람에 이는 회 생각 도리어 우습구나.

낭호신사

　낭호신사朗湖新詞(구림가鳩林歌)는 지은이가 구림의 풍광, 역사, 인물, 향속 등을 시로 그려낸 가사歌詞이다.1953년 발행된 〈시詩의 마을 구림鳩林〉에 수록된 가사와 광주 대성여고 교감 박정석이 제공해준 자료를 중심으로 최군섭, 최재형 선생의 자문을 받았으나 아직도

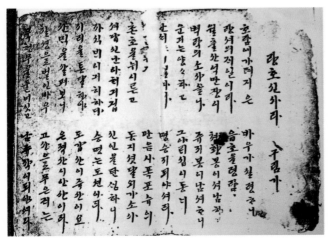

낭호신사 한글
원본 일부

난해한 곳이 여러 곳 남아 있을 뿐 아니라 여러 부분에 걸쳐 규명되어야 할 것이 많아 앞으로 묻혀 있는 자료의 발굴이나 수집에 힘쓰고 더욱 깊이 있는 연구가 필요할 것으로 보인다. 한글로 된 원본 일부와 국한문으로 된 낭호신사(구림가) 전문을 소개한다.

박이화 朴履和(1739~1783, 자는 화이和而, 호는 구계龜溪)

湖南(호남)에 佳麗地(가려지)는
岩(바우)가 神靈(신령)ᄒᆞ니
月出山(월출산) 億萬丈(억만장)이
天皇峰(천황봉)이 西南(서남)하고
運氣(운긔)는 揚揚(양양)하고
그 아리 十二(십이) 동닉
村基(촌긔) 뉘 정하고
觀音寺(관음사) 瀑布水(폭포슈)의
셔답[2] 신난 아히 긔집
神人(신인)을 誕生(탄싱)하니
地理(지리)를 通達(통달)하야
道岬山(도갑산)이 主山(쥬산)이요
七星(칠셩)으로 벌인 바우
高山(고산)[4]으로 무은 지는

朗西(랑셔)외 第一(제일)이라
邑號(읍호)을 靈岩(령람)이라
碧空(벽공)에 소사 올나
朱芝峰(쥬지봉)이 南西(남셔)ᄒᆞ니
山勢(산시)는 奇絶(긔절)하다
名勝地(명승지) 되야셔라
村號(촌호)를 뉘 이른고
동지셧달 瓜(외)[1]가 소사
子息(자식) 비이[3] 奇稀(긔히)하다
僧名(승명)은 道詵(도션)이라
山脈(산믹)을 살펴보니
隱跡山(은젹산)이 案山(안산)이라
北玄武(북현무)를 둘너 잇고
南朱雀(남쥬작)이 되야셔라

---

1) 瓜(외): 오이
2) 셔답 → 서답 : 빨래하는
3) 비이 → 배다(어린애를 갖다)
4) 高山(고산) → 孤山

월출산 줄기의 노적봉(중앙)과 월대암(앞쪽 오른쪽 끝)

飛鳳(비봉)이 抱卵(포란)하니	凰山(황산)이 놉피소사잇고
渴馬(갈마)가 음슈(飮水)하니	槽岩(조암)이 宛然(완년) ᄒ다
十里烟波(십리연파) 西湖江(서호강)이	눈셥갓치 둘너난듸
雙龍(쌍용)이 弄珠(농쥬)ᄒ고	水口(수구)를 잘나스니
景處(경쳐)도 조커니와	살롬직도 하올시고
넷 일홈 雙蛙村(쌍와촌)은	石(셕)을 보니 分明(분명)하다
뒤에 일른 鳩林村(구림촌)은	飛鳩(비구)가 集林(집임)이라
國師(국사)의 노든 바우	몃 百年(빅년) 往跡(왕적)인고
네로붓터 일은 말리	三朴氏(삼박시)의 舊基(구긔)로다
設立(셜립)한 三姓(삼셩)바지	南浦(남포) 咸陽(함양) 潘南(번남)이라
門戶(문호)은 칭칭하고	子孫(자손)이 繁繁(번번)하니
열어 姓(셩)이 이웃하야	村落(촌락)을 벌려스며
桃源竹籬(도원죽니) 君子鄕(군자향)의	萬戶千門(만호천문) 몃 집인고
禮儀(례의)을 崇尙(숭상)하니	東西(동서)의 學宮(학궁)이라
글도 ᄒ고 활도 쏘니	文武華客(문무화긱) 出入(출입)한다

繁華(번화)도 ㅎ련이와　　　　風流男子(풍유 남자) 만할시구

邀月堂(요월당) 놉푼 집은　　　林牧使(림목사)의 廊舍(랑사)로다

蓮塘(년당)의 비를 타고　　　　兄弟相遊(형지상유) 하올시고

江湖白髮(강호빅발) 兩影子(양령자)은　雙醉亭(쌍취정)이 宛然(완연)하다

딕시이에[5] 지은 亭閣(정각)　　일홈을 間竹(간죽)이라

五恨公(오한공)이 창건하고　　孤狂公(고광공)이 重修(중슈)하니

靑衿士(청금사) 白面書生(빅면서싱)이　講學(강학)ㅎ난 소리로다

머름 아릭 淵源水(연원슈)은　　나문 물결 奔忙(분망)ㅎ야

구부구부 遍在(편지)되야　　　平原(평원)을 둘너 난듸

그 아릭 조흔 亭閣(정각)　　　會社亭(회사정)이 佳麗(가려)하다

五色丹靑(오식단청) 漆粉塗(칠분도)로　朱樓(쥬류) 彫樑(죠양) 숨여스니

年年家務(연연가무) 四時(사시)잔치　老少(노소)가 改悔(기회) 할 지

衣冠(의관)을 整齊(정지)하니　　風光(풍광)은 依依(의의)하다

懸板(현판)을 둘너보니　　　　몃 君子(군자)의 感懷(감회)런가

兌湖公(티호공) 曺先生(죠선싱)은　一享廟位(일향묘위) 되야셔라

그 아릭 지호 곳집　　　　　數千金(슈천금)이 出入(출립)한다

시닉 南便(남편) 발러보니　　精麗(정여)한 六友堂(육유당)은

한 兄弟(형지) 여섯 벗시　　　友愛(우이)하난 精舍(정사)로다

盤松(반송)은 鬱鬱(울울)ㅎ고　怪石(교석)은 層層(층층)흐딕

幽僻(유벽)한 翠亭子(취정자)은　主人(쥬인)이 거 뉘런고

水邊(슈변)의 層巖絕壁(층암절벽)　上下臺(상흐딕)을 무어스니

冠童六七(관동육칠) 모든 벗님　欲水風流(욕슈풍류) 하난듸라

沙岸(사안)의 江左風流(강좌풍류)은　草堂(초당) 마당 바독 뒤고

---

5) 딕시이에 → 대숲에

구림마을 한가운데를 지나는 구림천

東坡(동파)의 황쥬 셜름	西湖(서호)가 이곳시라
바독판 밀쳐 두고	비를 타고 날려가니
滄波中(창파중)의 적은 섬은	썰기더가 둘러 잇고
海門(히문) 노푼 바우는	白色(빅싁)이 生色(싱싁)이라
白鷗(빅구)로 벗을 숨고	棹歌(도가)로 이웃ᄒᆞ야
물결을 거스리니	水鏡中(슈경중) 歲月(시월)이라
물결갓치 가난 歲月(시월)	가난 줄을 뉘 알손가
竹筍峰(죽순봉) 놉푼 고딕	져 고시 文山(문산)이라
閑居(한거)한 文殊菴(문슈암)은	勝槪(승기)도 無窮(무궁)하다
甲寺(갑사)의 느진 쇠북	白雲間(빅운간)의 소리하고
쥬룡의 져문 風帆(풍범)은	晴窓(청창)의 빗계셔라
境內(경닉)의 조흔 乾坤(건곤)	공부하기 第一(지일)이라
南四山(남사산) 北四山(북사산)이	小布(소포)을 놉피 걸고
기운 조흔 閑良(할량)니	활쏘기도 조흘시고

前江邊(전강변) 後川灘(후천탄)의　銀鱗玉尺(은인옥척)[6] 살쪄 간다
川獵(천엽)[7]하는 少年輩(소년비)는　川漁(천어)을 쥬어니니
渭城朝雨浥輕塵(위성조우읍경진)하니　客舍青青柳色新(긱사청청유싁신)이라
細柳枝(시류지)을 썩거 들고　杏花村(힝화촌)을 차자갈 지
東風三月(동풍삼월) 百花節(빅화졀)이　온갖 꼿시 滿發(만발)컨을
樓閣(루각)의 놉피 올나　東西隣(동서인)을 살펴 보니
杏花桃花(힝화도화) 몃 집이며　蒼松綠竹(창송녹죽) 몃 마을인고
차리차리 시어보니　村間(촌여)도 無數(무슈)하다
南松亭(남송졍) 北松亭(북송졍)은　南北(남북)으로 갈나 잇고
東溪里(동계리) 西湖亭(서호졍)은　東西隣里(동서린니) 되야셔라
洞庭(동졍)의 달이 밧고　高山(고산)의 梅花(미화) 핀니
달 구경도 하런이와　春消息(춘소식)을 傳(젼)ᄒ리라
솔을 심어 亭子(졍자)ᄒ니　宗崇亭(종송졍)이 宛然(완년)하다
디 심어 숩풀 된니　竹林亭(죽림졍)이 져 곳이라
安用堂(안용당) 三台岩(삼팀암)은　산도 죳코 물도 죳다
鶴林岩(학림암) 半月亭(반월졍)[8]은　터도 죠코 들도 죠타
畫閣(화각)이 泊地(박지)[9]ᄒ니　京湖(경호)가 浪飛(랑비)[10]하다
洛陽卽此(락양즉차) 곳 여기라　아무려 勝地(승지)로다
조은 山水(산슈) 허다ᄒ더　네 風俗(풍속)이 변히 간다
青山綠水(청산록수) 一間屋(일간옥)은　風月主人(풍월쥬인) 어디가고
開亭處士(기졍 쳐사) 간 然後(년후)이　士林(사림)도 寂寞(젹막)ᄒ다

6) 銀鱗玉尺(은인옥척) : 물고기
7) 川獵(천엽) : 물고기 잡는
8) 역사 및 위치 미정(동구림리 학암에 있었을 것으로 추정)
9) 璞地(박지) : 터 좋은 곳에 자리 잡고
10) 狼飛(랑비) : 경치 좋은 곳이 즐비하다(많다)

서산으로 넘어가는 해가 아쉬운 듯
구림천에 비단결같은 고운 그림자
를 남기고 있다

問學(문학)는 아니 ᄒ고
남의 是非(시비) 지 자랑을
餘談蹂越(여담유월) 죠평논은[11]
조흔 衣冠(이관) 옷갓 치러
林泉(림천)의 슈문 선비
貧寒(빈한)한 녜집 遺風(유풍)
詩酒(시쥬)의 미친 마름
自謂非狂(자위비광) 말을 ᄒ니
早年功名(조년공명) 발리더니
二八光陰(이팔광음) 經過(경과)토록
入鄕順俗(립향순속) 하랴ᄒ고
路柳墻花(노류장화) 곳곳마당

優遊度日(우유도일) 무사로다
셔로 안다 異論(이론)ᄒ고
모르면서 아난 치라
鄕谷(향곡)의 시 遵禮(준례)라
庫金(고금)이 쓸듸 업셔
놉푼 일홈 거 뉘련고
別號(별호)을 狂朴(광빅)이라
人基謂之(인긔위지) 狂生(광싱)이라
好事多魔(호사다마) 虛事(허사)하야
文武間(문무간)의 버셔나셔
졀문 벗임 팔을 잡고
외상 술잔 盡醉(진취)ᄒ야

11) 죠평논은 : 돌아가는 이야기를

綠陰芳草(록음방초) 長短亭(장단정)에 　위틀 비틀 거러갈 지
金佩風簪(금픠풍잠) 도리모자 　식양갓슬 숙여 쓰고
결운 섭슈[12] 널운 소미 　밉시 조키 흔들쳐서
아긔[13] 업는 俠客(협긱) 마름 　靑樓豪傑(청루호걸) 벗 불은다
無識(무식)한 京套(경투)말은 　서울 閑良(할양) 可笑(가소)롭다
此邑彼邑(차읍피읍) 花草(화초)구경 　南山北山(남산북산) 丹楓(단풍)구경
靑樓高閣(청루고각) 나문 興(흥)을 　그리져리 ㅎ올 젹에
三冬風雪(삼동풍셜) 積寒(젹한)키로 　문을 닥고 생각ㅎ니
靑春(청츈)의 지닌 일리 　쏨갓치 虛事(허사)로다
飢寒(긔한)[14]도 어렵건만 　文筆(문필)도 이드롭다
秋風(추풍)이 猛烈(밍렬)ㅎ니 　漢武帝(한무지)의 懷心(회심)이요
知來子之(지러자지) 可取(가취)ㅎ니 　晋處事(진쳐사)의 餘恨(여한)이라
글도 ㅎ고 治産(치산)도 ㅎ야 　富貴文章(부귀문장) 되오리라
陽武(양무)의 반듸불은 　밤이면 쥬서 오고
冬柏山(동빅산) 무근 밧슨 　낫지면 갈라 보자
柏牙(빅아)[15]의 거문고로 　山水曲(산슈곡)을 和答(화답)ㅎ니
知音(지음)[16] 하난 우리 벗님 　어이 그리 더뒤던고
二八靑春(이팔쳥춘) 아동들아 　朗湖新詞(랑호신사) 불너 보시
如水歲月(여수시월) 싱각하야 　아ᄒᆡ 警戒(경기) 갈라치자[17]

---

12) 결운 섭슈 : 짧은 옷 섶
13) 아긔 : 악의(惡意)
14) 飢寒(긔한) : 굶주림과 추위
15) 柏牙(빅아) : 거문고를 잘 연주했던 춘추 전국시대 사람
16) 知音(지음) : 친한 친구 사이(백아-종자기 사이) 종자기가 죽자 백아는 더 이상 거문고를 타지 않았다고 함
17) 아ᄒᆡ 警戒(경기) 갈라치자 : 사람들아 낭호신사 읽어 보고 교훈(훈계)삼 아 살자꾸나!

제2장

구림이 좋아 모여든 사람들

1. 씨족들의 구림 터잡이

    구림마을은 풍광이 아름답고 살기 좋은 전통마을의 전형이기도 하면서, 또한 우리네 전통적인 씨족마을의 특성을 가지고 있다. 우리나라의 여러 전통마을들이 하나 또는 둘의 성씨가 모여 사는 집성촌을 이루고 있다면 구림마을에는 독특하게도 여섯 성씨들이 어울려 살고 있는 마을이다. 큰 일가를 이루고 있는 여러 성씨들의 구림마을의 정착과 그 세계世系가 펼쳐지는 과정과 살아온 내력은 구림마을의 역사라 해도 과언이 아니다.

    입향조入鄕祖란 어느 특정 지역에 생활의 기반을 닦아 후손에게 물려준 조상을 통칭하는 말이다. 어느 성씨를 막론하고 그 지역에 정착하여 일문一門을 이루게 된 사연과 시대적인 배경이 있기 마련이다. 특히 구림은 역사적으로 볼 때 백제의 왕인박사王仁博士와 신라의 도선국사와 같은 훌륭한 인물이 배출되었으며, 여러 가문家門의 선조들께서 전통적인 학문과 다양한 문화를 계승하고 발전시켜 온 대표적인 지역이라고 할 수 있다.

성씨와 족보

    인류가 구석기 시대를 시작으로 청동기, 철기시대를 거쳐 씨족사회에서 부족국가로 발전해 갔는데 문자가 없었던 상고시대의 씨족이

란 지금의 성씨姓氏로 이루어졌다기 보다는 혈통血統집단으로 이루
어진 혈통사회血統社會라고 할 수 있을 것이다.

우리나라 역사상 성씨가 기록된 것은 위만조선衛滿朝鮮이 한나라
에 침략당했을 때 한도韓陶, 왕담王唊, 성기成己라는 성과 낙랑왕 최
리崔理 왕조를 토벌한 왕준王遵이 있고, 백제의 왕 부여씨扶餘氏와 왕
비족 진씨眞氏를 비롯한 8성姓인 해解, 연燕, 사沙, 국國, 협協, 백百, 목
木씨가 등장하고 신라 건국설화에 육촌장六村長, 이李, 정鄭, 손孫, 최
崔, 배裵, 설薛씨와 그 후 박朴, 김金씨가 나온다.

앞에서 열거한 성씨들은 왕이나 최상급의 지배층이었으며 상민常
民들은 성도 없이 살았을 것이다. 그 후 백제, 신라를 거처 고려시대
부터 성씨를 가진 양민이 많이 늘어나게 된다. 왕이 나라에 공을 세
운 사람에게 성을 내리는 사성賜姓이 많아지고, 양민이 공인으로 출
세하려면 필수조건이 성을 가져야 했으므로 성 갖기 풍조가 확산되
어 양민에서 노비에 이르기까지 성을 가진 자가 많아졌다고 볼 수 있
다. 이와 같은 사회구조로 문벌귀족과 양반(사족), 지방 중소지주층은
성과 가계를 중시하여 세계世系를 기록하는 족보가 탄생하게 되었다.

원래 족보는 중국 6조 때 왕실의 세계를 기록한 것이었으며, 개인
족보는 한나라 때 관직 등용을 위한 현량과賢良科제도를 만들어 과거
응시생의 조상과 업적, 내력 등을 기록한 것으로 지금의 신상명세서
와 같은 역할을 했다고 볼 수 있다. 북송北宋의 소식蘇軾 등이 편찬한
족보가 이후 족보의 표본이 되었는데 우리나라에서는 고려 의종(18
대, 1146~1170) 때 왕실의 세계를 기록한 김광의金廣毅가 지은 〈왕대종
록王代宗錄〉이 처음이다.

조선시대 1476년(성종 7년)의 안동권씨安東權氏 〈성화보成化譜〉가
체계적인 족보형태를 갖춘 것이었으나 1565년(명종 20년)에 문화유씨

文化柳氏의 〈가정보嘉靖譜〉라는 혈족 전부를 수록한 족보가 간행되면서 이를 표본으로 명문사족名門士族에서부터 상민常民에 이르기까지 앞 다투어 족보를 만들기 시작해 17세기 이후 여러 족보가 쏟아져 나왔다. 이와 같이 족보간행이 성행하면서 부작용도 만만치 않았는데 자기조상에 대한 업적을 고증考證도 없이 과대 포장하거나 미화하고 조작하는 폐단까지 생겨났으며, 뿌리와 성을 중시하는 경향이 심해져 재력을 가진 사람은 생계가 곤란한 양반의 족보를 사서 그 자손으로 둔갑하여 양반 행세를 하기도 하였다.

구림의 성씨

앞서 살펴본 대로 구림은 영산강 유역과 구림을 중심으로 하는 산야山野 곳곳에 산재해 있는 고인돌의 유적으로 보아 청동기시대나 철기시대부터 사람들이 살았다고 추측해 볼 수 있다.

몇몇 학자들이 주장대로 왕인박사(373~?)의 탄생지가 구림이면 최

구림사람들이 난포박씨의 묘로 추정하고 있는 고산리 돌정자로 나가는 길목 언덕 위에 있는 묘비와 묘

초의 성을 가진 사람이 되겠으나 후손이나 기록이 남아 있지 않아 이를 증명할 길이 없다. 현재 구림에 살고 있는 대성을 이룬 각 성씨의 입촌 내력은 비교적 확실한 기록이 전해 오고 있어 이를 토대로 정리해 보기로 한다.

처음 구림에 터를 잡은 성씨는 낭주를 본으로 한 낭주최씨인데 고려 창건 때(신라말) 태조 왕건을 최지몽崔知夢(907~987)이 도운 것으로 보아 그 이전 신라 때부터 토착세력으로 살았을 것으로 본다. 그러다 중간에 잠시 구림을 벗어나 살다가 묵암默菴 최진하崔鎭河(1600~1673) 때 다시 구림으로 돌아와 지금까지 살고 있다. 고려 말에서 조선 초(1390년대)까지 경남 남해의 난포蘭浦가 본관인 난포박씨가 살았는데 난포박씨가 임구령의 처가였다는 것은 임호林浩(1522~1562)의 〈대동계중수기大洞契重修記〉 서문에 기록되어 있다.

나이 많으신 어른들 말씀에 의하면 1910년경까지 고산리 골목에서 돌정자로 가는 첫 들머리 왼쪽 둔덕에 여러 기의 묘가 있었고 10월 시제 때 난포박씨들이 시제를 모시고 아이들에게 떡과 음식을 나누어 주었다고 한다.

지금도 구림중학교 담장너머에 있는 한 기의 고총古塚에 무명비가 서 있다. 이 비는 쓰러져 있던 것을 마을사람들이 다시 일으켜 세웠는데 오랜 세월 풍우에 씻겨 글자를 식별하기 어려운 상태이나 희미하게나마 '현감縣監'과 '박朴' 세 글자는 겨우 알아볼 수

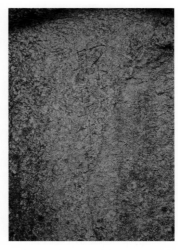

현감 박(縣監 朴)자까지 알아 볼 수 있는 묘비

있는 정도이다.

구림에 정착한 난포박씨 박빈朴彬은 세종世宗 때 세자빈객世子賓客과 남원판관을 지낸 박인철朴仁哲의 아들로 아버지의 은덕을 입어 김해부사金海府使를 지내고 구림에 정착하여 경제적으로 대단한 기반을 갖추고 있었던 것 같다. 구림에 입촌한 여러 성씨들과 직·간접으로 인척관계를 맺어 이들의 구림 정착에 재정적 뒷받침을 한 것으로 보아 알 수 있다. 그러나 박빈의 증손曾孫인 박세간朴世幹의 딸과 남원 부사였던 임구령과의 혼사를 끝으로 구림과의 연이 끊겼는데 박세간의 아들이나 손자 때 구림을 떠난 것으로 짐작해 볼 수 있다.

왕권 찬탈이나 사화士禍, 환국換局 등 정변이 끊이지 않았던 당시에 세자빈객이었던 박인철은 수양대군보다는 왕세자 편에 설 수밖에 없었을 것으로 미루어 짐작할 수 있다. 따라서 정쟁을 피해 한반도 끝인 구림에 정착했을 것이다. 일설에 의하면 역적으로 몰려 화를 피하기 위해 구림을 떠나 다른 지방으로 흩어져 숨어 살거나 다른 성으

학산면 용산리에 살고 있는 난포박씨 선대의 묘. 돈바우 남쪽 기슭에 있다

로 바꿔 멸문의 화를 면했다는 말이 전해지고 있다. 1985년 통계청 자료에 의하면 전국적으로 162호, 2000년에는 320호의 난포박씨가 살고 있는 것으로 기록되어 있다.

구림의 여러 성씨의 입촌 연대를 살펴보면 아래의 표와 같은 순서로 구림에 입촌하였는데 난포박씨를 정점으로 한 인연으로 일곱(칠) 성바지가 얽히고 설킨 관계를 맺고 있다.

약 1,460년 전후 조선 세조 때에 이르러 구림에 정착한 주요 성씨는 낭주최씨朗州崔氏, 난포박씨蘭浦朴氏, 선산임씨善山林氏, 함양박씨咸陽朴氏, 해주최씨海州崔氏, 창녕조씨昌寧曹氏인데 구림에 정착한 함양박씨의 파조派祖는 오한공五恨公 박성건朴成乾이다.

계보에 잘 나타나듯이 함양박씨 박성건과 선산임씨 임구령, 연주

구림 입촌 연대표

성 씨	터잡이 인물	전 거주지	입촌연대	현 거주지
난포박씨	박 빈	경남 김해	고려말 조선초	용산리
함양박씨	박성건	나주(금성)	1480년 경	구림
연주현씨	현윤명	천안	1500년 경	구림
선산임씨	임구령	해남	1530년 경	구림
해주최씨	최경창	서울	1560년 경	구림
창녕조씨	조기서	서울	1590년 경	구림
낭주최씨	최진하	영암읍	1620년 경	재입촌 구림
전주최씨	최효진	월남(강진)	1800년 경	죽정·구림
강화노씨	노준기	서호면	1850년 경	구림
반남박씨	박동원	반남	1700년 경	구림
함풍이씨	이경운	광주	1880년 경	구림
우주황씨	황성규	영암	1880년 경	구림
완산이씨	이시청	광주·장성	1700년 경	신복천 아천
전주최씨	최치겸	영보	1840년 경	신흥동 거주

현씨 현윤명은 난포박씨 사위이고 창녕조씨 조기서, 해주최씨 최경
창은 선산임씨의 사위이며 낭주최씨 최진하는 함양박씨의 사위이

난포박씨를 중심으로 한 각 성씨들의 인척관계도

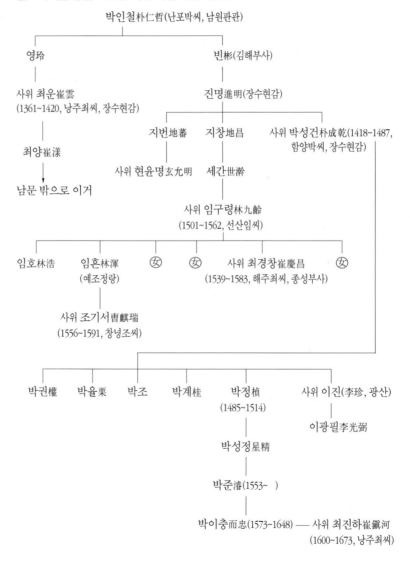

다. 17세기 중반까지는 장남과 차남, 남과 여의 차별을 두지 않고 재산을 상속했으며, 결혼하면 처가살이를 하는 관습이 있었다고 하니 그들은 처가살이를 계기로 자연환경이 수려하고 인심 좋은 처가 동네 구림에 정착했을 것으로 짐작된다.

이들 외에도 구림에 정착한 지 100년이 넘는 몇 씨족이 있다. 신흥동에 주로 살고 있는 전주최씨全州崔氏는 약 150여 년 전 최치겸崔致謙 때 영보에서 신흥동으로 옮겨와 다섯 분이나 대동계 계원이 되었으며 청년계 창계創契 때도 네 사람이나 참여하는 등 마을공동체에 적극적으로 동참했다. 죽정의 전주최씨는 강진 월남에서 약 200년 전 최효진 때 입촌하여 한참 번성할 때는 20호에 이르기도 하였고, 같은 죽정에 150여 년 전 노중기魯中基 때 정착한 강화노씨가 있다. 평리坪里에는 반남박씨潘南朴氏가 약 270년 전에 박동윤朴東尹이 들어와 살다가 근년에 모두 외지로 이거移居하고, 이어 함풍이씨 이훈진李暈震이 150여 년 전 입촌하였다. 서호정에는 120여 년 전 우주황씨黃氏 황성규黃聖奎 때 터를 잡고 현재까지 살고 있으며 완산이씨完山李氏는 이시웅李時膺과 이시청李時晴이 약 300여 년 전 성기동에 터를 잡고 구림으로 내려와 8대를 살다가 9대째인 이회상李會相 때 청용리를 거쳐 아천牙川과 신복촌新福村으로 이거移居하였고 성기동에는 제각祭閣과 산소만 남겨 놓았다. 산업화로 인한 이농離農현상으로 현재 이들은 전주최씨 7가구, 강화노씨 3가구, 우주황씨 3가구, 함풍이씨 3가구가 살고 있다.

옛날에는 특히 김씨들은 구림터와 인연이 없는지 정착하지 못하고 떠나거나 쇄락하였는데 구림에 불무등이 있어 쇠(金)를 녹이는 까닭에 김씨가 성하지 못한다는 속설이 떠돌 정도였다.

구림 열 두 동네에 각 성이 고루 분포되어 있으나 낭주최씨는 서호정을 필두로 서구림에 많이 거주하고 해주최씨는 동계, 고산, 학암 등에 분포하고, 함양박씨는 동서구림, 도갑리에 고루 나누어 살고, 창녕조씨는 동서구림에 주로 살고, 연주현씨는 서호정에서 종가를 지키고 있다. 동서구림도 근래에는 여러 성씨가 살지만 평리와 백암동은 근래에 생긴 마을답게 팔도촌으로 여러 성씨가 어울려 살고 있다.

아쉬운 것은 먼저 구림에 터를 잡았던 난포박씨는 흔적도 없이 떠나 학산면 용산리에 5세대가 살고 있으며, 지남들을 간척하고 대동계 중수에 큰 업적을 남긴 선산임씨도 구림에 5가구를 비롯해 청용리 등 각처로 흩어져 겨우 한 두 사람이 대동계원으로 출입하면서 구림과 연을 이어가고 있다. 구림에 정착하여 대성을 이룬 대표적인 성씨들의 내력을 각 문중의 자료를 통해 살펴보도록 하자.

전화번호를 근거로 산출한 성씨들(2005년의 거주 현황)

성 씨		마 을									계
		죽정	평리	학암	동계	고산	서호정	남송정	신흥동	백암	
고高	장흥	1		1							2
	제주			2							2
강姜	진주			3				1		3	7
곽郭	청주	3	1								4
	해미			2		1				1	4
권權	안동		1								1
김金	광산	3	2	7	2	1	1	1	1	1	19
	김해	19	6	17		4	3	4		5	58
	도강			2							2
	밀양			1			1				2
	양산							1		3	4
	영광										
	언양			1							1
노魯	강화	3									3
류柳	문화	3		3							6
라高	나주							2			2
마馬	장흥	1									1
문文	남평	1	1	3		1					6
박朴	밀성		1								1
	밀양	3	1	7	3	2	2	1		2	21
	무안			1							1
	반남									2	2
	함양	22	9	15	4	6	6	9			71
배裵	경주			1							1
백白	수원								3		3
서徐	이천	4				1	1				6
선宣	보성	1									1
송宋	여산	1									1
신愼	거창	1		1		4					6
신申	평산	2		8	1						12
손孫	밀양			3							3
양梁	제주	2	2	1				1		1	7
오吳	해주	2									2
	화순	3									3
	제주			1							1
위魏	장흥	1									1
육陸	옥천					1					1

성 씨		마 을									계
		죽정	평리	학암	동계	고산	서호정	남송정	신흥동	백암	
윤尹	파평	1									1
	해남	1		1	1	1		1			5
이李	경주	7	2	4						1	14
	전주	3	3	4	1	2					13
	함풍		4			1	1	1			7
	광주		1				1				2
	원주									2	2
	인천			1						2	3
임林	선산		1	2	1		1				5
	장흥	1				1					2
	회진	1	1				1		1		4
장張	인동	1									1
전全	천안	3	2	1	1				1	1	9
장張	덕수			2							2
	흥덕			1							1
정鄭	하동	3	2	1	1	2	1				10
	경주		1								1
조曹	김제		1								1
	창녕	9		16	4	4	18	8	2	1	62
조趙	한양		2			1		1			4
주朱	능주	1									1
천千	영양	3									3
최崔	경주	1									1
	낭주	14	1	21	17	2	17	5	8	1	86
	전주	7	1	7	1	1	1	2	4		24
	탐진			5					1	1	7
	통천			1							1
	해주	3	2	14	23	27		1			70
	당진						1				1
허許	김해	1									1
현玄	연주				1	3	2				6
	청주	1									1
한韓	청주		1			1					2
함咸	강능			1							1
황黃	우주				1	1	2				4
	장수	1									1
홍洪	풍산	1									1

2. 낭주최씨의 기원과 정착

낭주최씨朗州崔氏는 중국 제나라 때 태망공太望公의 후예가 최씨 성을 가졌었고, 제나라 말 때 반란으로 그 후손의 일부가 바다 건너 동쪽으로 이주하여 백제시대(588년) 때 우리나라 남해안(영암군 군서면 성기동)에 자리 잡아 영암지방의 호족으로 번성하였다고 한다. 일부 지방에서는 영암최씨(인천 및 강화도, 백령도, 개성)와 동래최씨(부산지방)로 부르고 있으며 서로 기록을 대조하여 같은 뿌리임을 확인한 바 있다.

영암군은 백제 때에는 월내현月奈縣이라 하였고, 통일신라시대에 영암군으로 불리웠다. 그러다 고려 성종 14년(995년) 낭주최씨朗州崔 氏의 시조 민휴공敏休公 최지몽崔知夢이 "어둠을 밝게 비치는 달빛 같이 나라를 밝게 하였다."고 하여 그 업적을 후세에 전하기 위하여 그 출생지인 영암을 낭주朗州로 바꿔 부르게 하였다 한다. 낭주에 삼남 도호부三南都護府를 두어 지금의 영암과 해남, 강진, 나주, 진도, 완도, 무안, 신안 일부를 다스려 오다가 25년 후 삼남도호부를 철폐함에 따라 다시 영암군으로 부르게 되었다. 그 이후 민휴공 최지몽을 시조로 하고 본관을 낭주로 하는 낭주최씨가 탄생하였다. 구림에 여러 성씨 가 살았겠지만 현재까지 전하는 기록(고려사 본기)으로 보면 구림에 처음 터를 잡은 성씨는 낭주최씨이며 시조인 민휴공 최지몽의 활약으로 고려 초기의 유력한 성씨로 성장하였다.

　우리나라 대부분의 성씨가 그 시조부터의 완전한 기록이 전해지지 않아 기록이 남아있는 선조로부터 1세一世라 하고 있다. 낭주최씨도 시조인 민휴공 최지몽의 아들인 현동玄同과 회원懷遠의 기록만 전할 뿐 중간세대의 기록이 남아있지 않다. 그리하여 고려 고종 때 사람인 희당希塘(중현대부), 희소希沼(중현대부, 상서예부 전객령)를 1세조로 하고, 6세조에 이르러 양漾, 창漲, 상湘, 영濙, 간澗, 반泮의 손孫이 자리를 잡으니 양의 손은 봉직공奉直公으로 나주와 영암, 고창, 영광에서 거주하고 있으며, 창의 손은 현령공縣令公으로 나주, 남평, 봉황에 자리하고, 상의 손은 녹사공綠事公으로 장흥과 전주, 정읍, 고창 등에 거주하며, 영의 손은 찰방공察訪公으로 보성에서 일가를 이루고 있다. 낭주최씨는 그 수가 많지 않아 현재의 총 가구 수는 4,000여 세대에 불과하다.

　낭주최씨가 고려의 수도인 개성에서 생활하다 다시 전라도로 돌아오게 된 것은 고려 충신으로 불리고 있는 죽계공竹溪公 최안우崔安雨(1332~1404) 때이다. 최안우는 고려 말에 문과에 급제하였으며 봉열대부奉列大夫 및 검교군기시소감檢校軍紀侍少監을 거쳐 제신帝臣에 이르렀다. 그는 성품이 강직하며 성리학에 밝아 당시에 명성이 널리 알려졌으며 고려 공양왕 때 포은 정몽주, 목은 이색 등 고려의 명신들과 친교를 나누면서 기울어져 가는 고려의 국운을 개탄하였다 한다. 고려가 망하고 조선이 개국한 후 태종이 직제학直提學의 벼슬을 제수하였으나 고려의 신하였음을 내세워 이를 거절하고 낙향하여 나주군 봉황면 도성동 산중에서 은거한 두문동 72현이다. 아름다운 산세와 맑은 계곡 속에서 생활하면서 높고 푸른 대나무와 같은 절개를 지닌 것이 중국 은나라 때 백이숙제伯夷叔帝와 같다 하여 호를 죽계竹溪라

하고 도의道義로서 일생을 살았다 하여 은거지를 도성동이라 하였으며 이후에 장성 경현사景賢祠에 배향配享되었다.

선조들의 영향으로 후손들은 벼슬길에 나가지 않고 오로지 학문에만 열중하였으며 낭주최씨가 구림에 다시 들어오게 된 것은 1세조 희소希沼로부터 13세이고 전라도로 다시 돌아온 4세조 죽계공 안우安雨로부터 9세손인 묵암默庵 최진하崔鎭河(1600~1673) 때이다. 최진하는 서울 도봉서원에서 영의정을 지낸 남구만, 남공철 등 이름이 널리 알려진 학자들과 동문수학하였으며, 당시에 유명한 학자인 동계桐溪 정온鄭蘊, 남곽南郭 박동열朴東說, 장길長吉, 나무경羅茂慶 등과 교류하였다. 최진하는 옛 선조들이 살았던 구림으로 낙향하여 대동계에 입계하고 정착하게 되었다.

최진하는 외아들 유대有大를 두었고, 유대는 두명斗明과 두징斗徵 두 형제를 두어 두명의 3형제와, 두징의 4형제 후손들이 구림 낭주최씨 일곱 집안을 이루고 있다.

국암사國巖祠

서구림리 서호정 마을 381번지에 있는 낭주최씨 사우祠宇로 1970

년에 창건하였으나, 2004년 자체 자금 1억 여 원과 영암군 보조 2억 원을 들여 다시 지어, 2005년 3월 준공하였다. 사우에는 민휴공敏休公, 최지몽崔知夢(907~987), 죽계공竹溪公 최안우崔安雨(1332~1408), 묵암黙菴 최진하崔鎭河(1600~1673), 양오당養吾堂 최몽암崔夢嵒(1718~1802) 등 네 분을 배향하고 매년 음력 3월 초 정일丁日 제향하는데 각지의 문자질이 참례하고 있다.

덕성당德星堂

덕성당은 서구림리 서호정 마을 26번지에 있는 낭주최씨 종회소로 문중사를 논의하는 집회 장소이다. 정면 네 칸, 측면 두 칸의 팔작지붕의 강당이다. 경내에는 국사암, 민휴공 유적비, 국암사 묘적비가 있다.

- 낭주최씨 문중 제공

낭주최씨 지역별 거주 분포 현황(구림출신 2005년도)

지역별	구림권	광주권	수도권	외 국	비 고
세대수	78	47	150	11	

낭주최씨 구림 일가 가계도

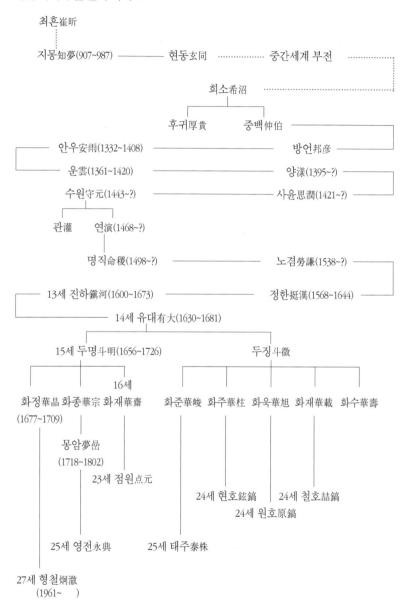

최흔崔昕

지몽知夢(907~987) ──── 현동玄同 ········ 중간세계 부전

희소希沼

후귀厚貴   중백仲伯

안우安雨(1332~1408) ──────── 방언邦彦

운운雲(1361~1420)   양漾(1395~?)

수원守元(1443~?) ──── 사윤思潤(1421~?)

관灌   연演(1468~?)

명직命稷(1498~?) ──── 노겸勞謙(1538~?)

13세 진하鎭河(1600~1673) ──── 정한挺漢(1568~1644)

14세 유대有大(1630~1681)

15세 두명斗明(1656~1726)   두징斗徵

16세

화정華晶 화종華宗 화재華齋   화준華峻 화주華柱 화욱華旭 화재華載 화수華壽
(1677~1709)

몽암夢嵒
(1718~1802)

23세 점원点元

24세 현호鉉鎬   24세 철호喆鎬

24세 원호原鎬

25세 영전永典   25세 태주泰株

27세 형철炯澈
(1961~   )

3. 선산임씨의 입촌

선산임씨善山林氏의 시조始祖는 신라 말 상장군 임양저林良貯로 신라 경순왕敬順王의 왕자 사위였다. 경순왕이 고려에 항복하여 복속服屬을 자청하려는 것을 저지하기 위해 임양저는 극구 간언하였으나 받아들여지지 않고 오히려 선산으로 귀양살이를 가게 되었다. 귀양살이를 계기로 선산에 살게 되어 후손들이 선산을 본관本貫으로 얻게 되어 선산임씨의 시조라 한다.

선산임씨의 일세조一世祖 임만林蔓은 국권의 변혁기(고려 말과 조선 초)에 개경開京에서 영암(낭주朗州)으로 내려와 정착하게 되었다. 서호강西湖江 서쪽 5리쯤에 청룡靑龍마을이 있는데 명종 때 공신 선산군善山君 임구령의 장지가 있는 곳이다.

임구령은 이름은 구령九齡이요, 자는 대년大年, 호는 월당月堂이다. 증조 득무得茂는 이조판서이고 조부 수수秀는 진안현감鎭安縣監을 지내고 좌찬성左贊成을 제수받았으며, 선고장先考丈은 우형遇亨 대광보국숭록대부大匡輔國崇祿大夫 영의정 일선부원군一善府院君이고 자친慈親은 정경부인 음성박씨貞敬夫人陰成朴氏이며 5형제를 두었다. 구령은 다섯째로 1501년(연산군 7년) 5월 25일 태어났다. 이후 중종 때 음사蔭仕(조祖,부父의 공으로 벼슬길에 오름)로 사산四山 감열관이 된 후 수성금화사修城禁火司의 별제別提가 되었다.

하루는 구령의 중형인 문충공 임백령이 홍문관에 숙직하면서 꿈을 꾸었는데 구령이 홀로 궁궐 북쪽에서 나와 시가지를 달려 종루鐘樓에 이르니 돌연 뇌성벽력과 비바람이 크게 몰아치면서 용龍으로 화신化身하여 하늘로 올라가는 지라 깨어서 이상하게 생각하였다. 을사乙巳년에 인종仁宗이 승하하고 명종은 12세 때 즉위하였는데 왕이 아직 어리고 왕권이 안정되지 못하고 있을 때 척신들이 기회를 엿보고 사직을 위해危害하려 함에 분연히 일어서서 두세 신료臣僚들과 협력하여 이들을 제거하니 임금이 칭찬하며 말하되 "몸은 비록 말직에 있으나 자기 몸을 돌보지 않고 사직을 지켰으니 진정한 충신"이라고 하였다 한다. 교서에 이르기를 "어린 왕 내가 왕업을 이어가는데 어찌나 어지럽고 다난한지 감당하기 어려우며 선조先祖(중종) 때부터 서얼庶孽(서손)의 무리들이 서로 내통하여 암암리에 음모를 꾸몄으나 이루지 못한 사건이 비일비재이며 나라를 어지럽게 하려는 의도가 하루 이틀이 아니었는데 다행히 두세 신하가 충성스럽게 떨쳐 일어나 수백 년의 왕업을 다시 공고히 하였으며 경 또한 동분서주하면서 전후의 계책에 큰 공을 세워 진실로 수고를 다 하였으니 위사衛社 이등공신二等功臣으로 책훈하여 녹첩祿帖을 후세에 전하고 그 부모, 처자를 훈장하고 적장자嫡長子는 세습하여 그 녹을 잃지 않도록 오래오래 영세하리라. 아! 희생의 피로서 저 하늘에 맹세하는 바 이 나라가 다하여도 오늘을 잊을소냐." 하고 추성협익 정난 위사공신 선산군推誠協翼 定難 衛社功臣 善山君의 칭호를 내리고 백금白金, 비단 만 필과 가옥, 전답, 왕실의 수확물 등을 주었으며 궁궐의 뜰에서 연회를 베풀고 중종이 가졌던 의대를 내리고 사복시주부司僕侍主簿를 특배하였다 한다. 곧 장흥고령長興庫令이 된 후, 형조정랑刑曹正郎 군자감 판관으로 옮겨 앉고 중직대부 종삼품中直大夫 從三品 제용감 검정檢正으로 승진하였다. 병오년에 절위장군折衛將軍 정삼품正三品에 오르고 남양南陽 도호부사로 나갔다. 경술庚戌년에 광주光州와 나주목사羅州牧使에 제수되었다가 임자壬子년에 홍주洪州 목사로 부임한 후 임기가 끝나 구림으로 돌아왔다. 구림에서는 지남제指南堤를 축조하여 바다를 막아 천 여 마지기의 농토를 개척하여 농민들에게 나누어 새로 마을이 생겨나고 근방의 지도가 바뀌었고, 빈곤에 허덕이던 주민에게 큰 공덕이 되었으며 간척농지 조성의 선구자였으며, 구림 사회에도 큰 영향을 끼쳤다.

구림에 요월당邀月堂을 짓고 모정茅亭을 세워 중형인 석천石川 선생과 더불어 시를 읊고 서로 즐겼으며 당시의 이름난 선비와 거유巨儒들이 와서 서로 시를 회창하였고, 임금께서 어문御文과 쌍취정의 편액을 내렸다. 신유辛酉년 여름에 남원에 소란이 있어 영의정 상진공尙震公이 특천하여 남원도호부사가 되었다. 임구령은 부임하자 몸소 백성의 애로사항을 물어 부역을 균등히 하고 공평하게 하니 모두

영모재

가 대환영이었다. 1562년(명종 17년) 11월 26일 병으로 남원에서 졸卒하니 향년 62세였다.

정부인貞夫人 난포박씨蘭浦朴氏는 청안淸安 현감 지창池昌의 손녀요 장사랑將仕郞 세간世幹의 딸로 성품이 유순하고 조용하며 덕을 갖춘 분으로 삼남삼녀三男三女를 두었으며 묘는 공과 같은 벌 안에 있다.

장남의 이름은 호浩요 자는 호연浩然이요 호는 구암龜巖이다. 구암은 중종 17년(1522년)에 출생하여 어렸을 때부터 중부인 석천石川 문하와 여러 선생의 문하에서 사숙私塾하여, 명종 11년(1556년)에 처음으로 사축서별제司畜署別提를 제수받고 7년 후(1562년)에 사옹원직장司饔院直長으로 승진하였으나 같은 해 11월 26일 부친상(임구령)을 당하자 삼년상을 마친 후 명종 20년(1565년) 구림리 사저私邸 앞에 회사정을 세우고 그의 조부 박감사朴監司의 내외 후손 72인이 연명하여 계를 맺고 계명契名을 대동大洞으로 칭하여 대동계를 창계하였다. 그후 이 정자와 이 계의 이름이 경향 곳곳에 널리 알려졌다.

그는 일찍이 영달을 원치 않고 산림山林에 은거하며 태어나면서부터 효도와 우애를 다지고 글 읽기와 농사일을 게을리 하지 않았으며 항상 마음속으로 한일거사閑逸居士같은 생활을 자부하였다 한다.

선조가 즉위한 후(1568년) 뛰어난 준재俊才가 초야에 은거한다 하여 조정의 제상들이 국가의 대기大器로 인정하고 세 번 불렀으나 "팽위彭衛의 박봉이 원량元亮을 웃기고 동해東海에 둥근 달이 노중련魯仲連을 대하듯 내가 내 집을 사랑하니 무엇을 바라겠는가." 라고 하며 벼슬길에 나가지 않고 남은 생을 소요하고 산책하고 풍류를 즐기며 글을 짓는데 보냈다. 당시의 명현名賢과 거유巨儒들과 한데 어울리고 특히 성우계成牛溪 선생과 막역한 사이로 고금古今을 토론하며 어울렸으며 임금이 직접 남호처사南湖處士라는 칭호를 내렸다. 요월당 뒤의 국사암의 암면에 그가 남긴 '구암처사龜岩處士 임호林浩의 터'라는 글귀가 남아있다. 선조 2년(1592년) 7월 10일 구림리 사저에서 향년 71세로 졸卒하여 영암군 청룡리靑龍里 선친 묘역 오른쪽에 안치되었다.

- 선산임씨 문중 제공

임구령 가계도

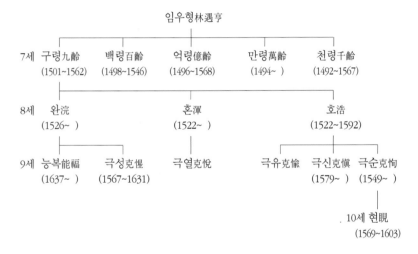

4. 함양박씨의 정착

함양박씨咸陽朴氏는 신라 국종성國宗姓으로 왕족 명문의 성씨이다. 신라 경명왕景明王의 8대군八大君 중 제3자인 언신彦信 속함대군速咸大君이 시조이다. 신라 시조 박혁거세朴赫居世의 29세 손인 제54대 경명왕의 여덟 왕자 중 첫째 언침彦枕 밀성대군密城大君은 밀양密陽, 둘째 언성彦成 고양高陽대군은 고령高靈, 셋째 언신彦信 속함速咸대군은 함양咸陽, 넷째 언립彦立 죽성竹城대군은 죽산竹山, 다섯째 언창彦昌 사벌沙伐대군은 상주尙州, 여섯째 언화彦華 완산完山대군은 전주全州, 일곱째 언지彦智 강남江南대군은 순천順天, 여덟째 언의彦儀 월성月城대군은 경주慶州를 관향貫鄕으로 후손들이 번성하여 오늘에 이르고 있다. 아홉째 교순交舜은 국상國相으로써 경주에 관적貫籍하여 울주蔚州로 분관分貫하고 오늘의 울산을 관향貫鄕으로 하고 있다.

선산임씨善山林氏 임호林浩가 쓴 〈구림동중수계서〉를 보면 "외선조되는 박빈朴彬이 구림에 정착하였고, 뒤이어 박성건, 박지번, 박지창 등이 개토開土의 업을 이어받았다."라고 적고 있다.

함양박씨의 중시조는 고려 예부상서禮部尙書를 역임한 선善이다. 중시조 선의 6세에 이르러 6개 파족派族, 일一, 이二, 삼三, 사四, 오五, 육六 파派로 씨족이 번창하였다. 이파二派(문원공文元公)의 10대손인 박성건의 자字는 양종陽宗이며 호號는 오한五恨이다. 오한은 1418년

이조 태종太宗 무술년에 금성錦城 지금의 나주에서 태어났다. 고조부 지빈之彬 문원공文元公은 문과에 급제하여 조청대부朝淸大夫 위위윤尉衛尹에 이르렀고, 증조부 계원季元은 문과 급제하여 병부상서兵部尚書, 조부 사경思敬은 문과 급제하여 군사郡事를 역임하고, 부친 언彦도 문과에 급제하여 공조판서工曹判書에 이르렀으나 어떤 사건에 연좌되어 만호萬戶로 좌천左遷하여 금성(나주)에 살았다.

금성에서 태어난 오한공은 단종 2년인 36세에 진사시進士試에 합격하였으며, 뒤늦게 54세에 문과에 급제하여 금성교수錦城敎授, 춘추관春秋館, 기주관記註官 소격서령昭格署令을 역임하고, 장수현감長水縣監을 마지막으로 역임한 오한공은 성품이 너무 고결高潔하여 산수가 아름답고, 송죽松竹이 우거진 처 난포박씨의 고향인 구림에 정착定着하여 간죽정間竹亭을 짓고 주변 선비들을 가르치며 문풍文風을 일으켰다.

오한공은 권權, 율栗, 조橾, 계桂, 정楨 5남 1녀(이진李珍)을 두었으나 4남(계)은 일찍 세상을 뜨고 남은 4명의 아들이 구림에 뿌리를 탄탄히 내려 일파一派, 이파二派, 삼파三派, 사파四派의 파족派族을 이루어 정착하게 되었다.

장남 권은 문과에 급제하여 태인泰仁 현감 사간원司諫院 정언正言을 역임, 연산군燕山君이 음학淫虐한 짓을 하고 사림士林들을 일망타진할 때 직언直言을 서슴지 않다가 연산군 4년 무오사화戊午士禍에 연루되어 길주吉州, 해남海南으로 유배流配되었다가 중종반정中宗反正으로 방면放免되어 향리인 구림으로 돌아왔으나 중종 원년 42세에 사망하였다. 2남 율은 기자전箕子殿 참봉參奉과 내금위內禁衛 역임하였고, 3남 조는 무과 급제하여 경상慶尙 우수사右水使 첨지僉知, 중추부사中樞府事 역임했다. 4남 정은 천성이 문文과 예藝에 뛰어났다.

특히 손자(3남 조의 아들) 박규정朴奎精은 동장洞長으로 대동계를 창설하는데 크게 기여하였다. 함양박씨는 오한공이 문과에 급제한 후 아들 권權을 비롯하여 4대 내에 문과文科에 2명, 생원生員 진사시進士試에 4명이 합격되었을 뿐 아니라 임진란에는 대기大器, 승원承源, 경인敬仁, 흡洽, 근기謹己 등 많은 자손들이 의병義兵을 모집 가담하여 가문의 지위를 높임과 정착에 기여하였다. 오한공이 구림에 정착하면서 외가나 처가로부터 받은 구림 주변에 위치한 농지 약 200두락과 노비 약 200여 명을 자녀들에게 분할 상속하였음은 구림에 탄탄한 기반을 형성하여 정착하였음을 알 수 있다.

영유재永裕齋

서구림리 403번지 구림천변의 죽림竹林 속에 있으며, 영암 일대 함양박씨의 종회소宗會所(문각門閣)이다. 경내에는 죽정서원과 조양재, 충의사가 있고, 옆 언덕 위에 간죽정이 자리 잡고 있다.

죽정서원竹亭書院

죽정서원은 1681년(숙종 7년) 4월 14일에 도갑리 음죽정陰竹亭에 고을 선비들이 1487년(194년 전)에 작고하신 오한공 박성건 선생을 모시는 사당祠堂인 죽정사竹亭祠를 창건하였으며, 나중에 고광孤狂 박권朴權, 귀락당歸樂堂 이만성李晚成, 수옹壽翁 박규정朴奎精, 설파雪坡 박승원朴承源의 사위四位를 추배追配하면서 서원書院으로 발전하였다. 그러나 고종 무진년에 대원군의 서원 철폐령撤廢令으로 훼철毁撤되었다가, 1932년 10월 13일에 신축되어 현 위치인 서구림리 403번지 간죽정 옆에 복원되어 도내 유림의 유회소儒會所로 매년 10월 둘째 정일丁日에 제향祭享한다.

조양재朝陽齋

박성오朴省吾의 영정을 죽정서원 내에 동원별사同園別祠로 모신 영당이다. 이 영정은 1893년 송용신宋容信이 그린 것이다. 박성오는 함양박씨의 15세손으로 1589년 구림에서 태어나 1620년 무과에 합격하여 이괄李适의 난을 평정하고 병자호란에서 활약했으며, 김해부사, 영변부사, 전라좌수사를 거쳐 평안병사를 역임한 후 병조판서를 증직받았다.

- 함양박씨 문중 제공

함양박씨 가계도

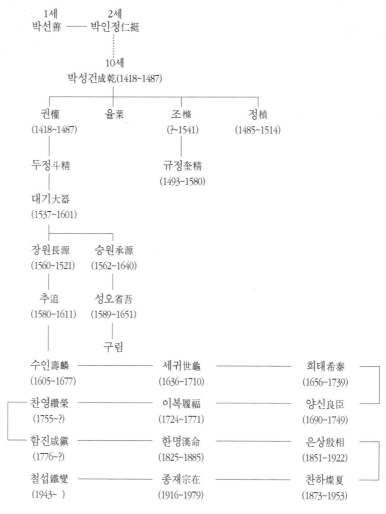

함양박씨 지역별 거주 분포 현황(구림출신 2005년도)

지역별	구림권	광주권	수도권	외 국	비 고
세대수	71	11	55	4	

5. 연주현씨와 구림

연주현씨延州玄氏의 시조는 현담윤이며 본관인 연주는 평안북도 영변군에 있다. 현담윤은 고려 의종(1146~1170, 18대) 때 사람이며 어려서부터 총명하고 거구였으며 성장하면서 경사經史를 널리 모시고 춘추좌전春秋左傳과 병서兵書를 즐겨 읽었고, 나라에 할 일이 많은데 남자가 글만 읽고 있을 때가 아니라고 여기고 활쏘기와 말달리기도 부지런히 하였다. 담윤의 나이 19세 때 오랑캐가 국경을 넘어 침공하니 공께서 군사를 일으켜 적을 무찔렀다고 한다. 의종께서는 이 공으로 담윤을 연산부사延山府使에 제수하였으며, 친히 명문거족과 혼인케 하였다고 한다.

명종 4년(1174년)에 서경유수 조위총이 난을 일으켜 40여 성주가 반군에 합류하니 공께서 두 아들을 거느리고 반군을 토벌하기 위하여 출정하였다. 이 때에 안북安北 도호都護 운주雲州 랑장郎將 등 34성이 조위총의 편이었으나 이를 물리치고 조위총의 난을 평정하였다. 이에 명종이 공을 치하하고 대장군으로 임명하였으며 두 아들에게도 벼슬을 주었다. 그 후 여러 번 벼슬을 승진시켜 문화 시랑 평장사에 연산군으로 봉하여 원로대신으로 예우하였다. 공께서 서거한 후 경헌이란 시호를 내리시고 연산관동 임좌 언덕에 장사하였다.

연주현씨 구림 입향 시조인 선략장군 무위 부사직 현윤명玄允明

(1470~?)은 시조 담윤의 12세 손으로 조선 성종 때 송화현감을 지낸 현분의 아들로 충청도에서 전남 영암 구림으로 입향하였으며 연주현씨 사직공파의 영암 중시조이다. 현윤명은 난포박씨 박빈朴彬의 손자 박지번朴地番의 맏딸과 결혼하였는데 박빈은 조선 세종 때 세자빈객과 남원 판관을 지낸 아버지 박인철의 후광으로 김해부사를 지냈으며 구림에서 경제적 기반이 대단했던 것으로 알려져 있다. 구림에 입향한 현윤명의 증손자 현건玄健(1572~1656)은 군자주부軍資主簿 감역공監役公을 지냈으며 조선 인조 때인 1646년에는 조행립과 박이충과 함께 구림대동계 역사상 획기적인 중흥을 이룩한 것으로 전해지고 있다. 또한 충무공 이순신 장군과도 교분이 있어 이순신 장군이 현건에게 보낸 서찰의 일부가 아산 현충사와 후손이 보관하고 있다.

현약호玄若昊(1659~1709)는 현징의 아들로 성리학과 충절을 숭상 장절함을 우암 송시열宋時烈이 칭송하였다. 당대의 석학자 농암 김창협金昌協의 문인이다. 김창협은 현약호에게 이런 시문을 남겼다. "'학이 그늘진 곳에서 우니 그 자식이 화답한다' 라고 하는 말이 있으니 대저 좋은 것은 진실로 남이 함께 취할 바이니 노래 부르면 반드시 화답함이 있는 것이 이치의 그러함이다. 그대가 이 말을 가지고 힘을 쓰는데 게으르지 않는다면 다른 날 남방에서 문학을 한 선비가 나왔다고 하는 말이 들리면 내 반드시 그대라고 이르겠네 하였다." 그리고 삼연三淵 김창흡金昌翕은 삼벽당기三碧堂記를 자작 삼벽당三碧堂(현약호의 집)에 걸어 주었다.

현약호는 지조가 굳고 아름다운 행실을 하였으며 손수 송松, 백栢, 죽竹을 정원에 심었다. 또 학행으로 유명하고 향촌에서 후학의 양성에 힘썼으며, 저서 〈병계집屛溪集〉이 전한다. 현약호의 둘째 아들인 불능와不能窩 현수중玄守仲은 유학의 정학正學을 탐구한 유학자이며, 후세에 면암勉庵 최익현崔益鉉(1833~1906) 선생이 추모하는 글을 남겼다.

후손 현기봉玄基奉은 성균진사成均進士로 대덕성자로 추앙과 칭송을 받고 있으며 영암향약소 도약장을 지냈고, 1907년 구림 대동계에서 구림사립보통학교를 설립할 때 공이 커 초대 학교장으로 추대되어 신교육의 발판을 만들었다. 공은 1888년에 대흉년이 들자 삼호에 있는 창고의 모든 곡식을 가난한 농민을 위해 나누어주는 선행을 베풀었으며 1912년 마을에 의자계를 창계하였다. 연주현씨는 역대 대동계원 약 1,100여 명 중 50명이 계원이었으며 현재 구림에는 3세대가 거주하고 있다.

연주현문은 문곡文谷 김수항을 비롯해 송시열, 김창흡 등 많은 명사들과 교류가 잦았다. 그 중에서 이순신 장군의 서신書信을 소개한다. "어제 겨우 귀주에 왔습니다만 그리 심히 멀지 않아서 혹시 잠시라도 가서 뵙고 문안드릴 수 있다고 생각하고 있는데 서신을 먼저 주시니 날짜는 좀 오래 되었습니다만, 반갑고 기쁩니다. 척제戚弟는 오랫동안 군인 생활을 하면서 머리와 수염이 모두 희어져 다음날 서로 만나면 몰라 볼 정도입니다.

어제 고금도로 진을 옮겼는데 순천에 있는 왜적과 백리 사이나 되

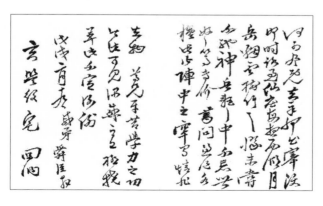

현건(玄健)에게 보낸 이순신 장군의 서신 일부

게 진을 옮겼으니 그에 대한 근심 걱정이 되는 것은 어떻게 말로 다 하겠습니까. 지난 신묘년(1591년)에 진도로 부임할 때에 귀댁이 있는 마을 앞을 지나면서 서호강과 월출산의 명승을 상상하고 지금도 이 병란兵亂 중에서도 늘 생각이 나곤 합니다. 세의世誼의 정을 잊지 아니하시고 일부러 사람을 시켜서 서신을 보내시고 겸하여 각종 물품을 보내셨는데 모두다 진중陣中에서 보기 드문 물품입니다. 정이 물질에만 있는 것이 아니고 존형의 평상시 학력의 공을 여기에서 볼 수 있어 감명感銘됩니다. 좌석이 조용치 못해 이만 줄입니다. 무술戊戌(1598년) 2월 19일 척제 순신 배"

삼벽당三碧堂

삼벽당은 서구림리 죽림정 앞에 있었던 것으로 송백죽松栢竹을 심어 삼벽三碧이라 하고, 연주현씨 현약호玄若昊(1659~1709)가 지은 건물로 우암 송시열이 삼벽당이라고 쓴 현판과 김창흡이 지은 시의 편액이 걸려 있었으나 건물은 퇴락頹落하고 현판과 시의 편액은 지금은 죽림정에 걸려 있다.

- 연주현씨 문중 제공

연주현씨 가계도

1세조 현담윤
⋮
12세 현윤명玄允明 ──────── 13세 구구球(?~1580) ────────┐

15세 건健(1572~1656) ──── 14세 덕형德亨(1549~1573) ──┘

유후裕後(1598~1665)　　　　16세 진후振後(1609~1635)

휘徽(1626~?)　　　　　　　17세 징徵(1629~1709)

약수若水　　　　　　　　18세 약호若昊(1659~1709)

19세 수초守初(1678~1707)

20세 명직命直(1710~1772)

21세 진한鎭漢(1736~1814)　　　　　진택鎭澤(1743~?)

22세 보명溥明(1759~1840)　　　　　보해溥海(1770~1839)

23세 상주相周(1781~1815)　　　　　상직相稷(1803~1868)

24세 시묵時默(1809~1851)　　　　　인묵麟默(1930~1896)

25세 기룡其龍(1830~1906)　　　　　기봉基奉(1855~1924)

26세 봉호奉鎬(1891~1967)　　　　　준호俊鎬(1889~1950)

27세 영창永昌(1921~1991)　　　　　영원永源

28세 삼식三植(1948~　)

연주현씨 지역별 거주 분포 현황(영암출신 2005년도)

지역별	구림권	영암	광주권	서 울	비 고
세대수	8	22	26	95	

6. 창녕조씨의 입촌

창녕조씨昌寧曺氏의 선조가 구림鳩林에 입향入鄕하게 된 무렵은 유교를 국가의 지도이념으로 하여 세워진 조선 중기였다. 조선은 예를 중시하는 유교 국가였기에 예는 세상을 다스리는 원천이었으며 힘과 권위를 바탕으로 한 유교 문화의 발전이 이루어지고 있던 시대였으니 예치禮治를 펼치기 위하여 많은 학자들이 예를 연구하고 예론을 정립하였다.

이에 따라 서로 맞지 않으면 붕당朋黨을 지어 파당派黨이 생기고 서로 다른 정치적인 길을 가게 되니 시대가 흐를수록 골이 깊어져 역사에 유래를 찾아보기 어려울 정도의 극심한 당쟁과 정치적 갈등있었다. 그리고 외침이 도래하는 어수선한 시대적 배경에서 현 서호사西湖祠에 제향祭享된 태호공兌湖公 행립行立의 선친인 도사공 조기서麒瑞가 구림에 낙향하게 됨으로 창녕조씨의 입향조가 된다.

도사공都事公은 1556년(명종 11년)에 서울에서 태어났다. 위로 선대先代의 내력을 대략 살펴보면 7대조인 희천공熙川公 신충信忠은 고려가 망하고 조선이 개국하자 불사이군不事二君의 의리를 지켜 영천永川으로 낙향하였다. 그는 죽마고우이며 조선왕조의 개국공신開國功臣인 정승 하륜河崙의 세 번에 걸친 입조권유入朝勸誘를 뿌리쳤다.(〈두문동실기杜門洞實記〉에 기록)

그리고 6대조인 부제학副提學 상치尙治는 일찍이 최만리 선생의 뒤를 이어 집현전集賢殿 부제학副提學에 이른 세종 때의 명신이다. 일찍이 길야은吉冶隱 선생 문하에서 수학하고 춘정春亭 변계량卞季良이 시관을 맡은 과거에서 점필재佔畢齋 김종직金宗直의 선친 강호江湖 김숙자金叔滋의 방위에 있었다는 점필재 선생의 문집 〈이존록彝尊錄〉에 기록이 있다.

시대는 세종世宗 원년(1419년)에 장원급제하여 방을 부르던 날 상왕으로 임석한 태종太宗 이방원이 '네가 왕씨王氏의 신하 조신충曹信忠의 아들이냐?' 고 하였다는 일화가 전해 오고 있다. 그는 세종世宗과 문종文宗 그리고 단종을 차례로 섬기며 명신名臣이 되었는데, 단종의 선위禪位로 세조世祖가 즉위하자 병을 핑계로 고향으로 은퇴하였다. 이에 취금헌翠琴軒 박팽년朴彭年은 "행차를 바라보니 우뚝하여 미치기 어렵습니다." 하고 편지를 보냈고, 매죽당梅竹堂 성삼문成三問은 어떤 이에게 보낸 편지에, "영천의 맑은 바람이 문득 동방의 기산 영수가 되었으니 우리들은 바로 조장의 죄인이다." 하였으니 훗날 병자사화(사육신死六臣의 단종복위의거復位義擧)를 있게 한 힘이 되었다.

그리고 낙향 후에는 평생 북향을 하고 앉지를 않았다 전한다. 시호諡號는 충정공忠貞公으로 영천의 창주서원滄州書院, 공주公州의 동학서원東鶴書院, 동학사東鶴寺 숙모전肅慕殿, 금화金化의 구은사九隱祠에 제향하였다.

도사공의 증조曾祖인 창산군昌山君 계은繼殷은 중종조에 예조판서禮曹判書로 중종반정中宗反正(연산군 폐위)에 참여하여 정국공신靖國功臣에 책록되어 공신록功臣錄 단서철권丹書鐵券(중종의 어필)을 하사받았으며 현 경기도 광주군 실촌면 소재의 충의사忠義祠(사부조지전賜不祧之典)에 제향하였다. 도사공의 조부祖父 응경應卿은 별제別提이고,

부친 세준世俊은 판관判官이었는데 강남 압구정동 선산에 모셔져 있다가 십수 년 전 개발로 여주군 북면 상교리로 이장하였다.

지금까지의 기록이 입향조 도사공 선대의 간략한 내력이다. 도사공은 한성의 후천동(현재 중구 필동) 남산 아래서 살았으며 이곳은 그의 아들인 태호공의 출생지이기도 하다.

도사공은 우계牛溪 성혼成渾의 문하에서 수학하였으며 우의정을 지낸 토당 오윤겸吳允謙, 좌의정을 지낸 이천梨川 이홍주李弘冑, 청음淸陰 김상헌金尙憲의 형이자 문곡 김수항의 큰할아버지이며 병자호란 시 강화부사로 강화성 함락에 통분하여 성문루에서 분신한 선원仙源 김상용金尙容 등이 우계문하에서 동문수학한 사우들이다. 도사공의 배위는 선산임씨 목사 임구령의 손녀이자 예조 정랑 혼의 딸이다. 스승인 우계와 장인인 임혼 두 분은 내직에 함께 있을 때부터 친교가 두터워 스승의 문하에서 혼인이 자연스럽게 이루어졌다. 도사공은 그 후 등과하여 의금부 도사로 제수되었는데 1589년(선조 22년)에 정여립鄭汝立의 난이 있었고 그 관련된 자들을 국문하는 기축옥사가 있었으며 이 때 국문하는 위관이 송강松江 정철鄭澈이었다.

정여립은 피신하다가 죽도竹島에서 자결하여 죽고 관련자로 지목을 받던 영남학파嶺南學派의 거두 남명南冥 조식曺植의 문인이었던 최영경이 구금 중에 옥사하자, 형신刑訊이 너무 잔혹하였다는 동인들의 거센 주장과 공의 스승인 우계 성혼이 정 송강을 조종하였다는 모함이 심하였다.

이에 도사공은 기호학파인 서인유생을 대표하여 정송강의 무고함을 구원하는 상소를 올렸다. 이는 곧 동인들의 배척의 대상이 돼 공에게 유벌儒罰이 가해질 것 같다는 은밀한 통정을 집안의 외손서이자 당시 승정원承政院에 있던 백사白沙 이항복李恒福으로부터 받고 뒷날

처가 선산임씨 세거世居인 구림으로 왔다.

일년여를 종유하시는데 서인의 몰락과 함께 정송강은 진주로 유배되었다. 강계로 위리안치圍籬安置 되는 등 동인이 정치적으로 득세하는 시대가 된 1591년 11월 37세의 젊은 나이로 구림에서 졸하시었다. 공께서는 젊은 나이에 졸하시니 높은 관직과 훌륭한 학문을 펼치지 못함을 많은 사우들과 주위의 애통함이 더 했다고 기록은 전한다. 이 때 아들들의 나이가 아직 어려 합천 현감縣監으로 있던 동생 난서鸞瑞가 경기의 광주군 돌마면 도촌리(지금의 분당신도시 야탑) 선영으로 모셨다.

이듬해 임진왜란이 있고 5년 후 정유재란이 또 있어 한성이 초토화된 난리 중에 공의 배위는 어린 아들들을 데리고 친정인 구림으로 피난을 오다가 큰아들 충립忠立을 외병의 손에 잃는 아픔을 겪었다. 둘째인 행립은 유년시절을 나주목사 남곽南郭 박동열朴東說 밑에서 수학케 하였으며 성장 후에는 집안의 취객이자 예학의 본산이며 서인 정치의 지주인 사계沙溪 김장생金長生 문하에서 수학케 하였다.

태호공은 훗날 구림의 훌륭한 유현들의 뒤를 이어 왕화가 멀어 습속이 경박함을 진작시키고 예를 중시하는 유학을 생활화하는데 많은 공을 남기었다. 이는 훌륭한 스승의 가르침과 어려운 시대에 젊은 나이로 홀로 되었으나 자식을 훌륭히 키워야겠다는 일념으로 살아 오신 임씨 할머님의 노력이 없었다면 오늘의 성대한 일문을 있었겠는가, 동서고금을 막론하고 큰 인물 뒤에는 훌륭한 어머니가 계셨으니 우리 일문도 그러한 경우라 생각된다.

지금도 성남시 중원구 도촌동 산 33번지(분당 야탑역 근처)에 두 분이 합장으로 모셔져 있는데 도시확장 계획에 따른 아파트 건립지구로 지정되어 파묘할 처지에 이르렀으나 문화재청의 사전지표조사(문화재 보존발굴) 결과 도사공의 묘소와 손자인 안용당安容堂 경찬敬燦의 묘소는 조선 중기 사대부가의 분묘조영양식墳墓造營樣式의 표본이며 원형대로 잘 보존되어 문화재적인 가치가 높다는 사학자들의 심사결과가 있었다.

이에 성남시와 주택공사가 문화재청의 지시에 의해 묘소를 도시 중앙에 공원으로 조성하여 현 위치 그대로 보존하고 있다. 자손들로서는 참으로 다행일 수 없어 선조의 음덕인가 싶기도 하고 이게 바로 명당인가 하는 생각을 하게 된다. 이 기회를 빌려 묘소 보존에 도움 주신 분들과 훌륭한 결정을 내린 관청에 감사의 마음을 전한다.

지금까지 서술한 입향조 도사공 기서에 대한 기록은 정확한 근거에 의한 많은 문헌을 참고하였으며 우암 송시열이 짓고 동춘 송준길이 쓴 비문과 현강 박세채가 쓴 행장을 근거로 옮긴 것이다. 비문을 짓고 쓴 세 분 모두 동국18현의 문묘에 종사되신 분들인데 옮기는데 부족함이 없었나 걱정이 앞선다. 다만 창녕 조씨 일문이 구림에 세거하게 된 연유의 이해에 보탬이 되었으면 한다.

서호사西湖祠

서호사는 원래 신흥동에 자리하여 마을 이름도 '아랫사우'란 별

칭으로 불렸으나, 1868년 훼철되었다가 1946년 남송정 332번지로 옮겨지었고, 1868년 훼철 당시까지 대동계에서 조두제물俎豆祭物을 보냈던 사우로 1948년 제전祭田을 봉납받아 매년 음력 9월 정일에 제향한다. 건물은 정면 세 간, 측면 두 간의 맞배 지붕이다.

총취정叢翠亭

서구림리 331번지에 있는 창녕조씨의 총회소이다. 1943년 서호사 앞 우측에 건립되었다. 편액은 6.25 당시 소실되었다가 1985년 복원되었다. 정면 네 칸, 측면 두 칸 크기의 팔짝 지붕이다. 뜰에는 조행립 사적비가 있다.

- 창녕조씨 문중 제공

창녕조씨 지역별 거주 분포 현황(구림출신 2005년도)

지역별	구림권	광주권	수도권	외 국	비 고
세대수	62	40	43	5	

창녕조씨 가계도

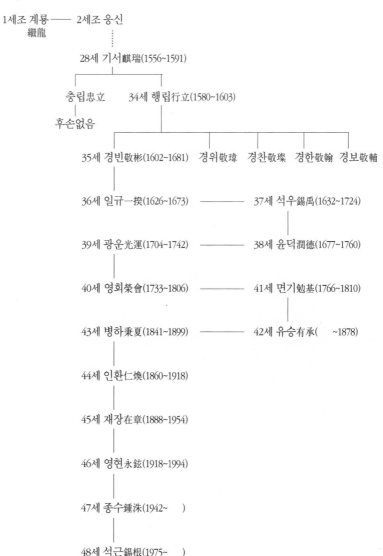

1세조 계룡—— 2세조 응신
　　繼龍

28세 기서麒瑞(1556~1591)

충립忠立　　　34세 행립行立(1580~1603)

후손없음

35세 경빈敬彬(1602~1681)　경위敬瑋　경찬敬璨　경한敬翰　경보敬輔

36세 일규一揆(1626~1673)　————　37세 석우錫禹(1632~1724)

39세 광운光運(1704~1742)　————　38세 윤덕潤德(1677~1760)

40세 영회榮會(1733~1806)　————　41세 면기勉基(1766~1810)

43세 병하秉夏(1841~1899)　————　42세 유승有承(　~1878)

44세 인환仁煥(1860~1918)

45세 재장在章(1888~1954)

46세 영현永鉉(1918~1994)

47세 종수鍾洙(1942~　)

48세 석근錫根(1975~　)

7. 해주최씨의 정착

　고려 초기 문종(1046~1083) 때 구재학당九齋學堂을 세워 문헌공도文
憲公徒를 중심으로 9개 전문 과목을 가르치며 중용의 대의를 취해 고
려유학高麗儒學의 철학적 경지를 심화시킴으로서 해동공자海東孔子라
일컬어지던 최충崔冲(文憲公, 984~1068)의 후손인 해주최씨海州崔氏가
구림에 터를 잡은 것은 21세손인 최석징崔碩徵 때이다. 최석징은 자字
는 구경久卿이요 호號는 양파陽坡이다. 선조 37년(1604년) 7월 13일에
안산군수安山郡守를 역임한 륵촌공 최진해崔振海와 의령남씨宜寧南氏
사이에서 사남 중 장남으로 태어났으나 몸이 허약하여 동생들처럼
명사들의 문하에서 수학하지 못함을 안타까워 하다가 심신의 요양과
심기를 달래기 위해 외조부인 남타南陀를 따라 약관 전에 구림에 오
게 되었다. 남타는 연주인延州人 현덕형玄德亨의 사위이다. 현덕형은
1613년 대동계의 중수에 참여하고 회사정 건립을 주도했던 현건玄健
의 선고장先考丈이다.
　남타가 처가에 오는 길에 외손자인 최석징을 데리고 와 진외가陳
外家댁인 목사 임구령林九齡의 후손들과 어울리고 혈연으로 얽혀있던
함양박씨, 연주현씨 집안의 자제들과 자연스럽게 교분을 두텁게 하
게 되니 심정적으로 안정되었고, 또한 당시에는 딸에게도 일정 지분
의 재산 상속권이 있었을 때였으므로 증조모인 임씨 할머니의 상속

받은 재산으로 경제적인 기반을 쉽게 닦을 수가 있었다.

중조부의 지기였던 옥봉玉峰 백광훈白光勳의 외손녀 원주이씨原州
李氏와 혼인하여 삼남을 두었는데 장남은 운서雲瑞, 차남은 귀서龜瑞,
삼남은 인서麟瑞이다. 그는 구림의 아름다운 풍광과 잘 어울리고 짜
여진 교우 관계와 여유 있는 전원생활에 자족하여 동생들과 달리 복
잡하고 험한 벼슬길에 나가지 아니 하였다. 한가하게 지내는 중에서
도 족성族姓관계의 서적 보기를 좋아해 백 여가百余家의 보서譜書를
모아 서로 비교 연구하여 세상 사람들이 말하기를 보서대방譜書大方
이라 하였다. 때로는 실계失系한 사람도 찾아주고 차례가 뒤틀린 집
안의 계보를 바로 잡아주기도 하였다.

아버지인 특촌공이 병조참판의 증직贈職을 받았고, 어머니 의령
남씨는 정부인贈貞夫人이 되었다. 장남 운서는 인조 원년(1623년)에
출생하여 효종 3년(1652년)에 무과에 급제하여 벼슬길에 올라 충청도
병마절도사에 이르게 되었고, 차남 귀서는 인조 11년(1633년)에 출생
하여 유학을 공부하다가 헌종 5년(1664년) 32세의 젊은 나이에 요절
하고, 삼남 인서도 인조 15년(1637년)에 출생하여 헌종 10년(1669년)에
졸하였다. 그는 시문에도 일가견이 있었는데 '산 사람에게 줌' 이란
오언절구五言絶句를 소개하면,

贈山人증산인

山影倒斜陽산영도사양   해가 뉘엿뉘엿 저무니 산 그림자 거꾸로 비치고
仙翁歸路長선옹귀로장   늙은 신선 돌아갈 길 멀게만 느껴지네
臨岐問後會임기문후회   갈림길에서 훗날 만날 약속을 물으니
擧手一鞭忙거수일편망   대답 없이 손들고 말 채찍질하기 바쁘구나

그는 임진壬辰 정유丁酉 양대 전란 동안 성묘를 하지 못하고 오랜
세월이 흘러 공의 6대조 헌납공獻納公과 7대조 전한공典翰公의 유택
을 실묘失墓하여 자손의 도리를 못하고 만극 지통하는 차에 공의 꿈
에 백발노인이 나타나 '고양군 벽제서산碧蹄西山 마을로 이씨 성을
가진 노인을 찾아 양위분의 유택을 알아보면 인도해 줄 것이다'라고
현몽現夢했다. 이 사실을 장남 운서에게 이야기 했더니 병사공이 휴
가를 얻어 조카들과 서산마을 이씨 노인을 찾아가 선유리仙遊里에서
헌납공과 전한공 양위분의 묘소를 찾아 병사공이 소장하고 있던 은
패물을 팔아 묘비석을 갖추었다는 일화가 전해 내려오고 있다.

삼락재기三樂齋記에 의하면 삼락재는 그가 창건한 문각으로 낡아
허물어져 후손 계은溪隱 항석恒錫이 종친들과 의논하여 1897년에 중
건하였다고 기록되어 있다.

삼락三樂이란,

父母俱存 兄弟無故 一樂也, 부모구존 형제무고 일락야,

　　부모가 건재하고 형제가 무고함은 첫 번째 낙이요,

仰不愧於天附不炸於人 二樂也, 앙불괴어천부불작어인 이락야,

　　하늘을 우러러 보고 땅을 굽어보아도 부끄러움이 없음이 두 번째 낙이요,

得天下英材而敎育之 三樂也 득천하영재이교육지 삼락야

　　천하의 영재를 얻어 교육함이 세 번째 낙이라는 것을 말한다.

그가 현종 8년(1667년) 8월 27일에 돌아가시니 수 66세였고, 학산
면 해암임좌海岩壬坐 해하롱주지지海蝦弄珠之地에 안장되었다. 영의
정領議政을 지낸 조카 간재艮齋 규서奎瑞가 짓고, 원교圓僑 이광사李匡
師가 쓴 묘비가 세워져 있다. 장남 운서의 자손들은 경기도 안성에
정착하여 살며 구림에는 차남 귀서, 삼남 인서의 자손이 살고 있다.

또한 해주최씨 자손들은 이세조二世祖 문헌공文憲公 최충崔冲이 두 아들에게 남겨준 계이자시戒二子詩를 가슴 깊이 새기고 살아가고 있다.

계이자시戒二子詩

家世無長物 唯傳至寶藏가세무장물 유전지보장

　　우리 집에 대대로 내려오는 물건은 없으나 오직 값진 보배를 전해
　　간직해 왔다.

文章爲錦繡 德行是珪璋문장위금수 덕행시규장

　　문장을 바로 비단으로 여겼고 덕행은 곧 옥이다.

今日相分付 他年莫敢忘금일상분부 타년막감망

　　오늘날 서로에게 이르는 말은 부디 뒷날에도 이것을 잊지 말라

好支廊廟用 世世益興昌호지랑묘용 세세익흥창

　　그러면 나라에 귀히 쓰이게 되며 더욱 번영하리라.

동계사東溪祠

동구림리 해주최씨 사우로 374번지 1-3호 260평 대지에 11평의 제

실이 있다. 문헌공 최충(986~1068), 강호공江湖公 최만리崔萬里(1398~ 1445), 고죽공孤竹公 최경창崔慶昌(1539~1583), 양파공陽波公 최석징崔碩 徵(1604~1677), 만성재공晩醒齋公 최치헌崔致憲(1773~1848) 등 다섯 분이 배향되어 있다. 매년 음력 10월 초정일初丁日을 택하여 향유鄕儒들이 집전하는 향사우로써 각지의 문자질이 참례한다.

삼락재三樂齋와 고죽기념관孤竹記念館

동구림리 372번지 182평의 대지 위에 건립한 삼락재와 고죽기념 관이 합사한 건물이다. 삼락재는 최석징이 건립한 후 종친 최항석崔 恒錫이 중수하여 유지해 오다가 헐고, 그 자리에 2003년부터 2004년 까지 군비 5억원과 자체 자금 1억여 원을 들여 새로 지었다. 36평의 건물엔 삼당시인 고죽기념관이 있고, 그 옆에 삼락재 현판이 걸려 있 다. 경내에는 고죽시비와 관리사가 있다.

- 해주최씨 문중 제공

해주최씨 가계도

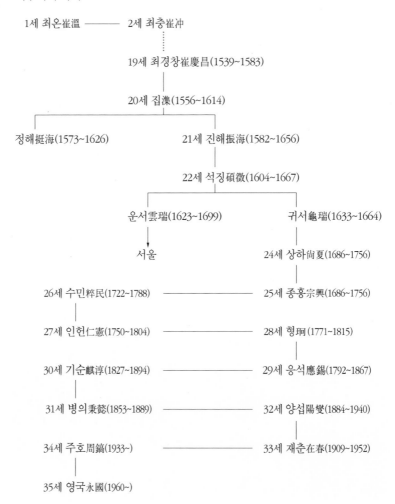

1세 최온崔溫 ——— 2세 최충崔冲
⋮
19세 최경창崔慶昌(1539~1583)
|
20세 집준澿(1556~1614)

정해挺海(1573~1626)　　　21세 진해振海(1582~1656)
|
22세 석징碩徵(1604~1667)

운서雲瑞(1623~1699)　　　귀서龜瑞(1633~1664)

서울　　　24세 상하尙夏(1686~1756)

26세 수민粹民(1722~1788) ——— 25세 종흥宗興(1686~1756)
|
27세 인헌仁憲(1750~1804) ——— 28세 형형珩(1771~1815)

30세 기순麒淳(1827~1894) ——— 29세 응석應錫(1792~1867)
|
31세 병의秉懿(1853~1889) ——— 32세 양섭陽燮(1884~1940)
|
34세 주호周鎬(1933~) ——— 33세 재춘在春(1909~1952)
|
35세 영국永國(1960~)

해주최씨 지역별 거주 분포 현황(2005년도)

지역별	구림권	광주권	수도권	외 국	비 고
세대수	70	63	78	9	

제3장

구림이 낳은 현인들과 연을 맺은 문객들

1. 일본에 문명을 전한 왕인박사

글방과 왕인

전해 오는 바에 의하면 박사 왕인王仁은 백제 14대 근구수왕近仇首
王 28년(373년) 3월 3일 월나군月奈郡 이림爾林의 성기동에서 왕씨 집안
의 외아들로 태어났다고 한다. 지금의 전남 영암군 군서면 동구림리
의 성기동이다. 이곳 성기동은 '신령스런 바위(靈岩)'로 현묘하게 기
봉준령奇峰峻嶺을 이루어 강정한 절의와 청고한 기운을 상징하는 월출
산의 주지봉 밑에 낮은 구릉으로 둘러싸인 아늑한 골짜기이다. 이 골
짜기의 북쪽 구릉을 등지고 지금으로부터 1,600여 년 전 박사 왕인이
탄생한 고택지古宅地가 자리 잡고 있다. 고택지 앞으로 차고 맑은 성천
聖川이 흐르고 성천 건너편으로 월출산의 아름다운 지맥이 느슨하게
굽어 흐르고 있다. 성천 바로 위쪽에 구유바위(槽岩)라 불리는 기암이
육중하게 자리 잡고 있어 마치 그 유구한 세월을 두고 오직 박사 왕인
의 유적지를 보호하고 지켜온 듯이 그의 고택지를 바라보고 있다.

이곳 탄생지 주변의 자연환경은 심현深玄한 조화를 이루고 있는
묘절妙絶한 산세다. 월출산 주지봉의 맑은 정기를 받아 태어난 왕인
은 어려서부터 영특하고 총명했다. 준수한 동안에 눈망울은 초롱 빛
같았고, 행동 하나하나가 범상치 않았다. 어린 왕인은 서당 밖으로
흘러나오는 강講을 듣고 홀로 글을 깨우칠 만큼 영롱했다고 한다.

마흔이 넘어 인仁을 얻은 부친은 인이 범상한 인물이 아니라는 것을 믿고 있었다. 그 당시 성기동에 반 마장쯤 되는 '불무동'의 도요지陶窯地에서 일을 맡고 있던 그에겐 영특한 인이 자라고 있다는데 그렇게 마음 든든할 수가 없었다. 총명한 아들 인을 서당에 입문시켜 대학자로 길러 내겠다는 것이 아버지의 간절한 염원이었다. 그 당시 서당은 예부터 수많은 선비와 명유名儒를 배출한 학문의 전당이었다. 학덕이 높은 석학들을 모시고, 가깝고 먼 각처에서 모인 우수한 수학자들이 경학經學을 익히는 곳이었다. 규율이 엄격하고 총명한 서생만을 입문시켰다. 근세에도 서당에서 문, 무과에 급제하는 문인 재사가 적지 않았다 한다.

박사 왕인은 왜 일본에 갔을까?

박사 왕인은 그로부터 2년 후 20세의 나이로 서당 조교의 직위에 오르게 되었다. 박사 왕인의 학덕은 왕실과 도성에 널리 알려지게 되었다. 아신왕阿莘王은 박사 왕인을 여러 차례 불러 태학太學에서 일하여 줄 것을 종용하였다. 왕은 왕인을 태자의 스승으로 삼고 싶어했던

왕인초상

것이다. 그때마다 왕인은 거절했다. 그는 오늘이 있기까지 많은 은고 恩顧를 입어온 서당에서 후학을 양성할 뜻이 굳어 있었기 때문이다. 왕도 결국은 박사 왕인의 뜻을 이해하고 더 이상 종용하지 않았다. 그러나 아신왕은 틈틈이 박사 왕인을 도성으로 초빙하여 태자 전지 와 서로 벗하며 경륜을 논하도록 했다. 태자 전지도 경전을 능히 해 독할 수 있는 학문의 경지에 도달해 있었다. 태자 전지는 박사 왕인 의 높은 학덕과 깊은 경륜에 감탄했다.

　박사博士란 호칭은 일종의 관직명으로 백제시대의 각종 전문가에 게 부여하던 칭호이다. 우리가 박사 왕인할 때의 박사는 왕인이 〈역 경〉, 〈시경〉, 〈서경〉, 〈예기〉, 〈춘추〉의 다섯 가지 경에 정통하다는 데서 오경박사라 칭하면서부터 이다. 박사 왕인은 오경에 통달하였 으므로 사람의 관상을 마음속으로 꿰뚫어 보았다 한다. 어느 날 박사

왕인은 태자를 가까이 모시고 있는 터라 태자 에게 부왕과 잠시 이별 하여 물을 건너 멀리 떠 나게 될 것이라고 아뢰 었다고 전해진다. 이 무 렵 아신왕은 고구려의 남침에 대비함은 물론 제16대의 진사왕辰斯王 때 고구려에게 빼앗겼던 10여개의 성을 다시 탈

왕인박사유허비

환코자 계획을 세웠다. 그리하여 아신왕 6년(397년)에 이미 근초고왕 때부터 백제와 선린 관계를 유지해 왔던 일본과 더욱 깊은 수호관계를 맺고 원호를 청했다. 이 때 태자 전지를 볼모로 결정했다. 그가 바로 일본에서 말하는 아직기 즉 아지길사阿知吉師이다. 일본에 건너간 아직기는 볼모의 몸으로 일본 응신應神 천황의 태자 토도치랑자의 스승이 되었다. 그 당시 일본은 문자가 없어 구구상전口口相傳으로 원시상태를 벗어나지 못하고 있었으며, 대화大和를 중심으로 고대 국가의 형태를 나타내기 시작했다. 인륜 도덕도 그 기틀이 잡히지 않은 상태였다. 그러나 백제는 북방으로부터는 중국 문화의 많은 영향을 받아왔고 낙랑 대방과는 지리적으로 밀접하여 교섭이 잦았으므로 국가 질서의 수립이나 문화적 지반에 있어서는 고구려보다 앞서 있었다. 백제 중흥을 이룬 제13대 근초고왕이 즉위하게 되니, 이때 백제의 문화는 그 전성기를 맞이했던 것이다.

그리하여 백제는 학술과 문예가 발달하여 경사經史 문학으로부터 음양오행본 의약 복서卜筮 점상占相에이르기까지 각각 전문분야의 기술자를 배출하고 있었다. 그 당시 백제에는 오경박사만이 아니라 의학 역상曆象 복서 등 각 분야의 전문적인 기술자에게 박사 칭호를 부여하여 의박사 역박사 노반박사 와박사 등의 박사 제도가 있었다.

일본 문화와 박사 왕인

태자와 왕인 일행이 일본 야마토 구니(大和國) 탄파진灘波津에 도착한 것은 그 해 2월 3일이었다. 백제의 거유박사 왕인은 일본 황실의 사부師傅가 되어 두 태자 토도치랑자와 대초요존의 스승이 되었다. 일본에 건너갈 때 가지고 갔던 '천자문'과 '논어'만이 아니라, 모든 경적經籍을 가르쳤다. 왕인은 태자의 스승만이 아니라 군신들에게 한학과 경사經史도 가르쳤다. 백제인 왕인으로부터 한문을 전해 받은 일본은 비로소 눈이 뜨기 시작했고, 학문의 필요함을 터득하게 되었으며, 충효·인의 등 유교 덕목을 깨우치게 되었다. 미개했던 일본은 비로소 한학이 발흥하는 계기를 마련하게 되었고, 문화 발전의 뿌리를 내리게 했다.

한편으로, 태자 전지와 왕인이 일본에 건너온 지 반년이 지나도록 태자를 백제로 귀국시키려는 기미가 보이지 않았다. 박사 왕인은 초조하고 불길한 예감이 밀어 닥쳤다. 그 해(405년) 9월에 백제 아신왕이 서거했다는 부음에 접했다. 왕인은 매우 불안했다. 태자의 환국을 기다리는 동안 왕위계승을 에워싸고 피를 흘리리라 예견했기 때문이다. 이때 아신왕이 서거하자, 왕의 중제仲弟 훈해訓解가 섭정하면서 태자의 환국을 기다리고 있었으나, 왕의 계제季弟 설례碟禮가 훈해를 죽이고 스스로 왕위에 올랐다. 박사 왕인은 응신천황에게 의젓한 자세로 "폐하는 백제와의 결호結好를 건고히 하기 위하여 백제의 왕족

4월에 열리는 왕인문화축제

의 명맥을 끊게 했습니다. 백제 왕족이 끊긴 후 신생 백제와의 수호를 위하여 어떠한 인질을 원하십니까?하고 물었다. 응신천황은 "이제는 인질(볼모)은 필요 없소. 서투른 일을 저질렀소. 아신왕 재세在世 중에 전지를 돌려보냈어야 했을 터인데, 왕인 길사의 도일이 너무 늦었기 때문이었소."라 답했다. 그러고 나서 곧바로 표령을 내렸다. 전지태자를 귀국시키되 신변을 보호하기 위하여 병사 100명을 딸려 귀국길을 호송토록 하라고 하명했다.

귀국길에 오른 태자는 국내에 들어오지 못하고 그 해가 저물어질 때까지 섬에서 몸을 보호하고 있었다. 신하들은 이러한 상황을 용납할 수 없어 설례를 죽이고 태자를 맞을 준비를 했다. 이리하여 제17대 전지왕이 즉위하게 되었다. 박사 왕인은 비로소 마음이 놓였다. 박사 왕인으로 인하여 일본으로 보내야 할 백제 왕실의 볼모가 비로소 풀린 것이다. 그러나 왕인은 자기의 책임이 무거워졌다고 생각했다.

일본 문화의 개조開祖 백제인 왕인은 당시 일본 황실의 스승이자

왕인문화축제 행렬

정치 고문이기도 했다. 그는 황실의 질서와 치국의 원리를 강론했다. 또한 그는 일본 화가和歌의 창시자이기도 했다. 박사 왕인을 뿌리로 하여 유학은 널리 보급되고 학교교육의 기틀이 되었다. 또한 왕인은 도일할 때 대동했던 한단야공韓鍛冶工, 오복사吳服師, 양주자釀酒者, 도기공陶器工 등 45명의 기술자들을 활용하여 각 분야의 전문적인 기술의 전수에 힘을 기울였다. 영농 방법을 개발하여 생산력을 증대시키고, 말의 사육을 장려하는 동시에 교통과 운수체계를 정비하는 데에도 기여했다. 그리하여 왕인은 학문과 윤리도덕을 깨우칠 뿐 아니라 새로운 전문 기술을 전수하여 일본의 고대산업 발전에 크게 기여했다. 선현先賢 왕인은 어느 것에도 통달치 아니함이 없었기 때문에 일본 문화사상 성인처럼 신격화되기도 했다. 그러기에 그는 고국에 돌아가기를 간절히 소망했지만, 끝내 그 뜻을 이루지 못했다.

세월이 흘러 박사 왕인은 세상을 떴다. 백제의 현인이요, 큰 유학자였던 그는 미개했던 일본에 처음으로 학문과 도덕, 충신효제忠信孝悌의 길을 널리 깨우치고, 한편으로는 전문적인 기술을 전수하여 일본 문화사상 실로 우람하고 불후의 위업을 남겼다. 일본 조정에서는 문인직文人職의 시조인 서수書首라는 존칭을 내렸고, 대화십시현大和十市縣을 할양하였다. 이곳을 지금 백제군百濟郡 또는 백제향百濟鄕이라 일컫는다. 일본에서는 예부터 박사 왕인을 '문학의 시조'요, '국민의 대은인'이라 하여 그의 위업을 송표頌表하고 숭모해 마지 않는다. 박사 왕인이 세상을 떠난 뒤 하내국河內國에 정착하였던 그의 후예들은 크게 번성하고 팽창하였다. 박사 왕인의 정신과 위업을 이어받은 그들은 문화면은 물론이요, 그 후로도 그 후예들이 이룩해 놓은 업적은 이루 다 헤아릴 수 없을 것이다.

- 유 인 학(세계거석문화협회 총재, 마한문화연구회 이사장, 한양대 명예교수 제공)

2. 왕인박사유적지가 만들어지기까지

　일본 오사카(大板)에 있는 히라카타(枚方市) 어능곡御陵谷 야산에 2,000여 평 넓이의 박사 왕인 묘역이 있는데 일본인들은 여기를 왕인 공원이라고 한다. 묘역 입구에는 유서천 궁치 인친왕有栖川 宮幟 仁親王이 쓴 글씨를 새긴 박사 왕인분博士王仁墳이라는 큰 묘비가 서 있고 조금 더 가면 1720년 당시 영주였던 구구우위문久具右衛門이 세운 묘비와 그 옆에 1,600여년

의 긴 세월동안 풍우에 씻겨 글씨의 흔적만 남아 있는 자연석으로 되어 있는 묘비가 지난 역사를 말해 주고 있다. 또 묘역에는 세수대洗水坮와 향분香盆(향로)를 갖추어 놓고 있어 향불이 꺼지지 않을 만큼 참배객이 이어지고 있는데 그

일본 오사카 어능곡 왕인묘역
들머리에 있는 묘비

곳 사람들은 현창회顯彰會를 만들어 봄, 가을 제를 모시고 사천왕사四天王寺 '왓쇼이' 대축제를 개최하여 왕인박사를 기리고 있다.

한편으로 1932년 나주 영산포 본원사本願寺 주지 아오기의 왕인박사 동상 설립 운동이나 일본 동경 우애노공원의 왕인비 건립 등 일련의 왕인부흥운동은 내선일체內鮮一體, 동조동근론同祖同根論으로우리 민족을 동화시켜 말살하려는 정략적이고 공작적工作的인 면이 다분히 내재되어 있었다고 볼 수 있다. 그러나 일본은 박사 왕인이 천자문과 논어 열권을 가지고 오복사吳服師, 도공陶工, 야공冶工, 와공瓦工 등 기술자를 대동하고 도일하여 일본을 문명세계로 인도하고 아스카(飛鳥) 문화와 나라(奈良) 문화의 원조가 되었다는 것을 인정하고 문장과 도덕의 군자君子로 일본의 대은인大恩人으로 존경하고 칭송하고 있다. 일본에서 박사 왕인이 죽은 지 약 1,550여 년이 지난 지금까지도 묘를 보존, 관리하고 있다는 것은 대단한 일이거니와 백제가 패망(660년)한 후 50~60년, 왕인이 죽은 지 260~70년 후에 엮어낸 〈고사기古事記〉나 〈일본서기日本書記〉(720년)에 이런 사실史實들이 뚜렷이 기록되어 있는데 박사 왕인의 모국인 한국에는 왜 기록이 없을까 되새겨 볼 필요가 있다.

일본에 천자문이 없던 당시 백제의 사정도 크게 다르지 않았을 것으로 볼 때 문자를 해독하고 기록할 수 있는 지식인은 백제에도 극소수에 불과했을 것이며 기록 문화가 보편화되지 못한 시기였고, 백제의 궁중 기록으로 남아 있었다 하더라도 나당羅唐연합군의 침공으로 궁궐이 불탈 때 소실되었을 것이며, 신라의 백제 역사 지우기의 일환으로 멸실되었을 개연성이 높다. 〈삼국사기三國史記〉(1145년), 〈삼국유사三國遺事〉(1281년)가 쓰여 졌을 때에는 나라가 세 번이나 바뀌고 왕인이 도일한 지 730여 년 후의 일로 왕인이야기는 까마득한 옛날

이야기가 되어 잊혀졌을 것이며 왕인이 출생하고 자란 연고가 있는 지방에서나 전설이나 설화같은 형식으로 근근이 구전으로 전해 내려왔을 것이다.

이와 같이 잊혀지고 지워진 박사 왕인에게 큰 관심을 갖고 그 뿌리를 찾고자 1968~1970년 중반까지 심혈을 기울인 사람이 바로 김창수金昌洙 옹이다. 김창수 옹은 1901년 전북 정읍에서 태어나 중국 상해대학을 졸업하고 독립운동을 하다가 10년간 감옥살이를 하고 광복 후 제3대 국회의원을 지냈고 농촌 문제와 농협에 관한 연구를 한 분으로 전국농민회 회장도 오랫동안 역임한 분이다. 김창수 옹은1968년 전후 일본 농촌 실정과 농협의 운영 실태를 연구 시찰하기 위해 일본 각지를 돌아다니던 중 박사 왕인 묘를 참배하고 깊은 감명을 받아 박사 왕인 연구에 몰입하여 1970년 다시 일본에 건너가 5개월 동안 관동關東, 관서關西, 구주九州 지방의 유적을 답사하고 그 후손들을 만나 자료를 수집하고 돌아왔다.

귀국 후 1970년 11월 16일 국회의원회관에서 유홍열柳洪烈 교수, 조동필趙東弼 교수, 강주진姜周鎭 교수와 안동선安東璿 의원 등과 모임을 갖고 김창수 옹이 이제까지 연구한 결과와 일본 현지답사의 실태를 자세히 설명했는데 그 결과 왕인 박사의 위업을 계속 연구해서 민족사관을 정립하고 사학계에 기여하자는 데 합의하고 왕인연구소를 설치하였는데 이것이 우리나라에서 왕인박사 연구를 위한 첫 모임이다. 귀국 후 정리한 자료를 기초로 1972년 8월부터 10월까지 15회에 걸쳐 중앙일보에 '일본에 심은 한국의 얼' 이라는 제목으로 글을 연재한 것이 구림이 왕인탄생지임을 확인하고 왕인유적지를 만드는 계기가 되었다.

중앙일보에 실린 글을 본 JCI 영암청년회의소 회장 강신원姜信遠

이 김창수 옹에게 편지를 보냈는데 "일본에 심은 한국의 얼'을 읽고 한민족으로서 한일 관계에 깊은 감명을 받았고 민족의 긍지를 갖게 되었으며 '영암군 군서면 구림리와 서호면 성재리' 등지에는 백제 때의 왕인 유적과 전설이 많다, 영암이 낳은 위대한 인물 왕인박사를 기리기 위해 '왕인박사 국위선양기념비를 불원간 완성하여 입비 제막식을 갖게 되었다."는 요지의 편지였다.

이로 인해 1972년 10월 19일과 73년 3월 두 번에 걸쳐 2주 동안 현지답사를 하게 되었다. 72년 10월 19일 나주 영산포역에서 이백래李白來와 동행하여 강신원의 안내로 영암 구림 '보림다방'에서 잠깐 쉬고 있는 동안 촌노村老인 최일석崔日錫, 박석암朴錫岩, 최영암崔英岩 최준기崔準基 외 1인 등과 왕인박사 탄생지 이야기를 하고 있던 도중 JCI 영암 부회장 최수일崔洙日과 박찬우朴燦宇가 들어와 동석하게 되었는데 박찬우 말에 의하면 1937년 일본 학자 몇 사람이 찾아와 현지를 자세히 답사하고 돌아갔다고 하였다. 곧바로 강신원, 최수일, 최일석, 박찬우, 최준기 제씨와 현지를 돌아보고 7일간 머무르면서 두 차례 답사하고 여러 사람들을 만나 전설을 듣고 여기가 왕인탄생지라는 심증을 갖게 되었다. 73년 10월 3일 김창수의 안내로 이선근李瑄根, 유홍열, 조동필 박사 세 분이 서울에서 와 유달영, 유승국 교수와 광주에서 합류하여 5일 동안 탄생지인 구림 성기동의 현지 유적을 답사하고 현지의 전설과 설화 등을 듣고 주변의 지리적 여건을 살핀 후 결론은 '왕인의 탄생지는 구림'이라는 의견일치를 보게 되었다. 이와 같은 사실이 전남일보, 전남매일에 이어 동아, 조선, 중앙, 경향 등 신문에 10월 4일자에 대서특필로 보도되고 각 텔레비전과 라디오 방송에서도 연일 방송됨에 따라 왕인 탄생지가 처음으로 빛을 보게 되었다.

왕인박사 관련 1973년 10월 4일과 5일자
〈조선일보〉 기사

그 후의 왕인박사유적지 조성과정을 살펴 보면,

1973.10. 3.　　김창수, 이선근, 유홍열, 조동필, 유달영, 유승국 교수 등
　　　　　　　구림 유적지 답사

1973.10.25.　　사단법인 왕인박사 현창협회 창립(회장 이선근, 이사장
　　　　　　　김신근)

1974. 5.18.　　왕인박사 현창협회, 광주 YWCA 강당에서 '왕인박사 유
　　　　　　　적 종합 고증' 발표

1974. 7. 5.　　일본 왕인박사 현창협회 무도화인武島和仁 등 일행 구림
　　　　　　　현지답사

1974.10.11.~11.10.　왕인박사 현창협회 답사단 현지답사(조사단: 유승국, 김
　　　　　　　영원, 박찬우, 이은창, 이정업, 임해림, 임영배)

1974.12.30.	왕인박사 현창협회 '왕인박사 유적 종합보고서' 전남도에 제출
1975. 1.28.	허련許鍊 전남지사 2억 6,000만원을 지원, 구림 일대와 도갑사 주변 정화 사업으로 왕인박사 성역화 사업 착수
1975. 8. 20.	전남 교육위원회, 월출산 산장호텔에서 '왕인박사 유적 학술세미나'
1975. 8.25.	일본영사관 월출산 산장호텔에서 '왕인박사 유적 학술발표회' 개최
1976. 9.18.	전남도 문화재위원 최몽룡 교수 왕인유적문화재 지정보고서 제출
1976. 9.30.	전남도 문화재위원회 '왕인박사유적지' 도문화재 기념물 제20호로 지정
1976.11.11.	왕인박사 유허비 건립
1985. 8.16.	왕인박사유적지 정화사업 착공
1985. 9. 6.	왕인박사 현창협회 부설 왕인박사연구소 발족, 소장 이을호(당시 국립 광주박물관 관장)
1987. 9.26.	왕인박사유적지 준공

1987년 왕인박사유적지가 준공되기까지 수많은 학자들의 왕인박사 탄생지를 찾기 위한 연구와 학술 토론을 통한 부단한 노력으로 구림 성기동이 왕인 탄생지임을 확인하였고 또 1995년 백제 왕인박사 유적연구보고서(교원대학교, 전남도, 영암군)가 제출되었고, 1996년 4월 영암군민회관에서 황수영 교수가 왕인에 대한 학술강연회를 갖는 등 부단한 연구를 계속하고 있다. 아울러 지방에서도 민준식, 최재율, 박광순 교수와 임광행, 최재우, 박찬우, 최승호, 이환의, 윤제명, 유인

왕인유적지 전경

학 제씨도 왕인박사현창협회를 적극 도와 큰 힘이 되었다.

왕인박사유적지의 오늘이 있기까지에는 유명한 학자들의 연구와 토론과 활동을 그 그늘에서 돕고 뒷받침하는데 많은 사람들이 힘을 보탰지만 그 중에서도 특히 구림 태생인 박찬우의 공이 매우 컸었다. 그는 일본을 몇 번씩 왕래하고 왕인 노래를 만들기 위해 이은상 선생과 작곡가 김동진 선생을 찾아가 간청하고 노래를 보급하기 위해 각 학교를 찾아다니고 이은상의 글과 김상필 선생의 글씨를 받아 왕인 박사유허비에 새겨 넣고 세우기까지 동분서주하는 노력을 아끼지 않았다. 또 1975년 허련 전남지사가 2억 6,000만원의 유적지 조성사업 예산을 책정 집행한 것이 이 사업의 효시가 되었고 이어 1984년 10월부터 1988년 2월까지 3년 5개월 동안 전남 지사로 재임한 서호면 출신인 전석홍全錫洪 지사의 역점 사업으로 책정해 문산재와 양사재의 복원과 진입도로 등에 18억 8,000만원, 왕인유적지 사무실 및 관광지 부대사업에 약 13억 7,000만원 등 합계 32억 4,000만원의 막대한 예산을 1985년부터 1987년까지 투입함으로써 왕인박사유적지 사업이 빨리 성공리에 이루어지게 되었다. 또한 역대 군수들의 이 사업에 대한 열의와 뒷받침이 이어져 박일재朴一在 군수와 김철호金澈鎬 군수의 야심찬 왕인박사 성역화사업, 도기문화센터 등 관광자원사업에 많은 자금을 투입하여 왕인과 도기민속문화마을로 가꾸어 내는데 온 힘을 쏟고 있다.

생각해 보면 농촌의 인심과 농촌 그대로의 모습, 보리밭이나 밀밭이 너울지고 자운영이나 유채꽃, 메밀꽃이 만발한 밭둑길, 논둑길을 걷는 그 맛, 이름 모를 야생화, 진달래, 철쭉이 핀 오솔길을 걷거나 앞 산등성이의 푸른 소나무 사이에 드문드문 섞인 매화, 산벚꽃, 복숭아꽃, 살구꽃이 번갈아 피는 월출산을 바라보는 그 맛을 회색빛 도시에서 숨 막히게 사는 도시인들은 걷고 싶고, 보고 싶고, 느끼고 싶은 것이 아닐까? 농촌 마을의 건강함과 아름다움을 더욱 빛내는 사업으로 발전되기를 기대한다.

자운영 논과 보리밭 사이의 논둑길

3. 비보사상의 창시자 도선국사

도선국사 탄생설화

도선은 신라시대(827~898, 흥덕왕~효공왕)의 승려이며 흔히 풍수설의 대가로 알려져 있으나 참선으로 불법을 깨달은 선승이었다고 한다. 영암 구림 성기동에서 출생했으며 속성은 김씨로 알려져 있고 호는 옥룡자이다. 탄생지인 영암에는 도선국사 탄생에 관한 설화가 전하여 오는데 조선조 효종 때 건립한 도선수미비문에도 기록되어 있다.

탄생설화를 보면, 어머니 최씨가 겨울철 성기동에 있는 구시바위 아래에서 빨래를 하고 있는데 오이가 떠 내려와 그 오이를 건져먹고 임신하여 도선을 낳았다. 결혼도 하지 않은 처녀가 자식을 낳자

도선국사 영정

이것이 알려질 것이 두려워 이 아이를 지금의 서호정마을 숲속 바위 위에 버렸는데, 버리고 나서 며칠이 지나 다시 그 곳에 가보니 뜻밖에도 여러 마리의 비둘기들이 날개로 아이를 덮어 보호하고 있어 이를 예사롭지 않게 여기고 다시 집으로 데려와 키웠다는 설화가 전해 내려온다.

출가와 수학

도선은 15세에 월출산 월암사로 출가하고 지리산 서봉인 월유봉月留峰 화엄사에서 불경을 공부하여 4년만인 846년(문성왕) 대의大義를 통달하여 신승神僧으로 불렸다. 이때부터 도선은 본격적인 수도에 들어가 지금의 전남 곡성에 있는 동리산 태안사에 들어가 수학하게 된다. 태안사는 통일신라 고승 혜철惠哲선사가 창건한 절이며, 혜철선사는 중국에서 남종선南宗禪을 공부하고 돌아와 대안사에 선문을 열고 수도하면서 제자들을 가르치고 있었다. 혜철선사에게서 법문을 듣고 선법禪法의 이치를 깨달았으며 그 가르침이 무설설無說說 무법법無法法이었다. 도선은 이곳에서 선종에 입문하게 되었으며 23세 되던 해에 스승인 혜철 선사로부터 구족계具足戒를 받았다. 선종禪宗은 어려운 경전이나 교리를 공부하는 것이 아니라 참선과 수행을 통하여 깨달음을 얻으면 누구나 부처가 될 수 있다는, 당시로서는 불교계의 새로운 사상이었다. 당시 신라 불교는 경주를 중심으로 한 교종이 주류를 이루었으며 선종이 실천적 불교라면, 교종은 이론에 치우쳐 있고 권위주의와 집단의식에 사로잡혀 있었다. 무설설 무법법의 깨달음을 얻은 도선은 15년간 전국 산천을 순례하는 운수 행각에 들어가 신라 말의 혼란스러운 현실과 민심을 보고 서른일곱 살이 되던 해 운수 행각을 마치게 된다.

도선의 활동

규장각에는 목판본으로 된 최유청이 쓴 옥룡사玉龍寺 도선비의 비문이 전해 내려오고 있다. 비문에 의하면 광양군 백계산에 있는 옥룡사玉龍寺를 중창하고 선문을 열어 제자들을 가르쳤으며 이곳에서 35년 간 머물면서 운암사雲岩寺 등 인근에 4개의 절을 창건하여 옥룡산문을 출발시켰다.

조선 효종 4년에 도갑사에 건립한 도선수미비문에 의하면 "금산金山(월출산)에 사찰을 건립함으로써 숭두타崇頭陀 그의 이름을 길이 남겼으며 강물에 떠내려 온 오이는 도리어 도선국사의 이름을 널리 전하게 되었다. 뿐만 아니라 스님은 조사祖師 현관玄關의 문을 열어 천지의 조화를 무시하고 그 신비함을 나타냈으며 도갑사를 창건하여 팔부신장八部神將의 옹호를 받아 모든 불자들이 복을 닦게 되었으니 위와 같이 위대한 이의 업적은 마땅히 정민貞珉에 새겨져 후대에 전하여 알게 하여야 하므로 감히 기존에 있던 마멸된 비를 다시 세우게 되었다."고 기록되어 있어 도선이 도갑사를 창건하였음을 알려주고 있다.

후대의 기록에 따르면 도선이 창건했다는 사찰이 무려 3,800개나 된다고 하니 이 기록을 그대로 믿을 수 없다 해도 자신들이 살고 있는 땅에 비보를 많이 했다는 뜻일 것이다. 도선의 비보사상裨補思想은 '부처의 도를 약으로 삼아 병든 산천을 치료하도록 하며 산천에 결함이 있는 곳은 불상으로 억제하며 산천의 기운은 당산을 세워 불러들일 것이니 헤치려 드는 것을 방지하고 다투려 하는 것은 금기시키며 좋은 것은 북돋아 키우고 길한 것은 선양하게 하니 비로소 천지가 태평하고 법륜이 스스로 굴러가게 된다는 뜻이다. 또 고려사에 보면 도선은 왕건의 아버지에게 왕건의 집터를 정하여 주고 왕건의 출생과 고려의 건국을 예언하는 내용을 적은 책을 전해 주었으며 왕건이 17세 때 도선은 직접 송악으로 와서 군대를 지휘하고 진을 치며 유리한 지형과 시기 선택은 물론 산천의 형세를 파악하고 이용하는 법을 가르쳤다고 기록되어 있다.

도선의 사상과 영향

도선은 참선으로 불법을 깨달은 선승이었으며 제자가 수 백 명이나 되고 도선이 창건한 절이 많은 것으로 보아 그 시대에 명성이 대단 했던 것으로 보인다. 도선은 입적(898년, 신라 효공왕)한 후 선사라는 칭호를 받았으나 고려시대에 더 높게 평가되어 현종은 선사에서 대선사로 숙종은 왕사王師를 추증했고 인종은 선각국사先覺國師로 추증하여 국가에서 승려에게 주는 최고의 명예를 안은 것이다. 신라의 승려를 고려시대 때 국사로 추증한 경우가 원효, 의상, 도선 세 사람뿐이니 대단하다 아니 할 수 없다.

흔히 도선이 풍수의 대가로 알려져 왔지만 그의 풍수설 속에는 그의 비보사상이 핵심이었다. 비보사상은 혼란기에 민심을 모으고 국가를 통합하는 구심점이 되어 왕건이 삼국을 통합하여 고려 건국의 대업을 이루게 하였다. 풍수는 오랫동안 우리 생활에 깊숙이 자리 잡아 오면서 집터나 묏자리를 잘 선택하는 이기적인 모습으로 변하고 말았으나 도선의 풍수는 사람들은 불법佛法과 땅의 힘에 의지하면서 믿고 사는 불교와 땅에 대한 믿음이 합쳐진 사상이었다. 그의 사상은 태조 왕건의 통일 기반으로 이어져 혼란한 시기에 사람과 지역이 갈라져 다양한 세력을 이루고 있는 것을 포용하여 하나로 묶을 수 있었으니 도선은 부처님의 참뜻을 깨닫고 자비를 실천한 선사禪師이면서 현실을 아우른 선구자라 할 수 있다.

4. 선각, 동진대사와 수미왕사

선각대사

선각대사先覺大師(864~917)의 법명은 형미逈微이고 속성은 최씨이며 영암 구림 태생이다. 15세에 출가 가지산 보림사(장흥)에서 가지산문迦智山門의 보조선사 체징體澄에게서 선법禪法을 배우고 지리산 화엄사에서 구족계具足戒를 받았으며 대사의 나이 26세(진성여왕 5년, 890년)에 당나라로 건너가 운거도응雲居道應에게서 선禪을 배우고 인가印可를 받았다.

효공왕 8년(904년)에 신라로 돌아와 월출산 무위사를 크게 중창하고 교화를 펼쳤다. 대사는 같은 시기에 이름을 떨쳤던 경유慶猷, 이엄利嚴, 여엄麗嚴과 함께 해동海東의 사무외대사四無畏大師로 불렸으며, 친왕건 세력으로 왕건의 창업을 돕다가 견훤의 후백제군에게 54세(917년) 나이로 피살되었다.

사후 27년(994년)에 선각국사先覺國師로 시호를 내리고 월출산 무위사에 편광영탑비偏光零塔碑를 세워 대사의 공을 기렸다. 이 비는 강진 무위사 경내에 있으며 보물 제507호로 지정되어 있다.

동진대사

동진대사洞眞大師(868~947)의 법명은 경보慶甫이고, 자는 광종光宗,

속성은 김씨이며, 구림 태생이다. 아버지는 알찬閼粲 벼슬을 지낸 익량益良이며, 어머니는 박씨이다.

그의 어머니가 꿈에 흰 쥐가 푸른 유리구슬 한 개를 물고와 사람처럼 말하기를 '이것은 매우 드문 기이한 보물이며, 불가佛家의 최고의 보배입니다. 품안에 있으면 부처님의 호념護念이 따를 것이고, 나오면 틀림없이 광채를 발할 것입니다.' 그 후 임신을 하여 경문왕 9년(868년) 4월 20일에 태어났다. 대사께서는 어려서부터 뜻을 어버이 섬기는데 두었으나, 믿음을 불도佛道를 이루는데 있었다. 이를 잘 아는 그의 부모는 '사람이 꼭 하고 싶어 하면 하늘도 따르는 법'이라며 스님 되기를 허락했다. 그는 곧바로 부인사夫仁寺에서 머리를 깎고 불가에 입문했다. 어느 날 꿈에 '황금빛의 신선(부처님)이 그의 머리를 어루만지면서 귀를 잡아당겨 가사袈裟를 주며 너는 이것을 입으라. 이것으로 몸을 보호하며 다니라. 이곳은 마음 공부하는 사람이 안주할 곳이 아니니 떠나는 게 좋겠다.' 하여 그 길로 백계산白溪山(광양 백운산)으로 도승道乘 화상을 찾아가 제자가 되었다.

18세 때 월유산 화엄사華嚴寺에서 구족계具足戒를 받은 후 중국으로 건너가 무주撫州 소산疎山에 있던 광인匡仁 화상에게서 수인受印(진리의 도장)을 받았다. 대사의 나이 53세인 경명왕 8년(921년), 다시 신라로 돌아와 전주 임피군臨陂郡에 이르렀을 때 견훤이 남복선원南福禪院에 주석해 주기를 청했으나 대사께서는 '새도 머물 나무를 가릴 줄 아는데 내 어찌 박이나 오이처럼 한 곳에서 매달려야만 한단 말이요?'라고 하고 옛 스승이 불도를 닦았던 백계산 옥룡사로 들어가 부처님의 가르침을 홍포弘布하고 진리의 거울을 쥐고 나라의 풍속을 바로 잡는 등 많은 업적을 쌓고 세수 80(945년)에 홀연 인간의 몸을 버리고 천상으로 돌아갔다.

수미왕사

수미왕사守眉王師의 호는 묘각妙覺, 속성은 최씨이며, 영암 구림 태생이다. 13세에 월출산 도갑사에 출가하여 20세에 구족계具足戒를 받고 속리산 법주사에서 신미 스님과 함께 경율론經律論을 깊이 연구하여 세상에 그 이름이 드러났다.

그 뒤 동료 스님들에게 '내가 지금 공부하는 것은 마치 승유僧愉가 사람을 그리는 것 같아서 아무리 묘한 그림이라 할지라도 산 것이 아닌 것과 같다'라고 말하고 경전 공부를 버리고 참선을 시작했다. 그 뒤 왕사께서는 당시 선교禪敎가 쇠퇴됨을 보고 선종판사禪宗判事가 되어 교계를 일으키고 종문宗門을 정돈하여 그 위명을 크게 떨쳐 세조대왕이 왕사에 봉하고 그 호를 묘각이라 했다. 왕사께서는 출가하셨던 도갑사에 다시 돌아와 절을 크게 중창重創하였으니 본사의 당우堂宇가 70여 통이며, 법당이 9개소로써 당시에 그를 비교할 수 없는 거대한 사원으로 길이가 966칸이었다고 한다.

1629년부터 5년에 걸쳐 세운 '월출산 도갑사 왕인 묘각 화상비명' 비에는 그의 행적이 전해오고 있다.

수미왕사 영정, 도갑사에 보존

5. 고려태사 최지몽

    최지몽崔知夢은 18세 때 고려 태조 왕건에 발탁되어 왕건이 삼한
三韓을 통합하는데 많은 공로를 세운 고려의 개국공신이며, 태조 이
후 성종대왕까지 6대조에 걸쳐 64년간 벼슬길에 있었으며 81세에
별세하였다. 별세 후에 고려태사高麗太師로 추증追贈되었다.
    〈고려사〉에 기록된 바에 의하면 지몽의 이름은 총진聰進이라 하
였고 남해 영암군 사람 원보상元輔相 흔흔昕의 아들이라고 기록되어 있
는 것과 같이 최지몽은 지금의 영암군 군서면 구림 성기동에서 907
년에 태어났다. 지몽은 '천성이 청검淸儉하고 자화慈和하며 총민聰敏
하고 학문을 좋아하였다' 라고 기록되어 있으며 고려사절요에서는
'최지몽의 어릴 때 이름은 총진聰進이다. 성품이 청렴결백하고 검소
하며 인자하며 온화하고 총명하고 민첩하여 학문을 좋아하였다' 라
고 기록되어 있어 다른 사람과는 달리 영리하였으며 성품이 뛰어났
고 학문을 좋아하는 훌륭하고 우수한 인물이었음을 알려주고 있다.
    〈고려사〉에는 "대광大匡 현일玄一에게 기초학문과 사서삼경四書三
經 등 각종 학문을 널리 배웠으며 당나라 유학 후 무위사 주지를 지낸
형미선사와 옥룡사 주지를 지낸 경보선사에게서 철학, 천문 지리, 역
서易書, 병법兵法 등을 배웠으며, 특히 천문天文과 복서卜筮에 정통하
였다" 라고 기록되어 있다.

지몽의 학문이 널리 알려지면서 왕건의 책사인 지원知元 봉성사鳳省事, 최응崔凝과 경보선사의 천거로 태조 왕건에게 발탁되었다. 하루는 왕건이 '꿈에 닭과 오리가 같이 노니는데 무슨 일인가' 하고 묻자 지몽이 대답하기를 "닭은 신라인 계림鷄林을 상징하고 오리는 후고구려인 압록鴨綠을 뜻하니 반드시 삼한을 통일하여 다스릴 것이다"라고 해몽하자 왕건은 큰 힘을 얻고 이름을 총진에서 지몽知夢으로 바꿔 부르게 하고 비단옷을 하사하고, 사천공봉司天供奉 정육품의 벼슬을 제수하였다. 지몽은 18세 때인 924년부터 태조 왕건의 책사策士로 종군從軍하면서 왕건을 도와 지몽이 30세 되던 해인 서기 936년, 마침내 왕건이 삼국 통일의 대업을 이루게 되었다.

태조 왕건이 승하하고 2대 혜종이 왕위에 올랐다. 대광大匡 왕규

고려사 민휴공 최지몽사적(高麗史 敏休公 崔知夢史蹟)
고려사 원본

王規가 반역을 일으키려는 것을 미리 알고 지몽이 혜종에게 '근일에 변고가 있을 것이니 침실을 옮기셔야 합니다.' 라고 이야기하여 혜종이 중광전으로 침소를 옮긴 후 왕규가 부하를 시켜 벽을 뚫고 왕을 시해하려 했으나 실패하여 반란을 예방하였다. 혜종의 뒤를 이은 고려 3대 임금 정종定宗이 즉위하고 왕규를 숙청하고 사형시켰다. 서기 970년 지몽은 광종光宗(4대 임금)과 귀법사歸法寺에 동행하였을 때 과음으로 실언하여 잠시 벼슬에서 물러나 경기지방 지사知事에 있으면서 교하군交河郡, 포천군, 고봉현高峰縣에서 사숙私塾을 열어 인재를 양성하기도 하였다.

그 후 고려 5대 임금인 경종景宗은 지몽에게 대광大匡 내의령內議令에 제수하고 동래군후東來郡候를 봉봉封하고 식읍食邑 일천호一千戶를 주었으며 어의와 은그릇, 금장식, 말 등을 하사하였다. 제6대 임금인 성종成宗은 지몽을 좌집정左執政 수내사령守內史令 상주국上柱國이라는 최고위직에 임명하였으며 고려의 개국 공신임을 인정하고 홍문숭화弘文崇化 치리공신致理功臣이라는 최고의 작호爵號를 내렸다. 성종 4년에는 부친(흔昕, 97세), 모친(94세) 상을

고려태사 최지몽 사적비.
서호정 덕성당 뜰 앞에 있다

당하여 상중喪中임을 이유로 세 차례나 벼슬을 사양하였으나 왕이 이를 허락하지 않은 대신에 조정의 아침 조회 참석을 면제하여 주고 조정에 상근하는 대신 내사관방內史官房 근무를 하여 조정 업무를 처리하게 하였다고 한다.

성종 7년 지몽이 병이나 성종이 직접 의원에게 명하여 약을 하사下賜하고 문병하였음은 물론 왕이 직접 귀법사歸法寺와 해안사海安寺에 시주하고 승려 3,000명으로 하여금 최지몽 쾌유 법문을 지어 기도하게 하였다. 성종 14년(995)에는 "어둠을 밝게 비추는 달빛과 같이 나라를 밝게 하였다"고 하여 그 업적을 후세에 전하기 위하여 그 출생지인 영암을 낭주朗州로 부르게 하고 삼남도호부를 설치했다.

987년 3월 갑자일에 지몽이 81세를 일기로 별세하니 태조 왕건에서부터 6대 성종까지 60여 년간 벼슬길에 있으면서 통일의 대업은 물론 고려가 국가로서 기반을 다지는데 많은 공을 세워 조정에서는 포布 1,000필, 쌀 300석, 보리 200석, 차茶 300각角, 향 20근을 부의賻儀하고 나라에서 장례를 치르게 하였다. 장례 후 지몽에게 태자태부太子太傅를 추증하고 민휴敏休라는 시호諡號를 주었으며 그 후에 다시 태사太師에 추증하였고, 경종景宗의 묘廟에 배향되었다.

1972년에 영암 유림들이 구림 서호정에 소재하고 있는 덕성당德星堂 안에 국암사國巖祠를 세우고 제향을 올리고 있다. 왕인 박사 및 도선국사와 함께 영암이 낳은 큰 인물로 자랑이 아닐 수 없다. 고려 태사 민휴공 최지몽의 묘는 영암 북십리 노양수동老羊睡洞에 장례했다고 기록되어 있으나 안타깝게도 실전失傳되어 전하지 않고 있어 아쉬움을 더해 준다.

6. 오한공과 금성별곡

오한五恨 박성건朴成乾(1418~1487)의 본관은 함양咸陽, 휘諱는 양종陽宗이며 호號는 오한五恨이다. 조선조 1418년(태종)에 금성錦城(나주)에서 태어나 모년暮年에 영암靈巖 구림으로 이사하였다. 오한공은 1453년(단종 2년) 36세에 진사시進士試에 합격하였고 1472년(성종 4년) 54세에 문과에 급제하여 금성교수錦城教授, 소격서령昭格署令, 장수현감長水縣監을 지냈다. 구림 난포박씨 진명進明의 딸과 결혼하여 5남 1녀의 자녀를 두었으나 4남 계桂는 일찍 죽고, 장남 권權, 2남 율栗, 3남 조橾, 5남 정楨이 있었다.

오한공은 천성이 수결粹潔하고 남에게 속박되고 남을 속박하는 것을 싫어하는 성품으로, 벼슬을 내놓고 구림에 돌아와 간죽정을 짓고 여생을 임정林亭에서 은거하다가 성종 18년(1487년)에 돌아가시니 향년 70세이었다. 그의 사후 194년(1681년, 신유, 숙종 8년)에 고향 선비들이 오한공의 절행이 특출함을 숭배하여 현 도갑리 죽정마을에 죽정사竹亭祠를 세워 춘추로 제향祭享을 받들게 하고 순조 때에는 사액祠額을 하사받기도 했다. 오한공 사후 211년만인 1698년(숙종 25년)에 농암農巖 김창협金昌協(1651~1708)이 오한 선생 삼세 행록에서 "선생은 타고난 성품이 고결高潔하고 깨끗하여 공명이나 영리에 얽매이지 않았다. 구림리는 원래 남쪽지방의 명승지로 산림과 바다의 아름다운 경치가 구비된 곳이었다. 선생은 이러한 경치를 즐겨 대나무 숲 속에 간죽정이라는 정자 하나를 짓고, 그 가운데서 시를 읊으며 일생을 마치려고 했다."고 오한선생의 인품을 술회했다.

무오사화에 연루되어 나주에 귀양온 재사당再思堂 이원李黿은 '간죽정기'에서 "선생 자신이 읊던 시를 보면 동쪽으로 죽정에 누우며 서쪽에 배를 띄우고 남쪽 시냇물에 발을 씻고 북쪽 동산에서 놀았도다. 평생토록 호탕하여 마음에 얽매임이 없이 동서남북 나 하고픈 대로 오고 가네라고 하였으니 그 분의 호매하고 속세에서 벗어난 기상은 '기수沂水에서 목욕했던 분들과 같으며 자연스러운 무아지심無我之心은 천지와 만물을 생성시킨 것과 같았다. 그러한 물욕을 물욕으로 여기지 않으며, 그러한 즐거움을 즐거움으로 여기지 않았던 사람이라면, 어떻게 그렇게 할 수 있었으랴. 진정 달인達人이요, 대관大觀한 사람이라고 말할 수 있다." 라고 기록하였다.

오한공의 유고遺稿는 유감스럽게도 '금성별곡錦城別曲', '오한시五恨詩', '제간죽정題間竹亭' 삼수三首, '취중작醉中作' 이수二首만 남아 있다. 금성별곡은 금성(나주) 교수로 있던 1480년(성종 12년)에 그곳 유생들이 10명이나 진사시에 합격하게 됨을 기뻐하여 오한공이 지은 시詩다. 이 시에서 지역에 터를 잡고 있던 사대부들의 긍지와 자신만만한 패기를 한껏 맛볼 수 있다. 이 금성별곡은 고려시대에 시작한 경기하여가景幾何如歌, 경기체가景幾體歌의 하나로 고려조의 한림별곡翰林別曲, 관동별곡關東別曲과 더불어 국문학사상國文學史上 중요한 위치를 점하고 있다. 여기에 금성별곡 중 서문을 뺀 전반부와 오한시, 취중작 이수를 소개한다.

해海의 동東, 호湖의 남南, 나주 큰 목牧, 금성산 금성포, 옛날부터 강과

산이어서 인재를 종수鍾秀하였으니 경기景幾 어떠하니 잇고,

천년승지千年勝地에 민안물부民安物阜하여 재창再唱 가기총롱佳氣蔥籠이
되었으니 경기 어떠하니 잇고,

대성전大成殿 명윤당明倫堂 전묘후침前廟後寢 동서재랑東西齋廊 좌우협
실左右夾室 반수양양泮水洋洋 수식회手植檜 벽송정碧松亭 고은향교高隱鄕校
칠십문인七十門人 삼천제자三千弟子 제제창창濟濟倉倉 절차탁마切磋琢磨하
였으니 경기 어떠하니 잇고,

유시어경有時漁經 유시엽사有時獵史 재창再唱 일취월장日就月將하였으니
경기 어떠하니 잇고,

김목백金牧伯 오통판吳通判 일시인걸一時人傑 구중분우九重分憂 천리위
주千里爲州 극근극검克勤克儉 선정선교善政善教 인성인문人聲人聞 시치삼이
時致三異 덕으로써 백성을 교화하였으니 경기 어떠하니 잇고,

수명학교修明學校 우치의언尤致意焉 재창 인재를 양육하였으니 경기 어
떠하니잇고,

박교수朴教授 대선생大先生 시거고비時居皋比 시오교施五教 고양단叩兩端
순순선유諄諄善誘 문풍文風을 진기振起 하였으니 경기 어떠하니 잇고,

은사근사慇斯勤斯 함장종용函丈從容 재창 스승은 밝고 제자는 밝으니 경
기 어떠하니 잇고,

김숙훈金叔勳 최귀원崔貴源 부모구존父母俱存, 라환전羅渙典 라경원羅慶
源 형제무고兄弟無故, 라진문羅振文 라경광羅慶光 시기가풍始起家風, 김숭조
金崇祖 홍귀지洪貴枝 연소재능年少才能, 라현羅顯 라빈羅斌 사촌형제四寸兄
弟, 함께 연방蓮榜에 올랐으니 경기 어떠하니 잇고,

이락호 伊樂乎 일향인재一鄕人材, 재챙再唱, 열 사람 같은 해에 합격하였
으니 경기 어떠하니 잇고,

소서시笑西施 만환래萬喚來 청가묘무 淸歌妙舞, 승목단勝牧丹 아응아亞應

兒 횡취옥적橫吹玉笛, 하삼산下三山 계일지桂一枝 교탄보슬交彈寶瑟 세류지
細柳枝 일지화一枝花 쌍가야금雙伽倻琴 영주남詠周南 만원유滿園幽 병수장고
幷手長鼓 무고봉봉舞鼓逢逢 경관장장磬管將將 오음육율五音六律 동시구작同
時俱作 위취리환장爲醉裡歡場 경기 어떠하니 잇고,

　　상산월商山月 무산월巫山月 편조서창遍照書窓 재창再唱 대사화待使華 독
조獨調하였으니 경기 어떠하니 잇고

五恨詩오한시

金橘多酸금귤다산	노란 귤은 산酸이 많고,
海棠無香해당무향	해당화는 향기가 없다.
蓴菜性冷순채성냉	순채는 질이 차갑고,
稚魚多骨치어다골	준치(전어)는 뼈가 많고,
淵明之子不能詩연명지자불능시	도연명의 아들은 시를 짓지 못한다.

취중작醉中作 이수二首

細想人間事顔彭共一梭세상인간사안팽공일사

　　자세히 인간사를 생각해 보니 일찍 죽고 오래 사는 것은 같은 것이었네,

愁來無與敵要爾作干戈수래무여적요이작간과

　　근심 깊어 이길 수 없으니 할 거라고는 이기는 방패와 창을 만들어야지.

傾盡三盃醉夢長萬愁千恨此時忘경진삼배취몽장만수천한차시망

　　세잔 술 다 기울여 오래도록 취해보니 만천의 근심과 한 이제야 잊혀
　　지네.

赤城羽客如相見不問仙方問酒方적성우객여상견불문선방문주방

　　적성산의 신선을 만나게 되면 신선법 묻지 않고 술 먹는 법 물으려네.

　　　　　　　　　　　　　　　　　　　　　　- 함양박씨 문중 제공

7. 청백리 삼당시인 최경창

  고죽孤竹 최경창崔慶昌은 조선 중기에 이름을 날리던 이름난 시인으로 자는 가운嘉運, 호는 고죽孤竹이며 본관은 해주海州이다. 1568년(선조 원년) 증광문과增廣文科에 급제, 대동도찰방大同道察訪와 종성부사를 지냈다. 박순朴淳의 문인으로 문장과 학문에 뛰어나 이이李珥·송익필宋翼弼 등과 함께 8대 문장가로 불렸다. 당시唐詩에도 능하여 백옥봉白玉峰 이손곡李蓀谷과 더불어 삼당시인三唐詩人으로 불렸다. 숙종 때 청백리淸白吏에 록선錄選되었으며, 〈고죽유고〉가 전해진다.

  고죽孤竹은 조선 중종 34년(1539년)에 충청도 병마절도사兵馬節度使를 지낸 최수인崔守仁의 외아들로 서울에서 태어났다. 문헌공文憲公 최충崔冲의 17대손이다. 명종 7년(1552년)에 선산인善山人 목사 임구령의 딸과 혼약하여 처가 동네인 구림에서 신혼생활을 하면서(전에는 결혼하면 처가살이 하는 것이 사대부가의 풍속이었음) 옥봉玉峰 백광훈白光勳과 함께 청련靑蓮 이후백李後白과 송천松川 양응정梁應鼎의 문하에서 수학하면서 약관 전부터 율곡栗谷 이이李珥, 구봉龜峰 송익필宋翼弼, 간이 최립崔岦 등 여러 준재俊才들과 서울 무이동武夷洞에서 수창酬唱하니 세인들이 팔문장八文章이라 칭하였고, 송강松江 정철鄭澈, 만죽萬竹 서익徐益 등의 명류名流들과 삼청동三淸洞에서 노니니 이십팔수二十八宿 모임이라고 하였다.

명종 16년(1561년) 23세 때 진사에 합격하였고, 선조 원년(1568년) 30세 되던 해에 증광문과增廣文科 을과乙科에 급제하여 벼슬길에 올라 선조 6년(1573년) 북도평사北道評事 발령을 받고 부임 도중 홍원洪原 관아官衙에서 투숙하게 되었는데 여기서 홍낭洪娘을 만나게 되었고, 후에 임지까지 찾아왔다. 임기가 끝나고 한양으로 돌아올 때 홍랑이 쌍성雙城까지 배웅하고 돌아가다가 함관령咸關嶺에 이르니 날이 어두워지고 비가 심하게 내렸다. 홍랑이 고죽과의 헤어짐을 아쉬워하며 시조 한 수를 지어 고죽에게 보내니 그것이 바로 그 유명한 조선 여류시조의 절창 '버들가지를 꺾으며' 이다.

버들가지를 꺾으며

묏버들 갈 해 것거 보내노라 님의 손대
    (버들가지를 꺾어서 천리 머나먼 임에게 부치오니)
자시난 창밧긔 심거 두고보쇼셔
    (뜰 앞에다 심어 두고서 보서소)
밤비에 새님 곳 나거든 나린가도 너기쇼셔
    (하룻밤 지나면 새잎 모름지기 돋아나리니
    초췌한 얼굴 시름 쌓인 눈썹은 이내 몸인가 알아주소서)

                - 홍랑 지음

翻方曲 번방곡
折揚柳寄與千里人 절양유기여천리인
爲我試向庭前種 위아시향정전종
須知一夜新生葉 수지일야신생엽
憔悴愁眉是妾身 초췌수미시첩신

          - 고죽이 홍낭의 시조를 번역한 한시

한양으로 돌아와 예조禮曹와 병조兵曹의 원외랑員外郞을 거쳐 사간원司諫院 정언(정6품)으로 있을 때(1575년) 오랫동안 병석에 누워 있었는데 홍랑이 이 소식을 듣고 7일 밤낮을 걸어 고죽에게 와서 간병看病을 하는데 이 때는 양계兩界의 금령禁令이 있었고 인순대비의 국상이 끝난 직후라 평상시와 같지 않았기에 이 일이 사람들의 입에 오르내리게 되어 고죽은 면직을 당한다. 그리고 홍랑도 1576년 여름에 자기 고향인 함경도 홍원으로 돌아갔다. 홍랑이 고향으로 돌아갈 때 고죽은 그를 못 잊어 번방곡을 지어 주었다.

건강이 회복되어 선조 9년(1576년)에 부사副使로 명나라에 가서 천단天壇이란 시 두 수를 남겼다. 그 때 진씨陳氏성을 가진 도사道士가 이 시를 크게 칭찬하며 하청관河淸關까지 따라와 자기의 책 앞에도

翻方曲

折楊柳寄與千里人為
我試向庭前種須知一夜
新生葉憔悴愁眉是妾
身

孤竹

묏버들 글히 것거 보내노라 님의
손디자시눈 창밧긔 심거 두고 보쇼
셔밤비예새님곳 나거든 나린가도 너
기쇼셔

홍낭

시를 지어 달라고 간청해서 조천궁朝天宮이란 시를 지어주니 이 시가 중원中原에까지 알려져 왕봉주王鳳洲 선생이 크게 감명하였다고 한다.

선조 10년(1577년)에 영광 군수로 부임하였는데 재능이 높고 기호氣豪하여 공명功名에 마음을 두지 않고, 더욱 청렴결백淸廉潔白하고 간귀簡貴함으로 시류時流에 휩쓸리지 않았다. 세속에 물들지 않고 아첨과 권세를 부리는 사람을 보면 자기 자신을 더럽히는 사람이라 생각하고 그런 이들과 가까이 하지 않으면서 품위를 지켜 나갔다. 손곡蓀谷 이달李達이 고죽과 함께 영광에서 기식하였는데, 허균의 '학산초담'에 의하면 그가 좋아하는 기녀가 있어 자줏빛 비단을 사 주고 싶었으나 비용을 구하지 못해 애를 태우다 손곡이 시를 지어 주고 비단 살 돈을 빌렸는데 고죽이 이르기를 '손곡의 시는 한 글자에 천금씩이나 값이 나가니 어찌 감히 비용을 아끼겠느냐'라고 하면서 글자 한자마다 비단 세 필 값을 쳐주어 그가 비단을 구하도록 도와 주었다

고죽시비

선조 11년(1578년) 영광군수를 사직하고 고향으로 내려갔으나 다시 대동찰방大同察訪(종六품)에 임명되었다. 선조 15년에는 종성부사鐘城府使(종三품)로 부임하였다. 그러나 품계品階를 뛰어 넘은 임명이며, 군정을 익히지 못하였다는 참소 때문에 이론異論이 일어나 선조는 하는 수 없이 성균관成均館 직강直講(정五품)으로 고쳐 발령하였다. 부임도중 경성객관鏡城客館에서 졸卒하니 선조 16년(1583년) 향년 45세였다.

고죽은 당시唐詩는 물론 서예, 활쏘기, 시에 능하여 타의 추종을 불허하였고, 친구들과 믿음이 두텁고 심복하여 다른 사람의 부러움의 대상이 되었다.

허봉許封이 고죽의 시문의 재주를 좋아하여 10여일을 계속 찾아와 교유를 바랐으나 허봉의 사람됨을 싫어하여 받아들이지 않아 허봉이 매우 분노하여 번번이 홍문관과 전랑銓郎이 되는 것을 막았다 한다.

고죽이 북막北幕(함경도)을 돌고 있을 때 장군 김우서金禹瑞와 활쏘기 경연을 약속하고 50개 중 각기 49개의 화살을 과녁에 맞혔으나 최후에 우서 장군이 정곡을 빗나가 과녁을 맞히니 공이 말하기를 '장군이 졌습니다.' 라고 말하고는 마침내 정곡을 맞추었다. 선조께서 일찍이 문무를 겸비한 선비들을 모아놓고 재주를 시험했다. 활을 잘 쏘는 한 사람이 마음속으로 공과 겨루기를 꺼려했다. 고죽이 웃으면서 말하기를 '걱정하지 마오. 내가 오늘은 피곤하오.' 라 말하며 화살 하나를 헛쏘았다. 활 잘 쏘는 자가 장원하여 당상관堂上官에 오르고 공은 호피虎皮와 말을 하사받았다. 공은 거문고와 피리 연주에도 뛰어났다.

고죽이 영암에 살고 있을 때(1555년, 을묘왜란乙卯倭亂) 갑자기 왜구가 침입하여 배를 타고 서호강西湖江으로 피하니 왜구가 포위하였다.

교교한 달빛 아래 서로 숨을 죽이고 있을 때 공이 가지고 있던 옥피리로 구슬픈 가락을 연주하니 잔잔한 물결위로 그 소리가 더욱 맑고 처량하게 울려 퍼졌다. 왜구들은 피리소리에 끌려 고향에 있는 부모 처자들이 생각나 돌아갈 생각을 하면서 서로에게 말하기를 '이 포위 망 가운데 신인神人이 있다' 고 말하면서 포위망을 푸니 공이 무사히 탈출해 집으로 돌아올 수 있었다는 일화도 있다.

율곡 이이 선생 또한 시를 지어주며 "준일하고 청신하기는 그대가 으뜸이고 화살로 버들잎을 뚫기는 그대 같은 사람이 드물다 할 수 있네. 옥당에 신의 발자취 들어가지 못하였으나 대장군의 장막에서 오히려 군자君子의 위엄을 폈네."라며 찬했다 한다. 이는 당세當世를 움 직였던 군자의 눈으로 보고 마음으로의 느낌을 표한 것으로 그의 인품과 재주를 절묘하게 드러낸 문장이다.

또 고죽이 물의物議를 당하자 선조가 교서敎書에서 말하기를 "최모崔某는 문무의 완전한 재주가 있으니 내가 장차 크게 쓰고자 하는데 너희들이 감히 이런 일을 할 수 있단 말인가"라고 하였다. 이것은 군신君臣간의 믿음과 끈끈한 유대 관계를 엿볼 수 있는 대목이라 할 수 있다. 숙종 원년(1675년) 청백리淸白吏에 록선錄選되었으며 경종 3년(1723년) 강진康津 박산서원博山書院(서봉서원瑞鳳書院)과 1963년 구림 동계사에 배향되었다.

손자 안산군수安山郡守 진해振海가 유고遺稿를 수집하고 증손 회양군수淮陽郡守 석영碩英이 자금을 마련하여, 〈고죽유고孤竹遺稿〉가 간행(숙종 9년, 1683년)되었다. 1981년에는 전국국어국문학가비건립동호회에서 파주 교하면 다율리의 묘역에 시비를 세웠으며, 영암문화원에서 또 1997년 동계사 앞에 시비를 세웠고 고죽집孤竹集 번역본飜譯本(2002, 권순열 역)이 발간되었다.

2003년에 구림의 기존 삼락재 자리에 고죽관을 지어 시인의 유고 遺稿, 유필遺筆과 학자들의 논문 등의 전시를 통하여 그 맑은 정경情 景과 유려流麗한 가락을 중심으로 그의 시사詩史 위에 이루어 놓은 공 헌과 함께 대 시인의 기개와 풍류의 세계를 감상할 수 있게 되었다.

고죽시비 후면에 새겨진 오언절구이다.

高峰山齋고봉산재

古郡無城郭고군무성곽   해 묵은 고을이라 성은 무너지고

山齋有樹林산재유수림   산마을의 제실은 수풀만 우거졌네

蕭條人吏散소조인리산   찾아온 벼슬아치들도 산산이 흩어지고

隔水搗寒砧격수도한침   개울 건너 다듬이 소리 처량도 하다

8. 태호공 조행립

조행립曹行立(1580~1663)은 조선조의 문신이자 대학자로 자字는 백원百源, 호는 태호兌湖, 본관은 창녕昌寧이며 시문집 〈태호집兌湖集〉을 남겼다. 특히 그 내용 중 〈구림대동계조약鳩林大洞契條約〉은 구림의 자치규약을 기록한 것이다.

조행립은 도사공都事公 기서麒瑞의 아들로 선조 13년(1580년) 한양 후천동에서 태어났다. 12세 되던 해에 아버지를 여의고 13세 되던 해에 임진왜란을 만나 나라와 가정이 허물어진 나머지 외가外家에 가서 남곽南郭 박동열朴東說에게 수업하였는데 공부를 게을리하지 않아 여러 번 향시鄕試에는 합격하였으나 때를 만나지 못하였다. 사계沙溪 김장생金長生 선생의 문인이고, 학행으로 사림의 촉망을 받았으며, 광해군光海君 때 정국의 혼란을 피해 공의 외가인 영암 구림의 옛집으로 돌아가 있다가, 1623년 인조반정仁祖反正으로 체류되었던 인재를 거두어 기용하였는데 그 때 빙고별제氷庫別提가 되었다. 이어 활인서活人署 별제, 사헌부감찰司憲府監察을 거쳐 태인현감泰仁縣監으로 부임, 관기官紀를 바로잡았다. 이어 여러 관직을 두루 거쳐 금천현감衿川縣監으로 나갔다가 얼마 되지 않아 그만두고 돌아왔다.

그 후 평시서령平市署令 익산益山과 온양溫陽의 두 군수를 거쳐 마지막으로 군자감정軍資監正에 임명되었으나 조금 있다가 연로하다는 것으로 사임하고 고향에 내려가 살면서 풍속이 퇴폐하고 경박함을 매우 서글프게 여겨 이에 향리 사람들과 옛날 중국 송나라 때 남전여씨藍田呂氏가 향약을 만들어 준수하던 뜻을 모방하여 앞장서서 향약을 만들고 정자를 다시 지어 회사정會社亭라고 이름을 짓고 봄가을로 잔치를 벌이며 신의를 강론하며 풍속의 순화醇化에 노력하였다. 뒤에 효종孝宗 10년 1659년 가을에 연만年晩하여 첨지중추부사僉知中樞府事에 임명되었는데 이것이 시종 이력이다.

박미朴瀰 공이 지은 회사정기會社亭記에 의하면, 태호공이 낙향 후 고향의 풍속이 퇴폐해지고, 야박함을 마음 아프게 여겨 해이解弛해진 기강紀綱을 바로잡기 위해서, 전대에 구암공龜巖公(태호공의 외종조外從祖)이 창립하여 운영하던 대동계를 다시 중수하기 위해서 임진왜란으로 폐허된 회사정을 과거보다 더 크고 화려하게 건립하고 향약을 제정, 구림대동계 동헌洞憲을 확립하여 향음주례鄕飮酒禮를 시행하고 인재의 진작振作을 위하여 마을에서 조금 떨어진 곳에 서당을 건립하고 선생을 모셔다 마을에서 재주가 뛰어난 사람을 모아 가르치니 학문을 권장하는 법도가 있어 선비로 진취하는 이가 많았다고 한다. 이때에 건립한 서당이 지금의 문산재와 양사재가 되었다.

그는 연세가 많았으나 시력과 보행이 쇠약해지지 않아 언제나 좋은 시절이 되면 빈객賓客들과 바람을 쏘이며 반백斑白이 된 자제들이 술을 따라 올리며 즐겁게 뫼시니, 남들이 그런 광경을 바라보고 신선과 같다고 부러워하였다고 한다.

박학사朴學士(1597~1648, 인조)를 위시하여 여러 선비들의 회사정 연회시宴會詩 중에 '정시성鄭始成 공의 삼가 반남 박학사의 회사정 시운을 따라 시를 지어 조중선(경찬공의 자) 형제에게 주다.'는 글에, "어른들께서 어느 해에 회사정 모임을 가졌던고 문인과 호방한 인사들 다투어 찾아와 노네. 어른께서 떠난 뒤에도 여러 낭자들 남아있어. 풍류 전해옴은 아직도 그치지 않네."라 하였다.

조행립이 관직에 있으면서 대체로 자신을 가다듬어 아랫사람을 단속하고 학문을 권장하며 요역傜役을 가볍게 하고 정사가 밝게 다스려져 순량하고 법을 잘 지키는 관리로 평판이 높았다. 특히 종사관從事官이 되어 강화도가 아무리 바다로 둘러싸인 요해처要害處이기는 하지만 성을 쌓아 스스로 튼튼하게 해야 한다고 극력 청원하였으나 조정에서 잘 채용되지 않았다가 병자호란丙子胡亂을 만나 강화성이 적에게 함락됨에 이르러서는 비로소 공의 선견지명에 감복하였다 한다.

현강玄江 박세채朴世采가 만년의 조행립을 보고 "어려서 아버지를 여의고 학문에 힘을 써서 스스로 성립하였으며 평생토록 뜻이 크고 재주가 뛰어나며 매우 위대한 행실을 좋아하였기에 벼슬은 몇 고을 다스리는데 지나지 않았지만 문에는 장자들이 왕래한 수레의 자취가 많았다. 그분이 서호가西湖家에서 만년을 보내며 일생을 마치는데 이르러서는 연세는 80을 넘겼었고 자손들은 앞에 가득하여 경치 좋은 곳을 가려 장수를 비는 술잔을 올리니 부유하고 후덕하며 편안하고 즐겁게 지낸 것이 자못 공경과 같았다" 기술하고 있다. 현종 4년(1663년) 5월에 소화산小華山(미암면 선황리)의 별업(별장)에서 84세를 일기로 세상을 마쳤다.

태호공은 행의(올바른 행동)와 재주가 있어 일찍이 명성이 알려졌으나 공직에 관한 격식에 국한되어 벼슬이 매우 드러나지 않아 마침내 경륜을 모두 베풀지 못하여 애석하게 여기는 이가 많았다. 그러나 태호공이 만년에 구림으로 낙향하여 기거하면서 호걸스러운 취미를 얻어 날마다 고향의 자제들과 다정하고 친절하게 풍속을 순화하고 재능 있는 사람을 육성했다. 그래서 그 뒤에 구림에서는 집을 지어 제사를 받들었고, 같은 마을에 살던 최진하崔鎭河는 동지同志 수십 인과 제문祭文을 지어 "우리 구촌鳩村은 왕화王化(임금의 교화)가 조금 멀어서 습속이 성실하지 않고 경박하므로 장로와 유식한 분들이 언제나 진작시킬 사람이 없음을 한스럽게 여겼었는데, 공이 내려오셔서 우리 마을에 기거하심으로부터 마을의 사람들이 공께서 자신을 단속하기를 올바로 하시는 것을 직접 보고 아름답게 여겼으며 공께서 사람을 대하심에 예로 하시는데 마음속으로 감복하였으며 비루鄙陋한 마음이 덕에 교화되어 청렴하고 부끄러움을 아는 기풍이 있었다. 또 공께서 앞장서서 계약을 창설하여 스스로 예양禮讓하는 풍속을 이루게 하였으므로 사람들이 인애하고 후덕한 마음이라고 일컬었다. 그러니 우리들이 공께서 내려주신 은혜를 받은 것이 어떠하다고 하겠으며 오늘날 공을 추모하는 충정이 어떠하다고 하겠습니까?" 라고 칭송하였다.

또 구림대동계 중수동헌重修洞憲 11강령綱領 101개 조항이 1743년

(영조 19년)에 정착되어 조선 말기까지 이어 왔는데 잡규雜規 6항에 사를 동중에 창건하고 춘추 향사享祀의 제수를 준비하여 매년 다음과 같이 보내드린다. 하고 맵쌀(稻米)부터 술쌀(酒米)까지 열네 가지 품목과 수량을 기록해 놓고 조선조 말까지 시행해

태호공 조행립 사적비. 창녕조씨 문각에 있음

왔다. 그렇게 하는 이유는 옛날에 있던 동계가 유명무실해지고 서당의 교육 시설도 없었는데 조첨지曹僉知 동장洞丈께서 인조 24년(1646년)에 동계를 중수重修하여 동민의 대소사 및 초상 장사에 유감이 없게 하고 숙종 3년(1677년)에 제기를 마련하여 추모하게 되었다고 기록되어 있다. 이어서 일제 말 서호사西湖祠를 복원하여 제향祭享을 드리게 되자 대동계에서 제위답祭位畓을 마련하여 주었으니 이 또한 대동계 규약을 준수하고 있다.

위에 기록한 최진하의 제문이나 대동계원들의 태호공兌湖公을 받드는 정성을 보면 그가 고향에 기거하면서 향촌을 사랑하고 향촌을 위하여 얼마나 많은 공헌을 했는지를 짐작하고 남음이 있다.

그의 지행志行과 이력을 담고 있는 기록으로는 정공필鄭公弼이 지은 행장行狀과 우암 송시열이 지은 비명碑銘, 문곡文谷 김수항金壽恒이 쓴 묘지명墓誌銘, 최진하崔鎭河의 제문祭文, 분서汾西 박미朴瀰가 쓴 회사정기 등이 있다.

9. 양오당 최몽암

양오당養吾堂 최몽암崔夢嵒은 조선 영조 때 공조참판을 지냈고 〈양오당집養吾堂集〉을 남긴 문인이다. 그가 남긴 양오당집은 국사와 민생, 사직상소, 부정부패 탄핵 등을 기록해 놓아 18세기 향토사를 연구하는 문헌으로 중요한 의미를 갖고 있다.

양오당은 조선 숙종 45년(1718년) 7월 10일에 전남 영암군 군서면 구림리에서 아버지 최화종崔華宗과 어머니 광주이씨 사이에서 태어났다. 본관은 낭주최씨이며 봉직공파 17세손이다. 몽암은 15세(1732년) 모친상을 당하였으나 학문에 정진하여 33세(1750년) 때인 영조 26년 과거에 급제하여 예조 좌랑, 정랑, 춘추관에 임명되었다.

영조 28년(1752년) 부친상을 당하여 벼슬에서 물러나 3년 복을 치루고, 성균관 박사에 임명되었으며 이후 과거 급제 후 50여년을 내, 외직을 가리지 않고 나라에 봉사하여 오다가 정조 21년(1796) 자헌대부 지중추부사, 대호군, 지의금부사를 거쳐 5위 도총부 도총관을 역임하고 순조 2년(1802년)에 85세를 일기로 별세하였다.

최몽암은 어려서부터 영리하여 학문을 일찍 받아들여 주위 사람들이 가문을 크게 일으킬 것이라고 기대하였으며 성인이 되어서는 학문을 익히는데 거침이 없었다 한다. 또한 성격이 넉넉하였으며 자기관리와 사물을 대할 때 항상 충실하였다. 남에게 베푸는 것을 드러내지 아니 하였으며, 계모인 충청 김씨를 봉양하고 섬기었으며, 측실 형제간에도 우애가 돈독하였다. 중앙이나 외직에서 벼슬을 하면서도 정성을 다 하였고 부지런하고 겸

1793년의 교지

손하게 일을 처리하였다. 만년에 황산風山 아래 집을 짓고 그가 거처하는 곳에 '양오養吾'라는 현판을 걸고 풀과 대를 심어 숲을 가꾸고 그 가운데를 거닐면서 즐기었다.

　몽암은 성격이 통쾌하여 술 마시는 것을 좋아하여 뜻이 맞는 사람을 만나면 술병과 술잔을 들어 즐겼으며 회포를 풀었다고 한다. 몽암은 함양박씨인 정부인과 사이에 1남 1녀를 두었다. 몽암의 묘는 군서면 동구림리 성기동 판서공 묘 아래로 이장하여 안장되었다.

학암에 있는 양오당 최몽암 사당

10. 문곡 김수항

　국가가 있고 정권이 존재하는 한 동서고금을 막론하고 당파나 정파가 있기 마련이지만 조선시대에는 파쟁 정도가 너무 지나치지 않았나 싶다. 선조(1567~1608) 때부터 사림을 중용하여 이들이 정치를 주도하게 되었는데 사림정권士林政權에 인재의 공급 및 세력의 확장은 서원의 설립과 향약의 시행으로 뒷받침되었다. 서원은 중종 7년(1542년) 주세붕周世鵬이 백운서원白雲書院을 세우면서 시작되었으며 명종 5년(1550년) 토지, 노비, 서적 등을 제공받고 면세와 면역의 특혜를 누린 왕이 하사한 사액서원賜額書院이 생겨남으로써 걷잡을 수 없이 번창하여 영조(1724~1776) 때까지 공적인 서원이 848곳이요, 사설私設까지 합하면 1,000곳이 넘었다. 유명학자나 서원을 중심으로 학파나 문인 등 학풍과 정치성향을 함께하는 사람끼리 뭉쳐 붕당이 형성되었는데, 선조 8년(1575년) 심의겸沈義謙은 서인西人, 김효원金孝元은 동인으로 갈리고 동인은 북인과 남인, 서인은 노론과 소론, 북인은 대북과 소북으로 나뉘어져 붕당정치가 판을 치게 되었다. 현명한 왕은 붕당을 견제하고 때로는 경쟁시키면서 왕권을 공고히 하고 훌륭한 치적을 쌓기도 하였으나 한편으로는 당파끼리의 대립과 반목으로 왕권을 확립하는 과정에서 정적을 귀양 보내고 숙청하는 등 수많은 사화士禍와 환국換局으로 희생되는 인재가 부지기수였다.

이러한 시대적 상황을 문곡文谷 김수항金壽恒(1629~1689)도 벗어날 수 없었다. 문곡은 안동 김씨 17대손으로 할아버지 김상헌은 좌의정을 지냈으며 아버지 김찬관은 동지중추부사同知中樞府事로 종사한 집안에서 태어났다. 17세 때 반시泮試에 합격하여 5년 후 성균관 전적을 시작으로 관직에 올랐으나 1674년 갑인예송甲寅禮訟 때 영의정이었던 형 김수흥이 남인에게 쫓겨나고 수항은 잠시 좌의정에 올랐으나 1675년 영암으로 유배 생활을 오게 된다. 문곡은 노론의 영수인 우암 송시열과 같은 당파에 속한 핵심 인물이었으므로 붕당의 정쟁政爭에서 부침浮沈을 거듭하다가 기사환국己巳換局(1689년)으로 60세를 일기로 생을 마감한다.

　문곡은 유배지 영암에 도착하여 성의 서쪽에 있는 군리郡吏의 집에서 살고 있었는데 내리쬐는 햇볕과 억수같이 퍼붓는 비를 피하기도 어렵고 집의 처마가 낮아 더위와 답답함을 감당하기 어려웠다고 한다. 한양의 고래 등 같은 기와집과 고대광실에 비교될 바가 아니었을 것이다. 이와 같이 을묘년 7월부터 9월까지 고통스런 생활을 하다

회사정 뜰에 세워져 있는 문곡 김수항의 적거 유적비

가 구림마을로 옮겨 대나무 숲가에 대나무 집을 짓고 평상을 깔아 자리를 마련했는데 바람에 대나무 부딪치는 소리가 옥구슬 구르는 소리같이 아름답고 쟁쟁하여 그 집을 풍옥정風玉亭이라고 불렀다고 한다. 문곡이 구림으로 거처를 옮기게 된 것은 자기와 동류同類인 사족土族과의 교류를 생각했을 것이고, 구림사람들은 중앙의 큰 인물과 교분을 맺고 견문을 넓히는 계기를 만들기 위해 초청한 것이 아닌가 한다. 옛날에는 집에 온 거지도 그냥 쫓아 보내지 않고 지나가는 과객過客도 침식을 제공할 정도로 인심과 덕을 베풀었는데 하물며 중앙의 유명인사인 문곡의 고통을 보고만 있을 수 없었을 것이다.

구림 생활 3년의 발자취

문곡은 구림으로 거처를 옮긴 후 마음의 안정을 되찾아 시서詩書를 읊조리며 사족들과 교유交遊하며 술잔을 기울이고 월출산 풍광을 음미하고 촌노村老들의 때 묻지 않은 호의好意와 인정人情을 생각하여 시를 지었다. 그 시를 소개하면,

稍壓處城闉 慈荑得所宅초압처성인 자이득소택

　　　성문에 처하여 조금 싫증이 났는데 이에 살 곳을 얻었구나

窓開海門秋 廉卷月奉夕창개해문추 염권월봉석

　　　창문 열면 해문의 가을이요 주렴 걷으면 월출산 봉우리 저녁이라네

地偏去人喧 心定謝物役지편거인훤 심정사물역

　　　땅은 편벽되어 떠나는 사람 요란하나 마음은 안정되어 물건 부리기
　　　를 사양하였네

林僧許結社 野老時爭席임승허결사 야로시쟁석

　　　숲속의 스님 결사를 허락하고 들의 늙은이들 자리를 내주기를 다투네

安身郎爲家 過眠便成昔안신랑위가 과면편성석

　　몸 편하니 집이 만들어 지리니 잠을 자다 문득 옛날을 이루네

天地一蓮盧 此理吾己析천지일연노 차리오기석

　　천지간 한 대자리 오두막에서 이러한 이치를 나 이미 분별하였네

　문곡은 여러 차례 월출산을 유람했는데 고산사孤山寺에서는 해근
海勤 해사海思 스님과 교류하고 2년 후 10월에는 네 아들과 함께 도갑
사를 찾아가 하룻밤 머물며 법한法閒 스님의 융숭한 대접을 받으면서
시 한 수를 지어주고 또한 승잠 스님에게도 '중방重訪 도갑사道岬寺
서증승書贈勝 잠상인岑上人' 이란 시를 지어 주었으며 남암이란 이름
의 암자를 이들의 요청으로 '수남사水南寺' 라고 이름 지어 주었다.

　마을에서는 여러 사람들과 흉금을 털어놓고 지내게 되었는데 대
동계 창설에 주도적인 역할을 한 박규정朴奎精의 증손인 세경世卿이
병풍을 만들어 증조부와 교분이 있었던 고경명의 시 5수를 싣고 문
곡에게 병풍의 서문과 고경명의 시에 차운해 줄 것을 요청하여 응답
해 준 작품이 제題 수옹벽상운壽翁壁上韻 5수이다.

　또한 대동계 중수에 참여한 연주현씨 현건玄健의 손자인 현징玄徵
(1629~1702) 참봉이 숙부 침랑공의 허물어진 별장인 취음정을 옮겨 짓
고 정자 이름을 지어 줄 것을 요청하니 중국의 죽림7현을 비유해서
죽림정이라 이름 붙이고 죽림10영(수)을 남겼다.

　현징의 아들 현약호玄若昊(1695~1709)는 기사환국己巳換局으로 부친
인 김수항이 돌아가신 충격으로 벽계壁溪에 은거하고 있던 김수항의
아들인 삼연을 추운 겨울에 불원천리하고 찾아가 문곡이 죽림정기竹
林亭記를 써 준 것처럼 아들인 삼연도 써주어야 한다고 간청해 삼벽당
의 기문을 받아 오기도 했다.

문곡은 인조반정 후 온양군수를 지냈고, 대동계를 중흥시키고 회사정 건립을 주도했으며 특히 향촌 교육에 진력하여 후학을 기르는 데 크게 이바지 한 조기서曺麒瑞의 둘째아들 조행립을 생전에 만나지 못함을 아쉬워하여 조행립의 셋째 아들 조경찬과 교류하고 조행립의 묘지명과 안용당기安用堂記라는 기문을 지어 주었다. 문곡은 구림에서 기거한 지 3년 후인 50세에 구림을 떠났는데 향촌 사족士族과 많은 사람들의 인정과 배려는 그를 감복시키기에 부족함이 없었을 것이다. 이는 조경찬 어르신에게 작별인사를 겸하며 '구림 모든 이에게 보이노라'라는 시에 잘 나타나 있다.

4년을 장강漳江 가에 사노라니
월출산 청황봉 대하기 친숙하네
이제 북으로 돌아가며 머리를 돌려 바라보니
현산峴山 진실로 고향 같구나

김수항이 서울로 떠난 후에도 연주현문延州玄門과 창녕조문昌寧曺門과의 정의情誼가 두터워 계절마다 마필馬匹에 선물을 실어 보내면서 서신을 주고받을 정도의 친분을 계속 이어갔다. 문곡이 3년 동안 구림에 기거하며 여러 사족과 교류하며 시 50여수를 남겼지만 학문은 물론 여러 방면에서 이 지역에 끼친 영향이 컸을 것이며 영암 전체의 사족 사회에도 영향을 미쳐 덕진 영보리永保里의 사액서원인 녹동서원鹿洞書院에 최덕지崔德之, 최충성崔忠成과 함께 문곡과 농암이 배향되어 있다 구림에는 1989년에 '문곡선생영암적거비文谷先生靈岩謫居碑'가 회사정 뜰에 세워졌다

제4장

선비의 땅, 구림의 명승과 문화유산

1. 학문의 전당 문산재

문산재文山齋는 요사이 누구나 즐겨 오르는 월대바우月臺岩로 가는 등산 코스 중 막바지인 월대바우 바로 아래에 있다. 현재의 문산재는 1986년 11월에 복원한 것으로 건평 27평이며, 바로 옆에 양사재가 있다.

문산재는 옛 서당으로 유향 구림의 학문의 전당이었다. 문산재와 관련된 가장 신뢰할 수 있는 기록은 1766년 4월 20일 최명흥崔命興(1690년생, 해주인)이 승사僧舍와 문산재의 대들보에 기록된 글을 근거로 쓴 상량문이다.

그 기록에 의하면 처음 서당을 연 것은 1657년 정유년丁酉年이다. 서당은 이전에는 절집 집임서재승사량상執任書齋僧舍樑上에서 시작하여 1668년에 비로소 도유사都有司를 조경찬曹敬燦이 맡아 성기동에 처음 창건하였다고 한다. 이후 1684년 갑자년甲子年(갑자개건문산잉구재이성집주사뢰죽림지옹改建文山仍舊材而成緝主事賴竹林之翁)에 죽림공 현징(1629~1702)의 책임 하에 구재舊材를 모아 문수암자文殊庵子터에 고쳐 지었다. 갑자년에 준공된 문산재를 그 후 남쪽으로 옮겨지었으나 대지가 물수렁이고 음습하여 병술년(1766년) 다시 옛터로 옮겨지었다고 현명직玄命直(1710~1772)이 기록하고 있다. 그 후 최호崔琥(1787~1862)는 시문에서 경인년庚寅年(1787년)에 화재로 서재가 소실되

어 임진년壬辰年(1832년) 정월에 착공하여 10월 16일 준공했다. 그리고 '문수라고 부르게 된 것은 옛날 문수암 터에 서재를 건립했기 때문이다.' 라고 적고 있다.

오랫동안 명성을 떨쳤던 문산재가 시대의 변화에 따라 서당이 쇠퇴하는 과정에서 관리 소홀로 퇴락하여 건물이 무너질 지경에 이르러 건물을 해체해서 구림중학교에 기증하였으나 요긴하게 쓰이지 못했다. 그 후 왕인박사 유적지 조성 과정에서 문화재 복원 차원에서 원위치에 복원하였는데 그 과정이 우리 민족의 운명이나 발자취를 닮은 것 같다.

문산재에서 공부한 사람 중 큰 인물이 많이 나와 그 명성이 이웃 고을까지 퍼져 서생들이 많이 몰려들어 영암 인근 뿐 아니라 해남, 강진 등지에서도 유학 올 정도였다 한다. 대표적 인물로는 조선시대의 현유賢儒 김삼윤金三潤 선생 등을 들 수 있다.

또한 최명홍의 글에 수록된 문산재의 강당기講堂記와 옮겨 지을 때 상량문上樑文(도계공 최필홍, 1681년생)을 보면 집임執任, 사생師生, 목수木手의 이름 등 공사의 제반사항 등이 적혀 있는데 정유년丁酉年(시창시始創時)에는 고산孤山 윤선도尹善道, 무신년戊申年(1668년) 강당 이건移建 시에는 윤계문尹季文, 병술년(1766년) 이건 시에는 윤경승尹敬承 등 윤씨 3세의 성명이 생도 수첩에 기재되어 있다고 기술하고 있다.

孤山尹丈姓名載拾丁酉始創時生徒名帖中尹友季文主丙午原齋戊申講堂之事今當丙戌移建之際尹敬承又主其事敬承卽季文之猶子也三世姓名具上於樑

고산윤장성명재습정유시창시생도명첩중윤우계문주병오원재무신강당지사금당병술이건지제윤경승우주기사경승즉계문지유자야삼세성명구상어량

당시 대동계에서는 먼 곳의 훌륭한 학자까지 초빙하여 문산재의 훈장으로 모시고 후한 보수를 지급했으며, 훈장의 식사나 빨래 등의 뒷바라지는 중노가 담당했는데 논 4두락을 경작케 하여 그 수고비로 대신 지급하였다. 생도 중 특출한 재주가 있거나 가정 형편이 극빈한 생도는 지필묵紙筆墨을 지급하는 장학제도도 있었다.

광복 후에는 구림 출신 유학생들이 방학 때 공부도 하였으나 지금은 고시 공부하는 사람들이 이용하고 있을 정도이다.

문산재를 찾은 명사들이나 서생書生들이 많은 시를 남겼는데 현징玄徵(1629~1702), 최석증崔錫曾(1770~1850), 조영형曹榮亨(1767~?), 박양직朴良直(1713~?), 백검희白儉熙, 문즙, 김홍록金興祿, 문봉훈文鳳勳, 현보명玄傅明, 문지택文趾澤, 조순규曹舜圭 등이 150여 수의 시문을 남겼다.

2. 정자와 정자나무 밑의 풍속도

구림에는 정亭 자字가 들어있는 마을 이름이 많다. 마을 이름들은 그 지역을 대표하는 상징물이나 지형이나 위치를 따라 불려지는 경우가 많은 것으로 볼 때 정자가 많았던 모양이다. 죽정竹亭, 쌍취정雙醉亭, 북송정北松亭, 동송정東松亭, 남송정南松亭, 서호정西湖亭, 취정翠亭, 동정자東亭子, 남정자南亭子, 율정栗亭, 할미정(姑岩亭) 등은 정자 이름을 딴 마을 이름이었을 것이다. 앞으로 소개되는 정자亭子와 시詩를 통해서 옛날 사람들의 생활상과 구림의 풍광風光이나 정경情景의 편린片鱗이나마 엿볼 수 있었으면 한다.

진천鎭川 사람으로 좌의정을 지낸 이경억李慶億(1620~1673)이 조부이고 대제학大提學과 이조판서吏曹判書를 지낸 이인엽李寅燁(1656~1710)의 아들인 이하곤李夏坤(1677~1724)이 1722년 10월 13일부터 12월 18일까지 호남지방을 여행하면서 기록한 일기체 형식의 기행문인 〈남유록南遊錄〉에 의하면 "구림은 두 개의 언덕이 호수에 닿아 있는데 모두 엇갈려 감싸 안으로 향하고 있어 사람이 팔을 벌려 받들고 있는 것 같다. 가운데로 맑은 시내가 흐르는데, 월출산에서 발원發源하여 어느 곳에서는 좁아졌다가 또 어는 곳에서는 넓어졌다가 하며 회사정會社亭의 왼쪽에 닿는데, 물길을 둥글게 파 놓아 물이 많이 고여 있다. 마을의 집들이 물을 중심으로 양쪽으로 나뉘어 즐비하게 늘

매봉 정상에 있는 망월정. 6.25 때 여기서 깃대를 흔들었다

어서 있는데 서로 마주보고 있다. 고목과 대나무 수목 사이에 누각이
가리어져 있어 정말 그림 같다. 회사정에 오르니 앞에 평평한 호수와
월출산의 여러 봉우리가 그 뒤로 펼쳐져 있어 비취색이 주렴에 가득
스며든다. 노송 10여 그루가 사면에 늘어서 있는데 줄기와 가지가 구
불구불한 것이 규룡蚪龍과 같아 폭염인 여름엔 아름다울 것이라 생각
된다. 벽에 백헌白軒과 택당澤堂의 시판詩板이 걸려 있는데 나머지는
이를 모두 기록할 수가 없다. 또 이곳의 형승形勝이 대략 명성호明聖
湖(중국 절강성浙江省 항주抗州의 서호西湖의 옛이름)와 같으며 월출산은
영취산靈鷲山(항주의 비래봉飛來峰이 있는 산)과 같다."고 극찬으로 묘사
하고 있다. 경치가 아름다워 당시는 지금의 별장지대와 다를 바 없었
던 것 같다.

또한 이하곤이 "조윤신曺潤身과 함께 서호정에 이르니 정자는 폐
허된 지 오래고 다만 유허지遺虛地만 남아 있다. 저녁 조수가 비로소
밀려오고 호수 빛은 하늘에 잇닿아 서남쪽의 모든 산들이 아득하며

아름답고 빼어나서 멀리 바라보니 좋다."라고 적고 있는 것으로 보아 서호정이 실존했던 정자였다는 것을 알 수 있고, 다른 정자의 존재도 미루어 짐작할 수 있다. 또한 지금은 많이 변했지만, 당시에는 신흥동 앞까지 파고든 바닷물이 상대바위를 돌아 서호정과 회사정을 거쳐 만조 때는 간죽정 앞까지 밀려 올라오고 또 한 가닥의 바다는 가네등을 감싸 돌며 지장 가네등 사이로 빠져 배척골과 남송정 앞을 지나 돌정자와 성기聖基들 밑까지 밀려들어 바닷물이 철썩거리는 광경을 상정해 볼 수 있다.

여기에 한 가지 덧붙일 것은 이하곤이 도갑사에 들러 나올 때 주지인 진응대사眞應大師가 전송하면서 웃으며 하는 말이 "노승이 50년을 도갑사 지키는 종노릇을 해 왔는데, 옛날 구림 기생妓生은 새우젓을 먹고 도갑사 중들은 미음을 먹고 살았는데 지금은 도갑사가 쇠퇴한 것이 이와 같을 뿐 아니라 구림 또한 볼 것이 없습니다."라는 대목이 나오는데 구림에 관아가 있었던 것도 아닌데 어떻게 기생이 있을 수 있었을까? 혹 정자가 많아 찾아 드는 풍류객風流客이나 시인묵객詩人墨客들을 상대로 한 기생이 있었을까? 알 수 없는 일이다.

현존하거나 기록에 남아 있는 정자 이름만 헤아려도 쌍취정, 북송정, 간죽정, 회사정, 죽림정, 취음정, 총취정, 풍옥정 등이 있고, 당堂으로는 요월당, 육우당, 삼벽당, 안용당 등을 들 수 있는데, 이런 건물들이 꼭 규모가 크게 지어진 것이 아니었던 것은 문곡文谷 김수항이 구림에서 적거謫居 생활을 할 때 네 귀에 나무 기둥을 세우고 대나무로 엮어서 한나절에 정자를 지었는데 바람에 대가 서로 부딪치며 내는 소리가 옥玉이 부딪치며 내는 소리 같다하여 풍옥정風玉亭이라 이름을 붙였던 것으로 보아 정亭이라는 이름을 붙이기를 좋아했고, 낭만과 풍류가 곁들여 있었다고 볼 수 있다.

이렇게 정자가 많았던 것은 당시 구림에 경제적으로 안정되어 여유로운 생활을 할 수 있고 시를 읊을 수 있는 문장력(학문)을 갖춘 사람이 비교적 많이 살고 있었다는 것을 의미한다.

당파 싸움으로 얼룩진 살얼음판 같은 서울에서 멀리 떨어진 구림에서 벼슬길을 마다하고 정자로 형제나 친구들을 불러 모으거나 멀리 호남 일원의 시인 묵객을 초빙하여 자연을 벗 삼아 시를 읊고 묵화를 치고 바둑을 두면서 안집에서 솜씨를 내어 장만한 음식을 여종이나 머슴을 시켜 가져와 차려놓은 음식을 안주 삼아 맑은 술(진양주)을 작은 술잔에 가득 부어 서로 권하고 나누며 담론하고 우정을 다지며 고고하고 독야청청獨也靑靑하는 심정으로 풍류를 즐겼을 것이며, 때로는 기생도 불러다가 잔치도 했을 것이다. 그도 지루하면 파도가 출렁이는 서호강(아시냇개)의 바다 갓을 찾아 나서거나 푸르름이 이어지는 들판을 가로질러 기암괴석으로 장식된 도갑산을 찾아 산에서 흘러내리는 옥수 같은 맑은 물에 발을 담가 가며 실 같이 산허리를 누빈 비탈길을 따라 산에 올랐다. 정상에 올라서서 사바세계를 발아래 굽어보며 양팔을 벌려 우주를 안아 기개를 키우고 심호흡을 크게하여 대기의 정기를 들이 마시고 산을 내려와 산사에서 피어오르는 향내음을 맡으며 해질녘에 서쪽하늘에 곱게 물든 저녁노을을 보면서 은은히 울려 퍼지는 산사의 종소리에 등을 떠밀려 내려오면서 호연지기를 기르며 살지 않았을까?

이 같은 생활은 아무나 누릴 수 있는 것은 아니었고 특수한 계층에 한정되어 일반 서민, 즉 농사꾼들의 부러움의 대상이었고, 정자를 대신해 서민들에게는 정자나무가 있었다. 어디나 마을 어귀나 들로 나가는 길목엔 큰 나무가 있었는데 이것은 정자나무(당산나무)라고 한다. 정자나무는 수백 년 된 나무로 가지가 사방으로 넓게 뻗어 있

고, 높고 짙은 그늘은 만들어 마을사람들이나 농군들이 모이는 휴식
처이며 모임(만남)의 장소이기도한데 두레를 짜거나 일의 순서나 날
짜를 조율하기도 하고 일을 맡기도 하였다. 들에 일 나갈 때 모여 같
이 나가고 점심을 먹고 휴식을 취하느라 토막 잠을 청할 때도 이 정
자나무 밑에 몸을 눕혔다. 또 어린애들의 놀이마당으로도 안성맞춤
이었다. 정자에서는 바둑을 놓지만 정자나무 밑에서는 장기나 곤坤
을 두고 정자에서는 시를 읊고 시조로 목청을 높이지만 정자나무 밑
에서는 육자배기나 농부가를 불렀다. 한여름 찌는 듯한 더위에는 안
집을 나와 대발을 깔고 드러누우면 산들 바람이 불어 시원하고 맞바
람에 실려 오는 나뭇잎의 싱그러운 내음이 상큼하게 코끝을 스치니
신선神仙의 생활이 부럽지 않았다. 가끔 집안에서 어떤 일을 치르거
나 농주農酒가 남아 있으면 옹기병에 담아 오거나 내기 장기나 추렴
을 해서 정자나무 밑에서 작은 잔치를 벌이는데 뚝배기나 사발로 대
포술을 벽돌림으로 돌려 마시고 입술 안주도 마다하지 않았다. 이 잔

치의 최고 안주는 두부나 삶은 돼지고기에 배추김치를 감아 먹는 정
도였다. 또 집안 이야기, 마을 이야기를 주고받는 정보의 나눔터이고
온갖 풍문의 진원지로 서민들의 정과 애환이 베어 있는 곳이기도 하
다. 농군들은 논매기가 끝나면 정자나무 밑에 모여 땔나무 하러 산에
올랐는데 서산에 해가 걸치면 맵시 있게 다듬어 모양을 낸 나뭇짐에
등을 떠밀려 내려와 초가집 굴뚝에서 뭉게구름처럼 피어오르는 저녁
밥 짓는 연기에 이끌려 집에 들어서면 아이들이 양팔을 벌려 반갑게
맞이해 주는 그 맛으로 사는 것도 인생이었음이다. 정자나무가 없는
곳이나 정자나무에서 먼 곳은 마을에서 대나무로 바닥을 하고 초가
지붕으로 된 우산각雨傘閣을 지었는데 시원함이나 운치로 보아도 정
자나무만 못했지만 마을사람들의 휴식처가 되었는데 근래에는 마을
마다 기와지붕으로 반듯하게 우산각을 개량하여 짓고 나름대로 멋있
는 이름을 붙여 정자 행세를 하고 있다. 여기에 이하곤이 조일구曺一
龜에게 준 시 '회사정會社亭에 올라서서'를 소개한다.

구림천변의 동계리 우산각(동계정)

靈岩名勝有鳩林영암명승유구림

  영암의 명승은 구림이요

會社亭高遠浦臨회사정고원포림

  회사정 높이 포구 가에 서 있네

月岳長浮千疊翠월악장부천루취

  월출산 푸른 봉우리 첩첩이 펼쳐져 있고

風松不盡四時陰풍송부진사시음

  송림에 끝없이 바람 스치고 사시사철 그늘이 아늑하네

村烟竹外分溪住촌연죽외분계주

  촌락의 연기 대숲 밖 시내 건너까지 퍼져가고

帆影林梢過檻深범영임초과함심

  숲 끝으로 보이는 돛대 그림자 난간 사이를 스쳐 지나가네

仁里曾聞風俗好인리증문풍속호

  인심 좋은 마을 일찍이 풍속이 좋다고 들었는데

今來不見古人心금래불견고인심

  지금 와 보니 그 옛날 인심은 찾아 볼 수 없네

각 마을의 정자 (우산각)

죽정마을	죽정竹亭	평리마을	평리정坪里亭
학암마을	학암정鶴巖亭	동계마을	동계정東溪亭
고산마을	고산정高山亭	남송마을	남송정南松亭
신흥동마을	신흥정新興亭	백암동마을	백암정白岩亭
매봉정상	망월정望月亭	상대(할미정 姑岩亭)	상대정上臺亭
왕인유적지	수신정修身亭		

3. 남도 팔대 정자 회사정

구림 신근정 사거리에서 신작로를 따라 내려가다 구림교鳩林橋를 지나면 구림천 오른쪽에 삼각주 같은 광장이 나오고 그곳에 호남의 8대 정자로 손꼽히는 정자 하나가 우뚝 버티고 서 있는데 그 정자가 회사정會社亭이다. 이 회사정에 태호공 조행립이 읊은 '회사정운會社亭韻'의 편액이 걸려있다.

會社亭韻회사정운

桃李粧村狹水來도리장촌협수래
　　복숭아꽃과 배꽃으로 단장한 마을에 맑은 물이 흐르는데
崔嵬高閣何雄哉최외고각하웅재
　　높은 산 우뚝 선 누각 어찌 그리 웅장한고
南橫駕鶴仙蹤近남횡가학선종근
　　남쪽은 가학령(가래재)으로 이었으니 신선 발자취 간직하고
北接駐龍漁艇回북접주용어정회
　　북쪽은 주룡강을 접하여 고깃배 돌아드네
九井鎭臨蒼壁上구정진림창벽상
　　구정봉은 진중하게 청벽 위에 임했는데

二孤浮出白雲隈이고부출백운외

　　멀리 외따로 있는 두 섬(대죽도, 소죽도) 자욱한 흰구름 모퉁이에서

　　떠나오네

年年社日群賢集년년사일군현집

　　해마다 사일社日이면 여러 현인들이 모여들어

盡意歡娛倒百杯진의환오도백배

　　즐거움을 다하여 많은 술잔을 기울이네

　　　　　　　　　　　　　　입추 후 제5술戌일 曺行立 지음

　　회사정 주변에는 수백 년 된 소나무 십 여 그루가 있어 정자와 더
불어 한층 운치를 더했었는데 일제 강점기인 태평양 전쟁 말기에 배
만드는데 쓴다고 두세 그루만 남기고 다 베어가는 수난을 겪기도 하
고 6.25전쟁 중에 회사정이 방화로 소실되는 아픔을 당하기도 했다.

　　1983년에는 불타 없어진 회사정을 복원하고 어린 소나무들도 큰

1983년 복원된 회사정, 남도 팔대 정자의 하나이다

소나무로 자라 자리를 메워 줌으로써 옛 모습을 되찾게 되었다.

선조宣祖의 사위이며 당대의 문장가이자 서예가였던 박미朴瀰(1592~1645)가 지은 회사정기會社亭記(1643년)와 현유후玄裕後가 지은 회사정 상량문上樑文(1640년)에 의하면 마을 선생이었던 임호가 3간의 정자를 지어 편액을 '회사정'으로 붙였는데 정유재란(1597년) 때에 불타 없어졌다. 그 후 회사정이 있던 자리는 어린아이들의 놀이터와 소나말의 방목장으로 사용되어 이를 안타깝게 여긴 태호공 조행립이 공직 생활을 끝내고 구림에 낙향한 후 마을사람들과 힘을 합하여 1640년에 중수하였다고 기록되어 있다.

회사정은 대동계의 여름 수계 장소와 외부에서 구림을 방문한 손님들의 영접 장소로 이용 되었다. 근대에 이르러서는 구림에서 일어나는 큰 행사를 치르는 장소가 되어 영암의 3.1운동의 발상지가 되고 8.15해방 때도 구림사람들의 축하시위와 일제 순사부장 도자(稻子)를 뜰에 꿇어 앉혀 항복을 받아냈던 장소였다. 구림청년단 취주악대가 북을 치고 나팔을 불며 행진하던 출발점이요, 구림청년회 방송실 개설 자축 행사를 한 곳이기도 하다. 조선시대 때에는 유명한 선비들이 회사정을 다녀갔다. 조선시대 영의정을 역임한 백헌白軒 이경석李景奭과 간제艮齊 최규서崔奎瑞가 지은 '서호십경'과 조행립이 지은 '회사정운'이 현판으로 걸려 있다. 간재 최규서의 〈서호십경西湖十景〉을 소개한다. 지은이 최규서崔奎瑞(1650~1735)는 시호가 충정공忠貞公이고, 전라도 관찰사와 이조판서, 좌의정, 영의정을 지냈다.

1. 孤山雪梅고산설매

處士西湖放鶴回처사서호방학회

　처사는 서호에 학을 두고 회은回隱하여 지내는데

孤山千樹白皚皚고산천수백애애

　　고산의 수 많은 나무들 눈에 덮여 허옇구나

只說深林埋夜雪지설심임매야설

　　깊은 숲 밤사이 눈에 덮여 기뻐할 뿐인데

如何還遣暗香來여하환견암향래

　　어떻게 보내왔는고 암향 마저 그윽하여라

2. 斷橋煙柳단교연유

無數輕絲雪滿沙무수경사설만사

　　무수히 날리는 실버들 모래사장에 가득한데

青松白石夕陽斜청송백석석양사

　　청송과 흰 돌에는 지는 해 비껴있네

前村女伴相呼去전촌녀반상호거

　　앞마을 여자 친구들 서로 불러내어

却把姑岩此若耶각파고암차약야

　　할미바위에 올라 앉아 친숙함이 어떠한고

3. 岬寺晩鐘갑사만종

禪家遙住翠微巓선가요주취미전

　　선가는 저 멀리 푸른 산 중턱에 자리하고

隱隱鐘聲日暮天은은종성일모천

　　해가 저문 하늘엔 은은히 들리는 종소리로다

更有長風吹引去경유장풍취인거

일제강점기 노송을 베어가고 남은 노송 가운데 한 그루.
이하곤이 규룡虯龍과 같다고 하였던 노송

다시 센 바람이 불어 휩쓸어 가고

暝和疎雨出林煙명화소우출림연

어둠에 내리는 성긴 비 숲 속 연기를 내쫓네

4. 竹嶼遠飇죽서원범

半夜蕭蕭打竹林반야숙숙타죽림

　　밤 중에 이는 쓸쓸한 바람 대숲에 불어대는데

滄波幾尺比前深창파기척비전심

　　창파가 몇 자나 되는고 예와 같이 깊기만 하네

靜聽水宮傳蜜響정청수궁전밀향

　　고요히 듣건대 전해오는 수궁의 은밀한 소리

老龍吟罷海沈沈노용금파해심심

　　늙은 용이 노래 그치니 바다는 잠잠하구나

5. 月峯朝嵐월봉조람

月山之下候新月월산지하후신월

　　월출산 아래서 새 달을 기다리니

天闊山高月上難천활산고월상난

　　하늘 넓고 산이 높아 달뜨기 어렵구나

入夜蟾光井底冷입야섬광정저냉

　　밤들어 비친 달빛 우물 속에 냉랭한데

碧峯秋水玉龍寒벽봉추수옥용한

　　벽봉의 가을 물이라 폭포마저 차갑구나

6. 龍津暮潮용진모조

漠漠晴沙點點島막막청사점점도

　　넓고 넓은 모래사장 점점이 섬들인데

長天闊海杳然開장천활해묘연개

　　긴 하늘 넓은 바다 묘연하게 트였구나

借間孤舟何處泊차간고주하처박

　　물 건너 외로운 배 어느 곳에 머물었는고

竹林風起暮潮回죽림풍기모조회

　　대숲에 바람 일고 저녁 조수 돌아오네

7. 平湖秋月평호추월

開窓正對玉芙蓉개창정대옥부용

　　문 열고 아름다운 연꽃 바로 대하니

嵐氣移來碧幾重남기이래벽기중

　　흐릿한 이내(안개) 옮겨와서 푸르기가 몇 겹인고

望久不知山遠近망구불지산원근

　　오래도록 바라보나 산의 근원 알 수 없어

欲尋仙逕杳無蹤욕심선경묘무종

　　신선이 길 찾고자 하나 묘연하여 자취도 없네

8. 圓峰落照원봉낙조

遙望圓峰落照橫요망원봉낙조횡

　　멀리서 원봉(치마바위)을 바라보니 낙조가 비껴있고

靑山斷續締雲輕청산단속체운경

　　청산은 끊기는 듯 있는 듯 바다구름 날리네

西湖向晚添新興서호향만첨신흥

서호는 밤을 맞아 새 흥을 더하여서

看取餘光水底明간취여광수저명

　　남은 광채 찾고 보니 물 밑까지 밝구나

9. 仙岩聞鶴선암문학

靑山高入翠微間청산고입취미간

　　청산은 높직하여 푸름 속에 싸였는데

雲影徘徊鶴共閑운영배회학공한

　　구름 그림자 떠돌며 학과 함께 한가롭네

解說無心偏有意해설무심편유의

　　변명에는 관심 없이 편벽한 뜻을 두어

朝朝長送嶺頭還조조장송영두환

　　아침마다 떠나보내고 고갯마루에서 돌아오네

10. 香浦觀魚향포관어

浦口埋香舊跡奇포구이행구적기

　복을 빌고자 향 묻은 포구 옛 모습 기이한데

至今還作鈞魚磯지금환작균어기

　이제 와서는 다시 낚시터가 되었구나

箱落海門秋色早상락해문추색조

　서리 내리는 해문 가을빛이 완연한데

滿汀漁火夜深歸만정어화야심귀

　물가에 가득한 고기잡이 불 밤이 깊어 돌아가네

한글역　박 준 규朴焌圭, 전남대 명예교수, 한국가사문학회 회장

4. 호남 삼대 시가단 간죽정

간죽정間竹亭은 지금으로부터 526년 전 1479년(성종 11년)에 오한 공 박성건이 지었다. 오한공 박성건은 1472년(성종 4년)에 문과에 급제하여 7년간 공직에 머물러 있다가 벼슬을 버리고 고향에 내려와 시를 읊고 글을 가르치며 여생을 보내려 정자를 지었다. 서구림리 403번지에 도갑천의 시냇물이 앞 벼랑을 회수回水하는 동산에 월출산 천황봉을 바라보는 삼간三間의 정자로 담양 기촌 면앙정 俛仰亭 시가단詩歌壇, 창평昌平 성산星山 시가단과 함께 전라도 지방의 삼대三大 시가단에 들어가 있다. 주위에는 창건 당시 소나무가 우거지고 그 사이에 대나무가 정자를 둘러싼 풍광이 명미明媚한 곳이었다. 그간 500여년을 견디어 온 간죽정은 여러 번 중수를 거쳐 오늘까지 훌륭한 정자로 지방 문화재로서의 손색이 전혀 없으나 아직까지 그 가치를 밝히지 못하고 있다. 오한공의 장남 권權(자字 이경而經)이 무오사화에 연루되어 함경도 길주로 귀양갔다가 해남으로 귀양지를 옮긴 후 중종 원년元年에 방면되었다. 무오사화에 연루되어 나주에 귀양온 친구 재사당再思堂 이원李黿(박팽년의 외손자)에게 부탁하여 쓴 간죽정기에는 간죽정의 풍광이 잘 드러나 있다.

"귀양살이 중에 병을 앓느라 오랫동안 붓을 들지 못하였다. 하루는 나의 벗 박이경 원님이 나에게 손수 쓴 편지를 보내 왔으니 '나의 선인께서 거처하던 집이 영암현 서쪽 이십 리쯤에 있네. 앞에는 덕진의 넘실대는 조수潮水가 있고, 뒤에는 월출의 기이한 봉우리들이 둘러 있으며, 중간에 한 시냇물이 흐르고 있네. 물의 근원은 도갑사의 골짜기에서 나오고 있네. 구슬처럼 뛰는 물결은 여울을 이루고, 고이고 쌓이던 곳은 못이 되어, 돌고 돌아 일백 구비나 꺾이어 길게 흘러 서쪽으로 가고 있네. 또 월출산의 북쪽으로 나온 기슭이 길게 연결되어 봉우리들이 모여 주먹처럼, 사마귀처럼 집의 동쪽 모퉁이에 솟아 있네. 정자는 대나무 사이에 있으며 대나무는 소나무 사이에 있으니 우러러보면 천기가 저절로 움직이며, 굽어보면 연못에 노는 고기들을 셀 수 있네. 전해오는 말에 의하면 신승神僧 도선道詵의 옛터라고 한다네, 선인이 있어서 여기에 살으셨네. 가시덤불과 우거진 대나무 등을 비어 내고, 그 곳의 옛 터를 넓혀 조그마한 정자를 지어 '간죽정' 이라 하였으며 호號를 오한거사五恨居士라 하였네. 정자에서 시를 읊으며, 장차 세상을 마치려던 뜻이 있었네. 뒤 늦게 과거에 급제하였으나 벼슬길을 좋아하지 않아 폭건幅巾을 쓰고 남쪽으로 돌아와 자기의 뜻대로 살아 가셨네. 그렇게 하다가 오래지 않아 선인이 세상을 버렸으며 정자도 또 따라서 훼손되었으니 오호 슬프도다.

내 또한 과거에 마음을 두었기에 이 정자를 수리하는 여가가 없었으며, 무오戊午(1498년) 연산燕山 4년에 나라에 죄를 지어 함경도로 유배되었으니 홀로 계신 어머님의 외로움을 누가 위문하였으랴. 다행히 임금의 은혜를 입어 전리田里에 돌아오니, 어머니가 계시던 곳은 옛 그대로이고, 어머니 모습은 변하지 않았네. 고향의 집을 돌아다보니 선인의 손길들이 아직도 남아 있다네. 애모愛慕의 마음을 이길 수 없었다네.

더구나 이 정자는 선인이 손수 지었으며, 아침과 저녁으로 시를

간죽정

읊던 곳이고 보면 그 분의 손길이 남아 있으니 상재桑梓에 비하여 만
배일 뿐이겠는가.

　내가 이제 옛 터를 새롭게 하여 뒷날까지 오래도록 전하게 하여
선인의 뜻을 따르고자 하니, 그대는 나를 위하여 그 앞뒤 사실을 자
세하게 적어서 애모의 정을 기록해 주지 않으려는가라고 해 왔다. 그
래서 나는 단정히 앉아 편지를 펴보고 눈물이 흐르는 것도 깨닫지 못
하고 두세 번이나 읽었었다. 슬프다. 궁색스럽거나 영달하는 일이야
운명에 달렸으며 부와 귀는 하늘에 있다. 사람들이 출세하고 출세하
지 못함은 시운이며 도를 닦느냐, 닦지 못하느냐는 자기에게 달려있
다. 이런 이유로 군자君子는 저 쪽에 있는 벼슬을 구하지 아니하고,
내 마음에 있는 덕성을 구하며, 하늘에 있는 부귀를 구하지 아니하
고, 내 마음의 성명性命을 다해야 한다. 궁색스럽거나 영달하더라도
자신의 마음을 바꾸지 아니하며 부귀로써 자신의 지조를 두 가지로
하지 않는다. 저들이 벼슬한다면 나는 나의 인仁으로서 대하고 저들

이 부富하게 되면 나는 나의 의義로써 대하니 내가 왜 저들에게 부끄러워하랴. 자신의 마음을 다할 뿐이다. 부귀를 뜬 구름처럼 여기고, 높은 벼슬을 진흙처럼 여기며 산수山水를 즐기는 마음을 완전히 지니고, 인지人智의 지혜를 발휘하였다. 동정動靜의 기틀을 온전히 해야 하며, 모든 조화의 근원에 통달하고, 하늘을 우러러 보고 땅을 굽어 보면서 한 세상의 복판에서 소요逍遙한다면 이런 것들을 궁색스럽다고 하겠는가, 아니면 영달했다고 하겠는가."

또한 오한공이 읊었던 '제간죽정題間竹亭' 삼수를 보면,

東臥竹亭西泛舟동와죽정서범주
　　동쪽으로 죽정에 눕고 서쪽에 배를 띄어,
南溪濯足北園遊남계탁족북원유
　　남쪽 시내에 발을 씻고 북쪽 동산에 노니네,
平生浩蕩不羈志평생호탕불기지
　　평생에 호탕하여 얽매이지 않은 뜻은,
南北東西任去留남북동서임거류
　　동서남북에 멋대로 다녔었네

脩篁簇簇送微凉수황족족송미량
　　밋밋한 대나무 총총이 서서 실바람 불고,
竹葉樽前自倒觴죽엽준전자도상
　　댓잎 뜬 술동이 앞에 홀로서 술잔 드네,
醉引靑奴同一夢취인청노동일몽
　　술에 취해 죽부인 안고 함께 꿈을 꾸노니,
愛他性癖入膏盲애타성벽입고맹

간죽정 앞에서 건너다 본 구림교

사랑이 병이 되어 고질로 드네

乘閒西下坐垂淪승한서하좌수윤

　　한가한 틈을 내어 서쪽 강 아래 낚싯대 드리고 앉았노니

潑潑江魚碧玉鱗발발강어벽옥린

　　팔팔 뛰는 물고기 옥 비늘로 푸르더라

適志平生無競貴적지평생무경귀

　　뜻에 맞게 보낸 평생 귀함을 위해 다투지 않고

笑他終日走紅塵소타종일주홍진

　　온종일 홍진으로 달리는 것 비웃노라

라고 하였으니 그의 호매豪邁하고 속세에서 벗어난 기상과 달인達
人이요 대관大觀한 사람으로서의 풍미가 풍긴다.

　또한 1899년에 대사헌大司憲을 역임하고 1905년 을사늑약이 체결

되자 음독자살한 송병선宋秉璿이 쓴 간죽정 중수기重修記를 살펴보면, "간죽정은 낭주의 구림에 있으니 오한선생 박성건이 지은 정자다. 서호가 읍邑하고 월출산이 삼키려는 듯하며, 그 곁에는 물이 모여 못을 이루고, 곁에는 냇물이 소리 내며 흐른다. 어지럽게 꽃들이 피어 있고, 푸른 숲이 우거져서 뒤엉킨 채 햇볕을 가리고 있다. 사면은 빽빽한 대숲으로 둘려 있으니 대나무는 군자와 같은 점이 있으니 그 절개를 보면 늠연凜然하게 외로이 서 있어서 그건 이른바 사어史魚가 화살처럼 곧았음이 아닐는지, 그 내부를 보면 툭 트인 채 비워 있으니 그건 이른바 안자顔子의 있어도 없는 것처럼 하던 것이 아닐는지, 이 때문에 군자들이 대부분 대나무를 사랑했다. 더구나 이 곳은 십만 장부丈夫 같은 굳고 밋밋한 대나무들이 빽빽이 진을 친 듯이 둘러서서 모시고 있는 것임에랴, 이러한 사이에 정자를 세웠음은 당연하다"라고 감탄하는 대목이 나온다.

5. 죽림칠현이 연상되는 죽림정

죽림정竹林亭은 서구림리 385번지에 있는 정자인데 정면 3칸, 측면 2칸과 팔짝 지붕 구조로 되어있다. 예전에는 대나무 숲으로 둘러싸여 죽림유거竹林幽居라고도 했는데 취음정을 지금 자리에 옮겨 지은 현징玄徵(1629~1702)이 영암으로 귀향 온 문곡 김수항에게 정자 이름을 지어 줄 것을 다음과 같이 청했다고 한다. 죽림정의 내력을 짐작해 볼 수 있는 대목이다.

문곡이 영암에 귀양 와 3년 동안 구림 사족들과 교류하면서 유독 연주현문과 돈독한 우의友誼를 맺었으며 그의 자제들에게까지 이어졌는데 현징이 문곡에게 말했다고 한다.

"나의 집과 몇 리 떨어진 곳에 나의 숙부 침랑공寢郎公의 별장이 있었는데 원림에 태台와 소沼의 경치가 한 고을에 드러나 가히 옛날의 망구묘교輞口卯橋라고 칭하는 것과 그 으뜸을 다투었습니다. 정자 하나를 태와 소 사이에 지어 편액을 취음정就陰亭이라 한 것은 숙부의 즐거움을 붙인 것입니다.

숙부께서 세상을 뜬 후로 화火를 입어 정자를 패하고 유랑하여 후손들이 능히 가업을 보존하지 못하고 수십 년이 되어 옛날에 살았던 곳은 이미 남의 터가 되어 버렸습니다. 그 우뚝 서 있는 큰 집은 그 정자뿐이었는데 또 그 제목들을 철거하여 재물로 여겨 촌민의 소유

동서구림의 경계인 구림교 건너 연주현씨 종가에 있는 죽림정

물이 되었습니다. 내가 이를 민망히 여겨 항상 마음에 두고 있었습니다. 드디어 그 값을 주고 여기에다 옮겨지어 숙부의 옛 것이 패함이 없기를 바랐습니다. 그대가 다행히 이 정자에 이름을 붙이는데 이러한 뜻으로 지어주기를 원합니다."

문곡은 죽림정 십영十詠을 지어 주었고 우암 송시열이 제주도로 유배 가는 도중 죽림정에 들러 현약호를 위해 삼벽당三碧堂 당액堂額을 써 주었다. 구림을 다녀간 수많은 시인 묵객과 세도가들이 회사정, 간죽정, 죽림정을 들러 시를 읊고 서도를 즐겼는데 1681년에 진사가 되었으나 관직에 나가지 아니하고 전원생활을 하며 유유자적한 당대에 시문과 그림이 뛰어나 화양서원에 모신 우암 송시열의 영정을 그렸으며 정선의 그림 선생이기도 한 노가재老稼齊 김창업金昌業(1658~1721)의 편액이 있다. 이어 문곡이 지은 〈죽림정십영〉 중 일부를 소개한다.

三詠삼영. 南畝農謳남묘농구   남쪽 들녘의 농부의 노래

春來耕白水춘래경백수   봄이 오니 하얀 물 쟁기질 하고
秋至割黃雲추지할황운   가을 이르니 누런 구름 베어내네
苦樂田家事고락전가사   고락이 있는 농촌의 일
農謳隔岸聞농구격안문   농부들의 노래 소리 언덕 너머 들리누나.

七詠. 九井霜楓구정상풍   구정봉에 서리 맞은 단풍
石骨聳孤靑석골용고청   돌의 줄기 외로운 푸르름으로 솟아있고
秋霜染萬葉추상염만엽   가을 서리 많은 잎 물들였네
粧成錦繡屛장성금수병   단장하여 비단 수 병풍 만들어
高向亭前匝고향정전잡   일부러 죽림정 앞을 향하여 두르네.

6. 무림과 비견되는 쌍취정

선산임씨 문헌록에 의하면 '쌍취정은 구림에 있다' 라고 기록되어 있다. 〈남유록〉을 쓴 이하곤의 일기체 기행문에 의하면 1722년 11월 29일 구림을 방문하여 "들으니 쌍취정 아래 큰 연못이 있어 여름철에는 연꽃이 무성하게 피고, 위로 큰 둑을 쌓아 수양버들 만 그루를 심었으며, 아래에는 갑문閘門이 설치되어 있어 남쪽 호수로 통하여 자연히 또 하나의 호수 가운데 있는 정자(湖心亭)가 되었다고 하는데 그 승경이 어찌 무림武林(중국 항주 이북 별칭)만 못 하겠는가."

쌍취정은 월당月堂 임구령이 명종 13년(1558년) 58세 때 세운 정자이다. 그는 이미 그의 나이 40세 때에 구림의 두 산자락 사이를 연결하여 진남대제鎭南大堤를 구축하였는데 월출산에서 뻗어 내린 한 쪽 산자락이 누에머리처럼 돌출하여 장관을 이룬 그 위에 정자를 짓고 처음에는 모정茅亭이라 이름하여 요순堯舜의 검약儉約의 미덕을 기렸다 한다.

그 후 무진년戊辰年에 개축하여 이름을 쌍취정으로 고치고 중형인 석천石川 임억령林億齡과 함께 고기 잡고 거문고 타고 술에 홍취하여 세사世事를 잊고 형제의 우의를 즐겼는데, 이 사실이 조정에 알려져 '쌍취정' 석자의 어제御題 친필이 사액賜額 되었다는 기록이 있다.(임씨林氏 세가世家 보장문譜長文) 이 정자에서는 영산강이 한 눈에 바라보이며 연못에는 물고기가 뛰고 놀아 그 풍치가 절묘하므로 고제봉高霽峯, 백옥봉白玉峰, 양송천梁松川, 임백호林白湖 등 시인 묵객들이 줄이어 출입하여 수창 회유하였다.

登雙醉亭등쌍취정

長勞南北夢 偶把海山杯장노남북몽 우파해산배
　　남북에서 시달린 몸 해산에서 술 잔드네
萬一君恩報 與君歸去來만일군은보 여군귀거래
　　군은을 갚으걸랑 그대 곁에 돌아오리
天地靑山萬 江湖白髮雙천지청산만 강호백발쌍
　　천지에 산이 많고 강호에는 백발 한쌍
一杯須盡醉 綠蟻滿村缸일배수진취 녹의만촌항
　　취하도록 마시어라 술 항아리 가득하다.
小屋如龜殼 秋山以錦文소옥여구각 추산이금문
　　작은 지붕 갈라지고 가을 산은 비단같다.
機心都己盡 吾與白鳩群기심도기진 오여백구군
　　세상공명 다 버리고, 갈매기와 같이 논다.
　　　　　　　　　　－ 출전: 석천집 제4책, 임억령

7. 옛날을 되새겨 보는 요월당

　요월당邀月堂은 구림리 국사암 앞에 있었으며 중종 31년(1536년)에
월당공月堂公 임구령이 36세 때 건립한 정자로 규모가 크고 아름다우
며 주위의 경치가 또한 수려하였다 한다. 선산임씨 문헌록에 의하면
월당은 형인 석천 임억령林億齡의 시를 난간에 현판하고 송천松川 양
응정梁應鼎, 재봉齋峰 고경명高敬命, 지천芝川 황정욱黃廷彧, 옥봉玉峯
백광훈白光勳, 오음梧陰 윤두수尹斗壽, 월정月汀 윤근수尹根壽, 백호白
湖 임제林悌 등 여러 명사들이 출입하여 시를 돌려가며 읊었다 한다.
　임진왜란 때 왜구가 정자의 동남쪽에 불을 지르다가 그 크고 아름
다움에 놀라 곧 끄고 임林, 황黃 두 선생의 시에 매료되어 그 현판을 떼
어갔다. 20년 후에 외손 남곽南郭 박동열朴東說이 나주목사 때 중수하
고, 다시 그 57년 후에 5대손 익서益瑞가 보수하고, 또 21년 후에 6대손
석형碩衡이 다시 수선하고, 그 후 50여 년 동안 서까래가 내려앉는 등
훼손이 심하여 후손들이 협력하여 기둥을 다시 갈고 규모를 줄여 단단
히 보수하였다라는 기록이 있다. 지금은 정자의 흔적조차 사라지고
기록만 남아 있다.

邀月堂요월당

峰奇何必劃봉기하필잔	산봉우리 기묘하니 깎아 본들 무엇하리
月入不煩邀월입불번요	찾아오는 밝은 달은 마중하기 편하구나
桂影橫階竹계영횡계죽	계수나무 그림자는 계단 아래 비껴있고
金波動酒瓢금파동주표	물결치는 황금빛은 술잔 위에 요동친다
孤枕客無夢고침객무몽	외로운 배게 위에 나그네 잠 못 이루고
小床蟲獨謠소상충독요	조그마한 평상 밑에 벌레 소리 처량하네
秋陰苦妬殺추음고투살	가을 그늘 무정하게 달빛을 세우는지
微雨曉蕭蕭미우효소소	새벽녘에 이슬비가 쓸쓸하게 내렸다네.

- 석천石川 임억령林億齡

8. 형제간 우애의 상징 육우당

　육우당六友堂은 함양박씨 13세 손으로 오한공의 넷째아들 정楨의 손자이자, 성정星精의 아들 육형제들이 형제간의 우애를 돈독히 하기 위해 지은 당이다. 서구림리 남송정에 있으며 1566년(명종 22년)에 지은 이래로 1626년(인조 6년), 1750년(영조 26년), 1778년(정조 3년) 세 번 중수하였다. 육우당 액자額子는 석봉石峯 한호韓濩(1543~1605)의 글씨이다.

육우당, 한석봉이 쓴 육우당 액자가 걸려 있다

이들 여섯 형제들은 효우에 독실하여 형제 여섯 사람이 한 집안에서 함께 살면서 집 곁에 당을 지어 놓고 거처하였다. 누우면 큰 베개와 큰 이불을 함께 덮었고, 식사를 하게 되면 같은 식탁에서 쭉 이어 앉아 하였고, 밤과 낮으로 잠깐 사이라도 떨어진 적이 없었다. 또한 자식이 부모를 섬기는 도리 즉 밤에는 부모의 이부자리를 보살피고 아침에는 안부를 묻는 정성을 한 뒤에는 곧 바로 당에 모여 화목하게 함께 즐기면서 '우리 여섯 사람은 같은 어머니에게서 태어나고 같은 당에서 자랐다' 라고 하면서 당의 이름을 형제간에 우애하는 마음을 담은 내용으로 걸어야 한다고 하였다. 그리고 그 이름으로 인하여 서로에게 깨우쳐 힘쓰게 하여 당堂의 이름이 지닌 뜻을 져버리지 않도록 했다 한다.

육우당 형제들은 장남 준濬, 이남二男 흡洽 자字는 여윤汝潤 호는 육우당, 삼남 용溶, 사남 주澍 자字는 汝霖여림, 오남 영泳 자字는 여유汝游 무과武科 사간원司諫院 주부主簿 역임, 무과武科 훈련원訓練院에서 봉사奉事였던 막내 형瀅 여섯 형제들이다.

그 중에서 이남인 육우당은 호방하고 굳세어 담략膽略이 크고 원대했다. 의리가 긍경한 곳에서는 언론言論이 거세고 상쾌하였으며 조금도 굽힘이 없어서 늠름한 채 범할 수 없는 대절大節이 있었다. 한 시대의 명현들이 우러러 보며 사귀기를 원하였고, 중봉重峰 조헌趙憲, 제봉霽峰 고경명, 건재健齋 김천일金千鎰 등과 같은 분들이 도의교道義交를 맺어 교류하였다.

1592년 임진난에는 '이러한 난세를 당하여 온 힘을 다하여 보답하기를 도모하고 삼가 사직을 받드는 것이 신하로써 마땅히 해야 할 바이다' 라고 하면서 고제봉, 김건재와 함께 의병을 일으켜 곡식 300석과 가솔 수 백 명을 인솔하여 협찬하였다.

1593년에 나라의 명령에 따라 김건재와 함께 진주성晉州城으로 가서 왜놈을 무찌르려 했는데 늙은 종 낙금樂今이 '차마 주장主將으로 하여금 사지死地에 빠지게 할 수 없습니다.' 라고 하면서 말고삐를 붙잡고 만류하는 것을 '오늘에야 나는 죽을 곳을 찾았다. 적군을 보고서 물러남은 열烈이 아니다' 라고 하면서 종의 고삐를 잡고 있는 왼쪽 어깨를 내려쳤고 종은 곧바로 오른손으로 붙들자 그의 오른쪽 어깨를 쳤었다. 종은 눈물을 흘리면서 그의 입으로 고삐를 물고 있으니 끝내는 목을 치고서 포위망을 뚫고 진주성으로 들어갔었다. 건재 김공, 병사兵事 황진, 복수장復讐將 고종후高從厚, 병사 최경회崔慶會, 표의장彪義將 심우신沈友信, 현감縣監 장윤張潤, 복병장伏兵將 강희보姜希輔, 부사府使 이종인李宗仁, 의병장義兵將 민여운閔汝雲, 현령縣令 송제宋悌 등과 더불어 죽기를 각오하고 성을 사수하였다.

　　중과부적으로 성이 함락되자 '하늘인들 이렇게 도와주지 않는가, 남아는 반드시 죽을 곳에서 죽을 따름이다.' 라고 하면서 촉석루矗石樓에 올라가 건재 등 여러 의병장들과 더불어 북쪽으로 향배向背하고 남강南江으로 투신하였으니 1593년 6월 29일이었다.

9. 호은정

　호은정湖隱亭은 서호정 뒷동산 상대등의 송림에 들어앉아 있다. 호은湖隱은 최동식崔東植(1860~1949)의 호로 지금부터 75년 전인 1930년대 호은의 은거隱居 처소로 지었다고 한다. 이 정자는 호은의 아들인 최현이 1961년 구림중학교에 기증하여 도서관으로 이용하기도 하였다. 그러다 구림중학교가 이축되고 관리 소홀로 퇴락해 가던 것을 영암군에서 보수 관리 보존하고 있다. 건물은 정면 세 칸, 측면 2칸의 팔작지붕 마루형 구조로 되어 있다.
　호은정에 걸려 있는 시 한 수를 소개한다.

爲闢園林鏡水頭위벽원임경수두
　　숲 있는 동산을 거울 같은 물가에 벌이고
小亭新築占淸幽소정신축점청유
　　작은 정자를 지어 맑은 유흥을 차지하노라.
家常己付兒曹管가상기부아조관
　　집안 일은 이미 아들에게 맡겨 관할하게 하니
老懶唯稱隱者流노라칭은자류
　　늙어서 게으른 것을 누가 은자류라고 일컬으랴.

호은정

在里成隣懷往昔재리성린회왕석

　　고향 사람끼리 이웃하니 지나간 옛날을 추억하고

桃源有客問來由도원유객문래유

　　도원에 있는 객에게 온 까닭을 묻노라.

登臨時與漁樵拌등임시여어초반

　　정자에 올라 어부와 초부와 함께 벗하고

一枕看書盡忘憂일침간서진망우

　　홀로 베개를 의지하여 글을 보며 모든 시름 잊노라.

10. 만취정과 만성재와 잠숙재

만취정晚翠亭

죽정마을에 있었던 이 정자는 만취晚翠 박일상朴一相이 건립했던 것으로, 소박하고 겸손한 선생의 학자적인 성품과 같이 아무 장식을 하지 않은 것이 특징이었으나, 지금은 철거되어 멸실되었다.

만성재晚腥齋

동구림 동계마을에 있었던 별칭 '큰 사랑' 이라고 불리던 건물로 해주인海州人 최치헌崔致憲(1773~1845) 선생의 옛날 서재로 선생은 영조 때 참판으로 덕과 학을 겸한 선비로 후세에 추앙을 받았다. 건물은 10여 년 전까지 있었으나 지금은 개조 멸실된 상태이다.

큰 사랑 뜰에 있는 150여 년 된 감나무

잠숙정 현판

성기동 완산이씨(전주이씨) 묘재(제각)

잠숙재潛肅齋

문행文行 이중근李重根 선생의 묘재墓齋로 성기동에 있다. 선생은
성품이 강직하고 문학에 뛰어났으며, 세상 사람들의 숭배를 받았다.
구림에서는 속칭 아천이씨 제각祭閣으로 부르곤 하는데 구림사람들
의 각종 집회장소로 이용되기도 했으며, 고시 공부하는 공부방 역할
도 하였다.

11. 안용당기에서 본 옛 선비들의 생활

안용安用은 조행립의 삼남인 조경찬曺敬瓚(1610~1678)의 호이고 안용당安用堂은 그의 당호堂號이다. 숙종 4년(1678년) 문곡 김수항이 지은 안용당기문安用堂記文을 발춰 요약하면 다음과 같다.

사람은 대체로 명성을 드날리는 자는 항상 얽매이는 것을 고통스럽게 여겼고 한적한 곳에 머문 자는 언제나 파묻혀 없어지게 됨을 괴롭게 여겼다. 모두가 명성과 세도를 얻고자 파당을 만들어 부산하게 움직이고 부를 쌓아 올리고자 도리나 염치를 불구하고 법을 어겨 죄를 지으면서도 늙어서 죽을 때까지 뉘우치지 못하고 사는 것보다는 세상을 비껴 앉아 열 이랑쯤 되는 밭을 가꾸고 몸도 마음도 어느 누구에게 얽매이지 않고 근심과 걱정을 털어버리고 살아가는 것이 높은 벼슬을 하거나 큰 부자가 되는 것보다 낫지 않겠는가, 그런 사람이 어찌 이 세상에는 그리도 귀한가.

이 글에서 김수항은 시대상은 물론 자신의 처지와 심정을 은연 중에 드러내고 있다.

1400년 중반 9대 성종 때부터 시작되어 70여 년간 계속된 훈신勳臣과 척신戚臣의 대립과 갈등 속에서 무오사화戊午士禍(1498년) 등 4대 사화와 인조반정仁祖反正을 거쳐 1575년 심의겸과 김효원의 붕당朋黨

형성으로 사림士林 간의 권력 쟁탈전이 심화되어 경신환국庚申換局 (1680년, 숙종 6년)과 기사己巳, 갑오甲午 환국에 이르기까지 물고 물리고, 뺏고 빼앗김이 반복되는 과정에서 삼족을 멸하는 멸문지화를 당함은 물론 재산을 적몰籍沒당하고 심지어 가솔들이 종(비)의 신분으로 전락하고, 귀양 보내고, 사약을 받는 등 생과 사를 넘나드는 어수선하고 살벌한 사회상이었다. 그럼에도 사족士族들은 낮은 벼슬자리라도 그 자리를 보존하고, 승진하려면 붕당의 패거리에 끼어야 했고 그 붕당이 몰락하면 파직을 당하거나 변방으로 내몰리는 공동운명체였다.

그러나 그 와중에서 영남에 퇴계 이황李滉, 조식曺植, 서울 근교의 성수침成守琛, 호남의 이항李恒, 기대승奇大升, 김인후金麟厚 등 명망 높은 사림 학자들은 벼슬을 버리고 초야에 은거하고 있었다. 지금 같으면 자기 생명만을 부지하기 위한 현실도피라고 몰아세우고 혹평을 할 수 있겠으나 당시에는 높은 벼슬을 내놓고 물러앉은 것을 사람들은 그 과감한 결단과 겸허함 그리고 고고하고 독야청청함을 존경해 마지 않았다.

구림에서도 벼슬을 한 집안의 자제인 조경찬曺敬璨은 이전투구泥田鬪拘하는 중앙정계와 탁류가 소용돌이치는 세상 속으로 끌려 들어가지 않으려고 서울에서 멀리 떨어진 구림에서 아버지를 모시고 정착하여 시류에 휩쓸리지 아니하고 몸은 세월의 흐름에 맡기고 명성과 욕망은 접어둔 채 자연을 벗 삼아 유유자적하는 마음으로 살아가고 있었다. 이를 본 김수항은 조경찬을 칭찬하며 마음속으로 부러워했을 것이다.

문곡 김수항은 계속해서 다음과 같이 적고 있다.

"구림촌은 월출산 아래 있는데 호수며 바다 그리고 숲이 무성한 동산의 경치가 남방南方에서 으뜸이다. 조장曹丈(조경찬을 이름)이 기거하는 곳은 구림촌의 한쪽의 치우친 곳을 차지하여 그윽하고 정숙한 흥취를 얻을 수 있고, 곁에는 비탈진 밭과 낮은 땅이 많아 근교에서 나는 소출을 거두어 삼복과 납일臘日 경비를 충당하기에 넉넉하며 물고기를 잡을 포구浦口와의 거리는 1백보가 안 될 정도로 가까워 날마다 그물을 매고 가 살찐 고기를 잡을 수 있어 아침, 저녁 반찬을 잇대기에 풍족하고 또 좌우로 귤나무, 유자나무를 심고 석류, 매화, 살구나무 등을 심어 나뭇가지가 어우러져 그늘을 이루며 꽃과 열매가 찬란하게 비치어져 기이한 구경거리를 제공하고 사치스럽게 음식을 죽 늘어놓기에 충분하다.

그리고 집의 왼쪽을 트고 마루를 만드니 서늘한 쪽마루와 따뜻한 방이 사계절에 맞추어 알맞게 조절하고 조화되도록 꾸며져 있으며 마루 앞과 뒤에는 돌을 쌓고 풀과 대나무를 줄지어 심어 늘어놓고 연못을 파고 창포와 연꽃을 심어 놓았으니 지팡이를 짚고 굽 높은 나막신을 신고 그 가운데를 거닐면서 매화 살구, 석류와 유자꽃이 앞서거니 뒤서거니 아름다움을 서로 다투며 시새워 피며 대나무 끝을 스치는 바람소리를 들으면서 풀잎 끝에 맺힌 영롱한 이슬방울을 머금고 하루가 다르게 커가는 풀잎을 들여다보고 창포와 연꽃의 향기에 취하며 자연의 조화를 음미해 보는 것도 초야에 묻혀 사는 보람이고 인생을 사는 멋이리라.

또한 손님이 오면 친밀하거나 소원함을 가리지 않고 반드시 고기를 베어 술안주를 하게 하여 서로 마주 앉아 즐겼으며 술잔을 멈추지 않은 것을 부끄럽게 여기지 않았고 흥취가 절정에 달하면 번번이 사냥개를 끌고 새매를 팔뚝에 앉혀 하인을 시켜 말가죽으로 만든 부대를 매게 하여 평평한 초원과 큰 산기슭 사이에서 재주를 부리며 제멋대로 놀게 하여 꿩과 토끼 사냥을 하며 즐겼다."

또 문곡은 안용당기문 마지막에 "우암 송시열이 안락옹安樂翁이 이미 한가함을 얻었는데 이름을 고쳐 지어 어디에 쓰겠는가?"라고 한 말을 취하여 당호 이름을 안용이라고 부르기로 하였다.

안용당기를 읽다보면 기암괴석으로 둘러싸인 월출산과 발밑까지 밀고 올라온 바다, 숲이 우거진 동산과 호수가 어울리는 빼어난 구림의 풍광과 당시 양반사회 사족계층의 삶의 생활상을 그려 볼 수 있을 것 같다.

그러나 충북 진천 선비 이하곤李夏坤의 〈남유록〉에 의하면 1722년 음력 11월 28일~11월 30일까지 구림을 중심으로 영암을 유람하였는데 조경찬의 양아들 조일구曺一龜가 이하곤의 종삼촌의 처남으로 창녕조씨와 인척관계에 있었다. 구림에 머무는 동안 조윤신曺潤身, 조석항曺錫恒, 석규錫奎 형제 조일구가 숙식을 제공하고 구림의 안내를 맡았는데 도갑사, 성기동, 쌍취정, 서호정의 구터까지 돌아보았는데도 안용당에 대한 기록은 단 한마디도 없고 조일구가 그의 집 천일재天一齋로 맞아 들였다. 그리고 조윤신의 모재茅齋에서 머물렀다고 술회하고 있다. 이하곤이 구림에 온 때가 조경찬이 타계한 지 44년 만인데 그 동안 안용당이 없어졌을 리는 없고 당시에는 안용당을 천일재로 바꿔 부르지 않았나 짐작되기도 한다.

12. 천년 고찰 월출산 도갑사

불교 전래와 도갑사

우리나라 불교는 고구려 소수림왕 2년(372년), 백제 침루왕 원년 (384년)에 전해졌지만 신라는 이차돈(503~527)의 순교로 비로소 공인 되었다. 불교는 엄격한 계율戒律과 해탈解脫을 요구하면서도 자비慈 悲를 밑바탕으로 우리 민족의 정신세계에 큰 영향을 준 종교로 뿌리 내렸다. 고려시대에는 승과僧科를 시행하고 대선사, 왕사, 국사라는 법계法階를 두며 사원전寺院田을 지급하고 노비의 소유와 면세의 특

1940년경의 도갑사 대웅보전

권을 주며 승려들에게 면역의 특혜를 주기도 하였다.

　조선시대에는 태종~세종대의 숭유억불崇儒抑佛 정책과 종교개혁
으로 여러 종파宗派를 교종과 선종으로 통합하고 수 만 결結의 토지
와 10만여 명의 사찰 노비를 공전公田 공노비로 귀속시키고 교종과
선종에게 각각 30명씩 승직을 주고 30개월의 임기를 부여하였다. 세
조는 신미信眉, 수미守眉 등의 선승을 신임하여 월인석보月印釋譜 등
을 간행케 하고 원각사를 짓도록 하였으나, 성종 때 사림士林들의 맹
렬한 비판에 부딪쳐 왕실에서 밀려나 사찰寺刹이 산으로 들어가게 되
었다.

　월출산은 문수文殊 신앙의 발상지로 문수사가 지금의 도갑사 터
안에 있었으며 쇠락하여 도선국사가 이를 허물고 신라 헌강왕 6년
(880년)에 도갑사를 개창開創하였다. 그 후 화재로 소실되었으나 세조
의 신망을 받은 수미왕사가 경향 각지의 스님과 조야 원로들의 도움
을 받아 대규모로 중창重創을 하게 되었다. 본사本寺에는 당우堂宇 70

국보 제50호 모든 번뇌를 벗어 버리는 해탈문

여 동이 있었으며 그 중 법당이 9개소, 사원의 총 길이가 구백육십여 섯간이었으며 도갑사 내에 상동암, 하동암, 남암, 서부도암, 동부도 암, 봉선암, 미륵암, 비전암, 대적암, 하견암, 중견암, 상견암 등 12개 암자가 있었고 주재골, 재아네골 등 각 산골짜기마다 한두 개의 암자 가 있었는데 그 흔적이 아직도 남아 있다.

수미왕사가 있던 도갑사의 전성기에는 법려法侶의 수가 730여 명 에 이르렀고, 상주하는 수좌首座 법려가 20여 명이 있었으며 학생 수 십 명이 수학하였는데 연담蓮潭과 호암虎巖대사도 도갑사 출신이다.

조선 제일의 거찰巨刹이었으며 인근 9개 군에서 군의 세미稅米를 제공받아 700여 명의 식량과 사찰 유지비 일체를 충당하였다. 임진 왜란과 정유재란을 겪으면서 많은 문화재를 약탈당하고 약 300여 년 전 대화재로 천왕문天王門과 해탈문解脫門만 남기고 전소되어 호암, 연담 양 대사가 동분서주하여 법당은 복원하였으나 700여 법려가 다 른 사찰로 뿔뿔이 흩어져 30여 법려만 남아 사세寺勢가 조선 말엽부

1981년 복원된 대웅보전과 1682년 만들어진 큰 석조

터 기울었다. 그리하여 해남 대흥사大興寺에 본사本寺를 물려주고 도
갑사는 수사찰首寺刹로 남게 되었다. 또한 1930년대 도갑사에 모셔져
있는 석가모니 좌불은 대한 조계종 총본산인 조계사 대웅전에 모셔
져 있고 유형문화재 126호로 지정되어 있다.

   그러나 1722년 11월 이하곤李夏坤(1677~1724)이 도갑사를 방문했을
당시에 기록해 놓은 기행문에 "건물은 웅장하고 화려하다. 앞에 종각
鐘閣이 있는데 양쪽 벽에 불상을 그려 놓았다. 종각 남쪽에 긴 회랑廻
廊을 건립했는데 30여 간이나 되었으며 밖에 사중문四重門이 있다. 대
저 보림사寶林寺와 비교해 보면 규모가 정제된 것이 그보다 나은 것
같다."고 하였다. 또한 이름 높은 선비나 지체 높은 관원이 찾아오면
손님을 태우고 산길을 오르내리는 남여승藍輿僧을 두고 있었다.

   '월출산을 보려면 북쪽으로 들어가고, 도선국사를 만나려면 해남

보물 제 1433호. 도갑사 5층 석탑

쪽에서 들어가라' 는 말이 있다. 이 뜻은 월출산의 수려하고 장엄함
과 천황봉의 웅장함이 북쪽을 받치고 서 있기 때문일 것이며 해남 쪽
에서 들어가라는 말은 바로 구림을 거쳐 가라는 말일 것이다.

구림은 월출산 줄기에서 떨어진 한 송이 꽃으로 풍수에서는 '배꽃
한 송이가 땅에 떨어진 형국(梨花落地形)' 이라고 하는데 구림에서는
매화꽃이 땅에 떨어진 형국이라고도 한다. 이는 엄동설한에도 고고
하면서도 의연하게 꽃을 피워 그윽한 향기를 내뿜는 매화 즉 고고하
고 올곧은 구림사람들의 기개와 인품을 말하고자 함이 아니었을까
생각된다.

도갑사 가는 길과 전경

도갑사는 구림 신근정 사거리에서 월출산(도갑사) 쪽으로 난 신작

용재연 폭포 바로 위 언덕의 미륵절
석조여래좌상, 보물 제89호

로를 따라가다 죽정 마을을 지나 수박등을 거쳐 최규서의 '서호십경' 중 원봉낙조圓峰落照의 시제詩題가 된 원봉을 올려다보며 몇 발자국 더 가면 어사御使가 낚시를 하다 고기에게 끌려 물속으로 들어갔다는 설화가 있는 푸르고 넓은 어사둔벙이 있고 길 양쪽으로 축조 연대를 알 수 없는 돌로 길게 쌓은 성이 길 양쪽의 산등성이에 있었는데 많은 부분이 소실되고 허물어져 흔적만 남기고 있다.

그 흔적을 비켜 올라가 도갑사 들머리의 다리위에 서면 상견성암(왼쪽)에서 내려오는 냇물과 주지봉 뒤편인 안바탕에서 흐르는 냇물이 만나는 위쪽의 편편한 둔덕에 월출 주산에서 내리 뻗친 산줄기가 뭉쳐선 봉우리를 등에 지고 서쪽을 바라보면서 둥지를 틀고 있는 도갑사가 보인다.

나무들이 우거진 숲 속 돌계단을 올라서면 사바세계의 번뇌와 괴로움을 벗어버리고 영원한 즐거운 세상으로 들어간다는 해탈문(국보 제50호)에 들어서게 된다.

해탈문 양쪽에 있는 금강역사상과 사천왕상을 뒤로하고 대웅전 마당에 올라서면 고려 초에 축조했다는 5층석탑(보물 제1433호)이 있고 옆에는 전국에서 제일 크다는 돌로 만든 석조石槽(숙종 8년, 1682년)와 마주치는데 이 통으로 흐르는 시원한 물로 목을 축이고 고개를 들면 그 앞에 석가모니를 중앙으로 좌우에 아미타와 약사여래를 모신 대웅보전 앞에 서게 된다.

대웅보전은 1977년 신도의 부주의로 화재가 발생, 소실된 것을 1981년 원형대로 복원한 것인데 화재 당시에 국보급인 좌고座高가 6척이 넘는 미륵불이 소실되고 700근의 대종大鐘이 녹아 없어져 버렸으니 안타까운 일이다.

대웅전 앞에서 사방을 둘러보면 월출산 물은 도갑사 골짜기로 모두 모여들고 산줄기는 도갑사를 향해 줄달음질 쳐 오는데 과연 풍수지리의 대가인 도선국사의 안목에 감복하며 이것이 명당이고 명승지임을 새삼 느끼게 된다.

대웅보전 뒤 오른쪽에 도갑사를 전국 제일의 사찰로 중창한 수미왕사비가 있고 대웅보전 왼쪽 뒷길로 빠지면 개성 박연폭포를 연상케 하는 용재연龍在淵 폭포가 있다. 폭포 위 구름다리를 건너면 왼쪽 언덕 위에 석조미륵불(석조여래좌상 보물 제89호)을 모신 암자(미륵암)가 있다. 미륵암에서 되돌아 나와 등산로를 따라 올라가면 왼쪽에 다비식(화장)을 거쳐 사리를 수습하여 안치한 부도전이 있고 부도전 조금 위쪽에 거북이 등위에 높이 2.6m가 넘는 비신碑身을 가진 도선수미비와 마주치는데 비의 왼쪽과 오른쪽에 살아 움직이듯 힘차게 하늘로 올라가는 또렷하고 정교한 모습으로 조각된 용의 모습을 보면 감탄사가 절로 나온다. 이 비는 2004년에 보물 제 1373호로 지정되었다.

도선국사비에서 동백골 쪽으로 오르면 12암자 중 동암東菴과 함께 지금까지 남아있는 상견성암上見性庵이 있다. 지금은 가건물같이 초라하게 지어져 있지만 1948년 빨치산 근거지가 된다고 소각하기 이전까지는 아담하고 짜임새 있게 지어진 기와집 암자로 조용하다 못해 적막감이 흐르는 곳에 처마 끝에 매달린 풍경이 이따금 바람결에 울리는 암자였다. 이하곤의 기행문에 그 풍취와 낭만이 잘 표현되고 있다. "용암사龍岩寺에서 율령栗嶺을 너머 백길이나 될 듯한 절벽에 나 있는 실 같은 길을 빙 돌아가는데 지극히 위험스럽고 무서웠다. 무성하게 자란 대나무가 빽빽이 우거져 제멋대로 이리 뚫리고 저리 막혀 더 갈 수가 없었다. 서쪽에 큰 돌이 깎아 세운 듯 대를 이루고 있으며 노목 몇 그루의 그림자가 어른어른 돌 위에 퍼져 있다. 나이 많은 중 서넛과 신보信甫가 나무뿌리 둥치에 열 지어 앉아 있는 모습이 거의 인간세상의 사람이 아니었다. 방이 또한 지극히 밝고 정결하여 햇빛이 기름종이로 바른 창에 비쳐 사방의 벽이 환하게 밝아 흰 눈으로 이루어진 마을 안과 같다. 부들로 만든 자리, 선탑禪榻, 향로香爐, 불경佛經 등 여러 가지가 놓여 있어 그윽하고 밝다. 내가 남쪽으로 와서 이름난 암자를 관람하며 들러 본 곳이 전후 수 십 곳이나 이곳이 당연 제일이다. 비록 개골산皆骨山(겨울 금강산) 중에 갖다 놓는다 해도 영원靈源(금강산 명경대 인근 황천강 옆의 암자)의 진불眞佛만 못하지 않을 것이다." 또한 상견성암의 샘물은 그 물맛이 일품이며 그 명성이 소문나 있다. 상견성암上見性庵에 대한 이하곤의 시를 보면 그 절경이 고스란히 다가온다.

危菴如懸磬위암여현경	가파른 절벽 위에 풍경처럼 매달린 절
搖搖寄雲表요요기운표	흔들흔들 구름 끝에 걸려 있네
高僧愛孤絶고승애고절	고승은 고고하고 뛰어남을 좋아하여
棲身常木梢서신상목사	나뭇가지 끝을 걷듯 처신하네
超然出埃埃초연출애애	초연히 속세를 벗어나
巢居類飛鳥소거유비조	새집 같은 거처에 산다네
鑿翠通一往착취통일왕	청초하게 외길을 가니
游子行縹渺유자행표묘	유랑하는 이 몸에겐 까마득한 길일세
西臺勢削立서대세삭입	서쪽 봉우리 깎아지른 듯 솟아있고
深壑府窈窕심학부요조	깊은 골짜기 아늑하게 펼쳐졌네
- 이하 생략	

40~50년 전까지도 영암읍이나 서호, 학산, 도포의 초등학생들이

도갑사에 소풍을 왔었지만 구림초등학교나 중학교를 다녔던 사람들의 가슴 속에는 도갑사와 상견성암은 즐거운 단골 소풍 장소로 자리 잡아 아름다운 추억이 머무는 터전이기도 하다.

1948년 소실된 후 원상복원을 못하고 있는 상견성암

지금 도갑사에서는 목포대학에 의뢰해 1995~99년까지 4차례에 걸쳐 도갑사 주변의 시굴 조사를 하였으나 대웅보전의 정확한 규모를 파악할 수 없어 지난 6월 기존의 대웅보전 3칸 30평을 헐고 1차 발굴조사를 한 결과 정면 5칸으로 추정되는 결과를 얻었으나 더욱 정확한 규모를 알기 위해 추가 발굴 조사를 한 후 5칸 50평 규모의 대웅보전을 2006년 4월까지 건립한다는 계획으로 공사가 진행 중이다.

서호십경西湖十景 중 갑사만종岬寺晚鐘을 읽으면 호젓한 저녁 산사의 종이 울리며 전하는 정경이 느껴진다.

竹林深處掩松關죽림심처엄송관

　　죽림 깊은 곳 소나무 문이 닫혔는데

蕭寺疎鐘隔暮山숙사소종격모산

　　호젓한 산사 종소리 해 저문 산으로 멀어가네

倦鳥初還人語靜권조초환인어정

　　지친 새 깃에 들고 사람들의 말조차 조용한데

數聲遙出白雲間수성요출백운간

　　몇 마디 소리 멀리 백운간에서 들려오네

13. 도갑사 도선수미비

도갑사 뒤, 숲 속 길을 빠져 돌다리 위에 서면 왼쪽엔 박연폭포(개성 소재)에 비유되는 용재연 폭포가 발아래 있고, 바로 앞에 대나무 숲으로 둘러싸인 언덕 위에는 미륵전이 있는데, 여기를 비켜 등산로를 따라 오르면 오른쪽에 부도전이 있고, 몇 발짝 더 가면 비각碑閣이 나오는데 이 비각에 2004년 보물 1373호로 지정된 도선수미비道詵守眉碑가 들어서 있다. 이 비면에는 도갑사를 창건한 도선국사의 탄생에 얽힌 설화와 비를 세우게 된 동기와 내력이 상세히 기록되어 있는데, 2.6m의 비신碑身이 일반적인 통례와는 달리 연 잎이 새겨진 거북등에 얹혀져 있다.

비신의 양쪽에는 용이 용트림하고 하늘로 오르고, 비 머리에는 두 마리의 용이 뒤얽혀 용머리를 남과 북쪽으로 향해 대칭적으로 좌정한 모양으로 조각되어 있다. 용의 조각은 너무나 섬세하고 정교하며 또렷하여 꼭 살아 움직이는 것 같은 느낌으로 다가와 보는 이들의 입에서 저절로 탄성이 터져 나오게 한다.

이 비는 1653년(효종 4년)에 세워졌으며 비각은 비의 보존을 위해 최근에 세워졌는데, 비의 전면 1,500자의 비문과 측면 비문을 우리말로 번역하여 여기에 소개한다.

비문전면碑文前面

금산金山(월출산)에 사찰을 건립함으로써 숭두타崇頭陀란 그의 이름을 길이 남겼으며, 강물에 떠내려 온 오이는 도리어 도선국사의 이름을 널리 전하게 되었다. 뿐만 아니라 스님의 조사祖師 현관玄關의 문을 열어 천지의 조화를 무시하고 그의 신비함을 나타냈으며, 도갑사를 창건하여 수도 도량을 개설하고는 팔부신장八部神將 팔부의 옹호를 받아 모든 불자들이 복을 닦게 되었으니, 이와 같이 위대한 이의 업적은 마땅히 정민貞珉에 새겨서 후대에 전하여 알게 하여야 하므로 감히 기존에 있던 마멸된 비를 다시 세우게 되었다.

국사의 휘는 도선이니 신라의 낭주 사람이었다. 어머니는 최씨이니 성기산聖起山 벽촌에서 진덕왕眞德王 말년에 태어났다. 어머니가 겨울철 강가에서 빨래를 하다가 떠내려 온 오이를 건져 먹고 임신하여 준수한 아들을 낳았으니, 마치 후직后稷의 어머니 강원姜嫄이 거인의 발자취를 밟고 감심感心하여 임신한 후 태어난 것과 같다. 또 백족화상白足和尙이 산천의 정기를 받고 숙기淑氣를 모아 태어났으므로 모든 속진俗塵을 벗어난 것과 같았다. 신비하게도 낳자마자 숲 속에 갖다 버린 아이를 비둘기 날개로 보호하였고, 신령스러운 독수리가 날개를 펼쳐 아이를 덮어 보호하였다. 일찍이 월남사月南寺로 가서 불경佛經(패엽貝葉)을 배웠다.

그리고 무상舞象하는 나이가 되기 전에 사신을 따라 중국으로 가서 호위가 지은 우공의 산천설山川設에 따라 두루 살펴보고 당가의 문물을 익혔다. 당나라 황제가 궁내宮內의 연영전延英殿에서 스님을 영접하고 간곡히 부탁하기를 짐朕의 꿈에 금인金人이 나타나 돌아가신 대행황제大行皇帝의 신릉新陵의 터를 스님이 점복占卜도록 하라는 현몽現夢을 받았으니 스님은 사양하지 말고 가장 좋은 명당을 잡아 달라고 청하였다. 도선은 피할 수가 없어 조왕신이 지시한대로 황제가 타고 다니는 어마御馬 가운데 병든 백색 말 한 마리를 내려 달라고 하였다. 그리하여 가장 길吉한 터를 잡아 바쳤는데, 보는 사람마다 칭찬하기를 천부적天賦的으로 타고난 지리地理에 대해 특이한 안목을 가졌다고 칭송하였다. 그러나 스님은 어찌 지술地術에 대한 능력뿐이겠는가? 천자도 국사國師로 책봉하여 존경하였으며, 일행선사一行禪師도 이 땅의 사람이 아니고 하늘이 내린 사람이라고 찬탄하였다.

국사는 금상金箱과 옥급을 두루 연구하여 꿰뚫었으며, 적현赤縣의 황도黃圖를 탐구하여 깊이 통달하였다. 그 후 동쪽으로 돌아가 연마

도선수미비

한 지술을 진작振作하는 한편, 북학北學한 금상 옥급 황도의 내용으로 써 시국을 구제하겠다면서 황제에게 귀국시켜 줄 것을 요청하였다. 우리나라에 귀국한 후 지형을 살펴보니 행주형국行舟形局이었다. 그 러므로 배의 수미首尾를 진압하기 위해서 절을 짓고 탑을 세우게 하 였다. 멀고 가까운 곳을 두루 둘러보고 왕건王建의 아버지에게 흰눈 이 퍼붓는 때에도 눈이 내리지 않는 명당에 집터를 잡아주어 왕이 될 아들을 낳게 하였을 뿐 아니라 반 천년간 왕업을 누릴 수 있는 송악松 嶽에 왕도를 정해 주었다.

오직 이 월출산 도갑사는 일관봉日觀峰의 기경奇景일 뿐만 아니다. 산은 겹산이며, 봉우리는 절경이어서 마치 천불상千佛像이 나열하고 있는 것 같으며, 바위는 떨어질 듯한 위태로운 흔들바위와 같아서 전 국에 그 이름이 널리 알려졌다. 어구魚口의 주변 경관은 마치 문수文 殊로부터 지시를 받은 선재동자善財童子가 선지식善知識을 친견하여 법문을 듣는 모습이며, 용연龍淵의 경치는 도선국사가 많은 대중을 모아놓고 지도한다는 소문을 들은 사방 학인學人들이 찾아와 함께 모 여 있는 모습과 같았다. 구름으로 창을 삼고, 안개로 집을 삼아 어렴 풋이 십이루十二樓로부터 해조음海潮音과 범음梵音이 흘러나오고, 풍 번風幡에서는 광명이 흘러나와 삼천대천세계三千大千世界를 비추었 다. 국사의 뜻은 국리민복國利民福과 왕도王道의 튼실함에 있었으며 고상하여 세인을 멀리 여의고, 고고하게 석장을 매달고는 방장실주 方丈室住하였다.

육진六塵인 객관客觀이 모두 사라지고, 묘妙한 도道를 건축乾竺인 불경佛經에서 탐구하고, 삼매가 성취되어 진승眞乘을 기수급고독원祇 樹給孤獨園인 사원에서 천양闡揚하였다. 금강산과 태백산은 자항慈航 의 수미首尾와 같고 황양黃壤은 활의 모양과 같이 생겼다. 높이 보경

도선수미비 이수의 용 조각

寶鏡을 달아 놓았으므로 부처님과의 간격이 없어서 과거의 여래如來가 현세에 계셔서 한결같이 법우法雨를 뿌려 평등하게 적셔주니, 병화가 다시 닥쳤으나 저절로 소멸되었다. 오래 전부터 이미 스님의 법의 비가 운무雲霧에 휩싸였으나, 도갑사는 용궁과 같이 우뚝 솟아 있다. 도선국사의 고비古碑에 이끼가 끼어 드디어 거북의 머리는 결락되었다. 이를 보는 스님들마다 탄식하지 않는 이가 없었고, 푸른 산을 내려다보고 슬퍼하였다. 비록 태양과 같이 빛나는 위대한 업적이 있더라도, 만약 그것을 전해주는 행적비行蹟碑가 파결破缺되면 어찌 후인들에게 보여줄 수 있겠는가? 마치 새의 날개가 자라서 멀리 날아가듯이 일찍이 노숙老宿(묘각화상妙覺和尙 등)들이 건물을 보수하였으나 상당 기간 스님의 비를 다시 세우지 못하였는데, 난鸞새와 봉鳳새가 날아가듯 구비舊碑를 치우고 신비新碑를 세우기로 하였다. 이 때 그의 도제인 옥습대사玉習大師가 각 사찰로 다니면서 찬조를 구하는 한편, 신도들로부터 모금하여 무려 3년이 지나는 동안 온갖 정성을 다하였다. 다시 경도京都로 나를 찾아와 비문碑文을 재촉함이 더욱 간절하였다. 그리하여 나는 비록 "황견유부외손제구"의 비문을 지을 만한 문장력이 부족하지만, 옥습상인玉習上人의 간곡한 청탁을 저버릴 수가 없었다.

비문측면碑文側面

영암과 강진 양읍兩邑의 중간에 한 산이 있는데 그 이름이 월출산이다. 산의 서쪽에 큰 가람이 있으니 세상 사람들이 전하기를 신라말 도선국사가 창건한 절이라고 한다. 절 뒤쪽에 고비古碑가 있는데 새운지 오래되어 돌이 떨어지고 글자가 마멸磨滅되어 거의 판독할 수 없는 상태에 놓였다. 이에 옥습玉習이라는 스님이 개탄한 나머지 분발하여 육환장六環杖을 집고 멀리 경사京師(서울)로 진신縉紳들을 찾아가서 그 사유를 설명하고 비문을 청탁하였으니 백헌白軒 이상국李相國은 비문을 짓고, 상서尙書인 오준吳竣은 비문을 썼으며 한성부윤漢城府尹인 김광욱金光煜은 전액篆額을 썼으니 국내에 제일가는 대가들이므로 더 이상 훌륭한 분을 찾을 수 없을 것이다. 그리하여 그 해 9월에 드디어 여산礪山, 익산益山, 용안현龍安縣 등의 수령들에게 역부役夫의 동원을 지시하여, 수령들은 한결같이 농번기를 피하여 민력民力을 동원하여 협조하였다.

총림의 스님들도 시골 벽촌 어려운 집을 돌아다니면서 불사佛事에 동참할 것을 권장하였다. 비록 가난한 사람들이지만, 모두 주머니를 털고, 곡식 전대를 비우지 않는 이가 없었다. 이와 같이 적극 추진하여 이듬해 초여름에 여산礪山에서 채석한 비석 돌을 황산黃山 선박장까지 인력으로 끌어서 운반하고, 거기서부터 배에 싣고 가림군加林郡 남당포南塘浦와 군산群山 칠산포七山浦를 거쳐 서호 앞바다에서 하선하였다. 그로부터 7개월 만에 석공 일이 끝났는데, 귀부龜趺와 이수가 각각 그 정묘精妙함을 드러내어 절 뒤쪽 북편 언덕 위에 우뚝하게 서서 위엄을 자랑하였다.

14. 국장생과 황장생

우리는 일반적으로 얼굴이 새겨 있어야만 장승으로 알고 있다. 그러나 이곳 구림마을에 산재한 장승은 얼굴새김이 없는 사각 석주형 입석장생으로 국가의 명에 의하여 경계표로 세워졌다는 점에서 남다르다. 장승에는 여러 형태의 선조들이 있다. 그 중 아주 가깝게 선조가 되는 것은 선돌(立石)이다. 구림리 일대의 입석 장생이 주목 받는 것도 인면형 장승의 원초형태인 입석형태를 갖추고 있기 때문이다. 이처럼 경계표나 이정표 역할을 했던 입석이 언제 어떻게 사람 얼굴과 같은 모습으로 변하게 되었을까. 그것은 아직까지 밝혀지지 않은 수수께끼로 남아있다.

죽정의 국장생

죽정리 국장생

군서면 도갑리 산 114-4번지에 있는 것으로, 전남 민속자료 제18호로 지정되어 있다. 이 장생은 구림리에서 도갑사 쪽으로 1km 쯤 되는 북쪽 수박등 숲 속에 자리하고 있는데, 이곳이 도갑사로 가는 옛길로 전하고 있어 절의 영역을 표시하는 기능을 했던 것으로 보인다.

높이 115~125㎝, 폭 67~70㎝, 두께 36~42㎝ 크기의 자연석으로, 장승이라고는 하지만 사람이나 무신의 모습을 조각한 일반적인 형태와는 달리, 자연석 앞면에 두 줄의 테두리를 두르고 그 안에 '국장생國長生'이란 글자를 큼지막하게 새긴 비석의 형상을 하고 있다. 왼쪽 윗부분은 비스듬하게 깨졌고, 장승의 좌, 우 아랫부분에는 의미를 확실히 알 수 없는 글자가 보인다. 장승은 고려 선종 7년(1090년) 제작된 것으로 최근 확인되었다. 보물로 지정된 경남 양산의 통도사 국장생과 비교되는 유물로, 인근의 동구림리 황장생과 더불어 우리나라 장승연구의 소중한 자료가 되고 있다.

소전머리 황장생

동구림리 433-3번지에 있는 장생으로, 시도민속자료 19호로 지정되어 있다. 이 장생은 동구림리에서 도갑사 방향으로 오른쪽 400~500m 거리에 있는 소전머리 대나무밭 옆에 자리하고 있다.

높이 105~120㎝, 폭 68㎝, 두께 22~26㎝로, 앞면 가운데에 '황장생皇長生'이라는 세 글자를 새겨 놓았는데, 뒷면

동구림 학암에 있는 황장생

모서리 부분이 약간 깨진 상태이다. 황장생의 '황' 은 통일신라-고려 시대에 왕의 명을 받아 세우는 장생에 붙는 말로, 매우 귀한 글자라고 한다. 매년 음력 정월보름이면 이곳에 정성을 드렸다는 이야기가 전하고 있다. 이 황장생 역시 '신능' 에 보이는 것처럼 국장생과 궤를 같이 한다고 보겠다. 장생이란 표기가 주로 신라와 고려 전기에 많이 사용되었고, 고려 말과 조선 전기 이후로는 소전머리 황장생의 건립 연대도 고려 전기 이전으로 추정된다. 따라서 황장생 역시 죽정리 국장생, 도갑사 인구 인면형 장승과 함께 한국 장승연구의 열쇠를 쥔 귀중한 문화재이다.

메밀방죽 옆 장생

서구림리 산 58-1번지에 있는 것으로, 시도민속자료 20호로 지정되어 있다. 이 장생은 군서면 서구림리와 학산면 용산리의 경계인 메밀방죽 옆에 자리하고 있는 돌장승이다. 가까운 곳의 죽정리 국장승에 새겨 놓은 '석표사좌 石標四坐' 중의 하나로, 근처에 있는 도갑사의 경계표시를 하기 위해 세웠던 것으로 보인다.

크기는 높이 121cm, 너비 50~70cm, 두께 13~30cm이며, 보통의 장승이 사람이나 신장의 모습을 새기는 것과는 다르게, 자연석을 그대로 이용하여

장생

한쪽 면에 3글자를 큼지막하게 새긴 비석의 형상을 하고 있다. 3글자는 장승의 윗부분이 깨져 나가 형태를 알아 볼 수 없는 글자가 하나 있고, 그 밑으로 '장長' 자와 '생生' 자가 보인다.

도갑사 입구 석장생

도갑리 산 48-2번지, 도갑사 주변에 위치하고 있는 국장생, 황장생 그리고 국장생과는 또 다른 형태의 얼굴새김을 한 인면형 장생이 월출산 도갑사 입구에 있다. 인간의 비애와 허탈 그리고 웃음을 관조 속에 표현한 이 석장생은 사천왕이나 인왕처럼 절집을 지켜주는 18세기 말경의 수문장 장승류로 보아 그 중에서 손꼽히는 수작이다.

그 가치를 인정받아 전라남도 민속자료 21호로 지정된 이 석장생은 1988년 8월 도적에 의해 뽑혀 어디론가 사라져 버렸다. 지금은 그 터만이 남아 있을 뿐이다.

이 석장생은 도갑사 해탈문 입구 1백여m 앞 밭 가운데 위치하고 있었다. 본래는 해탈문 앞을 흐르는 계곡 건너편주차장에 있었다고 한다. 한 쌍 2기의 이 석장생은 자연석 사각 돌기둥을 거칠게 다듬질하여 얼굴과 수염부분만 형상화한 소박한 한국인의 얼굴 모습이었다. 서로 모습이 흡사하여 남녀의 구별을 할 수 없으며 명문도 없었다. 그러나 특이하게도 두 장생이 모두 수염을 턱밑에서 허리중간까지 늘어뜨렸고 관모를 쓴 것으로 미루어 남장생이라는 점이다. 이는 현재 다른 장승들이 남녀로 대립하고 있는 것과는 다른 점이다. 높이가 각각 1.78m, 1.85m였다.

이중 오른쪽에 위치하였던 장생의 머리는 모자를 눌러 쓰고 있었으며, 얼굴전면에 이마와 머리를 구분하는 둥근 이마두덩을 만들었다. 짙은 눈썹과 주먹코는 같은 양감의 무딘 선으로 연결하였고 둥그런 왕 눈은 초점을 흐린 채 무표정하니 앞을 보고 있었다. 움푹 팬 이를 둘러싼 입술은 손비빔을 하여 장난하듯 말아 놓았고 귀는 부처님 귀처럼 늘어뜨렸으며 채수염을 S자로 튀어나오게 조각하였다.

도갑사 석장생은 '비석' 또는 '팔만대장군' 으로도 불렸다고 하나 이들에 대한 의식은 거의 없었던 듯하다. 다만 사찰 입구 양 옆에 서서 사찰의 사천왕이나 인왕처럼 잡귀를 쫓고 성역공간을 표시하고자 세워진 것으로 보인다. 이것은 민간신앙인 장생이 풍수사상, 불교와 습합현상習合現像을 보이면서 한국화 되어 온 한 예라 할 수 있다.

15. 땅 속에 묻힐 뻔한 정원명석비

옛날부터 구림사람들은 모정마을로 올라가는 언덕길 못 미처 새원머리로 들어가는 갈림길을 비석거리라고 불러왔다. 이 비석거리에는 연대를 알 수 없는 오래된 비가 하나 세워져 있었는데 임자 없는 이 비석은 사람들의 무관심 속에 버려져 오랜 세월 동안 돌보지 않아 넘어져 흙 속에 묻혀 있었다.

1962년경 신흥동 마을사람들이 울력으로 도로정비를 하게 되었는데 마을 가운데로 흐르는 도랑(실개천)에 다리를 놓을 때 버려진 비와 통나무를 상판上板으로 다리를 만들었다. 그 후 2~3년이 지난 1965년에 골목정비 사업으로 면사무소에서 시멘트 토관을 배당 받아 다리 상판을 교체하게 되었는데 이때 묻은 흙

신흥동에 있는 정원명석비

을 털어내고 씻어보니 묘비석墓碑石이 아니고 마을사람들이 해석할 수 없는 글이 음각 되어 있는 것을 발견하고 보통 비가 아니라는 것을 알게 되었다. 영원히 땅에 묻히거나 없어질 뻔한 중요한 문화재가 빛을 보고 보존될 수 있었다. 결국 다시 세울 장소를 모색하다가 신흥동에 거주하는 최정호가 '우리집 터도 넓고 하니 우리 터에 우선 세워 놓도록 하세' 하는 제의를 받아들인 것이 서구림 신흥동 458번지에 이 비가 세워진 연유이다. 비는 높이가128㎝, 너비28㎝, 두께 27㎝의 크기이며 이 비는 자연석을 약간 다듬은 기둥형이며 앞뒷면에 글자가 음각되어 있다. 글자는 총 42자로 훼손이 심하여 알아 볼 수 없는 글자도 있다.

그 비의 내용을 보면,

제1행 : 貞元二年丙寅五月十日猪坪香藏內不忘仁楮,
제2행 : 立處有州夫樊合香十束,
제3행 : 入口五人名力知이위生右,
제4행 : 仁開이다.

이 비문은 사람들의 관심을 끌지 못했는데 동구림 고산리 박정웅에 의해 〈광주일보〉(1988년 3월 21일자)에 보도되어 성춘경이 비문을 판독하면서 중요한 문화재임을 알게 되었다. 특히 최근에 김창호에 의한 판독과 해석이 비문의 사료적 가치를 확인하는데 크게 이바지하였다. 그에 의하면 이 비는 통일신라 원성왕 2년(786년) 5월 10일에 국가에 공물貢物을 바치는 곳으로 여겨지는 저평猪坪 바깥 곡장穀藏 안의 불모지에 세워졌다고 한다.

또한 저평猪坪은 국가에 바치는 조租의 일환으로 두건을 생산하는 특수한 지역명칭으로 추정하였다. 아울러 공물이 영암에서 바닷길을 이용하여 울산까지 가서 다시 육상으로 경주까지 운반된 것으로 짐작하였다. 또 한편에서는 정원貞元 2년은 당나라 연호年號로 통일신라 원성왕 2년(786년)에 해당하며 향장香藏, 합향合香으로 읽을 수 있는 글자는 불교와 관련된 것이 아닌가 생각하고 만약 불교와 관련되었다면 영암에서 도선국사 생존연대(827~848)보다 앞선 것이어서 의의가 크다고 한다.

정원명석비貞元銘石碑는 전남 소재 최고最古의 비로 전라남도 문화재 자료 제181호로 지정되었다. 정원명석비를 비롯해 도갑산성, 장생(국·황장생) 도갑사, 왕인박사, 도선국사, 구림토기 도요지(6~7세기), 고인돌 등을 체계적으로 깊이 있게 연구한다면 구림마을 역사는 물론 영산강 유역의 역사를 밝혀내는데 큰 도움이 될 것이다

16. 신비에 쌓인 도갑산성

구림에서 도갑사로 난 신작로를 따라 올라 수박등을 지나면 높은 산에 떠밀리듯 좌우에서 산줄기가 뻗어 내려와 협곡을 이루고 도갑천道岬川이 길을 따라 흐르는데 그 길가에 어사御使둠벙이 있다. 어사 둠벙에서 몇 발자국 더 가면 오른쪽 도갑천 둔치에서 시작해 산등성이를 타고 높은 곳은 2.5m, 낮은 곳은 2m 정도의 높이로 돌로 쌓여진 산성山城이 죽순봉 아래까지 이어지고 왼쪽은 신작로 바로 옆에서 시작해 가세바우 뒤를 거쳐 광산굴(옛 형석광산) 위의 산등줄기를 따라 이어져 있었다. 이 산성은 문헌상 1943년 간행된 〈조선 보물고적 조사보고서〉에 처음으로 기록되어 있는데 길이가 약 300간間(540m)이라고 했다. 이것은 오른쪽 산성인 죽순봉까지만을 말하는 것으로 추측된다.

이 산성은 6.25사변 이전인 1949년경 빨치산이 성기단城基壇을 헐고 아지트를 만들어 은거했던 일은 있었으나, 그런대로 잘 보존 되어 오다가 1970년 후반 영암 토지개량조합과 영암군에서 발주한 공사를 위해 해체, 파괴되고 외부로 반출되어 흔적도 없이 사라지고 왼쪽 가세바우 뒤와 광산굴 위의 높은 능선에 산성이 조금 남아 있다. 우리는 이 산성을 언제, 어떻게, 누구에 의해, 어떠한 목적으로 쌓았는지 알 길이 없고, 그 구조가 어떻고, 그 규모가 어느 정도였는지조차 확실히 알 수 없다.

다만 상식적으로 몇 가지를 추측하고 가늠해 볼 수 있을 것이다.

가세바우 위에 남아있는 성곽을 중심으로 살펴보면 특징이 몇 가지 나타난다. 도갑은 사방이 높은 산으로 둘러싸인 분지로 상당수의 인원이 상주할 수 있는 비교적 넓은 공간으로 산성이 있는 협곡을 막으면 외부와 단절되고, 격리되며 독립적인 은둔생활에 적합한 특성과 외부로부터 침입하는 적을 용이하게 막아낼 수 있는 지리적 요건을 갖추었다고 할 수 있다. 실제 약 3m 높이의 문이라는 입석立石이 서 있었고 이 곳을 석문石門 거리라 했다.

　성의 구조로 보아 구림 쪽에서 침입하는 적을 막을 목적으로 성을 쌓았을 것으로 볼 수 있다. 그리고 서울 '아차산'의 고구려 산성보다는 규모 있게 쌓은 상성이지만 고려나 조선조 때 국가권력을 동원하거나 지방 관아에서 주관해 축성한, 다듬어진 성에 견주면 허름하고 빈약하다 할 것이다.

　마한 후기, 백제 초기 10만 호에서 수 천, 수 백호로 된 소국가小國家 즉 성읍국가(부족국가 형태, 호족)의 권력자가 축조하고 도읍지(근거

도갑사 가는 길 왼쪽 산 가새바위 뒤에 있는 산성

지)로 삼았을 수도 있다. 또한 고려 후기부터 조선조 때 바다를 통해 수시로 남해안을 침범하여 노략질을 일삼던 왜구들의 난亂을 피할 수 있는 집단 피난처로 근처에 거주하는 주민들의 공동체적 노력으로 성을 축조했을 가능성도 있다.

이외에도 여러 가지로 짐작해 볼 수 있겠으나 앞으로 역사학자나 고고학자의 심층적 연구에 따라 구림의 역사는 물론 영산강 유역의 역사의 일부분까지도 밝혀낼 수 있을 것이다.

한편 유감스럽고 안타까운 것은 구림사람이 기관장으로 있을 때 그 기관에 의해서 석성이 해체되고 또 구림사람인 석수의 손으로 성체城體의 돌을 깨트려 잘라내고, 구림사람인 총감독의 지휘 하에 성이 허물어지고 반출되어 지남제 방조제 보수공사에 투입되고, 또 영암군이 주관한 한대리 하천 제방공사에 쓰였는데 자재를 손쉽게 얻을 수 있다는 이유 하나 때문에 도갑산성을 해체한 것은 구림의 역사를 해체한 것이나 다를 바 없다.

역사적 유물인 도갑산성이 해체되고 있음에도 주민들의 역사에 대한 인식 부족과 사적에 대한 가치, 유물에 대한 소중함을 알지 못한 채 누구 하나 이를 저지하거나 문제 삼지 않았으니 지금 생각하면 많은 아쉬움이 남는다. 이를 거울삼아 지금 남아 있는 부분이나마 잘 보존하도록 노력하는 것이 우리의 일일 것이다.

아직도 그 정체가 밝혀지지 않고 있는 도갑산성의 비밀은 전해오는 전설로 그 비밀을 엿볼 수 있는 정도이다. 그 전설을 소개하면 다음과 같다.

그 옛날 구림마을에 눈에 총기가 번득이고 얼굴에 광채가 도는 범상치 않은 아이 하나가 태어났는데 이름을 범연이라 했다. 이 아이가 커갈수록 또래 아이들보다 덩치가 클 뿐 아니라 힘도 장사였는데 머

리가 영특해 일찍이 글을 깨우쳐 읽지 못할 책이 없을 정도였다. 이
웃 사람들이 장사가 났다고 수군거리고 칭찬을 아끼지 않았으나 범
연이 어머니는 이웃 사람들의 칭찬에 기뻐하면서도 한편 마음속으로
는 범연의 특출한 재주가 세상에 알려지면 큰 화를 당할까봐 걱정이
태산 같았다.

그러던 어느 날 스님 한 분이 시주를 받으러 동네를 돌아다니다가
범연이 집에 들러 범연을 보게 되었다. 스님은 범연을 뚫어지게 뜯어
보다가 시주를 받아 들고 나오면서 혼잣말로 '아깝다, 아까워.' 하면
서 혀를 끌끌 차며 안타까워하는 것이었다. 이 스님의 거동을 보고
있던 범연이 어머니는 스님을 뒤쫓아 가 집으로 다시 모셔 들었다.
범연의 어머니는 스님에게 '범연이를 보고 매우 언짢고 안타까워하
시는데 어떤 연유인지 알고 싶습니다.' 하고 물으니 스님은 머뭇머뭇
하다가 별 수 없다는 듯 '저 아이는 보통 아이가 아닙니다. 천년에 한
번 나올까 말까 하는 아이로 하늘에서 하계下界로 내려 보낸 귀한 아

이이나 안타깝게도 나쁜 액운까지 함께 가지고 왔으니 앞으로 큰 화를 당할 운명을 타고 났습니다.' 하였다. '그렇다면 그 화나 액을 피할 수 있는 방법이 없겠습니까?' 하고 어머니가 되물었다. 그리고 '범연이 화를 면할 수 있다면 어떠한 고통도 감수 하겠습니다.' 하고 스님에게 간청을 했다. 스님이 한참동안 망설인 끝에 어렵게 하는 말이 '출가하여 불도佛道로 수양을 쌓아 마음을 다스리는 도를 닦으면 그 화를 면할 수 있을 것입니다.' 라고 했다.

범연이 어머니는 3년 기한으로 스님에게 가르침을 받도록 기약하고 범연을 출가시켰다. 그러나 3년 기한으로 출가한 범연이 1년도 채 못 되어 집으로 돌아오고 말았다. 깜짝 놀란 어머니는 '3년 기한을 기약하고 출가한 네가 그 동안을 못 참고 돌아오다니 웬일이냐?' 하고 호통을 쳤다. 범연이 어머니 앞에 무릎을 꿇고 앉으며 하는 말이 '저로서는 그곳에서 더 배울 것이 없어서 별 수 없이 돌아왔습니다.' 했다. '그렇다면 네 재주를 한번 시험해 보기로 하자.' 하시며 '나는 아침밥을 짓고 너는 적의 침입을 막기 위해 어사둔병 위에서 개울(도갑천) 양쪽으로 돌로 성을 쌓고 난 후 월대바위에 먼저 올라선 사람이 이기는 재주 겨루기를 하자.' 고 하였다.

어머니는 아침밥을 짓고 범연이는 돌로 성을 쌓는데 범연이 도갑산성을 거의 다 쌓고, 월대바위까지 네댓 걸음 남았을 때 어머니는 밥을 다 짓고 월대바위에 올라서며 '내가 먼저 월대바위에 올라 왔으니 네가 졌다.' 하였다. 범연이는 이 세상에서 글과 재주와 힘으로 저를 당할 사람이 없다고 자부하고 있었는데 어머니에게 졌으니 자신의 경솔함과 자만과 미흡함에 어머니를 뵐 면목이 없고 마음의 갈등과 자책을 억제하지 못하고 눈물을 흘리며 월대 바위에서 수박등 바위 위로 뛰어 내렸는데 한쪽 발을 들고 뛰어 내려 왼발이 바위에 닿는 순간 바위가 둘로 갈라졌으므로 발자국이 없고, 오른발로 바위를 밟고 길로 나왔는데 그 발자국이 지금도 선명하게 남아 있으며 떨어지면서 흘린 눈물 자국도 남아 있다.

그날 밤 어머니는 범연를 불러 앉혀놓고 '너의 학문이나 무술은 어느 정도 인정하겠다. 그러나 그 재주가 나라나 백성을 위해 쓰여야지, 너의 재주를 어디에 써 먹겠느냐? 하고 탄식하니 범연이 '그럼 어떻게 하면 좋겠습니까? 하고 물었다. 어머니는 '우리나라를 오랑캐들이 자주 침범해 백성들을 괴롭히고 국경에서 싸움이 벌어지고 있다고 하니 네가 어떻게 해야 할 지 잘 생각해서 행동하기 바란다.'고 하였다.

어머니 앞을 물러난 범연은 그 이튿날 어머님과 작별하고 월출산 천왕봉으로 오르던 도중 넓적하고 편편한 바위를 발견하고 바위 위에 꿇어 앉아 하늘을 향해 기도를 드리기 시작하였다. 그 기도를 올린 다음 날부터 오랑캐 적장의 목이 하루에 하나씩 떨어지니 오랑캐

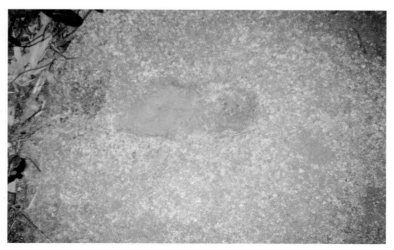

월대바우에서 범연이가 뛰어내린 발자국. 옛날에는 발가락 흔적까지 또렷했으나 지금은 많이 마모되었다

범연이 뛰어내려 깨진 바위돌 한쪽 바우돌에 발자국과 눈물 자국이 있다

진영에 난리가 났다.

　그런 며칠 후 하늘로부터 큰 소리로 꾸지람이 들려 왔는데 '범연아! 너는 하늘에서 인간 세상에 내려 보낸 사자니라, 그런데 어찌하여 하늘의 기를 빌려 사람을 살생하고 힘을 남용하느냐? 곧 멈추고 자중하여라.' 하는 것이었다. 그러나 범연이는 '오랑캐가 백성을 괴롭히고 국경을 침범하여 살생을 일삼으니 도리가 없습니다.' 하고 그 고집을 꺾지 않았다. 하늘에서는 말로 해서는 안 되겠다고 생각하고 벼락을 내려 말리려고 했으나 꿈쩍도 하지 않으므로 벼락을 아홉 번 내려 보내 범연을 하늘로 불러들였다. 벼락을 아홉 번 친 흔적이 아홉 개의 우물이 되어 구정봉九井峰이라 불려지게 되었다는 전설이 지금까지 전해 내려오고 있다.

　1953년 구림 청년들이 발간한 〈시의 마을 구림〉지에 실린 당시 목포사범 2학년 재학 중이던 최기석의 시 '도갑성'에는 도갑산성에 대한 구림사람들에 애착과 정취가 담겨 있다.

도갑성 道岬城

木師二年 崔基錫

집채같은 큰 바위를
차곡 차곡 쌓아놓고
보름날 밝은달을 몇천번
보냈느뇨

꽃같은 궁성도 있었다는데
무정한 세월
지금에 나는 엿볼수없구나

서글프게 허무러진 성
누가 던진 집신 한짝
여우때가 진을치고
밤마다 노래부른다

17. 조종수와 최복의 옛집

조종수의 옛집

창녕조씨의 종가로 약 250여 년 전 조윤덕(1677~1760)이 지은 건물로 서구림 남송정 332번지에 자리하고 있다. 원래 사랑채도 있었을 것으로 생각되나 현재는 안채만 남아 있는데 전형적인 남부지방의 일자형一字形 건물로 부엌, 안방, 대청, 건넌방의 형식으로 배치되어 있다. 특이한 구조로는 막돌허튼층 쌓기의 기단 위에 막돌초석을 놓

취정, 신익희 선생이 쓴 현판

남송정 조종수의 옛집

고 그 위에 육촌각六寸角의 방주方柱를 세웠으며 상부는 상투걸이 비법으로 보와 도리道里를 결구結構시켜 놓았다. 집은 지은 후로 문 세 개만 바꾸었을 뿐 원형을 잘 보전해 오다가 2004년 원형 골격은 그대로 유지한 채 내부를 크게 개조하였다. 이 건물은 전남도 민족자료 제35호로 지정되었으며 문간에는 신익희申翼熙 선생이 쓴 취정翠亭이 라고 쓴 현판이 걸려 있다.

최복의 옛집

이 건물은 최복의 5대조 최득수崔得洙(1804~1874)가 구입한 집으로 도갑리 죽정마을 150번지에 북향(오좌자향午坐子向)으로 월출산 자락 인 동산을 등에 업은 듯이 자리 잡고 있다. 원래 사랑채와 안채로 구 성된 ㄷ자형의 전형적인 양반 가옥이었으나 약 30여 년 전 사랑채는 헐리고 안채만 남아 있는데 정면 5칸, 좌측면 3칸, 우측면 1칸, 전후 좌우퇴로 왼쪽부터 작은방, 부엌, 안방 2칸, 대청, 골방, 작은방 순으

죽정 최복의 옛집

로 배치되어 있다.

넓은 대지에 대나무, 동백, 소나무 등의 숲으로 둘러 싸여 있고 울타리나 대문이 없이 어디서나 자유롭게 드나들 수 있게 개방되어 있는 것이 특징이며, 조용한 깊은 산중의 절간을 찾아온 느낌을 주는 집이고 환경이다.

근래에는 편의시설을 잘 갖추고 안용당安用堂이라는 이름을 붙혀 민박으로 활용하고 있다. 집 바로 뒤에 월대암月臺岩으로 올라가는 등산로가 있어 산책이나 등산하기에 안성마춤이다.

제5장

구림의 공동체 정신과 계

1. 왜, 구림에는 계가 많을까?

농경사회에서는 함께 어울려 사는 사람들끼리 서로 의지하고 힘을 합하지 않으면 살아 갈 수 없는 사회였다. 그러나 우리의 전통적 공동체 문화와 그 아름다운 의식들이 단지 필요에 의해 생긴 결과인 것만은 아니다. 하나의 공동체를 만들고 그 속에서 모두가 발전하기 위해 주체적이고 적극적인 많은 노력을 한 결과인 것이다. 그러한 공동체 성원들의 다양한 노력이 바로 두레, 향약, 계 등이 우리네 전통이라고 할 수 있다. 그리고 공동체 내에서 인륜과 도덕을 거스르는 행위를 하거나 공동체 규약을 위반 했을 때 따돌림을 당하는 일 즉, 손도損徒에 부쳐지는 일이 가장 견디기 어려운 고통스러운 형벌이기도 했다.

농사철 모내기, 김매기 등의 일을 품앗이로 하기도 했지만 작업을 더 효율적으로 하기 위해 힘을 모으는 '두레'라는 농사 작업반을 조직하였는데 계절이 바뀌거나 작업이 끝나면 자연히 해체되는 단기적인 결집체였다.

두레에서 조금 더 발전되고 조직화 된 것이 계契라고 할 수 있다. 계의 크게 나누어 씨족 단위로 조상의 제사를 모시고 묘소를 가꾸고 관리하면서 씨족간의 결집을 위한 문중 구성원의 모임인 문계門契와 한 사람이나 한 집의 힘으로 감당할 수 없는 큰일을 당했을 때를 대비하기 위한 상호부조相互扶助적인 성격이 강한 상부계喪扶契가 있었다. 또한 일정 지역의 행사 즉 축제, 당산제, 도로나 제방의 보수 등 공동체적인 일과 조직의 유지 관리를 목적으로 한 촌계村契 등이 있으나, 근래에는 각종 친목계 외에도 재산 증식을 목적으로 한 계까지 다양한 형태의 계가 존재하고 있다.

계가 1,000이면 빚이 1,000냥이란 말이 있음에도 구림사람들은 세 사람만 모여도 계를 만든다는 우스개 소리가 있을 정도로 계나 모임이 많다. 이는 오래전부터 발전해온 대동계의 영향이 있었을 것이고, 생각이나 이해관계가 일치하는 사람들을 쉽게 모을 수 있는 비교적 큰 마을을 이루고 있고 인적자원이 풍부했기에 가능했을 것이다. 가장 오랫동안 면면이 이어오는 대동계大洞契가 있는 구림마을에서는 수많은 계와 모임이 만들어지고 소멸되었지만 현재까지 명맥을 유지하고 있는 계와 모임을 살펴보면 다음과 같다. '여러 동네 계'란 이름까지 있는 친목계나 여행계 등 다양한 모임이 있으나 여기서는 생략한다.

1. 일반계

대동계大洞契	송 계松契	청년계靑年契
노인계老人契	구림계鳩林契	선린계善燐契
동구림東鳩林 당산계堂山契		

2. 문계門契

낭주최씨郎州崔氏 문계	함양박씨咸陽朴氏 문계
창녕조씨昌寧曺氏 문계	해주최씨海州崔氏 문계

3. 문상부계 門喪扶契

낭주최씨 상부계	함양박씨 상부계
창녕조씨 상부계	해주최씨 상부계

4. 각 문중 집안별 사종계私宗契(시종계 혹은 소종계小宗契)

낭주최씨 사종계 7계	해주최씨 사종계 8계
함양박씨 사종계 3계	창녕조씨 사종계
전주최씨 사종계	

5. 청년계에서 출계(연령 초과로)된 분들이 조직한 계

신유계	영천계	삼일계 등 다수

6. 갑계甲契

임신생壬申生 계	계유생癸酉生 계	갑술생甲戌生 계
을해생乙亥生 계	병자생丙子生 계	정축생丁丑生 계
무진생戊辰生 계	기묘생己卯生 계	경진생庚辰生 계
신사생辛巳生 계	임오생壬午生 계	계미생癸未生 계

(예전에는 해머리에 따라 모두 갑계가 있었으나 이농 현상으로 계가 해체되고 현재 존속하고 있는 갑계)

7. 각 마을 촌계

죽정竹亭 촌계	평리坪里 촌계	학암鶴岩 촌계
동계東溪 촌계	고산高山 촌계	서호정西湖亭 촌계
남송정南松亭 촌계	신흥동新興洞 촌계	백암동白岩洞 촌계

8. 각 마을 상부계 喪扶契

죽정 상부계   평리 상부계   학암 상부계
동계 상부계   고산 상부계   서호정 상부계
남송정 상부계   신흥동 상부계   백암동 상부계

9. 각 회

구림문화보존회   구림발전위원회   고향사랑장학회

10. 구림초등학교

각기별 各期別 동기회

11. 해체된 계

지남계 指南契   일심계 一心契   보림계 保林契

2. 400여 년을 이어온 대동계

향약과 대동계

향약鄕約은 중국 북송 시대인 1076년 남전현 여씨呂氏 향약에서 비롯되었으며 사대 강령인 덕업상권德業相勸, 예속상교禮俗相交, 환란상휼患難相恤, 과실상규過失相規를 덕목으로 하였고 그 후 주자朱子에 의해 첨삭되어 체계화되었으며 이를 주자증손 향약이라 하였는데 언제 우리나라에 들어 왔는지는 기록이 없어 알 수 없으나 주자학이 도입된 고려 말로 추정되고 있다.

우리나라에서 처음 논의되기는 조선조 중종(1517년) 때 유생 김인범金仁範의 상소문에서 향약을 시행하여 풍속을 순화하고 민심을 수습하는 것이 좋을 것이라는 주장에서 비롯되었으며 그 후에도 향약시행의 필요성을 줄기차게 주장하였고 중종 13년(1518년)에 조광조 등이 향약 시행을 주장하여 중종이 예조禮曹로 하여금 여씨 향약을 시행할 것을 팔도에 명하였으나 중종14년 을묘사화로 향약 시행을 주장하는 신진학자(개혁파)들이 화를 입고 주춤하다 중종 38년(1543년) 좌의정 홍언필이 향약 시행을 다시 강조하였고, 명종 11년(1560년)에 율곡의 서원西原 향약이 처음으로 시행되었다.

구림 대동계도 명종 20년(1565년)에 명칭은 계契이나 내용은 향약에서 비롯되었고 화민성속化民成俗을 목적으로 하는 자치적 교화敎化

단체로서의 향약의 성격을 지역 실정에 맞게 4대강령을 재구성 하여 동헌洞憲을 만들었다. 구림 대동계는 부침은 있었으나 계가 만들어진 후 지금까지 440여년 동안 계 운영이 지속된 유일한 계契이다.

창계 당시 임호林浩가 작성한 구림동중수계서鳩林洞中修契序의 역문에 나라 안의 사회상이나 구림의 위상을 비롯해 창계하게 된 배경과 목적이 잘 나타나 있다.

옛 구림마을과 대동계의 창계

구림동중수계서에 의하면 "구림마을이 있었음은 옛날부터이다. 신라말엽부터 구림이란 마을 이름이 시작되어 지금에 이르기까지 7, 8백년의 세월이 지났다. 그러는 사이에 흥하고 폐함이 일정하지 않고 성하고 쇄함이 고르지 않은 것을 말할 필요가 없으며 직접 목격한 사람들에게서 전하여 들은 바에 의하면 외선조 박빈이 이곳에 자리잡고 살기 시작하였다고 한다. 그런데 지세의 신령함으로 훌륭한 인

대동계사

물들이 태어났으니 소격서령 박성건, 진원현감 박지번朴地番, 천안현감 박지참朴地틈께서 유명한 마을로 일구었다. 이 분들에 이어서 정언 박권, 첨지 박조 그리고 나의 아버지인 판서공 임구령에 이르러 더욱 이름을 날렸고, 나의 아우 임혼이 마을을 더욱 윤택하게 가꾸는 데 기여하였다. 그러는 사이 150년 동안 물산은 풍부하여지고 인구도 번성하여 1, 2천 호의 마을로 번창하였으니 오래된 마을이자 인구가 많은 마을이라고 말할 수 있을 것이다.

내가 살펴 보건데 안으로는 국도國都로부터 밖으로는 시골 마을에 이르기까지 위로는 공경대부로부터 아래로는 하급 관료들 사이에서 계를 만들어 기쁜 일이 있으면 축하하고 근심스러운 일이 있으면 위로하고 있다.

우리 마을처럼 오래된 마을이고 물산이 풍부하고 인구가 많은 곳인데도 유독 계를 조직하지 않아 경조慶弔를 하지 못함은 무슨 이유 때문이었을까. 나로서는 매우 이상스럽게 생각해 오다가 알게 된 것을 사람의 정이란 친하고 소원함으로 나뉘고 멀고 가까움으로 간격이 있기 마련이다. 그러한 까닭으로 친하고 가까우면 아무리 소원하게 지내고자 해도 그렇게 될 수가 없다. 대신 소원한 처지에서는 친하고 가까이 하고자 하더라도 그렇게 될 수가 없다. 이러한 이유로 옛날 선대에는 의리義理로 말하면 기氣가 같고 몸도 연결되어 있었고, 나뉨으로 말하여도 좌우로 제후 하여 있었다. 사랑은 저절로 우러나오고 슬픈 일에는 처량함이 나타나 심복이나 수족처럼 부리고 도움을 받을 수 있었으니 기쁜 일에는 축하하고 근심스러운 일에는 위로해 주었으므로 권장할 필요가 없어 계를 조직하지 않아도 좋았던 것이다.

그런데 오랜 세월이 지나가고 말세末世에 들어서면서 유복지친有

服之親의 사이가 점점 멀어지면서 친함도 다 없어지고, 친함이 없어지면서 정도 따라 없어지고 있다. 정이 다해 버리면 사랑하도록 가르쳐도 사랑이 생기지 않고 슬픔을 가르치나 슬픔이 나오지 않아 서로를 길가는 사람으로 보기 마련이다. 길가는 사람으로 여겨 버리면 기쁜 일에 누가 축하하고 슬플 때 누가 위로해 줄 것인가. 슬프다! 길가는 사람으로 여기는 분위기가 대세를 이룬다면 우리들은 어찌 할 것인가. 당초에 한 사람의 몸에서 나왔는데 길가는 사람처럼 앉아서 쳐다보기만 하고 구제할 것을 생각하지 않아서야 되겠는가. 그렇다면 기쁜 일에 서로 축하하고 근심할 일에 위로하며 서로를 잊지 않도록 해주는 일은 계를 조직하지 않고서는 될 수 없다.

옛날에는 이러한 이유로 계를 만들지 않았지만 지금을 계를 조직하지 않을 수 없게 되었다.

동장 박규정께서는 세대가 내려가고 인심이 예전과 같지 않음을 오래 전부터 걱정하여 계를 조직하자는 의논을 발의하고 축하하며 위문하는 일을 무궁토록 사라지지 않게 하여야 한다고 하였다. 필자인 임호와 이광필李光弼, 박성정朴星精, 유발柳潑, 박대기朴大器 그리고 아우 임완林浣 등은 이에 호응하여 '옛날의 문왕과 무왕은 삼물三物로 백성을 가르쳤고 송나라는 여씨 향약으로 나라의 정치를 돕고 인심을 교화하였으니 이것이 하나의 본보기이다. 더욱 근세에는 위로는 문왕과 무왕 같은 어진 임금이 있고 아래로는 정승들이 부지런히 나라를 다스려 풍속을 순화하고 있는데 어찌 사랑과 슬픔을 밖에서 구하겠는가'라고 이야기를 나누었다. 그러하니 우리가 계를 조직하는 일은 임금과 정승들이 바라는 화민성속에 조금이나마 보탬이 되어야 한다는 박규정 어른의 말씀에 의해서 계를 조직하게 된 것이다. 일선 임호林浩 근서"

대동계의 중창과 연혁

대동계는 창계 이후 수계해 오다 선조 30년(1597년)의 정유재란으로 계사契숨와 관계문서 및 회사정이 소실되어 수계가 어렵게 되자 광해군 원년(1609년)에 계를 중수하고 광해군 6년(1614년)에 계규를 '상장상부喪葬相賻 환난상구患難相救 과실상규過失相規 보미수합補米收合 유죄출계有罪黜契' 등으로 제정하였다. 인조 14년(1636년)병자호란으로 계가 다시 쇠퇴하다 인조 19년(1641)과 인조 24년(1646년) 창령인 조행립, 성산인 현건玄健, 함양인 박이충朴而忠 등이 주동하여 계사와 회사정을 중수하였다.

특히 병술년(1646년) 중창重創으로 계가 획기적인 중흥을 이룩했고 현종 9년(1668년) 성기동에 문산재文山齋를 창건하여 저명인사를 초빙하여 청장년 교육을 실시하고 영조 19년(1743년)의 계 중수는 향약계로서의 기능을 완수케 하고 11강령에 102조목으로 개정된 동헌은 지금도 활용하고 있다. 영조 44년(1768년) 구림 주변 사산육림과 보호

1963년 대동계 후입시 기념사진. 앞의 다섯 분(앉아 있는) 분이 후입계원

를 위해 송계松契를 조직케 하여 임야 약 30정보(90,000평)를 주민들이 관리케 하여 치산치수의 본이 되게 하였다.

숙종 10년(1684년)에 문산재를 죽정 월대바위 아래 문수암터에 이전하여 운영하였고 순종 2년(1907년)에 신학문 교육을 위해 사립학교를 설립하여 현기봉玄基奉의 책임하에 10년간 경영하다가 일본의 강압으로 1917년 구림공립보통학교 설립기금으로 계답契畓 600두락(120,000평), 임야 20정보(60,000평), 부지 3,000평, 현금 18,000원을 영암군에 기증하여 지금의 도기문화센터 자리에 학교가 신축되었다. 그리고 1949년 농지개혁법에 의해 계답 400여 두락이 연부 상환으로 환수당했다.

1950년 6.25로 계사와 부속 건물 50여간(126평)과 회사정 및 관계 문서 대부분이 소실되는 아픔을 당하기도 했다. 1957년 계사 및 부속 건물을 임시로 고가古家를 이축 복원하고 문산재는 퇴락하여 철거하였다. 1973년 구림실업고등학교(현 공업고등학교)에 부지로 송계에서 관리해 오던 사산임야 19,000여 평을 전남 교육위원회에 기증하였다.

1983년 계재와 계원의 성금으로 회사정을 복원하고, 1986년 영암군에서 문산재와 양사재를 복원하였다.

1992년 동헌 및 상계안 등 16점이 전남도 문화재 재료로 지정 되었다. 2002년부터 2년간에 걸쳐 김철호 군수의 주선으로 국고와 군비로 강수당과 부속건물 등 117평이 복원되어 대동계 정신의 지속과 계승에 크게 기여할 것으로 기대된다.

대동계의 운영과 조직

대동계에는 동장洞長 1인, 부동장副洞長 2인, 계수契首 1인, 공사원

公事員 1인, 유사 2인이 있으며 해방 이전까지 8고직이가 딸려 있었다. 계원정수는 광해군 5년에 21명 인조 때 42~63명으로 1940년 이후 63~70명이었으나 1983년에 80명으로 증원하였으며 옛날에는 상계원과 하계원이 있었고 서출 계원은 상계원보다 한 자 낮게 명단에 수록하기도 했다.

집회는 춘추강신(정기총회)이 있고 정월에 예회, 6월에 별회, 7월에 자복, 10월에 제석 등의 임시회의가 있다.

재정은 1917년 논 600두락과 임야林野 20정보 현금 18,000원圓을 학교설립 기금으로 영암군에 기증하고도 1940년 495두락의 논이 있었으니 예전에는 1,000여 두락이 있었다고 할 것이다. 1940년에 대지 1,215평, 논 495두락으로 경작료 연수입이 278석이었으나 해방 후 농지개혁으로 400여 두락이 경작인에게 귀속되고 현재는 대지 781평 임야 31,835평, 논 2,723평 밭 314평과 강수당, 회사정, 문산재, 양사재 건물이 있다.

공사원 유사는 선출하고 동장, 부동장, 계수는 연장자순으로 정해지며 공사원은 계의 실질적 운영책임자로서 능력 있는 중견 계원 중에서 비삼망備三望(세배수 후보)을 내세워 추강신에 과반수이상의 찬성으로 선출한다. 유사 2인도 같은 절차와 방법으로 춘강신에 선출하여 현 유사를 보좌하면서 1년간 수습기간을 둔 것이 특징이라 할 수 있다. 이는 1,000여 두락의 전답을 관리하고 경작료 수납과 여러 가지 계 행사를 수습 집행하기 위한 것이고 팔고직이는 재산 관리하는데 수족같이 부릴 수 있는 하인이었다고 볼 수 있다.

특히 재산 관리하는 제도도 문서사정 대차금 청산 등의 소회의를 두었으며 유사 교체 시에는 사정 위원을 별도로 선출하고 회계문서 사정시 유사의 입회를 금지하고, 의문점이 있으면 유사가 해명하기 위해서만 입실할 수 있었다. 실제로 유사를 잘 추리지 못한 계원은 자기 소유 논밭을 팔아 변상하는 예가 종종 있었을 정도로 엄격하였으므로 400여 년 동안 성쇠와 기복은 있었으나 계를 현재까지 이어 올 수 있었을 것이다.

대동계에 입계하고자 하는 사람은 구림을 중심으로 20리 안에 거주하는 학식과 덕망이 있는 자로 단자單子(입계원서)를 제출해야 한다. 20리라는 규정은 대동계에 공이 많았던 조행립이 미암면 선황리이고, 임호의 후손이 서호면 청용리이며, 현건의 자손이 학산면 광암리에 이거하거나 거주함에 따라 편의상 설정되었다고 할 수 있다.

또한 단자를 낸 입계 후보는 혹, 백의 바둑알 무기명 투표로 3분의 2 이상의 찬성을 얻고 예납금을 완납해야 비로소 계원명부에 등재가 되었다. 400여년 전부터 이런 민주적 제도가 시행되고 있었다는 것은 실로 놀라운 일이다.

이제까지 대동계가 구림을 비롯한 인근 마을까지 미풍양속의 전통을 지키고 이어 오는데 큰 영향과 중추적 역할을 했지만 계원만을 위한 계를 뛰어 넘어 앞으로 나날이 변천해 가는 새로운 시대에 걸맞게 어떻게 탈바꿈하고 유지 발전하여 혼탁한 사회를 정화하고 지역사회에 보탬이 될 수 있을 것인가가 숙제로 남는다.

역대 성씨별 계원 분포(2003년 현재 1,087명)			
함양박씨 356명	창녕조씨 194명	낭주최씨 145명	해주최씨 108명
전주이씨 81명	연주현씨 50명	선산임씨 33명	함평이씨 15명
장택고씨 15명	해남윤씨 14명	금성임씨 11명	경주이씨 11명
천안전씨 9명	연안이씨 8명	장흥고씨 7명	남평문씨 6명
진주정씨 6명	전주최씨 5명	나주박씨 4명	본관미상 4명
진주유씨, 통천최씨, 청주곽씨, 파평윤씨, 함평노씨 각 1명			

현 구림 대동계 계원 성씨별 분포(계 74명)

낭주최씨 16명	함양박씨 16명	해주최씨 16명	창녕조씨 13명
함평이씨 4명	전주이씨 2명	선산임씨 2명	연주현씨 2명
천안전씨 1명	청주곽씨 1명	통천최씨 1명	

계원 거주별 분포(계 73명)

동구림리 27명	서구림리 10명	도갑리 6명	월곡리 3명
학산면 2명	미암면 1명	서호면 1명	서울 7명
광주 16명			

3. 공동체 사회의 본보기 송계

송계松契는 조선 영조 44년(1768년)에 구림 주변의 풍치림風致林의 육림과 보호를 하기 위해 조직한 계이다. 원래 사산四山(지금의 중·고등학교 자리) 관리는 대동계에서 주관했었는데 주변 임야(뒷동산) 30여 정보를 주민들이 관리케 하여 풍치림의 보호를 대동계와 주민이 공동으로 책임을 맡도록 조직하였다. 또한 송계는 사산관리 외에도 하천 제방, 도로 교량의 보수와 당산제 등 마을의 공동체적 행사를 주관하였다.

송계의 약조約條를 살펴보면 다음과 같다.

1. 큰 소나무와 어린 소나무를 베지 말고, 심은 소나무를 뽑지 말 것이며,

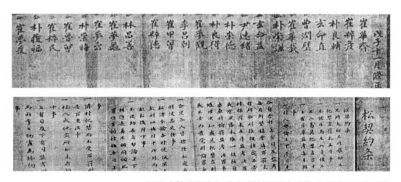

1768년 창계원 명단, 당시 계원 75명(위 사진), 송계약조(아래 사진)

이를 어긴 사람은 벌미罰米 닷 되를 과科한다.

2. 소나 말을 방목放牧하지 말고 나뭇가지, 풀, 칡넝쿨을 채취하지 말 것이며 이를 어긴 사람은 태쐼 15대를 과한다.

3. 유사는 하유사를 데리고 매월 삭망朔望(초하루 보름)에 순산巡山한다.

4. 약조를 어긴 사람을 발견했을 때는 유사나 하유사에게 고발하거나 기록하여 매월 삭망모임에서 치죄治罪하고 벌미를 과하며 벤 소나무나 어린 소나무를 벤 자나 나무를 뽑은 것을 보고도 고발하지 않으면 그 마을사람들을 모두 벌하고 벌미 닷 되를 과하고 하유사를 치죄한다.

5. 혹 바람에 떨어진 고사목枯死木 가지 하나라도 사사로이 가지고 간 자가 있으면 그 마을은 물론 논벌論罰하고 하유사를 치죄한다.

6. 비록 다음에라도 어긴 사람(사실)을 알면 서로 고할 것이며 고하지 않고 발견되면 논벌한다.

7. 각 마을이 각자가 심은 나무에 표標해 놓고 고사하면 동원해서 다시 심는다.

8. 소나무를 판값은 각 마을에 고루 나누어 주고 착실한 사람으로 하여금 식리殖利케 하여 마을 자산으로 하는데 3년간 식리 후 사용한다.

9. 약조를 따르지 않은 사람은 상하上下를 막론하고 불씨나 불을 서로 나누어 쓰지 않으며 상喪을 당해도 조문하지 않으며 농사일에도 서로 품앗이를 하지 않으며 평상시에도 서로 왕래하지 않는다.

10. 이웃 마을이 범금犯禁하여 죄벌을 받지 않으려고 하면 바로 마을사람들이 관官에 고하여 중치重治한다.

11. 마을사람이 사산 외의 다른 곳에서 소나무를 베어온 자라 할지라도 마을에 미리 알려야 한다.

12. 상, 하 유사는 해마다 서로 바꾸고 소장한 것을 봉납捧納한 후에 허한다.

1903년 하천 제방 보수 용하

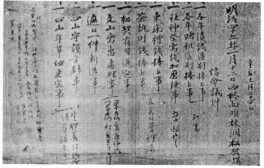
1911년 송계강신 회의건 문산재산 관리 등

이처럼 사산금벌의 송계 약조는 마을 풍치림 보호를 위해 철저하고 단호하게 대처해 온 흔적을 곳곳에서 엿볼 수 있다. 그러던 중 1917년에 관리해 오던 임야를 구림공립보통학교 설립을 위해 영암군에 기증하고 1973년에도 구림실업고등학교 부지로 전라남도 교육위원회에 기증하였다. 2000년에 나머지 임야(고산 마을 뒷산) 2,671평

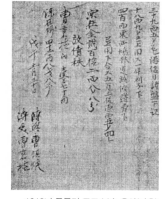
1918년 동구림 도로 보수 용하(비용)

을 영암군의 요구로 처분하였는데 양어장폐쇄운동의 배상 문제가 생겨 계원 160명에게 1인당 50만원씩 8,000만원과 비계원인 주민들을 위해 1,900만원을 양어장수습위원회에 기부하였다. 또 구림에는 사산 외에도 최병우 외 160인의 마을사람 명의로 된 168정보(504,000평)의 대부산貸付山이 있었다. 마을의 공유재산에 대한 기록이 없어 확실한 경위는 알 수 없으나 을사늑약 후 1910~1918년까지 실시한 조선토지조사사업 때 세부측량을 담당했던 구림 출신 측량기사 조희정이 구림사람들 앞으로 지적을 확정지었다는 말도 있다.

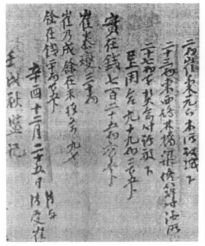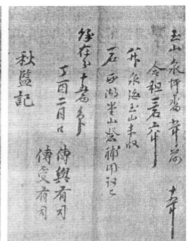

1921년 동구림교량 보수 용하(비용)

지금 매봉 뒤쪽에서 도갑리 죽정 뒤쪽까지 위치한 야산으로 1960
년대까지 땔감을 구하기 위해 난벌亂伐하여 값나가는 나무들은 없었
으나 사산과 더불어 마을 공유재산共有財産을 많이 소유하고 있었다
는 것은 마을사람들의 큰 자랑거리였다. 그런데 1960년대 말에서
1970년대 초에 걸쳐 야산개발과 토지 투기가 시작될 무렵에 땅을 팔
아야 할 특별한 계획이나 마을에 절박한 사정이 없는데도 '쓸모없는
땅은 살사람이 있을 때 팔아야 한다.' 는 명분으로 각 마을이나 씨족
에서 대의원을 지명하고 처분권한을 위임하는 형식으로 대의원 일곱
사람을 뽑아 최장호가 낙찰받은 후에 분양했다.

당시 평당 3원씩, 정조 231석의 대금을 받았는데 이 231석을 유사
와 공사원(보림계)의 노력으로 장리로 수 년 동안 잘 식리한 결과 큰
자금이 되었으나 구림 신근정에 건립된 면민회관(현 청년회관) 건축자
금으로 2천만원을 기부하고 나머지 여러 백석을 죽정 조ㅇㅇ이 경영
하던 월산정미소에 맡겼으나, 1970년대 중반 월산정미소가 경영 부

실로 도산하면서 벼 한 섬도 남기지 못하고 떼이고 말았다.

결국 구림의 공유재산인 168정보 넓이의 대부산은 이런저런 사연으로 없어지고 말았다. 원래 큰 부자도 3대를 가기 어렵다는 말도 있다. 하지만 공유재산은 '임자 없는 재산'이라고 생각하는 사람이 많을 뿐 아니라 공금을 잘 쓰는 사람이 똑똑한 사람이란 잘못된 인식이 사라져야 공유재산을 유지하고 공공의 이익에 맞게 잘 관리할 수 있을 것이다.

이런 면에서 사산을 관리하고 지키는 12개항의 송계 약조는 공유재산을 어떻게 관리해야 하는가를 명시한 본보기이며 지침이라 할 수 있다. 그 결과 구림 남북의 뒷동산이 소나무 숲으로 우거져 1960년대까지 멋진 마을 풍광을 자랑할 수 있었다.

4. 3.1정신을 이어받은 구림청년계

구림청년계의 탄생 동기

구림에는 여러 형태의 계나 모임이 많지만 구림청년계는 창립 동기나 규약강령이 다른 계와 사뭇 다르다. 1919년 4월 10일 구림에서 일어난 3.1독립만세운동 이후 이 만세운동에 참여했던 많은 마을사람들이 경찰에 끌려가 고문당하고 심문당하는 곤욕을 치렀는데 그중에서도 만세운동을 주도한 지도자들은 장흥 재판소에서 실형을 선고 받고 이에 불복하여 대구 고등법원에 항소하였으나 박규상, 최민섭, 조병식, 최기준, 정학순, 김재홍 등이 징역형을 선고 받고 대구형무소에서 복역하게 되었다.

구림 주변의 모든 마을사람들이 참여한 만세운동에 주모자로 지목된 몇 사람만이 형을 받게 되었는데, 이렇게 되자 구림 청년들은 만세운동에 참여한 사람들의 희생을 줄이기 위한 주모자들의 의로운 모습과 덕목에 감사하는 마음이 싹트기 시작하였다.

모진 고문과 가혹한 심문 때문에 허약해진 몸으로 옥고를 치르고 있는 만세운동 지도자들이 있는데 고향에서 가족과 함께 생활하고 있는 청년들은 이들과 함께 할 수 있는 일을 모색하다가 이 분들의 옥바라지를 고향에 남아 있는 청년들이 맡아야 한다는 결론에 이르게 되었다.

옥고를 치르는 분들의 뒤에는 우리가 활동하고 있다는 것을 알려 조금이라도 위안이 될 수 있고 그 분들의 외로움을 덜어 주기 위하여 대구형무소까지 면회도 가고 영치금을 제공하기로 하였다. 한 달에 한번이라도 면회를 가고 영치금을 제공하기 위해서는 우선 경비의 모금이 필요했고 교대로 면회 갈 사람을 선정해야 했으므로 이를 위해 남의 눈에 띄지 않게 청년들의 모임이 이루어지고 각자의 형편에 따라 필요한 자금을 부담하였는데 이것이 청년계가 탄생하게 된 동기이자 출발점이었다.

청년계의 활동과 창립

두세 명을 지명하여 대구형무소에 면회를 갔는데 지금의 88고속도로와 비슷한 길을 따라 험한 산골짜기와 강을 건너고 고개를 넘어 먼 길을 갔으므로 발은 물집이 잡히고 몸은 피곤하였으나 옥고를 치르고 있는 친구의 고통을 생각하면서 당시로서는 사치스러운 기차여행보다 힘든 길을 택했다.

복역 중인 친구들을 교대로 면회하고 작은 금액이나마 형무소에서 사용할 돈을 영치하고 돌아왔다. 그러나 열심히 뒷바라지한 보람도 없이 1920년 1월 20일 만세운동의 지도자 박규상이 병으로 형무소를 가출옥하여 귀향하던 중 정든 고향을 눈앞에 두고 서호강 배 위에서 유명을 달리 하였다.

박규상의 장례에는 영암군 내의 많은 민족진영 인사들의 조문이 이어졌고, 구림에서는 서호정 마을이나 박씨 문중 상부계가 아닌 동서구림, 도갑리 청년들이 모두 나서 장례를 치렀다. 당시까지만 해도 대동계 8고직이와 네 문중의 고직이들이 상여를 메는 것이 관례었는데 이 날은 모든 구림청년들이 상건을 쓰고 상여를 메는 상부꾼이 되어 운구를 하고 묘지가 있는 산처까지 호상을 하게 되었다. 박규상의 장례를 계기로 구림 청년들 간의 유대가 깊어지고 친목은 돈독해졌으며 산지까지의 호상이 관례화되어 정착되어 갔다.

이러한 일을 계기로 물 밑에서 활동하던 구림청년계가 공식 출범한 것은 1920년 12월 18일이었다. 당시 참여한 계원은 55명이었다. 창립계원 명부에 창립 이전에 타계한 박규상 뿐 아니라 조병식, 최기준이 창립 계원으로 기록되어 있는 것으로 보아 공식 창립 이전부터 청년계가 존재하고 활동하고 있었음을 증명하고 있다. 형무소에서 같이 옥고를 치렀던 최민섭은 당시 양장마을에 거주하고 있었기에 계원 명부에 빠진 듯 하다.

청년계가 공식 창립되면서 구림청년계 규약이 만들어졌는데 규약은 강령과 32개조의 규약으로 이루어져 있다. 구림청년계의 규약을 간추려 소개하면 다음과 같다.

구림청년계 규약 강령

1. 우리들은 사람과의 의를 두텁게 하고 오랜 만남을 기록으로 밝게 밝혀 사랑을 베풀고 양보하는 아름다운 풍속을 조성한다.
1. 우리들은 근로를 즐거운 마음으로 하며 사치와 윤택함을 경계하여 멀리하고 농, 공, 산업을 진흥하고 많은 옛것과 새로운 것을 배우고 익히기를 권장하는데 힘쓴다.
1. 우리들은 부모의 돌아가심에 한없는 슬픔을 기약하며 부조하고 덕을 권하며 어려움을 구해주는 곧음을 공경하여 권하는 데 힘쓴다.
1. 우리들은 시대의 흐름에 따르고 법령에 입각하여 명랑한 사회를 건설하고 진실로 맑고 때 묻지 아니한 도의심을 새로이 정립한다.

계의 강령에 기록되어 있는 것과 같이 인본사상에 입각하여 서로 신뢰하며 서로 아끼고 불신하지 않는 아름다운 지역사회를 만들고 근검절약함은 물론 즐거운 마음으로 생업에 종사하면서 새로운 문물을 받아들이고 부모가 돌아가셨을 때 슬픔을 함께하며 상부상조하는 데 힘쓴다는 내용으로 80년 전인 일제 강점기 때의 암울한 현실로 보아 대단히 진취적이고 개혁적인 강령이라 할 수 있다. 다만 '시대의 흐름에 따르고 법령에 입각하여' 라는 내용으로 당시 구림청년계가 일제의 감시의 대상이어서 이를 피해 보고자 하는 고육책으로 이를 채택하지 않았나 생각된다.

7장 32조로 되어 있는 계의 규약은 다음과 같다.

제1장 계원의 구성 : 계원은 구림 지역 거주자로 (동, 서구림, 도갑리 거주자) 만 20세 이상 50세 미만으로 하였으며,

제2장 계의 기관 : 계장 1명, 공사원 1명, 유사 1명, 평의원 10명으로 하고, 평의원은 계장과 공사원의 자문을 맡고, 공사원은 평의원 회의에서 선출하며, 총회에서 의견대립으로 의사가 결정되지 않을 때는 평의원 회의에서 결정하기로 하였고,

제4장 계의 재산과 운용 : 유사는 재산 운영의 전권을 갖고 결과에 대한 무한 책임을 지도록 하였으며

제5장 계의 부의와 호상 : 호상은 상을 도운 사람의 명단을 유사가 작성하여 상가에 제출토록 하였으며 호상을 한 사람과 하지 않은 사람의 명단을 작성하게 하였으며 호상하지 않았을 때는 질병, 먼길 출타 등 자세한 사유를 기록하여 징계 자료로 사용하도록 함.

제6장 계의 후입 : 후입 사유는 계원이 1/5 이상이 결원이 생겼을 때에 총회의 결의로 원입 단자를 받아 흑백으로 가부를 결정한다.

계의 운영과 역할

계의 규약을 보면 계가 민주적으로 운영되었음을 보여주며 재정 운영에 있어서는 유사의 권리를 인정함과 동시에 무거운 책임도 강조하였다. 계는 부모와 자신, 처 등 네 가지 상사에 계원들이 호상하도록 하였으며 정당한 사유 없이 호상을 않았을 때 정기총회에 보고하게 하여 상부상조의 정신을 강조하였고, 계원의 입계시 계원 의사에 의하여 입계를 결정 하였다.

구림청년계에 후입으로 입계하기 위해서는 대동계와 비슷한 절차를 거처 입계를 허용했는데 대동계의 후입은 각 문중에서 추천한 사람들이었으므로 문중 간에 의견을 존중하고 타협해서 입계하는 경향이 있었으나 청년계는 입계하고자 하는 사람의 인품과 동네 사람들의 평가가 여과 없이 반영되는 경우가 많아 동네에서 내노라 하는 사람도 가끔 입계에서 탈락하는 사례도 있었다.

1975년 계원정수가 130명을 초과할 수 없도록 규약을 개정하고 1920년부터 2005년까지 85년간 계가 이어져 오는데 2004년 말까지 50세 상한선으로 출계한 분까지 연 계원수가 559명에 이른다. 사람들은 자기가 상을 당하거나 어려움을 당했을 때 위로해 주고 도와주는 사람들을 잊지 못하는 것이 인지상정인데 부모나 가족의 상을 당했을 때 맺어진 정의와 유대는 영원하다고 볼 수 있기에 지금까지 구림청년계가 건실하게 이어져 온 것이 아닌가 생각된다. 또 대동계 청사는 대동계 모임 이외에 다른 어떤 모임에도 장소를 제공하지 않지만 청년계 정기총회만큼은 대동계 청사에서 할 수 있도록 배려해 주었다. 창계 후 매년 3월 1일을 정기총회일로 정한 것도 3.1만세운동의 정신을 이어받고 민족정기를 바로 세우고자 하는 열망에서 비롯되었다.

구림청년계 창계자 명단 (경신년, 1920년 12월 18일 창계, 55명)

성 명	생 년	본관	성 명	생 년	본 관
최승묵	1875	낭주	박규상	1893	함양
최규형	1882	낭주	조석환	1893	창녕
최병율	1884	전주	최봉섭	1893	해주
최종섭	1887	낭주	조재명	1893	창녕
박찬봉	1896	함양	최병우	1894	해주
최윤묵	1891	낭주	최규성	1908	낭주
최영묵	1885	낭주	최규헌	1908	낭주
박찬영	1886	함양	최종섭	1895	해주
조기환	1887	창녕	조만환	1895	창녕
조재랑	1888	창녕	조규환	1895	창녕
박찬홍	1891	함양	최기준	1896	낭주
최규정	1889	낭주	최창훈	1896	낭주
최재기	1889	해주	조철환	1896	창녕
최종헌	1890	낭주	최희묵	1896	낭주
최 헌	1890	낭주	박찬훈	1896	함양
기병관	1890	행주	최철섭	1898	해주
박찬종	1890	함양	조재형	1898	창녕
최병익	1891	전주	최규원	1899	낭주
최한묵	1891	낭주	박현기	1899	함양
최성섭	1891	해주	최우섭	1903	해주
박찬성	1891	함양	박현곤	1902	함양
조병식	1892	창녕	박찬직	1902	함양
최문섭	1902	해주	최병태	1903	해주
최병양	1902	전주	최진섭	1903	해주
최한우	1903	전주	조관현	1904	창녕
박봉재	1897	함양	최규화	1905	낭주
조홍보	1895		채완철		
김황금					

5. 공동체를 위한 구림 청년들의 개척정신

구림에서는 남의 말이나 의견을 듣지 않고 자기 생각만을 주장하며 우겨대는 사람이나 주위 사람의 의견은 무시한 채 혼자서 모든 것을 결정하고 밀어붙이는 사람을 두고 '월출산 꼭대기에서 혼자 살아야 할 사람'이라고 말한다.

이것은 여러 사람이 어울려 사는 공동체에서 서로 이해하고 양보하여 타협함은 물론, 즐거움과 슬픔을 나누면서 더불어 살아가는 넉넉한 마음을 가져야 한다는 것에 대한 경구이자 그렇지 못한 이들에 대한 추상같은 비판인 것이다.

구림이라는 지역 공동체는 단순히 농경사회의 필요에 의한 연대의식 이상의 것을 서로가 공감하고 있었다. 그것은 바로 공동체를 만들고 이를 발전시켜 가야 한다는 주체적인 의지와 꿈을 서로가 이해하고 이를 실현하기 위한 많은 노력들이 있었다는 점이다. 이러한 노력에 구림의 청년들의 힘겨운 노력은 가히 역사에 남을 만한 것이라고 본다. 구림의 공동체 건설을 위한 노력들이 어떻게 유지되어 왔는가를 기록과 그 실상을 통해서 살펴보기로 한다.

임호林浩의 대동계중수기에 의하면 중앙이나 지방에서 벼슬살이(관료)를 하다 호남의 변방인 구림에 여러 씨족들이 정착할 당시만 해도 고작 가족 단위와 친구들 간의 친목과 교류가 이루어질 정도였으므로 마을 주민들 간의 인간관계가 소원疏遠해져 있어 인간관계의 회복을 위해서 모든 주민이 아우르는 조직이 간절하고 절실하다고 술회하고 있다.

이를 계기로 구림 대동계를 창계(1565년)함으로써 구림 사회의 사족층(양반)의 일부를 중심으로 한 하나의 조직이 만들어졌는데, 1. 상장상부喪葬相賻 1. 환난상구患難相救 1. 과실상규過失相規 1. 보미수합補米收合 1. 유죄출계有罪出契 등의 내규(계규)를 만들고 유교의 가르침인 인륜人倫과 도덕道德을 바탕으로 그 정신을 구현하려고 했다. 그러나 대동계만으로는 구림의 공동체를 통합하고 이끌어 갈 수 없었으므로 송계松契와 각 문중의 문계(종중계), 청년계가 이를 뒷받침함으로써 구림 전체를 하나의 공동체사회로 묶고 이끌어 갈 수 있었다고 할 수 있다.

송계(1768년)는 마을 전체를 아우르는 공동체 사회의 행동 강령을 구체적으로 계의 규약에 명시하여 실천하게 하였는데 마을 주위의

구림초등학교 운동장 조성공사(울력)

방풍림의 유지관리, 하천제방, 도로, 교량 등의 보수를 마을 주민의 노력 동원으로 하도록 규정하였다.

당시는 계(단체)의 자금도 넉넉하지 못하였으므로 구성원 스스로 가 직접 참여하여 이런 일들을 해결할 수밖에 없었고 일반 주민들도 공동체를 위하여 할 수 있는 일이 각자의 노동력뿐이었으므로 '울력' 이란 이름으로 지역 일에 참여할 수 있었다. 울력은 이것 뿐 아니라 토역土役(새로 집 지을 때 흙일), 이삿짐 날라주기, 수로 개설 및 풀베기, 농로개설, 식전 등짐(식전에 일손 없는 집을 도와주는 등짐), 신작로 자갈 깔기 등 다양했으며 상사喪事 때 부고를 돌리고 상부를 매는 것도 일종의 울력이라고 볼 수 있다. 즉 한 두 사람의 힘으로 할 수 없는 일들을 마을사람 전체가 동원되는 울력의 형식으로 메워 나갔다.

송계의 규약 중 9항에 "약조約條에 따르지 않은 사람은 상하를 막론하고 불씨나 불을 서로 나누어 쓰지 아니하고 상을 당해도 조문하지 않으며 농사일에도 서로 품앗이를 하지 않으며 평상시에도 서로 왕래하지 않는다."라는 조문이 있다. 이것은 손도損徒를 붙이는 것을 뜻하는데 옛날에는 불씨를 귀하게 여겨 꺼트리지 않고 대를 이어 관

죽정 오중선씨 가옥 신축(성주)시 토역 울력을 하고 있다

리하였는데 불씨를 잘 관리한 며느리는 일등 며느리고, 불씨를 잘 관리하지 못하여 이웃집에 불씨를 얻으러 다니면 칠칠치 못하다고 욕을 얻어먹었으며 이사 갈 때에도 신주 모시듯 맨 먼저 가져가는 특별한 살림 밑천이었다. 또 농사를 지으면서 논에 물을 댈 때에는 지금과 같이 농수로가 정비되지 않아 남의 논을 거쳐서 물을 공급하였고 배수해야 했다. 밭에 퇴비를 내고 왕래할 때도 농로가 없었으므로 남의 밭 경계를 거쳐 가야 했으므로 이웃과 더불어 살지 않으며 살기가 쉽지 않은 것이 농경사회이고 공동체사회였다.

또 이런 공동체사회에서는 서로 협력하고 동참하지 않으면 제재를 받았는데 벌미罰米 몇 되, 태笞 몇 대의 형보다는 제 9항의 제재는 '월출산 꼭대기에서 혼자 살아라' 라는 말과 같이 그 마을에서 발을 붙이거나 버티고 살아 갈 수 없는 가장 혹독하고 엄한 벌로 그 마을을 떠날 수밖에 없었다.

구림 사회에서 대동계가 유교를 바탕으로 한 인륜과 도덕적 사상을 마을사람에게 교화하는 수레의 한 쪽 바퀴라면 송계는 이 이론을 실생활에 적용, 실천하는 역할을 하는 수레의 한 쪽 바퀴로 이 두 바퀴가 같은 중심축으로 연결되어 구림이란 공동체사회를 앞으로 끌고 가는 수레로 비유할 수 있을 것이다.

이와 같이 수백 년 동안 전통을 지켜온 대동계가 있는가 하면 새로운 사상과 신식 교육을 받은 구림 청년들이 구각舊殼을 벗고 보다 나은 생활, 보다 나은 사회를 위해 항상 새로운 것을 개척하고 진취적인 생각을 역동적으로 추구해 왔다. 이는 외부(관)의 힘의 작용에 의한 것이 아니라 구림 그 자체에서 움트고 자치적으로 실천 운영해 왔다는데 더 큰 의의가 있다고 할 것이다.

1920년 조직된 청년계 규약 2항에 "우리는 근로를 즐거운 마음으로 하며 사치와 윤택함을 경계하여 멀리하고 농·공산업을 진흥하고 많은 옛 것과 새로운 것을 배우고 익히기를 권장하는데 힘쓴다." 지금으로서는 당연한 것이나 그 당시에는 정자에서 시詩나 읊고, 공부방이나 서당에서 공자, 맹자나 읽는 것을 으뜸으로 알고 그것을 부러워하는 생각이 지배적이어서 일을 천하게 생각하고 등한시하는 사회에서 노동을 중요하게 생각하고 근검절약과 이웃을 배려하는 뜻이 함축되어 있고 사농공상이란 고정관념에서 벗어나 평등 사회를 지향하면서도 반상班常을 초월한 직업의 귀천을 타파하고, 옛 것과 새로운 것의 조화를 바라고, 배우고 익히기를 권장하여 새로운 사회를 이룩하려고 애쓴 흔적이 역력하다.

1923년경 구림청년회가 조직되어 금연·금주운동을 하면서 단연단주회斷煙斷酒會를 만들었는데 회원이 무려 43명에 달했다고 당시의 신문은 보도하고 있다. 또한 혼인식 때의 탈선(신랑이 혼인식을 위하여 식장에 입장하기 전 신랑을 붙잡고 하는 장난), 상사 때 출상(발인) 전날 밤의 상여놀이, 상여 운구 시 상부꾼의 여비(돈) 타내기 등 일상생활 속에서 일어나는 패습들을 폐지하거나 개선하는데 힘썼다. 1927년 구림소년단이 조직되어 구림청년회와 함께 마을사람들의 의식을 바꾸고 생활환경 개선에 앞장섰다.

이와 같이 활발했던 활동에도 불구하고 '구림의 개탄생慨歎生'이란 필명을 가진 구림의 한 청년은 1927년 7월 14일자 조선일보 전면에 4단으로 '구림 청년에게'라는 제목으로 투고를 했는데 격문 형식으로 되어 있다.

광복 전(8.15해방 전) 구림 청년들은 물론 투고한 '개탄생'도 씨족이나 마을을 대표할 만한 사람들이 모인 대동계大洞契가 1917년 600두락의 논을 학교 설립 기금으로 기부하고도 1948년 농지개혁 당시

鳩林靑年에게

鳩林靑年酒煙禁止

⬆ 1923년 1월 24일자
〈동아일보〉 기사

⬆ 1927년 7월 14일 〈조선일보〉에 투고한 글

에 400여 두락의 경작권耕作權(소유권)을 가진 재력과 권위로 구림 사회에 대단한 영향력을 행사하고 있던 대동계에 시비를 걸고 도전한 것이 '계란으로 바위치기' 라는 것을 잘 알면서도 그런 투고를 한 배짱과 용기가 놀랄만한 것이지만, 한편으로는 변화를 추구하고 새롭게 거듭나려는 사회 개혁의 기운이 얼마나 강렬하고 절실 했는지를 뜻하기도 한다. 또한 이런 도전적이고 자신을 채찍질하는 생각들이 구림을 움직이는 동력이고 원천이 아니었나 생각된다.

이외에도 구림 청년들은 태평양 전쟁, 6.25전쟁 기간을 제외하고는 보다 나은 생활을 위하여 환경과 제도를 바꾸려는 꾸준한 노력을 해왔고 지금도 이어져 오고 있다.

해방 후 구림청년단(1945년 9월 창립)은 당시로서는 획기적 발상인 동계리 당산머리에서 오리샘(들샘)까지 약 3Km의 농로를 큰 들을 가로질러 개설하였다. 또한 시골 마을에서 취주악대를 만들어 마을사람들에게 해방의 기쁨과 희망차고 신명난 삶을 체험하게 하고, 야학이나 독서회를 만들어 문맹을 없애고 새로운 지식의 보급을 위하여 노력하였다. 6.25전쟁 후 조직된 일심계에서는 풍기 정화 운동과 방범 활동으로 마을의 질서를 바로 세웠으며 일심계를 중심으로 구림청년회를 조직(1958년)하여 활동함으로써 구림에 활력을 불어 넣었다.

구림청년회는 희경, 장실, 신흥동, 성기들로 통하는 농로를 세 방면으로 개설하고, 즐거운 근로와 각종 정보를 보다 쉽게 접할 수 있게 전국에서 처음으로 마을 단위의 방송실을 만들어 운영하였다. 농촌 진흥원에서 강사를 초빙하여 새로운 농법과 지식을 계몽, 보급하였고 농촌의 구조개선을 위해 구림 이동농업협동조합을 설립하였다.

구림농협에서는 생필품의 공동 구매, 농업 생산품의 공동 판매를 시도하고 손수레를 알선 보급하여 지게 없는 마을을 만들고, 새끼 꼬는 기계와 가마니 짜는 기계의 공급을 주선하여 농한기 부업을 장려하였다. 동력분무기와 경운기를 영암군에서 맨 처음 사용하여 이때부터 영농의 기계화가 시작되었으며, 1963년 전국이동농업협동조합 全國里洞農業協同組合 경진대회에서 전국 1등상을 수상하여 최우수 이동농업협동조합의 영광을 차지하기도 하였다.

또한 전후 복구 사업의 일환으로 구림에 처음 전기가설을 할 때는 수용가 모집에 마을이 총동원되고, 우체국에서 구림에 전화기를 개설하기 위하여 전화 교환대 설치에 필요한 수용가 정원을 채우기 위해 이웃에게 억지로 전화 설치를 권고하기도 했다. 5일장의 개설에 필요한 자금을 마련하기 위하여 마을사람 전체가 주머니를 털었으며 모두의 노력으로 5일장을 개설하였다.

1988년 조직된 구림청년회는 벚꽃축제, 왕인춘향대제, 방역소독,

구림천 자연 보호를 위한 하천 청소 작업(구림청년회)

독거노인 돌보기, 경로잔치, 소년소녀가장 돕기, 하천정비 등 갖가지 봉사 활동을 해오다 군서청년회로 통합되었다.

이처럼 구림의 발전은 어떤 단체나 개인이 마을을 이끌거나 공동체 사회를 유지 발전시켜 왔다가 보다는 마을 전체 구성원이 역량과 지혜를 모으고, 한 사람이 지고 가기에는 버거운 짐은 둘이서 나누어 지고, 콩 한 톨도 나누어 먹으며, 좋은 일, 궂은 일을 함께 겪으며 서로 의지하며 모두 같이 먼 길을 걸어 왔다.

남송정 지장개 등에 사는 박씨도 평리 월악 등에 김씨도, 죽정 선인동의 마씨도, 백암동 검주리에 천씨도, 서호정 사는 최씨도, 법수거리 사는 조씨도 마을에서 한 발짝만 외지로 벗어나면 모두가 구림 사람이고, 이곳을 떠나 속초나 부산에 사는 사람이나 대전이나 서울에 사는 사람의 고향도 역시 구림이다.

지역을 기반으로 연緣과 정情으로 묶여진 이 공동체에서 한 사람이라도 소외되거나 공동체 사회의 일을 방관해서도 안 된다는 것을 우리는 몸소 배웠고 또 실천해 왔다. 사사로운 이익을 쫓거나 사소한 감정과 옹고집을 접고 서로 돕고 이해하며 더불어 살기 위해 손을 맞잡고 어깨를 나란히 하며 앞으로 나아감으로써 보다 살기 좋은 공동체를 만들 수 있다는 믿음은 앞으로도 구림사람 모두의 가슴에 면면히 흐를 것이다

제6장

구림의 전통문화와 생활

1. 세시풍속

옛날의 부족사회는 생존을 위해 활동영역과 생활권을 확보하고 유지하려는 방편이자 힘을 모아 외부의 침입에 대비하는데 모듬살이의 큰 의미가 있었다. 그러나 한걸음 진보한 농경사회에서는 효율적인 농사일을 위해 이러한 집단화는 더욱 고도화되어 갔다.

이러한 공동체를 효율적으로 조직하고 유지하기 위해 선조들은 성씨가 같은 사람끼리 조상을 모시고 받드는 것을 구심점으로 제사나 축제들을 통해 같은 씨족임을 확인하며 응집력을 다지고 위계와 질서를 세워 나갔다. 여러 성씨가 모여 사는 마을에서도 당산제堂山祭나 액과 잡귀를 쫓는 공동행사를 통해 한 마을 사람임을 확인하고 나이라는 위계로 연장자를 어른으로 모시고 이에 따르도록 하였다.

농경사회는 더불어 사는 문화로 힘이 부족하면 힘을 합치고 힘에 겨우면 나누어지고, 기쁜 일이 있으면 같이 웃고 뛰고, 즐기고 춤추며 이웃이 슬픔에 잠겨 기진氣盡해서 허물어지고 쓰러지면 안아 일으켜 세워 같이 슬픔도 나누고 걱정도 주고받고 살아가는 것이 농경사회이고 그 문화의 소산이 세시풍속歲時風俗이다.

그러나 이런 훈훈한 인심 속에서 태어났던 세시풍속은 일제강점기의 문화 말살 정책과 찌든 가난으로 명맥조차 이어가기 힘들었으며 더구나 6.25라는 재앙으로 전쟁의 폐허 속에서 그 맥이 끊어지거나 잊혀져 갔다. 더욱이 1960년대 이후 산업화의 홍수에 휩쓸려 젊은 이들은 직장을 따라 도시로 떠나고 또 보다 나은 생활을 위해 농촌을 떠나 농경사회의 전통은 무너지고 노인들만 남아 있으니 대대로 모셔오던 시제時祭나 제사도 모실 사람이 없게 된 것이 우리 농촌의 현실이다. 이러한 현실에서 미풍양속이나 세시풍속이 이어져가기를 바라는 것은 지나친 욕심일 것이다. 그러나 세상이 천만번 바뀐들 뿌리 없는 나무가 어디 있으며 조상 없는 자손이 어디 있겠는가?

휴가나 피서 여행은 연중행사로 생활화되어 있지만 일년에 한번의 성묘도 어렵고 소홀히 하는 것이 요즘 사람들의 생활이고 의식이다. 1년에 한번쯤은 아이들을 데리고 소풍 겸해서 산소에 나들이 갔다 오면 자손의 도리를 했다는 뿌듯함으로 계획했던 일들이 잘 풀리지 않을까?

잊혀져 가고 사라져 가고 있는 세시풍속을 구림에서의 추억을 중심으로 소개하면서 우리의 세시풍속이 담고 있는 알짜 정신이 잘 계승되기를 기대해 본다.

섣달 그믐날의 모습

섣달 그믐날은 작은설이라고 하고, 그믐날 밤을 제야除夜라고도 하는데 집안에서는 새해를 맞아들이기 위해 앞 툇마루와 부엌 등 집안 곳곳에 불을 밝혀두고 문각門閣에서는 문중 어르신들이 모여 문중사도 의논하고 선조들의 업적을 기리며 밤을 새워 수세守歲하는 풍습도 있었다. 이 날은 객지에 있던 사람도 조부모님과 가족 친지를 찾아뵙고 조상의 차례를 모시기 위해 고향으로 돌아오는 것이 불문율 같은 관습이었으며 미처 못 오는 사람은 편지로라도 안부를 전하는 것이 도리였다.

설 준비는 그믐날 이전부터 시작해 술을 빚어 넣어 용수를 박아 맑은 술(淸酒)를 떠서 제주祭酒로 봉封하고 방 아랫목 시루에 콩나물, 숙주나물을 기르고 맷돌로 콩을 갈아 두부나 떡고물을 만들고 아이들 설빔(새 옷)을 미리 준비해 놓기도 했지만 본격적인 준비는 그믐날에 이루어진다.

동네 여기저기서 돼지나 소를 잡는 어수선한 곳에 고기 사러 온 어른들과 구경하러 온 어린이들로 북적거리고 부녀자들은 아침을 일찍 먹고 큰집(소종가)으로 모여 드는데 손에는 메쌀(메 지을 쌀)과 제찬인 생선이나 고기를 얹어 들고 온다.

큰집에 여러 사람이 모이면 양지 바른 곳에 헌 가마니를 깔고 앉아 기왓장을 빻은 가루를 물 묻은 지푸라기로 놋그릇(유기鍮器)이나 수저를 얼굴이 내 비칠 만큼 반들거리게 닦기도 하고 우물가에서는 콩나물, 숙주나물을 씻고 부엌에서는 술을 거르고 디딜방앗간에서는 떡가루를 빻는 등 분담해서 일을 추려낸다. 식구가 적은 사람은 떡방아 품앗이도 했다.

또 떡판이나 방앗간에서 떡을 쳐서 큰방에 안반(나무판자로 짠 넓은 틀)을 펴 놓고 식구들이 둘러앉아 가래떡을 만들고 여러 무늬가 새겨진 떡살을 눌러 흰떡을 찍어내고 콩고물을 묻힌 찰떡을 솥뚜껑을 굴려 토실하고 길게 잘라 차례상에 올릴 몫을 미리 봉하고 본취나 제비쑥을 넣은 인절미와 쑥떡을 만들고 푹신하게 팥고물을 놓은 시루떡을 쪄내면 떡 만들기는 끝이 난다.

집안 남자들은 앞 뒤 뜰을 말끔히 청소한 다음 생선(제찬)을 손질하고 대꼬챙이를 깎고 닭을 잡고 밤을 치며 곶감(건시乾枾)을 손질하고 건포를 칼로 예쁘게 오리며 일손을 돕는데 아이들은 들뜨고 마냥 즐겁기 만한 가운데 연을 날리거나 친구들과 어울려 말타기 놀이를 하거나 집을 들락거리면서 심부름도 하고 어른들이 밤을 치거나 곶감 손질하는 앞에 쪼그리고 앉아 못생긴 밤이라도 하나 얻어먹을까 침을 삼키며 넘보고 있다가 김이 물씬 나는 막 만든 떡을 이웃에 돌리는 심부름도 하였다.

이처럼 어울려 설음식을 장만하면서 숙질간, 동서간이 모여 앉아 이야기를 주고받으며 우리는 한 식구이고 같은 집안사람이라는 생각과 정을 쌓아감으로써 집안이 화목할 수 있는 밑거름이 되고 유대감을 키워 나갔다.

또 이날은 아랫사람이 웃어른이나 친지에게 선물을 주고받으며 정의情誼를 표하는데 이를 세의歲儀라 하고 대개 기호품인 엽연초葉煙草(풍년초), 권련卷煙이나 술, 고기, 건시 등을 보냈다.

집안 어른들은 대소가大小家를 순방하면서 설을 어떻게 세는지 살피는데 이것은 옛날 어려운 형편으로 설을 쇠지 못하는 경우도 있어 생겨난 풍습으로 이때 어른에게 장만한 음식과 술대접을 했다.

큰집에서 일이 끝나면 작은 집 사람들은 떡을 나눠 들고 각자 집으로 돌아간다. 어린이에게 기다려지는 것은 명절인데 그믐날 밤 어머니가 장만해 주신 새 옷이나 입던 옷이라도 깨끗이 빨아 새 옷같이 농속에 간직했다가 꺼내 주시고 새로 산 고무신이나 운동화를 내주시면 때가 묻을까 봐 방안에서 신어 보고 너무 좋아 신발을 만지작거리거나 품에 안고 잠들어 버리기도 했다. 또 그믐날은 한 해를 마감하는 날로 모든 거래를 청산하는데 빌린 돈, 가게의 외상 값, 주막집 술값에서부터 빌려 쓴 농기구나 연장도 주인에게 돌려주어야 했다.

이런 풍습들은 지금까지 명맥이 유지되어 온 것도 있으나 대개 4~50년 전의 일로 지금은 떡도 방앗간에서 해오고 간편하고 소가족 단위로 설을 쇠게 되니 집안이 모여 음식을 장만하는 정감 있는 광경

은 사라졌다. 그리고 설을 기다리는 아이들의 들뜸과 설레임도 옛이
야기가 되었다.

설날

설날 아침에는 한 방에서 잔 내외간도 새해인사(세배)를 해야 한
다고 했다. 아침 일찍 일어나면 옷을 갖추어 갈아입고 가족이 모두
웃어른에게 세배를 하고 어른들은 어린이 복주머니에 동전이나 지폐
로 세뱃돈을 넣어주며 무병하고 잘 자라주기를 바라며 덕담을 빼놓
지 않았다. 집안 세배가 끝나면 어른들은 아이들을 데리고 대소가 큰
어른께 세배를 드리기 위해 돌아다니는데 길가에서 마주쳐도 공손히
세배를 한다. 세배 뒤에는 서로 덕담을 주고받는데 어른에게는 '만
수무강 하십시오', '건강 하십시오', 처녀총각에게는 '금년에는 좋
은 배필 만나 시집장가 가야지', 공부하는 학생에게는 '공부 열심히
해서 높은 학교(중학교) 가야지' 등 상대방에게 어울리는 덕담을 주고
받았다.

세배가 끝나면 큰집에 모두 모여 차례를 모신다. 이때 성주上城主
床도 옆에 곁들여 차린다. 큰집 차례가 끝나면 작은집 차례를 모시고
큰집으로 다시 모여 음복 겸해서 떡국을 먹고 나이도 한 살 더 먹는
다. 아침 식사가 끝나고 웃어른이 앞장서서 예닐곱 먹은 아이까지 데
리고 산소로 성묘를 가는데 남도지방에서는 정월에 성묘를 하고 중,
북부지방에서는 추석명절에 성묘를 하는 것은 기후에 연유한 풍습일
것이다. 산소에 가면 배례를 하고 겨우내 얼어 부풀어 오른 땅을 다
져 들뜬 잔디 뿌리를 주저앉혀 봄바람에 잔디가 말라 죽지 않게 밟아
준다. 가까운 산소를 한바퀴 돌고, 마을로 돌아와 아이들은 집이나
놀이마당으로 가고 어른들은 일가친척 어른이 계신 집을 찾아 세배

를 드리고 영호(영위)를 모시고 있는 집에 들러야 한다. 어른을 모시고 있는 집 부녀자들은 세배손님들을 대접하는 상 채비를 하느라 하루 종일 고역을 치른다.

초이튿날부터는 다른 성씨의 어른을 찾아가 세배를 드리고 조문도 하는데 멀리 있는 일가친척의 방문이나 조문도 보름 전에는 다녀와야 하고 먼 곳에 있는 산소 성묘도 끝내야 비로소 설의 인사 절차가 모두 끝난다. 초하루부터 열 이튿날(12간지)까지는 쥐날에 일을 하면 쥐가 곡식을 축내고, 소날에는 일을 시키지 않으며, 호랑이날에는 외출을 삼가고, 뱀날에는 황용黃龍, 청용靑龍, 백용白龍 등의 글자를 써서 기둥이나 담에 거꾸로 부치고, 닭날에는 바느질을 하면 손가락이 애린다는 등 갖가지 핑계나 구실로 놀게 되어 있다.

정월 초순에는 집집마다 돌아가며 대소가 어른과 식구를 모셔다가 음식대접을 하였고, 큰집 안방 넓은 집에 이웃 어른들을 초청해 음식을 대접하면서 목청 좋고 글을 실감나게 잘 읽는 사람을 데려다가 심청전, 춘향전, 장화홍련전, 옥루몽 등 소설책을 읽어 드리기도 하고, 부녀자들은 토정비결로 일년 신수를 보기도 했다. 이와 같이 지내면서 보름이 지나면 서서히 농사 지을 준비에 들어가게 된다.

정월 보름

정월 보름날은 대보름이라 하고, 한자로는 상원上元이라 한다. 새해 들어 첫 번째로 만월滿月이 되는 날이기도 하고 정월 초하루부터 시작된 정월 명절이 끝나고 집안 구석구석에 쌓인 먼지나 쓰레기를 깨끗이 청소하여 마당 한가운데 모아 모닥불을 피워놓고 봄맞이하는 날로 설날만큼 비중이 크다. 정월대보름은 음력 14일부터 시작되는데 14일을 작은 보름, 15일은 대보름이라 한다. 14일은 작은 보름이라 하여 오곡밥과 갖가지 나물을 이웃과 나누어 먹고 나무를 해도 아홉 짐을 하고 밥을 먹어도 아홉 그릇을 먹어야 한다는 아홉 번 채우기 관습이 있다.

오곡밥은 원래 기장, 피, 콩, 보리, 벼를 5곡이라 하지만 구림에서는 기장이나 피가 구하기 어려웠으므로 수수, 조, 팥 등으로 대신하기도 했다. 또 오곡밥으로 보쌈을 하는데 김으로 싼 주먹밥을 만들거나 큰 밥그릇에 오곡밥을 고봉으로 담아 김을 덮어 보쌈을 해서 윗목 성주상에 차려 놓기도 한다. 또 박나물, 무말랭이, 무총 말린 시래기, 콩나물, 무순, 토란대 등으로 나물을 만들어 오곡밥에 곁들인다. 보름날은 세 집에서 밥을 얻어먹어야 무병하고 점심이나 저녁에 꼭 보쌈을 해야 복을 받는다고 했다. 보름에 오곡밥을 세 집에서 얻어먹는 것은 고른 영양섭취와 이웃간의 나눔의 미덕과 형편이 어려운 사람의 처지를 살피고 체험해 보라는 넓고 깊은 뜻이 담겨있다.

부럼 깨기는 단단한 과실을 자기 나이 수대로 깨물어 일년 열 두 달 무사태평하고 종기나 부스럼이 나지 않게 해 달라는 축수의 뜻과 이(齒)를 단단히 다지는 방법으로 밤, 호두, 땅콩 등을 깨물었지만 호두나 땅콩 등이 옛날에는 지금과 같이 흔하지 않았으므로 구림에서는 밤을 깨문 것으로 만족해야 했다.

그 밖의 세시풍속

●귀밝이술 : 정월 보름 아침에 일년 내내 귀가 밝으라고 술을 마시는데 이를 이명주耳明酒라 한다. 이명주는 데우지 않고 차게 마시는 것이 특징으로 남녀노소 누구나 조금씩이라도 마셔야 일년 동안 귀가 밝고 좋은 소식만 듣게 된다는 것이다.

●더위팔기 : 대보름에 남에게 더위를 파는 풍습으로 아이들이 일

찍 일어나 이웃집 친구나 어른에게 이름이나 택호를 불러 상대방이 대답을 하면 '내 더위' 하면 더위를 판 것이고 상대방이 미리 알아차리고 '네 더위' 하면 오히려 더위를 사게 되는 장난기 어린 풍습이다.

●쥐불놀이 : 쥐불놀이는 농가에서 들에 나가 논둑, 밭둑 의 잔디나 잡초를 태우는 쥐불놀이와 이웃 동네 사람들과 어울려 쥐불 싸움을 하는 놀이가 있다. 해가 지면 미리 준비해 두었던 쑥방망이에 불을 붙여 들판으로 나가 논둑이나 밭둑을 쫓아다니며 불을 놓는데 어느 쪽이 쥐불을 많이 놓고 불 놓은 범위가 넓은가로 승부가 나고 쥐불 싸움은 편을 나누어 상대편 있는 곳으로 함성을 지르며 달려가서 논둑과 밭둑을 선점하여 불은 놓고 쥐불을 던지며 공격을 한다. 쥐불을 놓은 점령지가 많고, 쥐불 놓은 쑥방망이가 남아 있는 곳이 이기고 쥐불방망이가 먼저 떨어진 편이 진다. 쥐불놀이는 병해충이 기동하기 시작하고 해충알이 부화되기 시작할 무렵에 해충을 미리 박멸하기 위한 행사로 우리 조상들이 고안해 낸 슬기로운 지혜의 소산이라 할 수 있다. 구림에서는 쥐불은 여러 곳에 놓았으나 쥐불싸움은 지남들에서 주로 이루어졌는데 이 같은 좋은 풍습이 이웃 마을 간의 감정 대립이나 분쟁으로 이어지는 일도 종종 있었다.

●널뛰기 : 널뛰기는 부녀자, 특히 처녀들이 좋아하는 놀이로 옛날에는 처녀들의 바깥나들이가 어려웠으므로 담 너머로 바깥세상을 구경하기 위해 생겨난 놀이라는 풍설도 있다. 명절 때마다 행해지는데 볏짚을 여러 번 묶거나 가마니로 널밥을 만들어 놓고 그 위에 기다랗고 두꺼운 널판자를 얹어 두 사람이 널의 양편 끝에 올라 널을 뛴다. 널은 순서대로 돌아가며 뛰기도 하고 겨루기 형식으로 진행되는데 널판자 위에서 뛰어 올랐다가 세게 구르면 상대방도 충격을 줄이기 위해 몸을 구부렸다가 높이 뛰어 오르게 되고 만약 균형을 잃어 널판 위

에 내려서지 못하면 지고 승부가 나지 않으면 높이 뛴 사람이 이긴다.

●윷놀이 : 윷놀이는 여러 사람이 편을 짜서 하거나 개인전으로 하는데 남자들은 마당이나 광장에서 하고 부녀자들은 방에서 논다. 중부지방에서는 크고 긴 윷을 사용하나 구림은 손가락 한마디 크기의 윷을 간장 종지에 담아 손으로 가려 흔들다가 휘둘러 펼쳐 놓는다. 도, 개, 걸, 수, 모 등으로 윷판 위에 말을 놓아 쫓고 쫓기며 말을 잡고 하는 재미있는 놀이다.

●줄다리기 : 구림도 예전에는 웃몰(동구림), 아랫몰(서구림)으로 편을 갈라 정월대보름날 저녁에 구림교에서 고산리 골목 어귀까지 곧게 뻗은 신작로서 줄다리기를 했다. 줄다리기는 청장년들이 두레를 만들어 조직적으로 준비를 하는데 먼저 집집마다 돌아다니며 한 집에서 벼 짚단 네댓 속을 걷거나 헌 새끼줄을 걷어 들여 정자나무에 걸쳐 놓고 새끼를 꼬거나 틀어 여러 겹으로 둘레가 40~50㎝ 되는 몸줄(원줄)을 25~30여m 길이가 되게 만든다. 몸줄에는 약 1m 간격으로 작은 줄을 매는데 이 줄을 잡고 줄을 당기게 된다. 또 몸줄을 만들 때 줄머리에 '도래'라고 하는 큰 고를 내는데 수줄은 고가 작고 암줄은 고를 크게 만들고 줄 끝부분은 꽁지라 하여 두 갈래로 벌려놓는다.

보름날 저녁달이 뜨면 웃몰에는 동계리 당산에서 아랫몰은 회사정 뜰에서 투구(고깔모자)를 쓴 대장을 도래 위에 태워 청장년들이 줄을 매고 각 마을의 징과 꽹가리 등 농악대를 앞세우고 출정한다. 아랫몰에서는 회사정에서 출발해 구림교 다리를 건너온다. 징과 꽹과리를 치고 춤을 추며 함성을 지르고 한바탕놀이 마당을 펼치다 암줄에 수줄을 끼워 넣고 수줄에 비녀목(통나무)을 꽂아 넣으면 줄다리기 준비는 끝이 난다. 모두 줄을 중심으로 남녀노소 없이 옆줄에 매달리면 판관(심판관)이 징소리가 요란한 속에 깃발을 올리는 것을 신호로 줄다리기는 시작되고 편장片長(응원단장)이 자기편의 힘을 한군데로 모으기 위해 기를 휘두르고 목이 터져라 소리를 지르고 구경꾼들도 한 마음이 되어 힘을 합친다. 승부는 중앙선을 경계로 5~6m거리에 결승선을 그어 놓고 상대편의 줄머리를 결승선까지 끌고 가는데 삼세판(三判) 반복하여 다승한 편이 그 해의 승리자가 된다. 줄다리기가 끝나면 승부를 떠나 또 농악대를 앞세우고 본진으로 돌아가서 막걸리 잔치를 벌이고 한바탕 굿을 논다. 줄다리기는 대동놀이로 마을사람의 일체감과 유대감은 물론 결속력을 한층 돈독히 하는 행사로 일제日帝는 이를 항상 색안경을 끼고 보았다.

●마당밟기 : 정월의 마당밟기는 새해의 세배나 성묘, 조문 등 인사차례가 끝나는 정월초 닷새 이후 마을 청장년들이 사랑방에서 백지나 창호지를 물들여 고깔모자를 만든 데서부터 시작된다. 풍물(농악)은 영기와 대기가 있는데 영기令旗는 영令자가, 대기는 농자천하지대본農者天下之大本이라 쓴 기를 든 기수가 있고 상쇠(꽹과리), 징, 장고, 북, 날라리(피리) 등 6~7명의 소북, 갓을 쓰고 긴 담뱃대를 문 양반, 처녀(남자가 분장), 마당쇠(초립동이), 탈을 쓴 포수 등으로 이루어진다. 마당밟기(지신밟기)는 단순히 병마와 악귀를 쫓아내고 밟아 없애는 행사 외에도 걸립乞粒을 통하여 곡물(쌀, 보리, 벼)을 제공 받아 마을의 행사비나 재정에 보태고 마을공동체의 일원임을 깨우치는 의미도 있다. 먼저 흉액과 악귀가 범하지 못하게 하고 마을 전체의 안녕과 금년 농사의 풍년을 기원하는 의미에서 당산에 간단히 잔을 올리고 지신밟기를 시작하여 마을 골목을 돌아 각 집을 방문하게 된다. 집을 방문할 때는 처지가 곤란한 사람은 피해서 방문하는데 집에 들어서면 대문(사립), 마당, 대청, 방, 조왕(부엌), 샘, 장독, 곡간, 마구간, 뒷간 등의 순으로 돌아가면서 지신을 밟는데 주인이 막걸리와 안주

를 마당에 내어놓고 풍물패들은 상쇠의 지휘에 따라 징, 소북 등을 치며 마당을 돌며 신나게 놀고 춤을 추면 마을사람들(구경꾼)도 끼어든다. 놀고 나서 걸걸한 목을 막걸리로 축이고 다음 집으로 이동하는데 토정비결이나 신수를 보아 운세가 안 좋다고 한 사람이나 부잣집에서는 특별 초청을 할 때도 있다.

구림에서는 6.25전쟁이후 마당밟기 행사의 맥이 끊겼으나 왕인 축제나 중요 행사에는 주부 풍물패들이 참가하여 농악의 명맥을 이어가고 있다.

●강강술래 : 정월 대보름 달밤에 마을에 마당이 넓은 집이나 학교 운동장에서 부녀자들이 손을 맞잡고 원을 그리며 소리에 맞추어 오른쪽으로 돌면서 춤을 추듯이 뛰는 부녀자들의 놀이다. 구림에서는 학교 운동장에 부녀자들이 모여들어 목청 좋고 재치 있게 사설을 이어갈 수 있는 3, 40대 중년부인을 내세워 원 중앙에서 앞소리를 하게 하고 원을 그린 부녀자들은 앞소리에 맞추어 강강수월래만 따라 하면 된다. 맨 처음에는 느리게 시작하여 점점 빨라지는데 이것을 간헐적으로 반복하여 진행한다. 특별한 재주가 필요 없는 놀이로 아무나 원 속으로 뛰어들어 앞뒤 사람과 손을 맞잡고 같이 리듬에 맞춰 뛰기만 하는 대중적인 놀이이다. 강강술래에는 마을 구경꾼도 많이 몰려드는데 총각들도 구경을 많이 온다.

하드래날

음력으로 2월 1일을 하드래날이라고 하는데 곡식을 축내는 쥐와 새를 없애고 해충을 볶아 퇴치한다는 풍속으로 검정콩을 볶아 먹는데 검정콩은 일제시대 때 검정제복을 입은 순사를 상징하고 흰콩은 백의민족을 상징하기 때문에 흰콩을 볶는 것을 삼갔다고 한다.

2월 초하룻날은 음력 7월 15일 머슴을 소에 태우고 징을 치며 들판을 돌며 일꾼을 대접하고 쉬게 하는 백중白中날과 더불어 일꾼들을 하루 쉬게 하고 즐겁게 보내도록 했다. 2월 1일을 '썩은 새끼로 목매다는 날'이라고 하는데 이제부터 고달프고 힘든 농사일을 해야 함으로 이를 피하고 싶어 하는 심정을 상징적으로 나타내는 말일 것이다.

입춘

입춘入春은 24절기의 첫 번째 절기이고, 각 가정에서는 대들보, 천정 등에 춘축春祝, 입춘축入春祝등의 입춘첩入春帖을 써 붙이고 대문이나 기둥에 입춘대길入春大吉, 건양다경建陽大慶이나 용호龍虎를 써 붙여 봄을 맞이함을 축원한다.

한식

한식寒食은 동지冬至로부터 105일째 되는 날로 설, 단오, 추석 명절과 함께 4대 명절의 하나로 음력 2~3월, 양력으로는 4월 초순 식목일과 겹쳐 들기도 한다. 한식날은 대개 바람이 심하게 불어 불을 금하고 찬밥을 먹는 풍습이 있었다. 한식에 비가 내리면 물한식이라 해서 그 해에 풍년이 든다는 속설이 있다. 한식날은 대부분 조상의 묘가 헐었으면 봉분을 개수하고 사초莎草를 하며 나무도 심고 환경정리를 하는데 이날은 묘에 손을 대도 흉액이 따르지 않는다고 하여 이장移葬도 이 날에 많이 하게 된다.

삼짇날

음력 3월 3일로 중삼重三 또는 상제上除라 쓴다. 삼짇날은 음력으로 9월 9일 강남으로 갔던 제비가 다시 돌아오고 나비도 나오는데 먼저 흰나비를 보면 그 해 상복을 입게 되고 노랑나비나 호랑나비를 보면 그 해 운수가 좋다는 말도 있다. 아이들은 물이 오른 버드나무 가지의 껍질을 벗겨 피리를 만들어 불고 여자아이들은 깻살풀을 뜯어 머리를 곱게 땋아 내린 처녀나 각시 모양을 만들어 각시놀이를 한다. 가정에서는 화전花煎, 고리떡環餠 같은 음식을 해 먹는데 부드러운 애쑥을 뜯어 찹쌀가루로 쑥떡을 만들거나 볶은떡을 만들어 먹는다.

화전놀이

화전놀이는 부녀자들의 들놀이(야유회野遊會)를 일컫는 말이다. 화전놀이를 하려면 마을 단위로 두레를 만들어 어느 집은 콩나물, 어느 집은 숙주나물 등으로 한 가지씩 맡아 기르고 술도 미리 담그고 놀이 전날에는 두부도 만들고 화전도 부치고 찰밥(찐밥) 등을 준비한다. 구림에서는 매봉 뒤나 주재번덕지, 성기골짜기에 머슴이나 문각고직이들을 시켜 멍석을 깔고 차일을 쳐서 장소를 마련하고 연세 많으신 어른들도 모시고 장구나 북을 매고 부녀자들이 모였다. 때로는 기생(놀이패)이나 장구쟁이(재인)들을 불러와 놀기도 한다. 이날은 참꽃(진달래), 개꽃(철쭉)이나 할미꽃이나 씨름꽃까지 만발하고 새로 난 나뭇잎은 그 싱그러움을 다투는 때이므로 꽃놀이라고도 한다. 특히 예전에는 부녀자들이 집안이나 동네를 벗어나 바깥나들이나 활동이 자유롭지 못하였는데 그 날 하루만큼은 공식적으로 허용된 놀이 마당이고 자신이 갖고 있는 특기나 솜씨를 발휘할 수 있는 기회이기도 하였고 시어머니나 어른들을 모셔 즐겁게 해드리는 위안잔치가 되기도 했다.

단오

음력 5월 5일은 5자가 겹치는 날로 단오端午 또는 중오절重午節

이라고도 하는데 일년 중 가장 양기陽氣가 왕성한 날로 농가에서는
약이 오른 익모초나 쑥을 뜯어 말리고 특히 약쑥은 이 날 베어 말리
는 것이 약의 효험이 가장 좋다고 한다. 구림에서는 부녀자들이 창포
로 머리를 감고 영산강 하구언을 막기 이전인 8.15광복 전에는 아침
밥을 일찍 먹고 30리 길을 걸어서 덕진다리 아래(민물과 해수가 교차하
는 강) 강 모래사장으로 모래찜을 떠났다. 지금은 너무 잘 먹고 편해
서 아픈 곳이 많지만 옛날 농촌 부녀자들은 하루 종일 뙤약볕이 내리
쬐는 밭에서 김을 매고 집에 돌아오면 밤늦게까지 보리방아 찧는 품
앗이를 하고 촛곳이불(등잔)아래서 모시를 삼고, 물레질을 하다가 눈
을 부치는 둥 마는 둥 잠들었다가 새벽같이 일어나 또 힘들고 고달픈
노동과 생활을 반복하다보니 6천 마디 뼈마디가 다 쑤시고 삭신이
안 아픈 곳이 없으니 효험이 좋다는 모래찜질을 위해 하루 육십 리
길을 마다 않고 걸어 다녔다.

복날

음력 6~7월 사이에 복이 세 번 들어있다. 첫 번째 복날은 초복初
伏, 두 번째 중복中伏, 세 번째를 말복末伏이라 하는데 초복은 하지夏
至로부터 세 번째 경일庚日, 중복은 네 번째 경일, 말복은 입추立秋로
부터 첫 번째 경일이다. 복날은 열흘 간격으로 오기 때문에 초복과
말복까지는 20일이 걸리지만 월복越伏하면 중복과 말복사이가 20일
간격이 되기도 한다. 한참 더운 계절로 땀을 많이 흘리고 농사일로
쇠약해진 기력을 영계백숙이나 보신탕으로 영양을 보충하여 보신을
하기 위해서 생긴 지혜로운 풍습이다. 복날에는 벼가 나이를 한 살씩
더 먹는데 복날마다 마디가 하나씩 더 생겨 새 마디가 되면 이삭이
핀다고 한다.

칠석

음력 7월 7일을 칠석七夕이라 한다. 칠석은 양수陽數인 7자가 겹치는 날로 3월 삼짇날, 5월 단오, 7월 칠석, 9월 중양절 등 숫자가 겹치는 날은 길일吉日로 여긴다. 칠석날은 견우, 직녀가 오작교에서 일년에 한번 만나는 날이다. 이 날은 절의 칠성당에 공을 들이면 무병장수한다고 해서 불공드리는 사람들이 많다. 또 장독대에 정화수井華水를 떠 놓고 객지에 나간 서방님이나 자식들의 무사태평을 빌기도 한다.

추석

추석秋夕은 음력 8월 15일로 우리나라 2대 명절의 하나로 한가위, 중추절이라고 한다. 봄, 여름 동안 가꾼 곡식이 누렇게 영글고 과실은 살이 쪄서 고운 빛깔을 뽐내는 계절로 1년 중 가장 큰 달(만월滿月)을 맞이하므로 즐겁고 풍성하고 여름처럼 덥지도, 겨울처럼 춥지도 않은 선선한 바람과 시원한 기운이 도는 때이다. 햅쌀로 메를 짓고

월출산 월대바우 위에 뜬 추석달

햅쌀로 만든 송편과 햅쌀로 빚은 술(신도주新稻酒) 그리고 황계黃鷄(봄에 깬 병아리를 기른 닭)를 잡아 밤, 대추 등 햇과일을 올려 차례를 모신다. 일종의 추수감사절이라 할 수 있다.

추석 무렵에는 잠시 농촌이 한가한 때이므로 며느리를 잠시 친정으로 근친을 보내 친정 부모님과 일가친척의 안부도 살피고 그 동안 쌓였던 회포도 풀 수 있게 말미를 주는 아량과 넉넉함도 보인다.

추석을 극적으로 표현한 말로 '더도 말고 덜도 말고 날마다 한가위(추석)만 같아라' 하는 말이 있다. 추석에는 윷놀이, 널뛰기, 씨름 등 여러 가지 행사가 있지만 구림은 추석에 차례를 모시고 아침밥을 먹으며, 어린이들은 월대바위에 한번은 올라갔다 오는데 방청거리를 거쳐 숯골을 지나 문산재, 양사재를 들려 높고 넓은 월대바위에 올라서면 멀리 보이는 바다(지금은 간척 농지가 되었다)와 넓은 들판(지남들)을 내려다보며 세상의 넓음을 알고 누렇게 익어가는 들판을 보고 하늘의 고마움과 이를 가꾸어 놓은 부모님(농부)들의 노고에 감사하며 가슴에 큰 포부와 희망을 품고 호기를 키우며 희망의 성취를 위해 마음속으로 기도하고 한 번 더 각오를 굳게 다짐한다. 또 밤에는 부녀자들이 학교운동장에서 강강술래도 한다. 또 추석날 오후나 그 이튿날은 부녀자들이 들 구경을 나가 자기 논의 작황을 살피면서 일꾼들이 힘들여 가꾸어 놓은 보람을 공유하고 기쁨을 나누고 노고에 감사한다.

입동

입동立冬은 음력 10월, 양력 11월 8일 경이다. 이날까지 농촌에서는 월동준비를 끝내고 농사일을 접는 날이기도 하다. 늦어도 보리는 입동 전에 묻어(갈아) 주어야 하고 내년 봄까지 먹을 김장을 끝내야 한다. 무, 배추를 개천가로 날라 이웃과 품앗이를 해서 깨끗한 개울물에 씻어 김장을 담그는데 차가운 개울물에 무, 배추를 씻는 일은 손이 굳고 빨갛게 되는 이루 말할 수 없는 고역이지만 봄까지의 식량과 같이 귀중한 것이었으니 김장하는 일은 큰 대사였다.

동지

동지冬至는 음력 11월 중 양력 12월 22일경이다. 일년 중 가장 밤이 길고 낮은 짧은 날로 동짓날을 아세亞歲라 하고 작은설이라 해서 동지가 지나면 새해로 치기도 한다. 동짓날을 시작으로 태양이 점점 높이 오르게 됨으로 부흥의 뜻도 있고, 날이 점점 길어져서 한해의 시작으로 생각하게 되었다. 동짓날은 팥죽을 먹는다. 팥죽을 다 만들면 사당祀堂에 올리고 각 방, 장독, 헛간 등 집안 여러 곳에 담아 놓아두었다가 식은 후 식구들이 모여 먹는다. 동짓날 팥죽은 신앙적인 뜻으로 색이 붉어 양색陽色이므로 음귀陰鬼를 쫓는데 효험이 있다고 믿었다. 집안 여러 곳에 놓은 것도 집안에 있는 악귀를 다 쫓아내기 위한 것이고, 사당에 놓은 것은 천신薦新의 뜻이 있다. 사람이 죽으면 팥죽을 쑤어 상가에 보내는 관습은 악귀가 범하지 못하게 하고 쫓기 위한 방편이었다. 동짓날 팥죽을 쑤어 많은 사람들이 드나드는 대문이나 문 근처 벽에 뿌리는 것도 같은 의미를 지니고 있다. 동지가 초순에 들면 애동지라 하는데 팥죽을 안 쑤는 경우도 있고, 중순에 들면 중동지, 그믐께 들면 노동지라하고 동지 팥죽은 이웃과 돌아가며 나누어 먹는다.

2. 행복을 들이는 혼례

옛 결혼 풍습

결혼은 남자와 여자가 짝을 지어 부부가 되는 의식으로 양陽인 낮과 음陰인 밤이 만나는 시간인 낮이 저문 때에 예를 올렸기 때문에 날 저물 혼昏자를 써서 혼례라 한다. 남녀가 만나 부부가 되는 것을 혼인이라 하는데 혼昏자는 남자가 장가를 든다는 뜻이고 인姻은 여자가 시집을 간다는 뜻이다. 결혼結婚은 남자가 장가든다는 뜻만 있어 남존여비男尊女卑 사회에서나 쓰는 말이라고 한다.

보통 우리가 혼인할 때 육례六禮를 갖추었느냐고 말하는데 여섯 단계의 절차를 밟아 혼인이 이루어졌느냐는 뜻이다. 육례라 함은 중국 주周 나라에서는 납채納采, 문명問名, 납길納吉, 납징納徵, 청기請期, 친영親迎을 뜻하고, 주자사례朱子四禮에서는 의혼議婚, 납채納采, 납폐納幣, 친영親迎를 말한다.

우리나라에서는 육례를 다음과 같이 정하였다.

혼담婚談 : 남자나 여자 측에서 청혼하여 허혼許婚 하는 것. ② 납채納采 : 남자 측에서는 여자 측에 혼인을 정했음을 알리는 것으로 낭자郎子의 생년월일을 적어 여자 측에 보내는 것. ③ 납기納期 : 여자 측에서 남자 측에 혼인 날짜를 정해 알리는 것으로 혼인날을 택일해 보내는 것. ④ 납폐納幣 :

남자 측에서 여자 측에 예물을 보내는 것. ⑤ 대례大禮 : 신랑이 여자 집에 가서 부부가 되는 의식을 행하는 례. ⑥ 우귀于歸 : 예식을 마친 신부가 신랑을 따라 시댁으로 들어가는 절차.

위와 같은 절차를 거쳐야 혼인예식이 마무리 되는데 옛날 사족士族 사회에서는 조부모나 부모간이 절친한 세교지간世交之間이거나 친구간이면 손자나 자녀가 7~8세 되었을 때에 어른들 간에 혼약을 하는 경우도 종종 있었다. 옛날에는 혼인 정년기인 남자 14세 이상, 여자 16세 이상이 되면 배필을 선택하는 절차에 들어가는데 처녀 총각이 서로 만날 수 있는 기회가 없었으므로 부모들이 혼인 대상자를 선택하여 결혼을 약속하면 당사자인 처녀 총각은 그 결정에 따라야 했다. 그 당시에는 사족 집안이나 양반 행세하는 사람들의 배필을 선택하는 기준은 첫째, 성씨가 반반한가(양반인가) 둘째, 적손嫡孫 집안인가 셋째, 본인의 인품이 잘 갖추어져 있는가 였다. 청빈이 하나의 덕목이었으므로 가난한 것이 허물이 되지 않아 재산이 있고 없고는 크게 고려되지 않았다. 예를 들면 구림에서는 대동계 계원 자손이면 영암 지방 뿐 아니라 다른 지방에서도 신원이 보증되는 좋은 조건의 혼인 대상자이었다.

1900년대 초까지만 해도 대개 신랑 14~15세, 신부 17~18세로 여자가 남자보다 나이가 서너 살이 많았는데 시댁 쪽에서 보면 생활할 수 있는 분별력을 갖출 나이인데다 손대(노동력)를 한 사람 더 늘릴 수 있다는 생각도 다분히 담겨 있었다.

이런 혼인 풍습이 지속되어 오다가 조금 더 폭넓게 혼담이 오고 갈 수 있게 바뀌어 갔다. 총각 집안과 처녀 집안의 내력이나 형편을 잘 아는 친척이나 동네 사람들이 양쪽 집안의 형편을 고려하여 어울

릴만한 집안끼리 중매를 서 혼인을 성사시키는 경우가 많아졌다.

그리고 한번 좋은 연고를 맺고 나면 같은 지역으로 결혼하는 일이 많아져 종종 겹사돈이 되는 일도 있었다. 중매를 잘 하면 버선이 한 켤레요, 잘못하면 뺨이 석 대란 말도 생겨나고 중매를 하게 되면 세 번은 해야 적선積善이 된다고 하여 중매를 강요당하기도 했다.

이때부터 결혼 적령기가 남자는 20세를 넘고 여자는 18~19세로 남자 나이가 많은 풍습으로 바뀌었다. 중매쟁이가 양쪽 집안을 오가면서 주선한 후 선을 보러 갈 때는 총각 측에서는 중매서는 사람과 함께 어머니 그리고 숙모나 당숙모 등이 처녀 집으로 가서 선을 본 후 음식대접을 받으면 혼담이 성사된 것으로 여기기 때문에 대개의 경우 음식 대접을 받지 않고 돌아오게 된다. 처녀 측에서는 총각 집으로 아버지 그리고 숙부나 당숙이 방문하여 총각의 선을 보았다.

객지에 있어 부득이 상면을 할 수 없을 때에는 사진을 교환해서 선을 보기도 하였다. 선을 본 다음 서로 마음에 들지 않아 혼사를 거

옛날에는 이렇게 혼례를 치렀다

절할 때도 사주가 맞지 않는다든가 운수가 맞지 않는다는 등의 이유 들 들어 정중히 거절하였다.

다음에는 의식이 좀더 개방되어 맞선을 보는 모습으로 발전했는데 결혼할 총각 처녀 당사자와 부모나 친척이 동석하고 중매인이 입회한 가운데 다방 등에서 맞선을 보았다. 양가에서 온 사람들을 중매인이 소개하고 이야기를 주고받다가 총각 처녀를 제외한 나머지 사람들은 그 자리를 떠나 두 사람이 대화를 나누면서 서로의 의사를 따져보는 형식이었다.

결혼식 전후의 모습

지금은 모두가 혼인식을 예식장이나 교회 등에서 간소하게 치루기도 하지만 호텔에서도 식을 올린다. 1960년대까지만 해도 시골에서는 옛날 풍습대로 치렀고 짧은 시간이면 끝나는 요즘과는 달리 아기자기하고 재미있는 잔치 분위기 속에서 일생에 한번 있는 큰일을 치렀다. 60년대 결혼식 전후의 모습을 소개하면 정혼이 되어 납폐納幣가 끝나고 혼인 날짜가 다가오면 신랑 될 사람을 사랑방이나 친구들 집으로 불러내어 한턱 쓰게 하는데 이것을 '댕기풀이'라고 한다.

옛날에는 장가들면 총각 때의 댕기머리를 풀고 상투를 틀고 성인이 되는데 어른이 되고 택호宅號가 붙어 ○○양반이라 부르게 되니 축하 턱을 내라는 뜻이다. 대여섯 명의 청년들이 신랑을 가운데 앉혀놓고 댕기풀이 턱을 내라고 장난을 시작하는데 만들이(마지막 풀메기)라는 짓궂은 장난은 생략하기로 하고 망건網巾 자국내는 장난을 소개한다. 성인이 되면 초립草笠을 벗고 망건을 쓰면 망건 쓴 자국이 생겨나니 미리 그 자국을 만들어 놓자고 5, 6명이 총각 팔다리를 붙들고 주먹을 단단하게 쥐어 주먹 쥔 손가락 뼈 끝으로 앞이마를 눌러 좌우

로 문지르면 눈에 별이 번쩍번쩍 거리고 눈물이 날 정도로 아파 견딜
수가 없었다. 술은 얼마나 낼 것이냐, 돼지고기는 몇 근이나 살 것이
냐고 할 때마다 문지르니 장난꾼들의 요구대로 응할 수밖에 없었다.
결국 막걸리, 돼지고기, 두부에 배추김치를 곁들인 조촐한 작은 잔치
를 하면서 선배들이 '봐라, 어른 되기가 그리 쉬운 것인 줄 아느냐?'
고 경험담을 늘어놓는다. 혼인 때 신부 측에서 탈선이나 장난청에서
의 요령을 가르쳐주고 '마누라는 붉은 치맛자락 때 잡아야 한다.' 하
는 충고까지 빼놓지 않는다. 이 댕기풀이를 한번만 하는 것이 아니고
친분 단위로 두 번이나 세 번 하는 경우도 있었다.

　혼인날에는 신랑과 위요圍繞(후배나 후행)가 신부집에 가서 혼인 예
식을 치르는데 사람이 일생을 살아가는 동안 가장 큰 의례儀禮라고
해서 대례라고 한다. 실로 좋은 배필을 잘 만나고 못 만나느냐에 따
라 당사자는 물론 형제간과 일가친척관계에도 영향을 주고 집안의
행복과 불행을 좌우하는 갈림길이 될 수 있기 때문이다.

　혼인날에는 신랑신부의 날로 부모 외에는 누구에게도 고개 숙여
인사하지 않고 신랑과 후행이 신부댁 마을에 도착하면 인접人接이 마
을 어귀까지 나와 맞아들인다. 인접은 신랑과 후행의 안내와 접대 하
는 역할을 하는데 대례를 치루기 전 대기하는 주점駐占으로 안내한
다. 주점은 신부댁 가까운 곳의 깨끗한 방 두 칸을 빌려 자리를 깔고
정중히 손님을 맞아들인다.

　주점에 대기하는 동안 신부댁에서는 음식 솜씨가 뛰어난 마을사
람과 손재주가 있는 분을 모셔다가 정성껏 마련한 진수성찬을 교자
상에다 차려 신랑상, 후행상을 따로 내놓는다. 양가 어른들 간에 집
안 이야기 등 의례적인 이야기를 주고받다가 대례 시간이 되면 신랑
은 사모관대紗帽冠帶를 쓰고 도포道袍를 입고 초래청으로 가게 되는

데 탈선脫扇이라는 고비가 있다.

탈선은 여러 마을에서 유행병처럼 행해졌는데 신랑이 초래청으로 가는 길을 동네 청년들이 막아서서 신랑에게 한문 문자로 시비를 걸어 신랑의 얼굴을 가리는 부채(가리개)를 빼앗아가는 장난이다. 원래는 서당패들이 신랑의 글 실력을 시험하기 위해 한문투의 문자를 주고받던 장난으로 대답을 못하면 부채를 내주게 된다. 신랑이 이겼더라도 부채를 내주어 동네 청년들의 체면도 살려주고 다음에 왔을 때 서당패들에게 한턱내면서 얼굴도 익히고 벗도 사귀는 기회를 삼기 위한 장난이었고, 한편으로는 신랑이 불구인가 아닌가 살피기 위한 것이었다고도 하는데, 1950~60년대에는 한문 서당도 없었고 한문으로 문자를 쓰고 대답할 만한 신랑도 없어 순 말장난에 불과했다.

1950~60년대는 탈선이 심하여 그에 대비해서 신랑 측에서 우인友人들을 많게는 십오륙 명씩 트럭(당시에는 택시나 승용차도 없었다)에 싣고 신부 동네로 몰려갔다. 동네 청년들은 마을에서 한문을 아는 사람에게 부탁해서 얻은 한문 문자를 써서 신랑에게 시비를 걸었다.

그 문답의 한 예를 들면,

問曰, 何自來 乎客 문왈, 하자래 호객이냐고 여쭈어라.
　　　어느 곳에서 온 손이냐고 여쭈어라
答曰, 唯何 何空問 문왈, 유하 하공문 이냐고 여쭈어라.
　　　어느 누가 공연히 묻느냐(시비)고 여쭈어라.
問曰, 彼其行人 停步 문왈, 피기행인 정보라 여쭈어라.
　　　저기 가는 행인 그 걸음을 멈추라고 여쭈어라.
答曰, 其爲言由質白 답왈, 기위언유질백 이냐고 여쭈어라.
　　　그 말하는 뜻과 연유를 아뢰라고 여쭈어라.

대개 이러한 것들이었다. 그러나 질문한 신부 동네 청년이나 신랑 측 우인들이나 한문으로 문자 쓰는 것은 양쪽 모두 다 엉터리였다.

동네 청년들이 하자래호객何自來乎客이냐고 여쭈어라 해도 신랑측 우인들이 알아들을 수 없으니 한술 더 뜬 기지를 발휘해 광주나 목포 거리의 상점 간판이나 기관의 간판, 먼 곳의 동네 이름을 거꾸로 읽어 내려가는데 예를 들면 보일남전(전남일보), 서무세주광(광주세무서)에 '여쭈어라'만 갖다 붙이니 마을 청년들이 알아들을 재간이 없었다.

결국 동네 청년들과 우인들 사이의 자존심 싸움으로 번지기 일쑤였고 신랑 측에서는 대례 시간에 쫓기다보니 많은 우인들의 힘으로 밀어 붙이기도 하고 운동회 때 기마전 하는 식으로 신랑을 기마에 태우고 밀어붙여 신랑의 옷이 찢기고 발이 물도랑에 빠지기도 하였다.

이와 같이 탈선은 주가댁에도 그 많은 우인들을 접대하기가 버겁기도 하고 신랑과 동네 청년들 간 감정의 대립 등 부작용이 생겨나게 되어 가장 경사스런 날에 있을 수 없는 일이라는 의식이 싹터 이 풍습은 점점 희미해져 갔다.

구림은 옛날 서당이 있었을 때는 심했겠지만 1920~30년대에 들어서 금연, 금주 운동과 더불어 패습悖習을 타파하는 운동이 마을 청년과 유학생들 간에 벌어져 탈선 같은 장난이 없어진지 오래 되었다. 신랑이 대례청에 들어서기 전에 신랑 측에서 함을 신부댁에 넘기는데 이때 익살을 떠는 중방쟁이 역할도 우인들이 했었다. 우인들은 미사여구로 정성 들어 쓴 축사를 낭독하여 마을사람들의 마음을 흔들어 놓기도 했으며, 시를 낭송하거나 축가를 부른다고 세계 명곡이나 가곡을 불러 시골사람들을 어리둥절하게 만들고 자신들의 위상을 과시하기도 하였다.

초래청에서 초래상(동네상)을 가운데 두고 신랑, 신부가 마주 서서 절을 주고받는다. 신랑의 좌집사는 왼 손목에 홍실을 걸치고 신부의 우집사는 오른 손목에 청실을 걸치고 표주박 술잔을 신랑, 신부에게 교대로 가져가 마시게 한다. 맞선도 보지 않아 서로 처음 대하기 때문에 신부는 원삼소매 사이로 신랑을 보려고 눈을 치켜뜨고 신랑도 신부얼굴을 보려고 기웃거리기도 했다. 초래청에는 동네 축하객들이 둘러서서 '신랑 저 놈이 웃네, 신랑이 웃으면 처가 동네 보리 죽는다.' 하고 놀려 대면 장내에 박장대소가 터졌다.

결혼식 후의 첫날밤

예식이 끝나면 후행은 돌아가고 인접은 신부 일가 중에서 오빠뻘 되는 근래에 혼인한 젊은 사람들을 미리 대여섯 명 초청해 놓고 대기하고 있다가 신랑을 뒤따라 방으로 들어온다. 이 방에 들어온 사람에게는 신랑은 무조건 경어를 쓰지 않고 친구처럼 말해도 되기 때문에 나이든 어른이나 숙부뻘 되는 사람이 들어왔다가는 봉변을 당할 수 있으므로 자리를 피했다. 구림은 집성촌이기 때문에 가능했던 관습이었다고 볼 수 있다. 장난꾼들과 아랫목에 나란히 앉아 있는 인접과 신랑 사이에 재치 있는 문답을 시작으로 장난이 이루어진다.

장난꾼: 이 사람은 우리 동네에서 못 보던 사람인데 아랫목에서 어른 행세하고 있으니 자네 어디서 왔는가?

신　　랑: 나는 ○○○에 사는 사람이네.

장난꾼: ○○○에 사는 사람이 누구 마음대로 누가 오라고 해서 여기에 들어 왔는가?

신　　랑: (인접을 가리키며) 이 사람이 들어오라고 인도해서 들어왔네.

장난꾼: (인접에게) 자네는 생판 모르는 사람을 함부로 데리고 들어왔는
　　　가?

인　접: (시치미를 떼고) 아니 내가 인도한 것이 아니라 이 사람이 따라
　　　들어왔소.

신랑과 인접 사이에 인도를 했네 안 했네 하며 입씨름을 하는데

장난꾼: 이놈 거짓말을 한 것을 보니 분명 도둑질(사람도둑)하러온 놈 아
　　　니냐?

(모두 일어서서 신랑의 팔다리를 잡고) 이놈을 들어내서 쫓아 보내세.

신　랑: (안 나가려고 문턱에 발로 버티고 안간힘을 쓰는데)

인　접: 잠깐 기다리시오.(만류하며 숨을 고른다.)

　이렇게 장난이 시작되면 팔을 비틀고 발바닥을 방망이로 때리고 한바탕 뒤잽이를 치면 잔칫날에 시커먼 것이 장모라고 대청이나 부엌에서 손님대접 수발하고 이것저것 챙기고 뒤치다꺼리하기에 바쁜 중에도 사위가 안쓰럽고 다칠까봐 '어야 살살 좀 하소, 큰일 나겠네.' 하고 만류하며 사위 역성을 든다.

　결국 이렇게 재미있게 진행하다가 이집에 무엇하러 왔는가 하는 결론으로 신랑한테서 인꽃(人花) 따러 왔다는 대답을 얻어내면 '인꽃이란 처음 들어본 말인데 사람 같이 생긴 꽃도 있는가' 하고 한번 구경이나 하게 데리고 와 보라고 족치면 인접에게 사정사정해서 건너방에 대기하고 있던 신부 손을 잡고 들어온다. 장난꾼들은 그렇게 귀

한 인꽃은 그렇게 데리고 온 것이 아니라 업어서 데려와야 한다고 되치니 신랑은 신부를 업고 들어오는데 신부는 동네 사람들과 오빠들 앞에서 부끄러워 고개를 못 든다. 신랑 신부를 아랫목에 앉혀놓고 신부에게 네가 이 남자를 언제 봤다고 등에 업혀오고 뻔뻔스럽게 옆에 나란히 앉아 있느냐고 한참 놀려대다가 이 사람하고 어떻게 된 사이냐 물어본다. 신부가 부끄러워 고개를 숙이고 대답을 못하고 있으면 장난꾼들이 방망이로 신랑의 발을 치고 어깨를 비틀면 비명을 지르면서 '빨리 대답하시오, 나 죽겠소.' 신랑이 신부에게 재촉하는데 신부 입에서 모기 소리만한 작은 소리로 '서방님'이란 말이 나온다. 무슨 소리냐 귀가 어두워서 잘 안 들린다. 이 방안에 있는 모든 사람이 듣게 큰소리로 말해라 하면 조금 더 큰 소리로 '서방님'이라는 말이 나오게 된다.

또 신랑 대님을 풀어 놓고 신부에게 매게 하거나 조끼의 단추를 떼어 놓고 달아 오게 하는 바느질을 시키다가 둘이서 축하술상을 차려오게 한다. 신랑이 혼자 들고 오면 다시 신부와 같이 들고 오게 하여 노래판이 벌어진다.

먼저 신부를 길러주신 장모를 사위가 업고 오도록 하고 신랑 신부가 잔을 올리고 사위가 장모님께 권주가를 부른다. 그리고 신랑과 신부가 합창하는데 당시 처녀들은 나이가 어리기도 하려니와 얼마나 순진했던지 눈물을 흘리거나 글썽이는 신부들이 많았다. 두 사람이 상을 차려오고 어깨동무를 하고 권주가를 합창하고 조끼에 단추를 달아 오는 등 이러고저러고 하는 사이에 두 사람 사이에 정이 싹트기 시작한다. 돌림으로 노래를 부르고 방을 꽉 메우고 마루까지 찬 구경꾼에게도 노래를 시키고 술을 권하는 사이 자정이 가까워지면 모두가 몇 곡을 합창하며 행사를 마무리 한다.

신랑과 인접이 바람을 쐬고 있는 사이 신방을 꾸며 촛불을 켜놓고 방 가운데 근원상根源床(금실상)이 놓여 있다. 신랑이 들어가 있으면 족두리를 쓴 신부가 들어와 근원상을 사이에 두고 마주 앉아 술을 한 잔씩 주고받으며 가족 관계에서부터 자기 생각과 바람 등을 이야기한 후 신랑이 신부의 족두리를 벗기고 저고리 옷고름을 풀어주면 잠자리에 드는데 그 전에 불을 끈다. 밖에서는 신랑, 신부의 첫날밤을 구경하느라 봉창이나 창에 구멍을 내어 물다슬기 같이 창에 여러 사람이 달라붙어 서로 밀치며 킥킥거리거나 웃음을 참느라 애를 먹는다. 약삭빠른 신부는 창에 병풍을 둘러치거나 자리로 가리기도 하고 불을 일찍 끄기도 한다.

이튿날 아침 아침밥을 먹은 후 신랑은 신부의 친척들과 인사를 나누고 인접이나 장난꾼 오빠들의 '신랑신부는 왜 코가 반질반질해졌는가' 하는 행복한 놀림도 받는다. 혼인 다음날이나 그 사흗날에 신부가 시댁媤宅으로 들어가는데 이것을 우귀于歸라고 한다.

낯설고 물선 미지의 세계로 신랑만 믿고 의지하며 따라야 하는 신부의 가눌 수 없는 착잡한 심정과 부모님과 형제간에 얽힌 깊은 정을 두고 가자니 저절로 눈에 이슬이 맺히고 새로운 희망의 세계로 행복을 찾아 첫발을 내딛게 된다. 좋은 배필을 만나 제2의 삶을 찾아가지만 보내는 부모의 마음은 기쁜 가운데에 아쉬움이 겹쳐 저절로 눈물이 어머니 볼을 타고 내린다.

구림에는 1940~60년대까지 처녀나 젊은 부녀자들이 모여 앉으면 (혼인날 장난청에서도) 즐겨 부르고 합창했던 〈구림의 봄바람〉이라는 외국 곡에 가사를 붙인 노래가 있었다.

구림에 봄 바람

구림에 봄 바 람————— —
구림에 봄 바 람———— —

구 림에 봄 바람은 시 원한바 람
구 림에 봄 바람은 향 긋한바 람

—벗—꽃 싱 글벙글 피—어—난 거 리
—꽃눈이 춤 을추는 꽃 길을따 라

춤 추는 처 녀들의 날 리는치— 마
정 답게 걸 어가는 청 춘이있— 네

여 기가 구 림이다 —꽃이피었 다 아 아
여 기가 구 림이다 —꽃이피었 다 아 아

—구림에 달—밤 —구림—의— 사 랑
—희망찬 청—춘 —꽃같—은— 사 랑

3. 극락으로 가는 길 장례

상례의 의미와 삶

상례喪禮란 옛 예서禮書에는 "소인小人(수양이 덜 된 사람)의 죽음은
육신肉身이 죽는 것이기 때문에 사死라 하고 군자(수양이 된 사람)의 죽
음은 도(사람의 도리를 깊이 깨달음)를 행行함이 끝난다는 뜻으로 종終
이라 하는데 사死와 종終의 중간을 택해 잃어버린다는 뜻을 가진 상
喪자를써서 상례라 한다."라고 했다. 임종臨終이란 뜻도 여기서 비롯
되었다고 볼 수 있다.

예전에는 장례를 일가친척과 마을공동체에서 담당했으나 지금은
종교가 장례를 주관하는 경우가 늘고 있으며 임종에 대한 표현도 종
교에 따라 다르다. 천주교에서는 '종부성사를 받아 대죄大罪가 없는
상태에서 복되게 끝마친다.'는 뜻으로 선종善終이라하고 개신교는
'하나님의 부름을 받는다.'는 뜻으로 소천召天을 쓰거나 세상을 이
별한다는 뜻으로 별세別世를 쓰기도 한다. 불교와 원불교에서는 열
반涅槃, 입적入寂, 적멸寂滅 등을 쓰고 천도교에서는 '본래의 자리로
돌아간다'는 뜻으로 환원還元을 쓴다.

우리는 일반적으로 사람이 죽을 때 회귀回歸를 뜻하는 '돌아가셨
다'는 말을 쓰는데, 모든 것이 녹아들어 있는 말이다.

사람이나 생물은 한 번 태어나 정해진 천수를 다 하면 죽는 것이

천리인데 어머니의 목숨을 건 고통과 젖 먹던 힘까지 소진하며 태어난 사람이 세상을 살아가는 삶의 과정이나 처신은 구구각각句句各各이고 죽음도 여러 가지 형태로 맞이하게 된다.

그러면 사람의 짧은 일생을 어떻게 사는 것이 잘 사는 것일까? 사람으로 태어나 큰 벼슬아치가 되어 권력을 휘두르며 살아가는 것이나 큰 부자가 되어 물질적으로 아쉬운 것 없이 살아가는 것이나 대학자가 되어 큰 족적을 남기는 것도 잘 사는 길이라 할 수 있겠지만, 보통 사람이 인륜과 도덕을 거스르지 않고 사회에 조금이라도 봉사하고 덕을 베풀면서 어울리려는 마음가짐으로 평범하게 살면서 마음을 터놓고 이야기 할 수 있는 친구나 선후배를 두세 사람이라도 가질 수 있다면 금상첨화일 것이다. 죽은 후 꽃상여에 실려 갈 때 여러 사람한테 손가락질 받을 만큼 잘못하지 않고 살았다면 후회 없는 삶이 아닐까?

또한 복 받은 죽음이란 어떤 것일까? 부자는 아니지만 의식주를

장례행렬 모습

걱정하지 않고 장수하면서 성장한 자녀를 부모 먼저 앞세우지 않고 가족들이 열심히 살며 가족은 물론 사회 구성원들과 우애 있고 화목하게 생활하다가 자식이나 이웃에게 짐이 되지 않고 고통 없이 편안히 죽어가는 것이 복 받은 죽음이요, 모두가 원하는 죽음이겠으나 어찌 죽음이 생각처럼 원하는 대로 될 수 있겠는가? 예전에는 사람이 유명을 달리하면 가족이나 가까운 친지들이 모여 크게 곡哭을 함으로써 슬픔을 표하고 이웃에 상사喪事가 났음을 알리게 되어 마을 전체가 고인을 애도하는 뜻에서 가무歌舞나 놀이를 금하며 조의를 표하고 일을 멈추고 모두가 상사에 매달리게 된다. 문중 어른들이나 마을 어른들과 상부계원相扶契員들이 모여들어 굴건屈巾과 상장喪杖을 만들고, 목수는 준비해 둔 넓은 판자로 관棺을 짜고 몇 사람은 영우靈宇를 짓고, 명정銘旌을 쓴다. 한쪽에서는 제물祭物을 준비하기 위하여 장을 보러 나가고 안에서는 상복喪服을 만들고 음식을 마련하여 조문객 맞을 채비를 하는 등 여러 분야로 나누어 상부계원이나 친척들이 일을 처리해 나간다. 또한 제일 급한 것은 부고訃告를 써서 호상護喪 명의로 먼 곳에 있는 일가친척들에게 부음訃音을 전하는 일인데 옛날 구림에서는 네 문중과 대동계 고직庫直이가 했지만 근래에는 상부계원이 맡아 하다가 요사이는 전화 부고가 되고 말았다.

상주

부고에는 주상主喪과 주부主婦를 표시하는데 주상은 그 상의 바깥주인이고 주부는 안주인을 말한다. ① 아내가 망인亡人일 경우는 남편이 주상, 큰며느리가 주부. ② 남편의 죽음에는 장자長子가 주상 아내(미망인)가 주부. ③ 부모상에는 장자가 주상 큰 며느리가 주부, 큰 아들, 큰 며느리가 없으면 큰 손자, 큰 손부가 주부가 되는데 이것을 승중承重이라고 한다. ④ 큰 아들이나 큰 며느리가 죽으면 아버지가 주상, 어머니가 주부. ⑤ 기타 죽음에는 망인과 가장 가까운 사람이 주상, 주부가 된다. 처가 사람들은 주상, 주부가 될 수 없다.

조상(문상)

조상弔喪은 죽음을 슬퍼한다는 뜻인데 망인이 남자일 때 인사하는 것을 조상이라고 한다. 문상問喪은 근친의 죽음에 대한 슬픔을 묻는 다는 뜻인데 망인이 여자이면 주상, 주부께 인사하고 죽음을 위문하 기 때문에 문상이라고 한다. 단 타성이나 먼 친척이라도 평소에 잘 알고 지내는 처지에는 망인에게 인사하는 풍습도 있다. 지금은 조상 과 문상을 합해서 슬픔을 나타내는 뜻으로 조문이라고 한다. 옛날에 는 성복成服 후에나 조문객을 받았으나 지금은 부음訃音을 받은 즉시 문상하는 것이 일반화되어 있고 앞으로 시대의 변화에 따라 상례나 시제, 제사 등의 절차나 형식에 많은 변화가 예상된다. 소렴小殮과 대 렴大殮, 입관入棺이 끝나면 성복을 하고 조문객을 받는다.

발인과 운상

구림에서는 발인發靷 전날저녁에 상부喪扶군을 초청해 제상에 올 려놓은 음식으로 접대를 하고 이튿날 아침 집에서 견전제遣奠祭를 모 시고 발인을 한다. 천명을 다한 영구가 많은 복인服人과 호상객護喪客 이 뒤따른 가운데 꽃상여에 실려 벚꽃이 활짝 핀 꽃 속을 지나가면 망인의 마지막 가는 길을 보려고 모여든 마을사람들은 '참 심성이 곱고 복 받은 어른이라 꽃 속에 가신다' 고 고인의 칭찬을 아끼지 않 았고 노인들은 '나도 꽃 필 때 저렇게 갔으면 좋겠다.' 고 부러워하곤 했다.

상여가 나간 뒤에는 구경꾼 중에 말 좋아하는 아낙네들이 '큰며느리는 슬프게 울더라, 작은 며느리는 눈물도 안 흘리고 우는 시늉만 하더라, ○○로 시집 간 딸은 너무 울어 목이 쉬었는데 자기 설움에 우는 것 같더라.'는 등의 흉이나 칭찬을 섞어가며 말 반찬을 만들어 냈다.

명정銘旌을 앞세우고 혼백(영염) 만장輓章을 뒤따르는 꽃상여는 상부꾼들에게 메어져 공포功布의 안내를 받으며 장지葬地로 향하는데 공포꾼은 망인의 처지, 나이, 신상 등에 걸맞은 사설을 늘어놓은 공포소리를 하면서 상여를 이끌고 상부꾼은 그 소리에 발맞추어 간다. 상여 메는 것도 경험과 기술이 필요했는데 상여가 언덕의 좁은 둑방길을 가거나 외나무다리를 건널 때는 양쪽 상부꾼이 상여 중심선에 힘을 모으기 위해 양쪽에서 안쪽으로 버티며 힘의 균형을 잡아가며 공포소리에 맞추어 한발 한발 떼어 앞으로 나아가는 재주를 부리기도 하고, 경사진 언덕길을 갈 때에도 항상 상여를 수평을 유지하며

상여 뒤에 상인과 호상군들이 따르고 있다

고인을 정성껏 편안히 모셨다.

공포소리 한 대목을 소개하면,

가난보살, 가난보살, 가난보살
발인제 재촉하여 만상주 한잔 부어 축문 지어 이별할 제
후렴- 어~널, 어~널, 어너리 영차, 어허널

젊은 사람이 죽어 상이 났을 때는,

못 가겠네 못 가겠네 어린 자식 홀로 두고 원통해서(불쌍해서) 못 가겠네
후렴- 어~널, 어~널, 어너리 영차, 어허널

이 공포소리가 처량하고 슬픈 사설로 엮어지면 구경나온 사람은
모두 눈시울을 적셨다.

상여가 장지까지 운구되는 동안 공포꾼과 상여가 노자路資(저승길
에 갈 노자)가 떨어졌다고 버티고 안 갈 때 복인들(사위나 친척)이 상여
줄에 돈을 매달면 다시 상여가 움직였다. 이와 같은 일이 두세 번 반
복되면 지루하게 시간이 흐르고 한창 바쁜 농사철이나 오뉴월 뙤약
볕에는 보통 고역이 아니었다. 다행히 구림에서는 발인 전날 밤 상여
를 놀리거나 상여를 매고 노자를 뜯는 장난이 없었는데, 이것은 다른
마을에서는 견전제나 노제路祭에서 문상객을 받았지만 구림에서는
청년계원을 비롯해 모든 문상객이 호상을 하며 장지(산소)까지 함께
가는 풍습이 있었고, 청년계원과 젊은 청년들이 혼례식에 탈선脫扇이
나 상여놀이, 노자 뜯는 장난을 나쁜 폐습弊習으로 규정하고 강력하
게 폐지를 추진하고 실천했기 때문이다. 또 아녀자나 복인들은 상여

를 집 앞까지만 전송하고 상가에 돌아가는 것이 풍습이었다.

산처(장지)에서 묘역의 단장이 다 끝나면 상부꾼들은 상가에 돌아와 식사대접을 받고 헤어진다. 또 상가에서는 삼우제三虞祭에 상부꾼을 모셔다가 장만한 음식을 대접하며 지난 상사 때의 노고에 감사를 표하는 것이 보통이다.

영우靈宇에는 조석朝夕으로 상식上食을 올리는데 옛날에는 3년(만 2년)을 받들었으나 지금은 짧게는 49일이나 100일에 탈상하는 집도 있다. 지금은 편리함때문이기도 하겠지만 농촌에는 사람이 없어 벽촌에도 장례업자가 찾아와 하나부터 열까지 모든 일을 처리하게 되니 옛날 같은 상례는 이야기로만 남게 되었다.

요즘에는 다양한 종교의식에 따라 지방을 붙이거나 배례拜禮도 안하고 추도형식으로 제삿날을 기리는 경우가 많다. 또 4대를 함께 모시는 합동제사를 지내는 것이 보편화되었고 조부까지만 방안제사를 모시고 증조부터는 산제를 모시는 집도 많아져 가고 있다.

앞으로 성묘나 제사, 시제 등의 풍습과 산소나 묘를 가꾸고 벌초하는 일들이 얼마나 이어지고 지켜져 나갈 지 아무도 장담할 수 없게 된 것이 지금의 현실이나 죽음 앞에서의 엄숙함과 함께 애도하고 위로하는 정신이라도 잘 지켜지기를 기대한다.

우리의 전통 또는 유교식 장례절차와 문화는 이보다 더 복잡하고 많겠으나, 여기서는 관례화된 절차들은 생략하고 구림마을의 몇 가지 특색들을 중심으로 서술하였다.

4. 인류의 근간 효행

현대 사회에서 부모나 사회가 바라는 효도는 옛날 규범을 따르는 효도가 아니라 자식들이 몸과 마음이 건강하게 자라서 좋은 배우자를 만나 단란한 가정을 꾸리고 열심히 노력하며 살고, 경제적으로 자립하여 부모가 걱정하지 않도록 하는 것이다. 또한 부모와 자식간의 세대 차이를 인정하고 구세대인 부모는 이를 포용하며 자식은 이런 부모의 입장을 이해하여 주는 것이 효도가 아닌가 생각된다.

우리나라 사람들은 예전에는 삼강오륜에 바탕을 둔 유교를 기본으로 한 규범을 지키며 사회 질서를 유지했고 인륜은 규범의 중심이 되어 예와 도덕과 효가 사회와 전통을 이어가는 버팀목 역할을 해왔다. 예는 겸양을, 도덕은 염치를 의미하며 효는 모든 것을 합한 인륜의 근본이라 할 수 있다. 또 가정과 가족은 사회 구성원의 기본이며 효를 알고 실천하는 사람이나 가정을 아끼고 가족을 사랑하는 사람은 잘못을 저지르지 않는다.

그러나 모든 면에서 이기주의는 만연하고 핵가족화를 넘어 자기중심주의에 젖어 있는 현실에서 예나 도덕, 효를 이야기한다는 것 자체가 시대착오적인 것으로 생각될 수도 있지만 한편 다른 면에서 보면 서로 헐뜯고 다투고 우쭐대면서 자기 잘난 맛으로 살고, 자기 잘못은 접어 두고 남의 잘못만 따지는 뻔뻔하고 몰염치한 사람들이 많은 현대사회에서 오히려 더 효가 소중하고 더 절실하고 필요할지 모른다.

구림은 대동계를 중심으로 한 유림촌으로 옛날에는 자식이 부모에게 효도하고 과부가 수절하는 것은 모두가 해야 할 보편적 가치로 받아들여 왔다. '자네 참 효성이 지극하다' 면서 칭찬하면 오히려 쑥스럽고 민망해 했고, 청상과부에게 개가하라고 권하면 욕으로 받아들여 얼굴을 붉히며 화를 냈다. 불효한 사람이나 개가한 것이 특이한 경우에 속할 정도였다. 효를 행하고 유교적 규범을 지킨 사람들을 문중이나 관서에서 표창하기도 하고 후손들이 선대의 효심에 감복하여 비를 세워 후세에 귀감으로 기렸다.

옛 문헌들에는 효자란 부모를 잘 섬기는 다음과 같은 행위를 일컬었다. ① 돌아가실 때에 상례의 법도에 맞게 하고, 묘를 쓰고 나서도 묘 옆에 초막을 지어 놓고 3년간을 지내며 묘를 지키며 조석朝夕으로 생전과 같이 음식을 차려 올리고 절을 하며 오직 묘 옆에서 애통히 여기는 시묘侍墓살이를 한다. 제사날이 다가오면 3일 전부터 목욕재계하고 술이나 고기를 먹지 않으며 남의 집 초상에나 제사나 혼인 잔치에도 가지 않고 음악도 삼가며 성심성의껏 제사를 모시는 행위. ② 부모 병을 고치기 위해서 그의 똥을 맛보아서 병세를 진단하고 손가락을 잘라서 그 피를 입에 넣어서 목숨을 잇게 하고 허벅지 살을 깎아서 고기를 만들어 먹게 하고 살이 곪아 고름이 날 때 입으로 빨아서 낫게 하는 행위. ③ 겨울 눈 속에서 죽순을 얻고 얼음 속에서 고기를 얻어 부모를 봉양함은 보통 일이 아니고 기이한 일이다. 하늘이 내린 효자가 아니고서는 그럴 수 없다고 본 행위. ④ 부모의 뜻을 어기지 않고 정성껏 진실을 알리는 행위. ⑤ 부모를 위태롭게 하지 않고 남에게 욕도 얻어먹지 않게 하고 마음의 상처도 입지 않게 하는 행위. ⑥ 가난하고 궁하지만 콩물이나 단맛이라도 공양하여 부모 마음을 즐겁게 하는 행위. ⑦ 신체발부를 상하지 않게 온전히 평생을 유지하는 행위. ⑧ 부모가 주시는 것이 있으면 공손히 받고 명령이 내리면 낯빛을 기쁘게 하고 마음 뜻을 순하게 하는 행위. ⑨ 좋은 물건을 보면 먼저 부모가 사용케 하고 맛있는 음식을 얻거든 부모가 드시게 하는 행위. ⑩ 부모가 특별히 좋아하는 음식과 물건을 언제나 잊지 않고 구하여 바치는 행위. ⑪ 일이 있으면 그 수고로움을 가려서 하는 행위. ⑫ 밖에 나갈 때는 미리 알리고 돌아올 때도 알리는 행위. ⑬ 해로운 일이 있어도 부모를 속이지 않는 행위라고 했다.

또한 다음과 같은 경우를 열녀烈女라 했다. ① 예禮를 갖추어서 결혼하면 종신終身토록 개가改嫁하지 않는다. 남편男便이 일찍 죽어도 개가하지 않고 백수白首가 되도록 절개節槪를 지킨 여자. ② 남편이 타살他殺을 당하면 기어코 복수를 하고 끝까지 절개를 지킨 여자. ③ 자손이 없이 남편이 죽으면 따라 죽는 여자. ④ 남편이 죽고 자손이

신인동에 있는 효자문

없어 종사宗嗣가 끊어지게 되면 소목昭穆을 찾아 입양入養하여 손을 잇게 하고 백수가 되도록 절개를 지킨 여자를 일컬었다.

효열부孝烈婦란 출가하면 친정 부모를 멀리하고 시부모를 섬기는 것은 하늘을 옮기었기 때문이다. 집에 있으면 지성껏 시부모를 섬기면 효부라 하고 청춘에 과부가 되었으나 백수가 되도록 수절하면 열부라 하는데 둘을 겸하면 효열부孝烈婦라 한다고 기록하고 있다.

전통적인 유향답게 구림에는 많은 효자와 열녀들이 있었고, 따라서 이들이 기리고 후세에 그 정신을 전하기 위해 많은 기념물을 세웠다. 그 중 열녀비 비문 몇 개를 소개하면 다음과 같다.

효열부인 전의이씨지비

옛 선인들이 남기신 착하고 어진 효열孝烈을 높이 찬양하고 그들의 행실을 후대에 전하여 그 후손이 기억하고 본받도록 하는 것이 고금의 도리가 아닌가 본다. 전의이씨는 문의공 언충의 후손으로 학포鶴圃 희초熙肖의 딸로써 타고난 성품이 매사에 정숙하고 부모에 대한 효성이 남달랐으며 여자로서 갖춰야 할 덕목

효열부인 전의이씨 비

을 잘 익혀서 이씨 나이 19세에 구림 해주인 최홍섭崔泓燮과 혼인하였다.

최씨 문중에 시집와서도 부도婦道를 지키고 시부모에게 효도는 물론 남편을 공경하기를 하늘같이 섬겨 왔으며 가정을 항상 화목하게 이끌어 왔다. 그런데 뜻하지 않게도 남편이 병을 얻어 몸져 눕게 되자 백방으로 찾아다니면서 좋다는 약은 다 구하여 간병하는 한편 밤마다 목욕재계하고 남편의 병이 완쾌되기를 하늘에 기도하였으나 하늘도 무심하게 끝내 세상을 떠나니 이때 이씨의 나이 21세 되던 해였다. 이씨는 남편의 관을 붙들고 땅을 치며 통곡하면서 식음을 전폐하고 남편의 뒤를 따라 자결하려고 하였으나 친척들의 만류로 뜻을 이루지 못하였다. 이씨는 남편의 뒤를 따라 죽음을 여자의 도리로 믿고 있었으나 생각건대 만일 내가 죽는다면 늙으신 시부모를 누가 모시겠으며 남편의 초상과 조상의 제사는 누가 봉양할 것인가 생각하니 암담하기만 하였다. 마침내 마음을 가다듬고 남편의 초상을 예를 갖춰 치르고 삼년간 소대상기간 동안 항상 상방 곁을 떠나지 않았다. 아들을 잃은 시부모 마음 또한 더할 나위 없이 시름에 겨워 애통해하고 있는 것을 옆에서 본 이씨는 오히려 시부모를 위로하고 남편이 살아 있을 때보다 더욱 더 지극 정성으로 모심으로 친척들과 이웃 사람들이 근래에 보기 드문 효열부라고 칭찬하였다. 오직 이씨는 남편을 여의고 홀로 살아가면서도 항상 근검절약하는 것을 생활의 신념으로 삼고 가정을 날로 번창케 하였으며 슬하에 손이 없음을 한탄하고 있는 이씨를 지켜본 문중에서 조카 재형在瀅을 양자로 삼아 훌륭하게 가르쳐 대를 이어가도록 하였다. 이씨는 한평생을 돌이켜 보건데 남편을 따라 죽었다면 가정은 문을 닫았을 것이나 죽음을 택하지 않고 어려운 가정을 꾸려 오면서도 온갖 주위의 유혹을 물리치고 평

생 동안 수절守節하여 이씨의 나이 80세에 세상을 떠났다. 이에 영암
향교에서는 이씨의 효열을 높이 찬양하였고 인근 군의 향교에서도
효열을 찬양하는 답통을 보냈다. 이러한 이씨의 효열에 대하여 오늘
을 살아가고 있는 우리 모두에게 귀감이 되어 후대에 오래오래 구림
해주최씨 문중에서 부인의 행실을 비에 새겨 전하고 있다.

절부거창신씨부인열행비명 비문節婦居昌愼氏夫人烈行碑銘

夫人愼氏부인신씨의 血統혈통은 居昌거창에서 나왔다. 아버지는 炳
禹병우이며 靈岩老松里兄弟峰下영암노송리형제봉하 松內송내 사람이
다. 愼氏신씨의 始祖시조는 宋송나라 開封府人개봉부인으로 高麗文宗
고려문종 때 來到래도한 司從謚公獻公諱修사종익공헌공휘수이시니 14
세손 參判公諱畿참판공휘기에 이르러 外職외직인 全羅監司遞職後전

라감사체직후 아들 後庚
후경과 함께 수양의 悖
倫패륜에 反心반심을 품
고 漢城한성으로부터
靈岩영암에 至지하여
妻父全州崔氏처부전주
최씨 直提學烟村公諱德
之직제학연촌공휘덕지의
鄕里 永保村향리영보촌
에 入鄕입향하게 됨으
로써 비로서 世居세거

거창신씨 부인 열행비

하게 되었다. 中宗중종때 諱後庚휘후경의 曾孫濚溪公諱喜男증손영계
공휘희남과 彦慶父子언경부자가 大科대과에 뽑히시며 濚溪公영계공의
曾孫諱天翊증손휘천익과 海翊兄弟해익형제가 又 文科문과에 及第급제
하시니 諱海翊휘해익의 壯元장원은 더욱이 家門가문을 榮譽영예롭게
이끌었다 할 것이다. 濚溪公영계공의 八代孫8대손 諱鳳顯휘봉현은 夫
人부인의 曾祖증조요 諱在九휘재구는 祖父조부이시니 夫人부인은 千八
百九十年천팔백구십년 庚寅正月十九日경인정월십구일 出生출생하였다.
12세 때 아버지가 돌아가시고 十三歲십삼세에 가난으로 偏母편모의
膝下슬하를 떠나 親分친분이 있는 曺氏之間조씨지간에 託生탁생하던
중 賢淑현숙한 德性덕성과 그의 溫厚온후한 性品성품으로 귀여움을 받
아왔다. 曺氏門조씨문에서는 부인이 가계를 이을만한 閨秀규수로 여
긴 나머지 兩家양가의 뜻에 따라 成婚성혼하게 되었으나 男便周煥남
편주환의 精神的정신적인 薄弱박약과 痼疾的고질적인 病魔병마로 因인
하여 婚初혼초부터 夫婦부부의 情誼정의마저 모른 채 夫君부군은 5년
만에 世上세상을 떠나니 愼氏夫人신씨부인 18세 때의 일이다. 詳考상
고컨데 우리 曺氏조씨는 貫鄕관향이 昌寧창녕이며 始祖太師諱ㅇ龍시
조태사휘ㅇ룡은 新羅眞平王신라진평왕의 女?여서로 始祖?善德女王卽位
시조비선덕여왕즉위 3년 歆葛文王음갈문왕에 封立되었다. 그 後후 高麗
太祖고려태조의 駙馬大樂署丞諱謙부마 대락서승휘겸으로부터 數代수대
를 지나 恭愍王공민왕의 廟庭묘정에 配享배향된 左政丞襄平公諱益淸
좌정승양평공휘익청과 朝鮮朝조선조 4대 世宗세종 때 己亥試기해시에 壯
元장원한 集賢殿副提學집현전부제학 諱尙治휘상치는 祖孫間조손간이시
니 이후 中宗중종 反正功臣반정공신 昌山君諱ㅇ殷창산군휘ㅇ은과 함께
顯達현달하였으며 이 古庄고장 鳩林구림에 落鄕낙향한 昌山君창산군의
曾孫都事公諱麒瑞증손도사공휘기서와 西湖大同契서호대동계를 重수중

수한 僉知中樞府事첨지중추부사 兒湖公行立父子태호공행립부자에 이르러서 그의 名聲명성이 四海사해에 充滿충만하였던 어진 賢族현족이다. 夫人부인은 이와 같이 兩大名閥之門양대명벌지문의 이름있는 家門가문에서 태어나 出家출가하여 溫和온화하고 誠實성실한 德行덕행으로 媤父母시부모를 받들고 謹愼근신하며 婦道之渲부도지선을 다하였다. 三十一세31세 때 媤父시부께서 別世별세하시고 四十九歲49세에 媤母시모마저 세상을 떠나시니 忍顯忍沒中인현인몰중에 悲痛비통함이 이 같으며 米壽미수의 苦節고절함을 무슨 말로 장하랴. 이제 家門가문의 代대를 위해 媤叔시숙의 胤子在成윤자재성을 系子계자로 삼아 勤儉근검으로 모은 家産가산世傳세전케 함에 이르고 一九七六年1976년 丙辰正月병진정월 二十四日24일 享年향년 八十七歲87세로 肅然숙연히 눈을 감으시니 아~ 슬프도다 鄕儒林향유림 縉紳진신이 말하기를 十四始14시 하고 夫死不去부사불거하며 孝養舅姑효양구고하므로 以終其義이종기의하니 世稱烈女세칭열녀라 稱歎칭탄하였다. 羅末라말의 聖者麗太祖성자려태조의 師父道詵國師사부도선국사 玉龍子옥룡자가 誕降탄강한 이 곳 月出山월출산 峰下鳩林聖基洞봉하구림성기동에 夫人부인의 烈行열행을 빗돌에 담고자 글을 請청함으로 辭讓사양하지 못하고 先系선계와 生생의 顚末전말을 간추려 적고 孤露餘生고로여생 六十平生60평생 貞節정절을 지켜온 烈婦열부로서 길이 後世表衆후세표중을 삼고자 이에 一文일문을 草초하는 바이다. 檀君紀元단군기원四千三百二十四年4324년 辛未신미 九月구월

절부節婦 경주이씨慶州李氏 기행비紀行碑 비문

부인의 성姓은 이씨李氏이니 경주慶州 화벌익제華閥益齊 선생의 후 종균后鐘均의 딸로 병인丙寅(1929년)에 낳아 온유현숙하고 효순부모

孝順父母하였다.

　나이 겨우 열아홉에 천안전씨天安全氏 효자오제공명보孝子梧齊公命普의 오세손五世孫 한균漢均의 아들 종백鐘白에게 시집와 효사구고이경봉군자孝事舅姑而敬奉君子하고 돈목종족敦睦宗族하니 집안이 화기和氣가 족足히 있어 치상致祥하였다. 아! 시집온 지 2년에 시당경인時當庚寅 6.25하니 골육상잔 피비린내의 그 참상을 감히 어찌 말하랴. 희噫라 운조運祚가 불행不幸하여 건장健壯한 남편男便이 순간에 피화被禍하니 부인夫人은 꽃다운 21세에 청상이 되었다. 땅을 치고 통곡하며 '이미 남편은 죽었는데 세상 살아 무엇하랴' 하고 한숨으로 지샜으나 '재당在堂한 노장老嫜은 누가 있어 봉양奉養하고 강보에 싸인 유혈고아遺血孤兒는 누가 있어 길러내어 남편 뒤를 이으랴' 하고 구차하게 살기를 도모한 바 아니나 원통함을 억누르며 뜻을 고쳐 강기强起하여 귀고성鬼哭聲이 음산한 주검시에서 남편의 屍身을 찾아 슬픔과 예제禮制를 구극俱極하여 염습 상장에 여한 없이 치상하고, 그 후 항상 미망인未亡人을 자처自處하며 오직 시전時傳 용풍의 백주편을 철석같이 맹세하고 처절하게 살았다. 아! 가도家道가 심히

경주이씨 기행비

가난하여 계옥桂玉을 난계難繼하니 쑥대머리 때 묻은 얼굴로 낮이면 논밭에서 땀 흘려 호미잡고, 밤이면 길쌈으로 날 셌으며 또한 양측으로 극근가사克勤家事하여 노장을 잘 모셔 천종天終에 송종준례送終遵禮하고 부제남매夫弟男妹를 성혼분가成婚分家 시켰으며 교자의방教子義方하여 득보문호得保門戶하였으니 부인이 아니었다면 어찌 전씨全氏 집안에 오늘의 번창이 있었으리요. 장하고 아름다운 백수전절白首全節로 유자정열여전劉子政列女傳이나 주부자朱夫子의 한천편寒泉篇 누구에게도 부끄럽지 않은 절열節烈이요. 요지만리瑤池萬里에 한송이 백련白蓮이로다. 돌아보건대 요사이 부녀자婦女子들은 남편이 살아 있는데도 이혼離婚하려고 하고 남편이 죽으면 재혼再婚을 당연한 것으로 아니 만일萬一 이러한 부녀자들이 이씨李氏의 이 같은 사실事實을 보게 되면 어찌 얼굴이 따끔하고 마음이 부끄럽지 않으리요. 마땅히 오늘과 뒷날에 거울이 될 지로다. 오늘같이 윤리倫理가 험한 이때 부제夫弟 종한鐘漢 남매男妹와 아들 철수哲洙가 이 같은 사적事蹟들이 묻혀 버릴까 두려워하고 장차 비를 견우통주堅于通周하여 오래도록 전하고자 하니부종매제夫從妹弟 김병석金炳碩이 주선周旋하여 집안 족영주수보族英中洙甫에게 물어 내여이청기문來余而請記文하니 나는 글도 못하고 덕도 없는 사람으로서 어찌 부인의 숨은 덕을 다들추어 내리요. 군이 사양하다 못해 참월함을 잊고 익히 들어 온 만구동사萬口同辭 회자膾炙된 말을 살펴 그 대강을 찬차여우撰次如右하니 보는 자者가 혹시 옛날 송나라 형공荊公의 말처럼 '불두佛頭에 더러운 것을 발라왔다'고 할까 두렵고 두렵다. 서기西紀 2001년 4월 함양咸陽 박준섭朴俊燮 짓고 씀.

 - 출처: 〈조상의 얼이 담긴 영암의 忠孝烈〉, p.121, 1997년, 영암군 발간

구림마을 효자, 효부, 열부 수상자

이 름	수상년도	시 상 기 관	비 고
문근남	1967.12.30	해주최씨 문중(구림)	효부 최주호 부인
박공님	1972.11.14	영암 군수 김효균	효부 최재갑 부인
정체순	1905. 3.20	서울특별시장	효부 최해남 부인
최창호	1998. 9. 9	전남 유도회 영암향교	효자
최재갑	1977. 4.21	영암 군수 오시곤	효자
이자순	2001. 5. 7	호동 천안 전씨 문중	열부 전철수 모친
박석례	2005. 4.25	군서면장	효부 최재유 부인

5. 소박하고 즐거운 놀이들

예전에 아이들 놀이는 돈을 들여 기구를 만들거나 많은 준비가 필요한 놀이는 피하고 언제 어디서나 간단한 준비로 할 수 있는 놀이가 대부분이었다. 남자 아이들의 놀이로는 구슬치기, 돈 치기, 못 치기, 죽마 타기, 비석치기, 무릎 싸움, 손 씨름 등이 있고, 여자 아이들의 놀이로는 손뼉 치기, 풀잎 따기, 실뜨기, 산가치 놀이, 다리세기, 소꿉놀이, 각시놀이, 여우야 여우야 등 수없이 많지만, 여기서는 많이 유행했던 몇 가지를 소개한다.

연날리기

연은 남자 어린이의 놀이로 한자로 鳶(연)이라고 쓰는데 소리개를 뜻한다. 세계적으로 널리 분포되어 있다. 우리나라에서는 대개 직사각형인 방패연과 가오리연(홍어 딱지 연)을 띄운다. 종이는 질긴 창호지를 쓰고 뼈대는 시누대를 깎아 밥풀을 짓이겨 종이에 붙인다. 연줄은 옛날에는 어머니가 만들어 주신 무명실을 썼으나 지금은 나일론 줄을 사용한다.

연을 조정하는 얼레는 구림에서는 자세라고 하는데 납작얼레, 4모, 6모, 8모, 둥근 얼레가 있다. 연은 높이 띄우기, 재주 부리기, 연싸움이 있는데 높이 띄우기는 높이를 겨루는 놀이이며, 재주 부리기는 상하좌우, 급전, 급강, 급상승 등 공중 곡예를 뜻하며, 연 싸움은 연줄을 서로 맞대어 연줄을 끊는 놀이로 연의 조정술로 승패가 좌우된다. 이때 연줄을 튼튼하게 하기 위해 돌가루, 아교나 사기 가루를 섞어 실에 바르기도 한다. 연은 북서풍이 꾸준히 부는 겨울철에 접어들면서 시작되는데 정월 대보름날 마감을 한다. 정월 대보름에 액을 멀리 띄워 보낸다하여 액厄자를 써 연실을 끊어 날려 보냈는데 구림에서는 보름날 밤 연을 불살라 액을 불에 태워 없애는 형식으로 마감을 한다.

제기차기

제기차기는 구멍 뚫린 동전이나 엽전을 헝겊이나 얇은 종이로 싸서 발을 달아 사용하지만 구림에서는 질경이 풀(제기풀이라고도 하였음)을 여러 개 묶어 만들어 쓰기도 하였다. 제기 차는 방법에는 외 발차기, 양 발차기, 발 들고 차기, 뒷발차기, 제기를 머리에 얹기 등이 있다. 경기는 편을 가르거나 개인별 대항으로 정해진 방법으로 오래 많이 차는 편이나 사람이 이긴다.

팽이치기

팽이는 팽나무, 감나무 등 육질이 단단한 나무를 5~10㎝정도 길이로 잘라 한쪽을 원추형으로 깎아 끝에 쇠 못 등을 박아 만든다. 팽이채는 막대나 대나무 끝에 30~40㎝길이의 무명 끈이나 노끈을 맨다. 팽이를 손으로 돌려 팽이채로 치기 시작하기도 하고 팽이채로 감아 돌려치기도 한다. 팽이 싸움은 팽이를 돌려 맞대서 먼저 쓰러지는 쪽이 진다.

비석치기

비석치기는 남자아이들이 손바닥만한 크기의 세울 수 있는 돌을 갖고 땅에서 노는 놀이다. 여러 사람이 편을 가르거나 두 사람이 할 수도 있다. 먼저 3~5m거리에 금을 그어 놓고 가위바위보로 순서를 정해 진 쪽이 선에 먼저 비석(말)을 세우고 이긴 쪽이 비석을 쳐서 쓰러뜨린다. 먼저 진 편이 건너편 금 위에 각자의 비석(말)을 세워 놓는다. 이긴 편은 자기 비석(말)을 갖고 출발선에서 건너편에 세워 놓은 말을 맞혀서 쓰러뜨린다. 만일 말들을 다 쓰러뜨리지 못하면 다음에 다시 그 순서를 반복한다.

① 세워 놓은 비석 앞 쪽에 말을 던져놓고 세 발짝을 뛰어 발 뿌리로 차서 상대방 말을 쓰러뜨림 ② 비석을 던져 놓고 뒷걸음질로 가서 뒤로 차서 쓰러뜨림 ③ 발등에 말을 얹고 세 발짝씩 가서 말을 튕겨 쓰러뜨림 ④ 말을 양 무릎에 끼고 가서 떨어뜨려 쓰러뜨림 ⑤ 가슴 위에 말을 얹고 가서 맞혀서 쓰러뜨림 ⑥ 턱과 목 사이에 말을 끼고 가서 맞혀서 쓰러뜨림 ⑦ 말을 어깨에 얹고 가서 쓰러뜨림(양쪽) ⑧ 말을 머리에 이고 가서 쓰러뜨림 ⑨ 등을 구부리고 허리에 말을 얹고 뒷걸음질로 가서 말을 맞혀 쓰러뜨림. 대개 이런 순서로 진행하여 모든 과정을 먼저 완료한 편이 이긴다.

굴렁쇠

막대나 철사를 구부려 Y자 비슷한 형태를 만들어 굴렁쇠에 대고 굴리는 놀이로 혼자서 하거나 둘이 경쟁 할 수도 있다. 먼저 나무통에서 벗겨낸 둥글게 생긴 대나무 테나 대나무를 둥글게 이어 만든 것을 많이 썼는데 자전거 헌 바퀴에서 나온 굴렁쇠는 최상급으로 일자로 된 막대를 파인 홈에 대고 굴렸다.

딱지치기

종이나 골판지를 오려 접어 두껍게 만들어 딱지를 쳤으며 갖가지 그림을 인쇄한 둥근 딱지를 점방에서 팔기도 하였다. 뒤집기 - 상대방의 딱지를 뒤집어서 따 먹는데 때로는 발을 받치고 딱지를 칠 때도 있었다.

밀어내기 - 약 반지름 40㎝정도의 원을 그려 놓고 상대방 딱지를 원 밖으로 밀어내서 따 먹는다. 밀려난 딱지가 선에 조금이라도 걸쳐 있으면 살아있는 것이다.

닭싸움

닭싸움은 일명 깨금발 싸움이라고도 하는데 이는 한쪽 발을 들고 싸우기 때문이다. 한쪽 발목을 잡아 올려 한발로 서서 무릎이나 몸으로 상대방을 밀쳐서 발을 놓게 하거나 쓰러질 경우 또는 원을 그려놓고 원 밖으로 밀어낼 경우 이기게 된다.

땅 따먹기(땅뺏기)

땅뺏기는 우선 손으로 튕기기 좋은 납작하고 가벼운 말(고작)을 준비한다. 지금 같으면 바둑알 같은 것이 안성맞춤이겠지만 예전에는 질그릇이나 시루 깨진 조각을 갈아 둥글게 만든 것이 최고였다. 반반한 땅 바닥에 사각형을 그려 놀이판을 만든다. 각자 한귀를 자기 본집으로 정하고 손바닥으로 뼘을 재어 집을 그린다. 가위바위보로 순서를 정하여 이긴 사람부터 먼저 말을 튕겨 상대방 집에 넣는데 단번에 들어가면 세 뼘, 두 번에 들어가면 두 뼘, 3번에 들어가면 한 뼘을 그려 땅을 차지해 나간다. 이 놀이도 작전이 필요한데 상대방 집에 가까운 곳에 섬을 남겨놓고 가까운 거리에서 적진(상대방 집)으로 말을 튀기면 유리하다. 지금의 군사작전 개념과 비슷하다.

자치기

자치기는 긴 막대기와 짧은 막대기 두개로 치고 받으면서 노는 놀이이다. 먼저 손가락 굵기의 길이 40~50㎝되는 나무 막대와 10㎝쯤 되는 짧은 막대기를 만든다. 긴 막대기는 어미자, 짧은 막대기는 새끼자라 한다. 자를 만든 다음 땅바닥에 약 60~70㎝되는 원을 그리고 그 가운데에 15㎝정도의 길쭉한 홈을 판다 이 홈에 새끼자를 걸쳐 놓고 어미자로 멀리 걷어내는 것이다. 편을 갈라 가위바위보로 순서를 정하면 진 쪽은 수비를 하고 이긴 쪽이 공격을 하는데 수비 쪽은 원에서 약 10~12m 떨어진 새끼자가 떨어질 만한 예상 지점에 포진해 새끼자를 받을 자세를 취한다. 이긴 편에서 새끼자를 걸쳐놓고 힘껏 걷어 올리면 수비 쪽은 이것을 손으로 받아내는데 받으면 공격하는 쪽이 죽고 못 받으면 새끼자를 수비 쪽에서 원 안으로 던져 넣는데 원안에 떨어지면 공격 쪽이 또 죽는다. 그러나 던져 넣은 새끼자를 공격 쪽에서 어미자로 때려 쳐낼 수도 있다.

원 밖에 떨어진 새끼자는 공격 쪽에서 쳐올려 때려 낼 권리를 갖고 세 번을 때려내는데 만일 선에 걸쳐 있으면 한 번만 때려 낼 수 있다. 새끼 자가 멀리 날아가 자로 재는데 시간이 많이 지체되는 것을 피하기 위해 공격자 쪽에서 어림잡아 몇 자라고 하면 수비 쪽에서 동의 하면서 '그냥 먹어' 하고 동의하면 합의된 것이다. 승패는 먼저 결정된 승부 자수를 빨리 달성한 쪽이 이긴다.

말 타기

말 타기는 주로 남자 아이들이 많이 하는 놀이이다. 먼저 한편이

4~5명씩 되게 편을 나눈다. 순서를 정해서 이긴 편은 말을 타고 진 편에서 말과 마부가 되는데 또 진 편에서도 마부와 말을 정한다. 말은 엎드리고 마부는 머리를 감싸면서 말의 눈을 가리고 있으면서 이리저리 움직일 때 말에 올라타는데 올라탈 때 말이 뒷발로 차서 차인 사람은 말이 되고 전에 말이었던 사람은 마부가 된다.

짱 치기

이것은 어른들의 놀이로 일종의 필드하키의 종류이다. 스틱도 구부러진 소나무로 만들고 짱(공)도 옹이가 많은 나무를 잘라 깎아내서 둥글게 만들거나 새끼를 가늘게 꼬아 얽어 뭉쳐서 만들기도 한다. 구림에서는 돌정자 앞에서 나무꾼들이 모여들면서 뒤에 오는 동료를 기다리는 시간에 몸도 풀고 지루함을 달래기 위해 즐겨 짱을 쳤다. 편을 갈라 동서로 방향을 정해 결승점까지 몰아가는데 짱(공)을 멀리 칠 때는 '울락공이야' 하고 큰 소리로 함성을 질렀는 데 사기 진작의 뜻도 있지만 단단한 짱에 얻어맞는 것을 피하기 위해 사전에 주의를 환기시키는 의미가 더 컸다.

갈퀴 치기와 낫치기

산에서 나무를 하면서 갈퀴를 이용하여 즐기는 놀이다. 자기 나무짐을 어느 정도 마련해 놓은 다음 시간이 나면 여러 사람이 각자 나무를 긁어모아 한 뭉치씩 앞에 놓고 내기를 하는데 먼저 갈퀴를 던질 지점을 정해놓고 거기서 10m정도 거리에 출발선을 그어 그 선에서 던지기를 한다. 갈퀴손잡이를 두 손으로 잡아 어깨에 맨 다음 손을 힘차게 당기면서 뿌리면 갈퀴가 한바퀴 돌아 한계선 밖에 떨어지면서 갈퀴가 엎어지면 이긴다. 제일 멀리 던진 사람이 승자가 되어 여러 사람이 해 놓은 나무를 몽땅 차지한다.

갈퀴치기로 한바탕 놀고 나서 다시 노랗게 단풍으로 물든 소나무를 쫓아다니며 갈퀴 자루로 가지를 털고 나무를 흔들어 떨어진 솔잎을 땅이 패이도록 긁어모아 멋을 내어 예쁘게 다듬어서 운반하기 좋게 모둠을 만들어지고 집으로 향한다. 집에 들어서면 저녁 밥 짓는 연기가 굴뚝에서 모락모락 피어오르고 부엌 아궁이에서는 솔잎 타는 향긋한 냄새와 송진타는 냄새가 뒤섞여 집안을 감싸고돈다.

낫치기도 갈퀴놀이와 비슷한데 낫으로 던져 꽂히는 것으로 승부를 가리거나 낫을 굴려 멀리 가는 것으로 승자를 정한다. 단 나무내기도 하지만 풀을 한 모둠씩 놓고 할 때가 많았다.

공기놀이

공기놀이는 섬세한 손끝을 재치 있고 요령 있게 써서 공기들을 놀리고 받는 놀이다. 보통 다섯 말 공기, 많은 공깃돌 놀이가 있다.

다섯 알 공기놀이 - 손에 잡은 다섯 공깃돌을 바닥에 흩뜨린다. 순서에 따라 한 알 잡기, 두 알 잡기, 세 알 잡기, 네 알 잡기, 꺾기가 있다. 한 알 잡기는 다섯 알 중 한 개를 골라내어(이때 다른 돌을 건드리면 실격된다) 위로 던지고 이것이 떨어지는 동안 바닥에 있는 공깃돌 한 알을 집은 후 떨어지는 공깃돌을 손바닥으로 받는다. 두알, 세알 잡기는 같은 방법으로 하는데 위로 올린 공깃돌을 받지 못해도 실격이 된다. 꺾기는 다섯 알 모두 손등에 올렸다가 던지면서 손바닥으로 잡는 것으로 잡을 수만큼 점수가 올라간다.

사방치기

반반한 땅바닥에 선을 그려 놓고 일정한 순서에 따라 돌을 차며 가거나 주워 던지면서 노는 여자 아이들 놀이다. 몇 사람이 편을 갈라 차기 좋은 납작한 돌을 말이라 하는데 말을 가지고 그려놓은 모양에 따라 한 칸 한 칸 선을 밟지 않고 깨금발로 말을 차는 놀이로 시작부터 끝까지 깨금발로 뛰어야 하며 말을 던질 때나 발로 찰 때 그어놓은 선을 밟으면 실격된다.

하늘 사방치기

인원을 두 편으로 나누어 말을 1번 칸에 던지고 2번으로 찬 다음 한발로 뛰어 건너가서 3번 칸으로 말을 찬다. 3번 칸에서는 모둠달로 선 다음 8번을 넘어서 4번 칸으로 차 넣는다. 3, 4, 6번 중 한 곳을 모둠발로 딛고, 없는 곳은 깨끔발로 서서 돌을 찬다. 9번에서는 말을 발등에 올려놓고 차 올려 손으로 받아 들고 나온다. 돌아 나오면 다음 번에는 2번부터 시작한다. 이렇게 9번까지 먼저 끝나는 편이 이긴다.

수건돌리기

수건돌리기는 특별한 준비 없이 수건만 있으면 할 수 있는 놀이다. 큰 방이나 야외 소풍이나 넓은 장소에서 많은 사람이 할 수 있는 놀이이기도 하다. 술래는 수건을 감추어 들고 자기 자리에서 일어나 둘러앉은 사람들 등 뒤를 빙빙 돌다가 한 사람 등 뒤에 민첩하게 수건을 놓고 계속 돈다. 술래가 아닌 사람은 절대 뒤를 돌아봐서는 안 되고 손을 더듬어 자기 뒤에 떨어져 있는지 확인한다. 술래가 몰래 놓은 수건이 손에 잡히면 재빨리 집어 들고 술래 뒤를 쫓고 술래는 그 사람 앉아있던 자리에 빨리 와서 앉아야 한다. 만일 수건이 자기 뒤에 있는 줄 모르고 있다가 술래에게 잡히면 벌칙을 받는다. 또 술래가 수건을 놓자마자 알아차리고 수건을 들고 뒤쫓아 가 술래를 잡으면 술래가 벌칙을 받는다. 벌칙을 받은 사람은 벌을 준 사람이 원하는 대로 춤을 추거나 노래를 해야 한다. 앉아 있는 사람들은 수건을 돌리는 동안 손뼉을 치고 노래를 부른다.

고무줄놀이

검은 고무줄을 다리 사이에 두고 수꽁(고무줄 잡는 사람), 암꽁(고무줄을 하는 사람)으로 편을 갈라 노래를 부르며 리듬과 박자에 맞춰 고무줄을 밟고, 늘리고, 뛰어 넘는 놀이다. 노래가 끝났을 때마다 고무줄 높이를 바닥, 발목, 무릎, 배꼽, 어깨, 머리의 순으로 조금씩 올려가며 가장 높은 곳까지 완성하는 편이 이긴다. 노래는 대부분 학교에서 부르는 노래지만 때로는 군가나 유행가도 부른다. 노래는 무궁화 – 피었네 피었네 우리나라꽃~, 파랑새 노래 – 새야새야 파랑새야~, 반달 – 푸른 하늘 은하수~, 전우의 시체를 넘고 넘어~, 나의 살던 고향은~ 등 다양하다.

긴 줄넘기

긴 줄넘기는 줄 양쪽 끝을 잡고 줄을 빙빙 돌리면서 여럿이 하는 놀이다. 6~8명이 함께 놀기에 적당한 놀이로 두 사람이 줄 속으로 들어와서 줄을 넘으면서 가위바위보를 해서 진 사람이 나가고 새로운 사람이 들어온다. 이렇게 계속 되풀이하는데 줄을 넘는 동안 줄에 걸리면 실격된다.

6. 어린이를 유혹한 자연식품들

1960년대까지만 해도 우리나라 농촌은 생활이라기보다는 생존을 위해 몸부림쳐 왔던 시기로, 맡은 일(하는 일)이나 먹을 것을 싫고 좋고를 가릴 수 있는 형편이 아니었고, 일을 맡겨 주기만 하면 몸에 해롭거나 훗날을 생각할 겨를도 없이 몸을 던져 일을 했고, 먹을 것도 먹고 죽지 않을 것(독이 없으면)이면 가리지 않고 먹어서 배를 채울 수 있으면 족했다.

더군다나 배불리 먹고도 돌아서서 한바탕 뛰고 나면 배가 고팠던 한창 커가는 아이들에게는 항상 군것질이나 먹을 것이 생각나고 필요한 시기였기에 집안이고 밭이고, 논이나 들판에서 산으로 쏘다니며 그를 위해 헤매는 것이 그들의 일이었고, 일과의 한 부분이었다.

점방店房에 가면 눈깔사탕, 센베이, 비과, 건빵 등을 진열해 놓고 있었으나 그림의 떡이었고, 어쩌다 꿈에 용龍 보기로 손님이 와서 '이것 사탕 사먹어라.' 하고 주신 동전 몇 닢이 생겼을 때나 점방에 드나들 수 있었다.

영암읍에서 아이스께크 상자를 자전거에 싣고 지나가면서 '아스께끼~, 아스께끼~' 하고 지나거나, 엿장수가 가위를 철렁철렁 대면서 엿 판을 지거나 손수레에 끌고 골목을 지나가면서 '엿 사려! 엿 사려! 헌 고무신이나 깨진 솥이나 냄비, 빈병도 받습니다.' 하고 외쳐대면 떨어진 고무신이나 쇠붙이, 빈병을 찾느라 마루 밑, 헛간 등 집안 구석구석을 뒤지며 법석을 떨다가 빈병이라도 찾아내면 엿장수를 뒤쫓아 가 엿과 바꿔 먹었다. 재앙스런 아이들은 부모나 식구들 모르게 보리를 한 됫박 퍼서 죽정竹亭편엿(개엿) 만든 집에서 엿과 바꿔 갖고 와서 감추어 놓고 혼자만 야금야금 먹기도 했다. 이런 일도 간 큰 아이들이나 할 짓이었고, 대개의 아이들은 다른 곳에서 먹을 것을 찾았다.

구림에는 집안에 옹동시, 꾸리감, 납작감, 상추감, 묏감 등 제멋대로 자란 감나무가 한 집에 대여섯 그루씩 있었으나 복숭아, 살구, 매실, 앵두, 배나무 등이 있는 집은 그 큰 동네에 열 손가락으로 꼽을 정도로 적었다. 또 이런 과수들은 병충해가 심해 비배관리肥培管理를 제대로 해야 했는데 자연 그대로 방치해 놓으니 결실이 잘 될 수 없었고, 유독 배는 선조의 기제사忌祭祀 모시는 제물祭物로 썼으므로 어린이들의 불가침不可侵 영역이었다.

집안에서 만만한 것이 감나무였는데 음력 8월쯤이면 감이 많이 굵어져 먹을 수 있는 크기로 컸으나, 풋감을 먹으면 입안이 떫고 깔깔하고 뻑뻑해 입으로 하나 되어 오래 씹어야 맛이 났는데, 많이 먹으면 그 다음날 아침 측간(화장실)에 가서 용변을 보는데 변비가 심해져 한참동안 끙끙대는 고역을 치러야 했다. 풋감은 서양, 도장, 마산리 등 해변에서 맛이나 사발 것(사발에 담아서 파는 잡어雜魚)을 팔러 오는 인거래장사(물건을 머리에 이고 팔러 다니는 사람)가 고기 잡는 그물에 감물을 들이려고 주워 가기도 했지만 아침에 일찍 일어나서 나무 밑에 떨어진 풋감을 주워 모아 쌀이나 보리쌀 씻은 구정물 통에 한 이삼일 담가 놓으면 떫은맛이 없어지고, 달고 맛있어 졌다. 원래 짚이나 콩 깍지 등을 태운 잿물에 담그는 것이 원칙이나 편법을 쓴 것이다.

추석이 지나고 따끈따끈한 햇볕이 내려 쬐는 중에도 조석으로 선선한 바람이 불기 시작하면 감이 누렇게 물들어 가고, 늦가을에는 붉은 색을 띤 골 붉은 감을 맛볼 수 있었는데, 이때는 떫은맛이 거의 없었다. 초등학교 때 집에서 점심을 먹고 (동, 서구림, 도갑리는 점심을 집에서 먹을 수 있게 외출을 허용했다.) 골 붉은 감을 몇 개씩 따다 모정, 양장, 동호, 서양, 마산, 도장, 장사리 등 감이 귀한 마을에 사는 친구들에게 나누어 주기도 했다.

구림은 대나무나 큰나무가 우거진 숲 속 동네로, 그 중 검팽나무나 좀팽나무, 코딱지나무(느릅나무)가 더러 있었다. 팽나무 잎은 훑어서 소죽을 쑤는데 재료로 쓰기도 하지만 아이들이 가을에는 나무에 올라가 열매를 따 먹었는데 능청거리는 가느다란 가지를 원숭이가 외줄 타듯 타며 뽐내고 의기양양해 했는데 어른들이 '나무에 올라간 자식과 물가에 자주 가는 자식은 못 믿을 자식'이라고 하는데도 마이동풍으로 팽을 따 먹었다. 검팽나무 열매는 비교적 크고 검게 익으면 달아서 인기가 있었고 좀팽나무 열매는 둥글어 지금 어린이들 장난감 총알같이 생겨 파랗게 덜 익었을 때에는 시누대로 만든 때까총의 총알로 쓰고 노랗게 익으면 따서 씨까지 같이 와삭와삭 씹어 먹었다.

또 코딱지나무(느릅나무)가 있었는데 나뭇가지를 꺾어 껍질을 벗겨 씹으면 느릿하고 끈적끈적한 코딱지 같다고 해서 붙인 애칭으로 껌 대신 씹으면서 서로 길게 늘이는 시합도 했다. 동계리 알뫼들 당산에는 쥐엄나무가 있었는데 열매가 어른들의 담배쌈지 같이 생겨 까서 핥아먹으면 단 맛이 났다. 그런 중에도 잔뜩 출출하고 궁금할 때는 아쉽지만 탱자울타리에 탱자 열매를 쪼개 나누어 먹기도 했다. 그리고 파리똥나무 열매나 종이배 같이 생긴 집에 붙어있는 오동나무 열매도 심심풀이가 되었다.

구림에는 집집마다 텃밭(남새밭)을 40~50평정도 가지고 채소를 가꾸었는데 단쑤시(사탕수수), 옥수수, 물외(오이), 여자나무, 북감자(감자) 등을 심어놓고 철에 따라 익는 순으로 해 먹었다. 단쑤시는 7~8월에 약이 차 한참 달 때 낫으로 여러 토막을 내어 여러 사람이 나누어 갖고 껍질을 벗기고 속살을 씹어 빨아 먹으면 귀하고 구하기 힘들었던 설탕을 대신 할 수 있었다.

텃밭에 물외는 지금의 마디오이 같이 많이 열리지 않고 드문드문 열렸는데 어머니께서 시원한 냉수에 나박나박 썰어 김칫국을 타 주시면 보리밥 한 그릇을 게 눈 감추듯 거뜬히 비울 수 있었다. 어머니께서 눈여겨 보아둔 오이를 따먹다 들켜 '손님 오시면 쓰려고 아껴둔 것인데 따먹었다.' 고 야단을 맞기도 했으며 골단초 꽃잎도 따 먹었다.

여자나무의 열매는 먹는 것 보다 오톨도톨한 생김새가 예쁘고, 익어서 쫙 벌어지면 노랗고 빨간 속살이 드러나 오히려 장식용으로 오래도록 책상 앞에 걸어 놓았으면 하는 생각이 간절했다.

5월이 되면 언덕 위에서 평리, 월악등, 월출산 노적봉 밑 수박등까지 끝없이 이어지는 보리밭이 큰 바다같이 펼쳐져 바람이 스쳐 지나가면 그 출렁거림이 큰 바다에 파도가 밀려오고 밀려가듯이 너울지고 쌍을 이룬 종달새가 지지배배 지저귀며 창공을 가르며 경쟁하듯 높이 치솟아 오르고, 어린 새끼들 거느린 암꿩이 밭고랑을 누비는 나들이를 하는데 아이들은 짙푸른 바다 같은 보리밭 속의 좁은 밭둑길을 이리저리 뛰어 다니며 깜부기(일종의 탄저병)를 뽑아 한주먹씩 쥐고 입으로 훑어 먹는데 입술이나 입가에 새까맣게 물들어 우스운 꼴을 보고 서로 손가락질하며 웃고 떠들고, 보릿대 연한 곳을 잘라 보리피리를 만들어 다투어 피리를 불어댔다.

밀, 보리가 누렇게 익어갈 무렵이면 나뭇잎을 긁고 주워 모아 불을 붙이고, 밀, 보리이삭(모가지)을 베어다 불 위에 얹어 보리찜을 하면 익어가는 구수한 그 냄새에 침을 흘렸다. 아직 뜨거운 열기가 덜 가신 밀을 꺼내어 손으로 비벼 껍데기는 입으로 불어 날리고 한주먹을 입에 넣어 씹으면 말랑말랑하고 부드러운 촉감과 구수한 감칠맛이 일품이었다.

또 목화밭에서는 '다래를 따 먹으면 문둥병에 걸린다' 고 하는 말도 아랑곳 하지 않고 혀끝에 와 닿는 달콤한 맛이 끌려 어린 목화 다래를 따 먹고 어른들에게 들킬까 봐 두리번거렸다.

콩이나 팥 밭 속에 섬 같이 드문드문 남겨진 무밭에서는 파란 대가리(머리)를 한 뼘씩이나 흙 밖으로 내민 무를 뽑아 손톱으로 껍질을 벗겨 물어뜯으면 달고 시원하고 사근사근한 맛이 뱃속까지 시원해진다. 가을에 콩이나 서숙(조)의 가을걷이를 할 때 술이나 새참을 갖고 밭에 심부름 가면 머슴이 아직 덜 익은 풋풋한 콩을 골라 밀찜할 때처럼 콩찜을 해 주었는데 불이 꺼지면 재를 헤집고 땅바닥에

먹때알

흩어진 익은 콩을 주워 먹다 보면 입술이 새까맣고 얼굴은 중방쟁이 같이 숯검정이 여기저기 묻기 마련이었고, 또 밭고랑에 잘 익은 때알나무, 먹때알나무를 발견할 때는 횡재를 한 기분이었다.

가을 밭걷이가 끝나갈 무렵 설익은 돔부나 팥을 골라 모아 어머니가 밥 위에 쪄서 대바구니에 담아 내놓으시면 온 식구가 그 둘레에 둘러앉아 햇돔부를 까먹을 때의 그 향긋한 향기와 포근포근한 맛을 그 어디다 비하랴.

집 울타리에 묶이거나 밭가에 돌무덤이나 언덕에 흔히 있는 찔레나무(찔레꽃)에서 올라오는 부드러운 새 순을 꺾어 먹고, 벗나무 가로수의 버찌(벗나무 열매)를 따 먹거나 뽕나무의 오디를 따먹으면서 입 안과 하얀 이가 남색으로 물들어 공포영화에 나오는 유령 같은 입이 되었고, 밭에 수수가 영글어 고개를 깊이 숙이면 이삭(모가지)을 끊어다 까먹고, 논에 누렇게 익은 벼 이삭을 뽑아 한알 한알 까먹다 보면 입가에 하얗게 쌀가루가 묻어나 벼를 까먹은 참새로 둔갑한 사람이었다.

봄인 3~4월 초록빛으로 물든 들판을 씨름꽃, 할미꽃, 나생이꽃 등이 수를 놓고 이름 모를 작은 꽃들이 알게 모르게 피어날 때 들판이나 개울둑, 야산에 나가 삐비를 한 움큼 쥐고 빼뿌쟁이(띠 뿌리)를 캐서 달콤한 물을 빨고, 참꽃(진달래) 꽃잎을 따 먹고, 도라지나 딱지를 캐서 풀잎으로 싹싹 문질러 껍질을 벗겨내서 요기를 하고, 물오른 송키(소나무 가지)를 꺾어 껍질을 칼이나 낫으로 벗겨 양쪽 끝을 잡아 입에 물고 하모니카 불 듯 좌우로 왔다 갔다 하면서 벗겨 먹었다.

가을이면 생각만 해도 그 신맛에 입에 침이 돌고 눈이 감기는 정금을 따고 맹감 열매로 입맛가심을 했다. 도갑산 비탈에는 밤나무가 많았는데 자잘한 쥐밤(산밤)이었고, 미양재 골짜기에는 산딸기(복분

자)가 지천으로 널려 있어 배를 채우고도 남아 호주머니에 넣었다가 빨간 물이 들어 옷을 버리기도 했다. 그 뿐 아니었다. 동백나무 위에 올라 빨대로 청을 빨아 벌들의 양식을 훔쳐 먹기도 했다.

얼었던 땅이 녹는 3월(음력 2월)이면 '음력 2월 칡은 약이 된다' 하여 산으로 칡을 캐러 갔는데 칡 중에도 대밭에 있는 칡이 밥칡(살이 많고 찌꺼기가 나지 않는 칡)이라 해서 인기가 있었으나 얽힌 대나무 뿌리 때문에 보통의 집념이나 인내심으로는 캐내기가 어려웠고, 바위 틈이나 캐기 힘든 곳의 칡만 남아 있어 칡 캐기가 말과 같이 쉬운 일이 아니었다.

봄, 여름, 가을철 가뭄으로 개울(개천)이나 도랑물이 줄어들면 아이들 예닐곱이 모여 모래나 흙으로 둑을 쌓고 물을 막아 검정고무신, 양재기, 세숫대야, 가마쪽박 등을 총동원하여 물을 퍼내고 고기를 잡았다. 붕어, 쌀붕어, 각시붕어, 피라미, 미꾸라지, 송사리(곡사리), 짜가사리(빠가사리), 기름쟁이 등을 닥치는 대로 잡았고, 더듬개질을 잘

산딸기

하는 친구가 메기나 장어, 큰 붕어라도 잡게 되면 야단법석을 떨었다. 그러다 미끄러운 장어나 메기를 잡았다가 놓치면 손에 모래를 무쳐 다시 잡느라고 이리 뛰고 저리 뛰었다. 비틀이나 우렁도 심심찮게 주어 담았다.

잡은 고기가 많으면 나누어 갖고 적으면 한 사람에게 몰아 주었는데 어머니께서 여름에는 시래기, 가을에는 무를 뚝뚝 크게 썰어 넣어 물천어 찜을 해주셨는데 듬뿍 넣은 고춧가루 맛으로 입안이 얼얼하게 매웠으나 그 맛은 두고두고 잊혀지지 않는 맛이었다. 송사리나 도랑새우(보리새우)는 유리그릇이나 병에 넣어 책상위에 올려놓고 길렀는데 죽으면 내 피붙이를 잃은 것처럼 애석해 했다.

구림사람들에게 고구마는 천박한 황토 땅에나 심는 작물이고, 감자는 주전부리 감으로 텃밭에 몇 붓(그루) 심으면 된 것으로 생각하고, 논밭에는 주로 5곡(벼, 보리, 콩, 기장, 피)을 심어야 하는 것으로 여겼으니 그만큼 주곡을 소중히 여기고 그에 대한 집착이 강하고, 절실함을 느꼈다고 볼 수 있다.

추운 겨울 언덕 밑이나 바람막이가 있는 따뜻한 햇볕이 드는 곳에 옹기종기 모여 있을 때 집에서 고구마나 감자를 몇 개 갖고 나온 아이들은 칙사 대접을 받고 어깨가 으쓱해지고 모닥불을 피워 감자나 고구마를 구워 나눠 먹고, 손발을 녹이고 몸을 데웠다.

한편 철에 따라 서리를 했는데 지푼다리(최양호) 까끔(야산) 공동묘지 들어가는 들머리 까끔에 당시로써는 특수 작물이었던 수박이나 참외를 고산리 동산 밑 길가에 사는 목사(目四, 눈 위에 점이 두 개 있어 목사)라는 별명을 가진 사람이 재배했는데 어린아이나 젊은 사람들의 참외, 수박 서리의 대상이었다.

보리밭에서 꿩 알을 훔치거나, 나무 위에 짜갈새 집에서 새알을

꺼내 오기도 하였고, 겨울에 눈 오는 날에는 마당을 쓸거나 헛간에
재 소쿠리를 새워 덫을 놓아 참새를 잡기도 하고 손전등을 갖고 초가
집 처마 밑에 참새 굴을 손으로 쑤셔 참새를 잡아내기도 하였다.

어린이들은 들에 갈 때나 산에 갈 때는 물론, 팽나무에서 팽을 따
먹을 때도 혼자는 아니었고, 최소 두셋 또는 예닐곱, 많을 때는 십여
명이 떼를 지어 몰려다니며 같이 행동했고, 도갑 어사둠벙이나 오리
샘에 먹 감으러 갈 때도 패거리로 몰려 다녔다.

이와 같이 밥만 먹으면 모이고, 학교가 끝나면 어울려서 살아가는
사이 미운 정, 고운 정이 다 든 죽마고우가 되어 오래도록 멀리 떨어
져 살다가 늙어서 만나도 옛 어린시절로 돌아가 '너, 나' 서로 말을
놓고 못할 소리가 없는, 격이 없는 사이가 되기 마련이다.

의사나 도시 사람들의 생각에 시골의 지저분하고 먼지구덩이 속
에서 비위생적으로 살며 영양도 제대로 챙기지 못해 곧 병에 걸려 쓰
러질 것 같아도 옛날이나 지금의 시골 태생들이 건강하게 살고 유지
할 수 있는 것은 어느 식물이나 한두 가지 약효 성분이 있는 자연의
무공해 식품을 이것저것 가리지 않고 먹고 자랐기 때문에 축적된 영
양의 저력의 소산이 아닌가 한다.

7. 구림의 사투리와 토속어

구림은 다른 지방에 비해 비교적 표준말에 가깝게 언어를 구사하였으나 그런 중에도 사투리가 많아 그 중에서 자주 쓰는 말을 간추려서 여기에 소개한다.

구림의 사투리와 토속어

가메쪽박	나무로 만든 바가지로 소죽 푸는데 주로 씀. 바가지
가새	가위
가쟁이	나뭇가지
간지대	마른 대나무 장대
갈쿠	갈퀴
감똑	감꽃
개정국	보신탕
갱아지	강아지
거시기	말 도중 다음 말이 떠오르지 않을 때 무별칭어
거시랭이	지렁이
거시렁구	소죽 풀 때 사용하는 ㄱ자로 된 나무막대
건게	김치류의 반찬

고방	쌀이나 잡곡을 넣어두는 방
곡사리	피래미 치어
곱재비 등짐	한번에 두 몫을 지는 짐
괴대기	고양이
괴머리	물레의 일부분으로 실을 뺄 때 가락을 끼는 장치
군지	그네
귀댕이	농기구 일종으로 분뇨를 밭에 뿌릴 때 쓰는 도구
귀싸댕이	귀와 뺨을 싸잡아 하는 말
금 메	글쎄
기	게(풀게 꽃게)
기뚝	굴뚝
기억물	설거지 할 때 쓰거나 설거지한 후에 버릴물
까끔	잔솔등이 있는 낮은 산
까마구	까마귀
까마치	가물치
까시락	벼나 보리 껍질에 붙어있는 까실까실한 수염
깐치	까치
깔끄막길	가파른 언덕길
깔다구	하루살이 같은 독벌레
깨고다리	장대다리
깨골창	작은 도랑
깨구락지	개구리
깨끔박질	한쪽발 들고 뛰기
꺼럽다	껄끄럽다
꼰지 선다	거꾸로 선다(손을 땅에 짚고)

꾸덕	대나무로 엮어 만든 망태
꾸리감	실꾸리 같이 길다고 해서 붙은 명칭. 대봉감보다 길고 갓이 얇다
끄슬코	바퀴 없이 길삼할 때 쓰는 짐 실은 기구
끌텅지	총각김치나 통무로 담근 김치
나락	벼
나생이	냉이
낭구	나무
냇갈	개천
냉갈	연기
냉중에	나중에
넙턱지	볼기짝
놈세밭	텃밭
눈깔재비	눈알과 얼굴을 손으로 싸 상대를 제압하는 행위
눈탱이	눈 가장자리
달구새끼	닭
달롱개	달래
담박질	달음박질
당글개	아궁이 재를 끌어내는 기구
대떡	가래떡
덕석	짚으로 짠 멍석
뎁대	오히려, 거꾸로, 역으로
도리덕석	짚으로 된 둥글고 작은 멍석
독자갈	돌자갈
되다	힘들다

둠벙	물이 고여있는 웅덩이
뒤엄	두엄, 성숙된 퇴비
들지름	들기름
땅개비	방아깨비
땅꼬작	짐이 앞으로 넘어오지 않게 지게에 Y자형으로 붙인 장치
때까우	거위
때꾸리	지게에 짐을 묶을 때 쓰는 짚으로 꼰 동아줄
때알	꽈리
또랑새비	개천에서 잡은 민물새우
뛰기	짚으로 만들어 폭음을 나게 하는 놀이기구, 새 쫓을 때 씀
뜬금없이	갑자기
~땜시	~ 때문에
메미룹다	흡족하지 못하다, 넉넉하지 못하다
맥구리	짚으로 짠 광주리
맥아지	목의 앞부분
맨사댕이	알몸
맬감시	공연히
맴생이	염소
맷맷하다	만만하다, 하잘것없다
먼첨	먼저
모구	모기
모세	모래
모실	마실
목대기	굵은 나무토막, 땔감

몰랭이	산꼭대기
무담시	공연히
물거리	낙엽진 활엽수 가지를 묶은 땔감
물천에	물천어, 민물고기
미래	곡식을 널 때 쓰는 기구
미영	목화, 무명
반장연	방패연
방뚝	구들장, 온돌
버큼	거품
번덕지	옥외에 조금 넓은 풀밭 광장
부삭	아궁이
부승	부뚜막
비슬이대	싸리나무
비지땅	부지깽이
비쭈가리	전복 껍데기
비틀이	다슬기
뺑도리	팽이
뽀시락 장난	드러나지 않게 하는 자잘한, 구석지 장난
뽀짝	바짝, 아주 가까이
뿌렁구	뿌리
뿌사리	숫황소
삐들구	비둘기
삐비	삘기
뼁아리	병아리
사네끼	새끼줄

살강	싱크대 위의 선반, 그릇 얹는 찬장
새뱅이	허수아비
새비	새우
서숙	조
선상	선생
성	형
세구지름	석유기름(등유)
셀팍	대문 밖
소메	오줌, 소변
솔	부추
솔갱이	솔개
솔찬히	상당히
쇠앙치	송아지
숭보다	흉보다
시암	샘
신청하다	간섭하다
실가리	시래기
실경	시렁
심	힘
아그들	아이들
아제	아저씨
아짐	아주머니
야찹다	낮다
얼척없다	어이없다
엄니	어머니

역불로	일부러
오돌개	오디
오메!	감탄사, 어머
왔다메!	오메보다 강한 감탄사
자장게비	삭정이, 마른 나무 가지
잔생이도	조금도, 그렇게도
장군	똥장군, 인분 운반 통
정재	부엌
조마니	주머니
종가리	작은 바가지
지끼풀	질경이
지럭지	기럭지, 길이
지시락	초가 처마끝부분
질바닥	길바닥
질쌈	길쌈
짐치	김치
짜시락돈	목돈의 반어, 푼돈
짝대기	작대기
쪽박	바가지
찜을 넣다	청탁
차댕이	자루
참꽃	진달래
참망웃	완숙퇴비
참지름	참기름
찻독	쌀독

창아지 없다	속없다
청	꿀
칙간	화장실
털맹이	짚신
토제	툇마루
퇴깽이	토끼
툭시발	뚝배기
판대기	판자
팔랑깨비	바람개비
포도시	겨우
포리	파리
폭깍질	딸꾹질
퐃	팥
핑갱	소나 말에 다는 방울
핑갱이	풍댕이
하내	할아버지
한새	황새
함머니	할머니
함박	큰 바가지
합수통	재래식 화장실, 똥통
해우	김

1. 한마음으로 일어선 3.1만세운동

1905년 을사늑약乙巳勒約 이후 국토와 주권을 강탈당하고 빼앗기는 수모를 당한 우리 국민들은 자괴감은 물론이거니와 경제적 곤궁이 이루 말할 수 없이 깊어만 갔다. 일본이 조선은행, 조선신탁은행, 동양척식회사 등을 통해 금융권을 장악하고, 금융조합을 앞세워 지방과 농촌의 서민 금융을 통괄하면서 토지와 가산을 차압당하여 농민들은 소작농이 되거나 고향을 떠나 멀리 만주나 북간도로 단봇짐을 싸들고 쫓겨 가는 신세가 되었다. 거기에 광산, 수산, 산림 운수 등 모든 사업 부문에서 일본인에게 여러 가지 특혜를 주어 한국인과의 차별을 극대화함으로써 일본인과 경쟁할 수 없는 환경을 만들어 소상인이나 소기업으로 전락할 수밖에 없었다.

이와 같은 곤궁한 처지에 놓인 우리 국민들은 나라와 주권의 소중함을 새삼 깨닫기 시작하고 일본의 행패에 치를 떨며 저항의지를 키워가고 있었다. 제1차 세계대전 직후 미국 윌슨 대통령이 국제연맹을 결성하여 인도주의, 평화주의, 민족자결주의를 표방하고 나섬으로써 국제 정세의 변화에 주권 회복의 실낱같은 희망을 품고 있을 때 1919년 1월 21일 고종 황제가 독살되었다는 소문이 전국에 퍼져 민족정기와 쌓였던 분노에 기름을 붓고 불을 댕기는 계기가 되었다.

마침내 1919년 2월 8일 동경에서 한국 유학생들의 독립선언을 시

작으로 본국에서도 각계각층을 대표한 33인이 1919년 3월 1일 태화
관에서 독립선언문을 공포하고 파고다 공원에서는 학생들이 주도하
는 독립선언서 낭독과 시위가 일어나 많은 시민들이 시위에 가담하
는 만세운동이 펼쳐졌다.

　서울에서의 독립 만세운동은 전국에 들불처럼 번져나가 전국 218
개 군에서 200여만 명이 가담하는 시위가 1,500여 회에 걸쳐 5월말까
지 계속되었다.

회사정 뜰에 있는 3.1운동기념탑

구림에서도 청년들 사이에 이심전심으로 이대로 보고만 있을 수 없다는 공감대가 형성되어 있던 차에 당시 서울(京城)에 유학 중이던 박규상朴奎相, 최기준崔璂俊 등이 3월 20일경 서울 독립 만세시위에 참가하고 돌아와 만세운동의 생생한 경험담과 서울의 분위기를 구림 청년들에게 전함으로써 구림 만세운동의 도화선에 불을 댕겼다.

박규상을 위시한 최민섭崔旼燮, 조병식曺秉植, 정학순鄭學順, 최기준崔琪焌 등 여러 청년들이 연일 간죽정에 모여 조직과 부서를 짜고 계획을 세웠으나 독립선언문과 태극기의 인쇄문제로 계획이 지연되고 있던 4월 4일, 조극환曺克煥이 구림을 찾아왔다.

조극환, 박규상, 최민섭, 정학순 등은 경찰(순사)과 남의 눈을 피해 도갑 봉산鳳山 숲 속에서 회동하여 4월 10일 9시 구림과 영암에서 동시에 독립 만세시위를 하고 그 여세를 몰아 모두 영암으로 집결하여 영암 전체의 대대적인 독립 만세운동을 펼치기로 결정하고 조극환이

건네준 독립선언문, 태극기, 독립운동가를 넘겨받아 유인물의 제작은 구림에서 맡기로 합의하였다.

당시 군서면 면서기(회계원)였던 최민섭은 4월 6일 신근정 박찬성朴燦成의 집에서 박규상, 조병식, 최기준, 김재홍金在洪, 정학순과 구림학교 학생 대표 등을 소집 회동하여 구림 독립

애국지사 조병식 묘비

만세운동의 취지와 계획을 설명하며 이에 대한 동의를 구하고 비밀 준수를 서약하고 사후 시위운동의 희생자를 최소화하는 방책까지 강구하였다. 시위에 필요한 유인물(인쇄물)은 최민섭의 책임하에 면서기 정학순, 김재홍 등이 면사무소 등사판을 이용해 제작하기로 하였다. 다행히도 당시 구림에는 주재소가 설치되기 이전이었다.

4월 8일 밤에 군서면사무소에서 독립선언문 500매와 태극기(태극문양) 150매를 등사 제작하고 4월 9일 학암 김월봉金月奉의 집으로 등사판을 옮겨 독립선언문 500매, 독립운동가 100매, 태극기 등을 다량 등사하였다. 이렇게 제작된 인쇄물은 구림에서 쓸 분량만 남기고 모두 정학순을 통해 야음을 틈타 영암 조극환에게 전달되었다.

모든 계획이 순조롭게 진행되어 박규상은 4월 9일 구림보통학교 학생 몇 사람에게 4월 10일 9시에 회사정 뜰에서 독립만세운동을 결행하게 되었다는 사실과 취지를 설명하였다. 또한 유인물을 전달하고 마을사람들에게도 나팔소리가 나면 회사정으로 모이라는 말을 암암리에 전달하도록 하였다.

4월 10일 오전 9시 비상 나팔소리를 듣고 회사정으로 모여든 (비상 나팔소리가 나면 평상시에도 마을에 중대사가 발생한 것으로 알고 나팔소리가 나는 곳으로 모이는 것이 관례였

애국지사 최민섭 묘비

다.) 300여 명의 주민과 수업을 거부하고 모여든 여러 학생들 앞에서 박규상이 엄숙하게 독립선언문 낭독을 했다. 그리고 조병식과 최기준이 연단에 올라 '다같이 독립만세를 외칩시다.' 하며 만세를 선창하자 모두 '대한독립 만세'를 연호하였다. 이 만세 소리는 마을을 넘어 들과 산으로 메아리치며 울려 퍼져 나갔다.

구림보통학교에서는 수업을 받기 위해 운동장에 도열해 있던 학생들이 만세운동에 가담하려고 하자 선생님들이 만류하여 교실로 들어갔으나 수업이 될 리 없었다. 정상조, 조희도曹喜道, 박성집朴成集, 박흔홍朴炘弘 등이 교실을 돌며 학생들에게 만세운동에 함께 할 것을 권유하고 종을 난타하였다. 학생들은 일본인 선생들의 저지를 뿌리치고 창을 뛰어 넘어, 모두가 만세시위에 합류함으로써 시위의 열기는 최고조에 달했다. 이를 감시 진압하기 위해 나와 있던 조선인 순사마저도 군중들이 모자를 벗기고 만세를 강요하자 상의를 벗어 던

지고 만세시위에 가담하지 않을 수 없었다. 길 가던 사람도 구경하던 사람도 남녀노소를 막론하고, 모든 사람들이 한 몸이 되고 한마음이 되어 '만세, 만세'를 외치니 그 수는 1,000여명에 이르고 그 기세는 번져가는 들불과도 같았다.

만세를 외치고 독립운동가를 부르며 질서정연하게 '비폭력非

의사 박규상 묘비

暴力, 무저항無抵抗'을 표방한 독립 만세시위였다. 시위대는 신근정을 넘어 영암으로 향하던 중 영암에서 출동한 다수의 무장 헌병 경찰에 의해 해산되었으나 다시 회사정으로 되돌아와 산발적인 시위는 계속 되었다. 그 때 구림천에 냇물이 많이 흘러 노두(징검다리)를 사이에 두고 시위대와 순사가 대치하면서 정상조 나팔수는 대담하게 나팔을 불어대며 순사가 쫓아오면 건너편으로 건너가 나팔을 불고 또 쫓아오면 반대편으로 건너가 나팔을 부는 숨바꼭질식 만세시위가 한참동안 계속되었다. 경찰에 정상조가 체포됨으로써 만세시위는 오후 5시 경에야 끝이 났다. 아쉽게도 영암에서는 시위 계획이 사전에 누설되어 뜻을 이루지 못하고 주모자들만 검거되고 말았다.

이와 같이 격렬하고 열화같은 시위가 비폭력적이고 평화적으로 이루어졌으나 이에 가담했던 100여명의 많은 주민들이 영암경찰서로 끌려가 온갖 신문과 고문을 당했다. 이 독립 만세시위를 주도했던 사람들은 장흥 지청으로 송치되어 1919년 5월 15일 박규상 징역 2년, 최민섭 1년 6개월, 조병식, 최기준, 김재홍, 정학순 등은 징역 1년을 언도받고, 대구고등법원으로 상소했다. 정상조, 조희도, 박성집, 박흔홍은 태형 90대에 처하는 판결을 받거나 벌금형을 받았다.

특히 박규상은 대구형무소에

애국지사 최기준 묘비

복역 중에 고문 후유증으로 몸이 극도로 쇠약해져 병보석(가석방)으로 석방되었으나 고향으로 오는 도중 서호강 선상船上에서 유명을 달리했다. 그는 운명의 마지막 순간에도 '구림이 보이는가?' 라고 물었다 한다. 그의 고향 사랑과 더 나아가 나라사랑이 얼마나 절실했는지를 생각할 때마다 더욱 안타깝고 숙연해진다. 이날의 독립 만세시위운동을 기념하기 위해 회사정 뜰에 기념탑을 건립하였다.

구림찬가

여기는
이 나라 이 겨레의 자주와 독립
맨주먹으로 외친 구림의 젊은이들
삼일 만세
핏발이 서린 곳
보아라
저기 월출 영암의 드높은 기상
낭주골에 뻗친 찬연한 햇살
비둘기 떼 날개 치며
창공에 치솟으니
박사 왕인이 누구던가
국사 도선이 누구던가
예서 나고 예서 배우며 예서 자랐구나.
오, 자랑스런 내 고장
천추만대 빛나는 예지와 총명
자자손손 이어온 우국과 충절

우리는 이 나라의 불기둥이로다.

우리는 이 민족의 큰 태극이로다.

대동계 한마당

회사정 뜨락에

그 날 만세 소리 다시 살아나니

구림의 젊은이여, 영원하라.

구림의 젊은이여, 영원하라.

서기 2001년 4월 10일 낭주후인 최승호 헌시

3.1 독립만세운동에 앞장 섰던 분들

마 을	성 명	나 이	직 업
동구림	최민섭	28	면서기
	조벽식	28	면서기(농업)
서구림	박규상	27	농업(학생)
	최기준	24	농업(학생)
해 창	김재홍	28	면서기
성 양	정학순	28	면서기
서구림	정상조	38	농업(선두)
	조희도	27	농업
	박성집	32	용인
동구림	박흔홍	39	농업

2. 광주학생운동과 구림유학생들의 민족운동

우리나라 독립운동사에 찬연히 빛나는 광주학생독립운동은 1919년 기미년 만세운동이 전국을 휩쓸고 지나간 뒤 10년 만에 일어난 독립운동사의 대사건이다.

이 학생독립운동은 1929년 11월 3일 광주에서 시작하여 서울과 평양을 비롯한 전국 194개 학교의 학생들이 참여하여 전체 학생의 절반이 넘는 5만 4천명이 희생된 엄청난 대 민족운동으로 기록되고 있다. 이 학생 독립운동을 이끈 숨은 주역 가운데 우리 고장 구림 출신의 젊은 학도들이 있었으니 그들은 광주고등보통학교에 유학 중이던 최규창崔圭昌(1908년생), 최규성崔圭星(1908년생), 최규문崔圭文(1913년생) 그리고 광주사범학교의 최상호崔相鎬(1902년생) 등이었다.

이 가운데서 가장 먼저 광주고보에 입학했던 최규창은 광주에서 대규모 시위가 일어나기 3년 전인 1929년 11월 3일 그가 하숙하고 있던 광주시 불로동의 여관방에서 장재성張載性, 왕재일王在一등 15명(광주고보생 9명, 광주농업학교생 6명)과 함께 학생 독립운동의 불씨가 된 항일 비밀결사체인 '성진회醒進會'를 창립하는데 주도적인 역할을 하였다.

이 항일 비밀 결사의 목적은 명칭 그대로 '깨우쳐 나아가자'는 구호이자 투쟁의 본질이기도 했으며 독청독성獨淸獨醒이란 말에서 성醒자와 진격진군進擊進軍에서 진進자를 따서 최규창이 직접 이름을 지었다. 한마디로 민족적 자각심을 깨우치고 앞서 나감으로써 빼앗긴 국권을 되찾자는 뜻이었다. 1년 뒤 광주사범학교생 5명이 추가로 입회하는 등 세력을 확장해 갔으나 발전적으로 해체하여 독서회 중앙본부와 각 학교 독서회로 확대 개편되었다. 최규성, 최규문, 최상호 등은 모두 이 후속 단체인 독서회의 핵심 인물들이며 최규성은 동맹휴학과 관련 퇴학당하자 일본으로 피신, 갖은 병고에 시달리다 귀국하여 끝내 운명을 달리했다.

하지만 이들이 항일독립투쟁의 일선에 나서게 된 배경에는 일찍이 구림에서 3.1만세운동에 앞장섰던 최민섭崔旼燮, 박규상朴奎相, 조병식曺秉植, 최기준崔琪焌, 김재홍金在洪, 정학순鄭鶴順, 정상조鄭相祚, 조희도曺喜道, 박성집朴成集, 박흔홍朴炘弘, 박찬성朴燦成 등 선각자들의 애국 열정에 힘입은 바 컸다.

특히 본관은 달라도 혈육 이상으로 두터운 정을 나누었던 구림 3.1운동의 주역 최민섭崔旼燮(해주인, 1892년생)과 학생독립운동을 주도한 최규창崔圭昌(낭주인)은 한 동네 위아래 집에 살면서 민족의식을 고취시키고 애국열정을 불태운 의형의 사제지간이나 다름 없었다.

다시 말하면 광주에 유학한 이들 젊은 학생들은 고향에 이런 선각자들이 있었기에 일찌감치 독립운동 대열의 선두에 뛰어들 수 있었던 것이며, 구림의 청년들은 앞을 내다보면서 조국과 민족의 장래에 대한 열망이 다른 어느 고장보다 강렬했던 것이다.

최규창을 비롯한 구림 출신 유학생들은 수차례에 걸친 동맹휴학과 식민지교육철폐 등 광주에서의 학생운동과는 별도로 방학 중에는 고향에 내려와 신학문을 전파하고 야학을 통해 문맹文盲을 깨우치는 데 앞장섰다. 일본 경찰들의 추적과 감시를 피해 가면서 '반제국주의' 사상을 주민들에게 주입시키고 피압박민족의 서글픈 현실을 깨닫게 하는데 온 힘을 다했다.

　이런 가운데 1929년 10월 항일 비밀결사 '성진회' 사건의 주모자로 최규창이 구속되어 광주지방법원으로부터 징역 3년 6개월이라는 중형을 선고받았고, 1929년 6월 광주시 서남리 자신의 집에서 광주고보 독서회를 조직한 사건으로 최규문이 징역 2년 6월, 또 최상호가 광주사범독서회사건으로 징역 2년형을 선고 받는 등 옥고를 치렀다. 이들은 모두 학교로부터 퇴학 또는 정학처분을 받았으며, 광주형무소에 수감 중에도 옥중 만세운동을 주도하는 등 재판결과에 불복항소, 대구 복심법원으로 이송되어 가서도 항일투쟁의지를 굽히지 않았다.

　한편으로는 광주학생운동 시위가 목포로 번져 1929년 11월 19일 목포상업학교 5학년생인 최창호崔昌鎬(1912년생, 학암 최영전 삼촌)가 주동이 되어 지휘하는 학생독립운동 시위가 목포 시가지를 휩쓸었다. 이 시위로 최창호를 비롯해 주동자로 18인이 재판에 회부되어 최창호는 2년 징역형을 선고받고 복역 후 일본으로 건너가 소식이 묘연한 상태이다. 공판정에서 재판장에게 이의를 제기하며 항의한 최창호의 기개는 구림사람의 표상이라 할 수 있다.

　또한 학생 독립운동의 주역들은 대구형무소에서 출감하자마자 1931~32년 6월까지 구림, 영보, 운암, 모산, 노송, 두억리 등 영암군 일원에 걸쳐 비밀 결사단체인 전남농업협의회를 조직하여 가난한 농민들의 소작쟁의를 주도하고 독립사상과 민족정기를 일깨우면서 농민운동을 계속했다. 이로 인해 이들은 1932년 6월경에 체포된 78명 중 1심과 2심에서 최상호 2년 6월, 최규창 2년형을 선고 받았으며, 박찬걸과 최규관은 무죄 방면되었다. 이 사건을 일명 형재봉 사건이라고도 한다.

木浦商業學校
十八人公判開廷
◇光州學生同情示威高敞事件
十三日光州法院서

慶州暴風雨로
二名이 溺死
강풍에 사람이 휩쓸려

警察部又緊張

光州高普事件
執行猶豫言渡
아홉명에게

☞ 광주고보 맹휴사건 공판기사. 최규창의 이름이
올라 있다. 〈조선일보〉 1927년 10월 10일 자

☞ 광주학생운동 목포상업학교 학
생 공판기사. 구림 출신 최창호의
사진이 보인다. 〈조선일보〉
1930년 3월 15일 자

☞ 최기섭 옹의 건국포상수상 기사. 〈호남매일신
문〉 2002년 8월 15일자

독립투사 최기섭옹

'건국포장' 수상 앞두고 작고

광복절 '건국포장' 수상을 한 달여 앞둔 지
난달 7일 최기섭옹(90)이 끝내 숨을 거둬 주
위를 안타깝게 하고 있다.

최옹은 지난 1932년 8월 영암군 군서면에서
야학교사로 활동하면서 그 해 11월 '구림야
학단'을 결성, 항일의식을 고취하다가 34년
당시 영암경찰에 붙잡혀 1년간의 옥고를 치
렀다.

그는 옥살이 사실이 혹시나 자녀들에게 누
가 될까봐 자신이 독립운동에 참여한 사실을

전혀 말하지 않은 것으로 알려졌다.

그러다 최씨의 딸이 1973년 일본에 가면서
신원조회를 하다 아버지가 독립운동을 하다
옥고를 치른 사실을 알았으나 지난해에야 자
료를 찾아 이번에 독립유공자가 된 것.

아들 최재선씨(45)는 노환에 시달리는 아버
지가 독립유공자로 지정될 수 있도록 하기 위
해 백방으로 뛰어 다니다 지난해 6월 정부기
록보존소에서 판결문을 찾아내 등록신청을
했다.

최씨는 "돌아가시기 전에 하루라도 빨리 훈
장포장 소식을 통보해 달라고 요청했으나 결
국 돌아가신 뒤에야 통보가 왔다"며 애석해
했다.

/박대성 기자 pds@honammaeil.co.kr

전남농업협의회 가담자들의 일체 검거와 계속되는 협박과 감시로 조직이 붕괴되자 최규문 등은 전남사회운동협의회를 비밀리에 조직 10여 개 지부, 5개의 조합, 28개의 야경단夜警團과 28개의 야학, 그리고 8개의 독서회를 운영하는 등 민중의 계몽운동과 일제의 저항운동을 계속했으나 이러한 과정에서 최규문, 최병휘, 채우동, 최기섭(1912년생)이 옥고를 치르는 고초와 시련을 겪었다.

광주서중에서 일제의 황민화皇民化 교육에 동화된 친일 학생들에게 민족정기를 바로 세우기 위하여 선배 학생들이 제재를 가한 일이 일본 경찰에게 알려져 소위 무등회 회원을 비롯하여 350여명이 검거되는 제2광주학생 사건이 일어났다. 이 사건을 주도한 서중 5학년생인 최태석崔太錫이 연루되어 사상 교화소인 대화숙大和塾에 연금되어 곤욕을 치렀다.

최규창, 최상호, 최규문 등은 광복 후 몽양夢陽 여운형呂運亨이 주도한 건국준비위원회의 일원으로 참여하였으나 좌우 갈등의 와중에서 이승만(초대 대통령) 우익진영과 미군정 당국이 주도한 남한 단독정부가 수립되었다. 이후 1983년 8월 15일 광복절 37주년 기념식에서 최규창은 건국훈장애국장을 추서 받아 대전국립묘지현충원의 애국지사 묘역에 이장되고 최기섭은 2002년 8월 15일 제57주년 광복절에 독립유공자로 선정되어 건국포장을 수상했다.

3. 8.15광복과 영암경찰서 무장해제

해방의 기쁨

벼논의 마지막 김매기인 만들이도 끝나고 농민들은 농사일에서 잠시 손을 놓고 망중한을 즐기고 논에는 푸른 벼들이 자라고 밭에는 진녹색의 무성한 콩잎이 바람에 출렁거리는 8월 중순 경 구림 큰들(뒷들)에서는 마을사람들이 여기저기서 점심시간 전에 가을 채소 파종을 끝내려고 바쁘게 움직이고 있었다. 채소밭에 퇴비를 내던 박씨댁 일꾼이 지게를 길가에 받쳐 놓고 곰방대에 담뱃불을 붙이면서 무씨 파종에 여념이 없는 장암 양반에게 "장암 양반! 장암 양반! 일본이 졌다고 해라우" 하고 소리쳤다. 장암 양반이 고개를 들며 '뭣이?' 하고 되묻기가 무섭게 "일본이 전쟁에서 졌다고 하드란 말이요. 라디오에서 그랬다고 마을사람들이 수근수근 해라우." 이 말을 들은 장암 양반은 건너편에서 채소를 심고 있던 사람과 들에 나와 있는 사람 모두 들으라는 듯이 큰 소리로 "어야 일본이 항복했다고 안한가." 하고 외쳤다.

이렇게 해서 큰 들에서 일하고 있던 사람들은 조국이 해방된 소식을 들었고, 그 기쁨에 어찌 할 줄 몰라 만세를 부르는 사람도 있었고, 호미를 들고 덩실덩실 춤을 추는 사람도 있었다. 이 날이 바로 1945년 8월 15일 일본이 패망한 날이요, 우리 민족이 해방된 날이다. 일제는 그 동안 마을사람들을 지긋지긋하게 들볶으면서 감추어 둔 쌀이나 벼를 찾아내어 공출로 끌어내기 위해 쇠꼬챙이나 대창으로 앞과 뒷뜰을 들쑤시고 다녔다. 쌀밥 해 먹는 것을 적발하고 감시하기 위해 군서기와 면서기가 부엌까지 쫓아 들어와 솥뚜껑을 열어 확인하고 마을에 할당된 벼 공출 목표량을 채우기 위해 눈을 부라리며 종주먹을 대면서 독촉하던 구장區長(지금의 이장)의 몰골을 안 봐도 되었다. 딸 시집보낼 때 혼수로 쓰려고 장만해 놓은 이불솜과 무명베를 장롱까지 뒤져가며 빼앗아가는 목화 공출을 안 해도 되고, 아버지나 남편을 잡아 징용 보내려고 순사나 면서기가 오밤중에 흙발로 방에 쳐들어오는 일도 없을 것이며, 처녀공출處女供出(위안부) 안 보내려고 아직 어린 티도 못 벗은 딸을 억지로 시집 안 보내도 되고, 애지중지 다 키워 놓은 귀한 자식을 죽음의 땅인 남양군도나 중국의 전쟁터에 보내지 않아도 되는 해방이 되었으니 어찌 춤인들 안 나오겠는가!

해방과 일제 청산

해방되었다는 소식에 무, 배추 파종도 내일로 미루고 약속이나 한 듯이 회사정 뜰과 학교 마당에 남녀노소 할 것 없이 한 사람 두 사람씩 모여들기 시작했다. 구림학교 교무실 위쪽에 일본 조상신이라고 하는 천조대신天照大神의 지방을 붙인 '가미다나(神架)' 밑에 정화수를 떠 놓고 학교직원들이 아침마다 박수를 치며 머리를 조아리고 경배를 하던 그 신성한 가미다나를 일본 선생들이 보는 앞에서 뜯어내려 운동장 한가운데 있는 오래된 느티나무 아래서 불을 붙여놓고 부채질을 하고 있는 사람이 있었으니 그가 바로 죽정에 사는 최태석崔太錫이었다.

일제 말 학생운동의 발상지인 광주서중에서도 내선일체, 동조동근론同祖同根論 등 일제의 민족말살교육으로 민족의식이 쇠퇴하여 일부 학생들이 친일 분위기를 조성하고 동조하는 행동이 많아졌다. 민족학생 운동모임인 무등회를 중심으로 내선일체, 동조동근론의 허구성과 조선어 사용, 창씨개명 반대 등 민족의식을 일깨우기 위하여 노력하고 있었는데 4학년 급장 장모가 학년별 특별활동에서 '조선인은 야만인이다' 라는 등의 폭언과 민족 비하 발언을 하고 '선배들은 왜 국어(일본어)를 사용하지 않는가?' 라고 항의하자 무등회 회원 기영도 奇英度, 신균우申均雨 등이 1943년 5월 10일 친일 발언을 한 4학년 급장 장모 등 몇 사람에게 체벌(집단구타)을 가한 것을 일제 경찰이 포착하여 학생 등 350명이 체포되고 30여명이 구속되는 제2의 광주학생사건이 일어났다. 최태석이 이 사건에 연루되어 사상전향 수용소인 대화숙大和塾에 감금되었으나 미친 사람(광인) 행세를 하여 감금에서 풀려나 구림 집에서 요양하고 있었다. 최태석은 민족정신이 투철하여 광주서중을 졸업할 때까지 창씨개명을 거부하고 일제에 항거한 민족주의자였으니 해방의 기쁨은 이루 말할 수 없었다.

가미다나를 불에 태우는 사이에 회사정과 학교 운동장에는 수백명의 마을사람들이 운집해 있었다. 운동장 남쪽 구석에 일본 명치천왕의 교육칙어가 들어있는 봉안전奉安殿이 있었다. 천왕의 생일, 명치절 등 중요 기념일마다 연미복을 차려입고 흰 장갑을 낀 교장이 고개 숙여 황공을 다하며 학생들을 줄 세워 놓고 교육칙어를 낭독하면서 내선일체, 동조동근론을 강연하여 동화 정책으로 우리 민족을 말살하려는 일제의 상징물이기도 했다. 가미다나를 태운 최태석은 '저 봉안전도 없애 버리자!' 라고 소리쳤다. '와!' 하는 함성이 오르고 운동회 때 줄다리기 하던 줄을 창고에서 꺼내와 봉안전에 줄을 걸고 많은 사람들이 양쪽으로 늘어서서 하나, 둘, 셋 하는 구령에 맞추어 줄을 잡아당기니 그 신성불가침의 봉안전도 허망하게 무너지고 말았다. 그 때 누가 먼저라 할 것 없이 친 박수와 만세 소리가 온 마을에 울려 퍼지며 메아리 쳐 갔다.

이런 일이 벌어지고 있을 때 구로사와(黑澤) 교장 집에서 향후 대책을 논의하던 주재소 순사부장巡査部長, 도자稻子가 사람들 눈에 띄었다. 누군가가 '도자가 교장집에 있다' 하고 외치니 서너 명의 장정이 교장집으로 쫓아 들어가 그를 끌어냈다. 도자 순사부장은 집집마다 돌아다니며 부엌을 뒤져 유기그릇을 빼앗아 가는 등 악질로 소문이 나서 공포와 증오의 대상이었고, 인심을 잃고 있었다. 도자를 잡아 회사정 뜰아래 꿇어 앉혔는데 모자를 벗기고 칼을 뺏는 과정에서 반항하여 머리를 얻어맞아 피를 흘리고 견장은 뜯겨 너덜거리는 초라한 모습이었다. 도자한테서 빼앗은 칼로 양 어깨를 치며 사과하라고 하니 꿇어앉은 자세로 머리를 조아리며 여러 번 절을 하면서 용서를 빌어 놓아주니 뒤도 돌아보지 않고 줄행랑을 치는 꼴이란 패전과 패자의 초라한 뒷모습이었다.

도자를 혼낸 후 최태석이 '신근정 신사당神社堂도 부숴버리자' 고 외치며 앞장서니 군중들은 '우~우' 하고 호응하며 최태석 뒤를 따랐다. 젊은 청년들이 앞줄에 서고 마을사람들과 어린이들까지 가세하는 시위 군중이 300m나 이어졌다. 최태석은 해방된 기쁨에 거의 미친 사람같이 목검을 휘두르며 대한민국 만세를 목청이 터져라 외쳤다. 군중들도 그에 뒤질세라 마을이 떠나가도록 만세를 외쳤다. 신근정으로 가는 도중 서울 보성중을 졸업한 최규란이 시위군중에 뒤늦게 합류하는 것을 본 최태석은 '서울에서 보성중학까지 나온 당신 같은 사람이 앞장서야지 왜 이제야 나오느냐' 고 목검을 들어올려 팰 듯한 자세로 호통치기도 했다. 학암 황산凰山 아래에는 주재소와 순사부장의 관사가 있었고 황산 꼭대기에 신사를 짓고 산을 깎아 내려 광장을 만들어 계단으로 올라가게 되어 있었다. 신사에는 일본 사람이 말하는 삼신기三神器인 검劍과 곡옥曲玉과 동경銅鏡의 모형을 비장해 놓고 큰 행사(국경일) 등에는 제를 지냈으며 학생과 일반 면민을 동원하여 참여시켰다. 초등학생들을 당번제로 경내를 청소시키고 아침마다 신사 참배하라고 강요했다.

그 신성하던 신사가 군중들의 손으로 뜯기고 발아래 짓밟히며 결국에는 불타 없어지고 말았는데 그 날 신사를 불태운 것은 전국에서 구림이 처음이었다고 신문에 보도되었다. 8.15해방의 기쁨을 나누고 큰 소리로 만세를 불렀던 군중들은 해가 질 무렵에야 삼삼오오 집으로 돌아가 보리쌀이나 좁쌀로 빚은 막걸리를 이웃과 함께 마시며 일제 시대의 고통과 해방의 기쁨을 나누며 이야기꽃을 피웠다.

영암경찰서 무장해제

일본이 항복했으니 영암경찰서 경찰들의 무장을 해제시켜야 한다는 여론이 구림 고재섭, 최상호, 최규문, 최규철, 조인택 등 지도층과 청년들 사이에서 일어났다. 8월 18일 경 고재섭을 필두로 많은 구림 청년들과 마을사람들이 영암으로 몰려갔는데 비가 내리는데도 어린아이들까지 뒤쫓아 가고 영암읍 사람들도 많이 모여들어 규모가 큰 군중집회가 되었다. 고재섭은 그 군중들 앞에서 뛰어난 말솜씨로 '패전으로 항복한 일본 군경의 무장해제를 주인인 우리가 해야 한다' 는 당위성을 역설하며 군중의 마음을 휘어잡았고 자연스럽게 우레와 같은 박수가 터져 나왔다. 고재섭을 비롯한 대표가 경찰 서장과 담판을 하려고 경찰서로 들어갔다.

전쟁에 패한 일본인들의 생명을 지켜 줄 것은 무기 밖에 없었는데 쉽게 무장해제를 당할 리가 없었고, 더구나 승전국인 미군도 아닌 민간인에게 무장해제를 당할 수는 없는 일이었다. 협상결과 무장해제의 상징으로 총 두 자루를 경찰서에 들어갔던 대표들이 들고 나오니 박수와 만세소리가 영암읍에 요동쳤다.

이 사건이 구림 청년들의 기개를 영암 사회에 각인시키고 알리는 계기가 되었다.

무장해제 그 후

그날 경찰서 무장해제를 하고 돌아오는 길에 영암 회문리 서초등학교 뒤에 일본사람이 경영하는 황천주조회사皇泉酒造가 있었는데 월출산의 맑은 물과 찹쌀로 빚은 황천이란 정종 술은 일왕에게 진상했다는 소문이 날 정도로 명성이 나 있었다. 이 황천회사가 적산敵産이니 이를 접수해야 한다고 황천회사로 몰려 들어갔다. 일본인 사장은 경찰서로 피신하고 없고 한국인 종업원이 큰 나무통에 술을 가득부어 놓고 마음대로 마시고 가라고 하니 보리막걸리를 마시던 사람들이 난생 처음 찹쌀로 빚은 정종을 마시게 되었다. 점심도 굶은 빈속에 맛이 달고 부드러운 정종을 마시니 술기가 올라 얼굴은 불그스레해지고 기분 좋게 건들거리며 구림으로 돌아왔다. 결국 일본 사람이 빚은 술로 해방의 기쁨과 무장해제를 성공시킨 축하주를 든 셈이었다.

그 다음 날 일제가 공출로 거두어 쌓아둔 벼를 나누어 준다는 소식이 있어 식구 수에 따라 한두 가마씩 집으로 가져오게 되니 늘 식량이 부족한 마을사람들에게는 큰 기쁨이 아닐 수 없었다. 동양척식東洋拓殖 회사 경작지에서 소작료로 거두어들인 벼(나락)가 군서면 해창 창고에 가득하다는 것을 알고 군서면에 거주하는 주민에게 벼를 나누어 줄테니 마을 책임자의 인솔 하에 창고로 나오라는 통지를 하였다. 구림 청년들은 벼를 나누어 주는 과정에서 혼란이 발생할 것을 염려하여 대나무를 창처럼 깎아 가지고 있었으나 지도자들이 시비가 붙을 경우 사람이 다치거나 죽을 염려가 있다고 하여 학교에서 군사 훈련용으로 사용하던 총 끝에 고무가 달린 목총으로 대체하는 현명함도 보였다. 공출供出에서 거두어들인 벼보다 월등하게 정선精選 해둔 벼를 군서면 주민 한 가구당 한 두 가마니씩 나누어 주어도 벼가 남아 돌았다.

남은 벼를 해창에 정박해 있던 중선 배 두 척에 싣고 구림으로 옮겼다. 이 때 구림 청년들의 조직적으로 움직이는 단결력과 대담한 기세에 눌려 사공들이 모두 피하고 없어 애를 먹었다. 배 한 척을 운항할 사공 한 사람은 가까스로 구했으나 한 척은 배를 타 보았다는 어설픈 사람을 데려와 양장으로 배를 출발시켰다. 사공이 있는 배는 잘 가는데, 사공이 타지 않은 배는 가지 못하여 바다 한가운데 새워 놓고 밤을 새고, 양장에서 사공을 데려와서야 배를 움직일 수 있었다. 양장에서 우마차를 동원하여 벼를 구림으로 운반하고 집집마다 고루 분배하였다. 이와 같이 두 번에 걸쳐 벼를 얻게 되니 나물죽과 멀건 좁쌀죽으로 연명하던 마을사람들은 그 쌀로 송편도 빚고 떡도 하고 생전 처음으로 푸짐한 추석 상을 차릴 수 있었고, 해방의 기쁨을 만끽할 수 있었다.

4. 희망과 패기가 넘쳤던 구림청년단

일본 강점기의 징병

일본은 1937년 중일전쟁을 일으키고 41년 미국 하와이 진주만을 기습하여 태평양전쟁으로 확전擴戰되어 1938년 조선 청년들을 지원병이라는 명분으로 군대에 동원하고 1943년에는 징병제도까지 시행하였으며 초등학교에서 청년훈련소靑年訓練所라는 것을 운영하였다. 18세부터 20세까지의 청년들을 학교 수업이 끝난 오후에 일주일에 두 세 차례 소집하여 훈련하였는데 예비역 오장이었던 호시나선생이 교관이 되어 재식훈련과 끝에 고무가 달린 긴 목총으로 총검술 연습 등을 시켰다. 일제의 군사 훈련 때문에 청년들이 한 자리에 모일 기회가 많았고 이것이 구림청년단 태동의 동기가 되었다.

징병1기에 해당하는 갑자생甲子生(1924년생)에게는 '묻지마라 갑자생'이란 별칭이 구림 뿐 아니라 전국에 널리 퍼져 있었다. 일제 강점기 갑자생은 모두 전쟁터에 끌려가야 하고 그들에게 행幸과 불행不幸, 생生과 사死를 묻지 말라는 의미를 함축하고 있었다. 일본은 북쪽 알류산 열도의 아쓰섬, 남양의 사이판섬과 솔로몬 군도 등에서 부대전원이 몰사하는 패배를 했지만 옥쇄라는 거룩한 말로 호도하고 군신軍神이란 이름으로 미화시켜 불안한 일본 사람들의 민심을 달랬다.

이 같은 상황에서 갑자甲子생(1924년생), 을축乙丑생, 병인丙寅생은 군대에 끌려가게 되었고 군대에 끌려가면 죽는다는 생각 때문에 본인은 물론 가족의 마음까지 괴롭혔다. 전쟁터에 끌려가면 언제 죽을지 모른다는 불안이 이들의 가슴속에 팽배해 있어 이 불안을 달래고 서로를 위로할 수 있는 수단으로 구림에 생겨난 것이 일본말로 '아라시다이'라는 모임이다.

서호정 최규완崔圭完이 중심이 되어 현영삼, 최태호, 박한석, 최재영, 조재린, 손석찬, 최호섭, 최유섭, 최재구, 정창식, 최문석, 박정재, 최재윤, 전종백, 최규택(죽정) 등이 모임이 있을 때나 군대소집 영장이 나오면 송별회(壯行會라고도 했다)를 한다고 구림주조장에서 막걸리를 특별 배급(당시에는 막걸리도 배급제였다) 받아 두주불사가 대장부 남아의 호기라고는 했지만 술로 분풀이를 하듯이 밤새워 술을 마시고 어깨동무를 하고 큰소리로 노래를 부르며 마을 골목을 휩쓸고 다녔는데, 마을사람들은 물론 주재소에서도 관여하지 않았다.

일본 군대에 끌려가 6, 7개월 또는 3, 4개월 동안 일본 본토나 함경도, 평안도 등지에서 군대 생활을 하다가 또는 부대로 배속되는 도중에 8.15해방이 되어 징병으로 끌려간 8, 9명과 지원병으로 군대에 갔던 청년들이 고향으로 돌아왔으나 고산리 박인재와 배척골 최재원(재희)는 태평양전쟁 희생자로 영영 돌아오지 못하고 말았다. 고향으로 돌아온 청년들은 해방된 기쁨과 들뜬 마음속에서도 자신과 고향은 물론 해방된 조국을 위하여 무슨 일이라도 할 수 있다는 의욕이 넘치고 희망에 부풀어 있었다.

구림청년단의 결성

이런 분위기 속에서 자연스럽게 구림청년단이 1945년 9월에 결성되었다. 청년 단장에는 독학으로 면서기 시험에 합격하고, 그도 모자라 전문학교 입학검정시험과 공립국민학교 교사시험까지 합격하여 교사로 재직했던 사람으로 마을사람들의 존경을 받고 있던 박현규가 추대되었다.

또한 건국준비위원회 산하 영암치안대 부대장으로 영암 풀치재에서 강도를 맨손으로 때려잡은 일본 무덕관武德館 공인 유도 3단인 조개암이 부대장이 되고 광주농업학교와 사범강습과를 나와 영암초등학교에서 교편을 잡았던 조재수, 재주로 똘똘 뭉친 최성기와 조인택의 도움을 받았고 일제 강점기의 '아라시다이'가 주축이 되었다. 구림청년단은 처음 사업으로 알뫼들 당산에서 북송정을 거쳐 지남들 모정방죽 위 오리샘까지 약 3km의 농로를 개설하였다. 농로개설자금을 마련하기 위하여 조개암, 최길보, 최재수, 최은섭, 최내섭, 최필봉, 최재연 등 7인조가 농악대를 조직하여 (마당 밟기) 모금에 적극 참여하였다.

취주악대의 탄생과 활동

그리고 학산면 광암 마을에 사는 현영채가 소유하고 있던 트럼펫, 트롬본, 클라리넷, 심벌즈, 대북, 소북, 아코디언 등의 악기를 사들였는데 악기를 구입할 자금 2,000원(당시 황소 한 마리 값)을 마련하기 위하여 청년들은 가을 내내 벼 베기나 등짐을 맡아 품을 팔고 농악놀이를 하여 그 재원에 보탰다. 악기를 구입한 후 연주를 지도해 줄 선생님도 없었으나 끈질긴 연습과 노력으로 연주할 수 있는 실력이 쌓이게 되었다.

거의 매일 회사정에 모여 트럼펫은 박재원, 트롬본은 현영삼, 클라리넷은 최재겸, 대북은 조재련이 메고 소북과 피리를 부는 취주악대가 '아침 햇빛 받아서 우리 동포들'로 시작되는 구림청년단가를

부르고 연주하며 대오를 지어 회사정에서 신근정까지 갔다 돌아오는
데 항상 동네의 크고 작은 아이들이 취주악대의 뒤를 따랐는데 그 악
대의 모습은 장관이었고 자랑스러워 신이 나기도 했다. 악대는 구림
초등학교는 물론 서호면 장천초등학교, 학산면 초안초등학교, 덕진
초등학교 등의 운동회까지 초청되어 연주할 정도로 인기가 대단하였
다. 이 악대가 인연이 되어 박재원, 최재겸, 최종성 등은 군에서 군악
대원이 되고, 박재원은 육군 7사단 군악대장을 역임했다.

박재원朴才元(1925년생)은 박봉윤 씨의 아들로 대위로 제대 후 광주
에 살다 노년에 구림으로 이사하여 생을 마감했다. 광주에 있을 때
고향 사랑과 친구에 대한 애절한 그리움을 담아 가사를 쓰고 작곡한
노래가 있다. 박재원의 부친은 밀양박씨로 원래 영암에서 관리생활
을 하다가 구림의 인심, 교육과 생활환경에 반해 직장을 사직하고 구
림에 들어와 정착했다.

구림 취주악대의 영향을 받아 영암읍에서는 무궁청년단을 조직하
여 뒤늦게 큰 규모의 악단을 만들었다.

또 잊을 수 없고 빼 놓을 수 없는 것은 사방이 집과 담으로 둘러싸
인 대동계 마당에서 3일 동안 소인극素人劇을 계속 공연했는데 표를
사기 위해 일찍부터 줄을 서고 담장 위에 올라가고 아이들을 목마를
태우는 등 인산인해를 이루어 미처 입장하지 못한 사람들은 밖에서
발을 동동 굴려야 했으며 이웃면에서 구경을 올 만큼 대단한 인기였
다.

소인극은 '홍도야 울지 마라'와 소작쟁의를 극화한 것이었는데
이 시골 벽촌에서 어느 재주꾼이 각본을 쓰고 연출을 했는지 지금 생
각해도 감탄하지 않을 수 없다. 배역에는 아버지 박한석, 어머니 최
준호, 큰 아들 최유섭, 작은 아들 정창식 등이었다. 막간에 손석찬의

아코디언과 조재수 선생의 멋진 기타 반주에 맞추어 노래를 부르고 최유섭과 최준호가 춤을 추어 한층 흥을 돋워 많은 박수를 받는 등 무대 장치를 바꾸는 동안의 지루함을 달래 주었으며 손석찬은 재기 넘치는 유머로 웃고 울리는 연출을 해가며 소인극 진행을 맡아서 한층 관객들의 흥을 돋우었다. 당시 경찰지서 직원들도 구경을 왔는데 잘한다고 칭찬하면서도 그만하라고 제지하는 바람에 목포로 공연하러 갈 큰 계획을 접어야 했다. 이렇게 씩씩했던 구림청년단도 국내 정세의 변화와 주암 3.1절 행사 시위사건을 계기로 단원들이 뿔뿔이 흩어져서 해체되고 말았는데, 그 신명났던 추억은 아직도 구림사람들 가슴에 생생히 기억되고 있다. 끝으로 당시에 구림청년단원뿐 아니라 어린애들까지 모두가 즐겨 불렀든 구림청년단가와 내 고향 구림을 소개한다.

내 고향 구림

작사작곡 박재원

천천히

mf 그 리운 그 친구들 가 고없는 데
이 제는 고운얼굴 주름잡히고

mp 형 과 나 단둘이만 남 아있구려
만 나면 이야기꽃 끝 이없는 데

mf 삼 사 월 벚꽃놀이 그 때그시 절
씩 씩 한 젊은이들 일손바쁘고

가 버 린 그 친구도 못 잊어하리
선 진 의 구림건설 자 랑스럽네

후렴

P 그 리 워 라그리 워 라

f 잊 지 못할고향 구 림.

5. 1947년 삼일절 기념시위와 발포사건

광복 전의 청년활동

일본이 중일전쟁에 이어 하와이 진주만을 기습하여 미국과 태평양 전쟁이 시작되고 전쟁으로 인한 식량과 물자의 부족을 피하고 미군의 공습 피해를 줄이기 위해 전시 소개령을 발동하여 일본에 거주하고 있는 조선 사람들을 이주시켰다. 여러 가구가 일본에서 고향인 구림으로 돌아오고 구림사람과 친척 관계에 있거나 안면이 있는 사람도 일본을 떠나 구림으로 이주해 온 사람이 많았다. 북송정을 일만 원에 사들인 박두현, 고창 사람인 강현수, 최재윤의 매형인 양씨가 그렇게 구림으로 이주한 사람들이다. 또 학병이나 징병을 피하기 위하여 신병을 핑계로 절이나 깊은 산으로 몸을 숨기거나 시골로 피난해 숨어 사는 사람도 있었다.

그 중에서도 담양 평창의 지주 아들이면서 최규문의 처남이며 현준호와 인척 관계에 있는 보성전문 출신 고재섭高在燮이 학파농장 직원으로 백암동에 살고 있었으며 1923년 광주농업학교를 졸업하고 광주청년회 핵심간부로 3.1만세 운동에 참여하였고, 1920년대 후반에 조선 공산당 간부를 지낸 광주 출신 강석봉이 일본인 처와 함께 최규문의 주선으로 남송정에 거주하고 있었다. 구림교 출신으로 학산면 화소가 고향인 화가 소송小松 김정현도 구림에 살고 있었다. 경제적으로 어려웠던 시절에 최규문의 주위에 고재섭, 김정현, 강석봉, 최상호, 최규철, 박찬걸, 조인택 등이 어울려 지내게 되었다.

구림교 조선인 교사인 조창수, 이래원 등이 가세하여 구림에 지식인들이 많아져 마을 청년들과 마을사람들에게 큰 영향을 미쳤다. 구림은 마을이 커서 같은 해에 태어난 동갑내기가 남자들만으로도 10여명 이상이 되어 갑계라는 동갑 모임을 만들 수 있었고 자신을 중심으로 형의 친구나 동생의 친구가 따로 그룹을 형성하고 있었다. 최규문보다 나이가 아래층으로는 최택호, 최군섭, 조삼환, 최재동, 박화상, 최재훈 등이 있었고 갑자생인 최규완을 중심으로 현영삼, 최유섭, 손석찬, 박한석, 정창식, 최재구, 박정재, 최태호, 조재린, 최재영, 전종백, 최규택(죽정) 등이 또 한 그룹을 형성하고 있었다.

광복 후 영암 상황과 미군정

8.15해방 후 미군의 한반도 진주가 늦어지면서(1945년 9월 8일) 공백기가 생겨 남한에는 조선건국준비위원회가 발족하고 인민위원회와 치안대가 생겼다. 영암도 3.1만세운동 때부터 구림과 긴밀한 관계를 맺었던 향리(읍) 출신 조극환이 인민위원장을 맡고 부위원장에 고재섭(구림), 위원에 조덕환(향리), 최상호(구림), 곽인섭(평리), 이창희(망호정), 유근욱(신북), 조사연(영암읍), 최규동(영보), 문학진(장암), 최규문(구림), 임병남(금정) 등이 맡았는데 이들은 대부분이 민족운동에 관여하거나 광주학생운동에 참여했던 인물들이었으며 치안대 부대장을 조개암(구림)이 맡았다.

일본이 물러가고 건국준비위원회가 나름대로 영암의 행정과 치안을 유지해 왔는데 1946년 2월 미군정이 건국준비위원회를 해산시키는 과정에서 집기가 부서지고 의자가 날아가는 저항이 있었으나 미군정이 힘과 무력으로 밀고 들어와 건준은 와해되고 읍 출신인 조칠환, 하헌찬, 김상경, 김학용 등 한민당 계열의 우익 인사들이 군의 행정고문으로 활동하면서 주도권을 잡고 군 행정을 좌지우지 해 나갔다. 건국준비위원회 해산 후 건준 참여자들은 미군정 당국은 물론 한민당 계열에 대립 각을 세우게 되었는데, 그 당시 국내 정세는 배고픈 사람이 먹을 것을 탐내듯 정치가 무엇인지도 모르는 사람들도 정치에 빠져 드는 상황이었다. 미군정은 1946년 철도총파업과 정판사 위폐사건을 계기로 좌익 세력에 대한 탄압의 강도를 높여 갔으며 이승만 등 우익진영은 반공이란 기치아래 ○○청년단○○靑年團을 앞세워 미군정에 적극 협조하며 좌익 세력의 색출에 앞장섰다.

시위행렬과 발포

1947년 영암에서는 건준(조선건국준비위원회) 인사들이 영암 공원에서 대대적 3.1절 기념행사를 계획하고 신북, 덕진, 도포, 시종 등 동북지역은 덕진에서 서부인 군서, 서호, 학산 등은 군서면 주암 앞에서 집결하여 양 방향에서 동시에 출발해 영암공원에서 합류하기로 하였다. 마을사람들과 아이들은 영암에서 3.1절 기념행사도 하고 굿판을 벌인다는 소문에 많은 사람들이 모여들어 오전 11시경이 되자 주암 앞 도로를 꼭 메워 200m나 이어졌다. 구림 청년들이 어깨동무를 하며 앞장서고 악대가 나팔을 불며 분위기를 돋우고 군중들을 향해 대중 연설이 한창일 때 3.1절 기념행사 정보를 입수한 경찰이 군서지서 차석으로 근무했던 하○○의 지휘 하에 경찰학교 학생들까지 지원 받은 경찰들이 시위 현장에 출동했다.

경찰은 두 줄로 시위 군중 앞에 진을 치고 '불법 집회니 해산하라' 고 종용했으나 주최 측은 '집회의 자유를 막지 말라' 고 주장하면서 신경전을 계속 하던 중 경찰 측에서 '20분 내에 해산하지 않으면 발포하겠다.' 고 경고하였으나 시위 군중 속에서 '발포할 테면 해봐라' 하고 여기저기서 야유가 터져 나왔다. 한참 후 경찰이 공중에 대고 총을 쏘았다. 군중 속 여기저기서 또 '공포다, 공포다' 하는 외침이 들려 왔는데 경찰 측에서 '이래도 공포냐 하고 물이 있는 논에다 총을 몇 발 쏘니 물기둥이 튀어 올랐다.

군중들은 동요하기 시작하고 경찰은 이때다 하고 시위대 앞 발부리에 대고 총을 난사하니 맨발로 논으로 도망치는 사람, 마을 쪽으로 도망치는 사람, 신작로를 따라 도망치는 사람 등 아수라장이 되었다. 이 총격으로 한 사람이 부상당했다는 소문도 있었으나 확인되지 않았다.

그 이후 경찰이 주동자 검거에 나섰는데 오산 박도열은 뒷덜미를 잡혔으나 양복을 벗어 던지고 도망쳐 검거되지 않았고, 고산리 현영삼과 죽정 최규택이 붙잡혀 군정 포고령 위반으로 6개월 형을 선고받아 목포형무소에서 형기를 마치고 돌아 왔는데 그들은 그 후 확고한 좌익 인사로 변신해 있었다. 시위대들이 도망친 현장에는 고무신을 비롯한 여러 형태의 신발이 흩어져 전쟁터를 방불케 하였고, 그 신발이 한 가마니나 되었다고 한다. 이 시위는 제주도에서 일어난 4.3사건, 1년 전 3.1절 시위대 사건 등 전국에서 비슷한 사건들이 많았으며 이 사건 이후 좌익 조직은 비합법 단체가 되어 지하로 숨은 계기가 되었다.

배바우 앞 3.1절 발포 사건은 해방 후 한국에서 시위대에 대한 최초의 총격 사건으로 기록될 것이다.

6. 월출산의 마지막 빨치산

남북 분단과 해방 정국

8.15 광복 후 우리 민족의 염원은 나라를 되찾아 자주 독립 국가를 세우는 것이었으나 38선을 경계로 북쪽은 소련군이 남쪽은 미군이 점령하여 군정을 실시하였다. 또 소련은 북쪽에서 공산당과 김일성을 앞세워 친일파를 철저히 단죄하고 지주의 농지를 무상몰수해서 국가 소유화하고 농민에게 경작권을 분배했으나 형식만 다를 뿐 국가가 지주가 되고 농민은 수확물을 3:7제로 국가에 헌납하는 소작인 같은 처지로 전락했으며 미국은 남쪽에서 이승만과 한민당을 지원하여 민족정기를 바로 세우지 못한 채 행정 경험을 살린다는 구실 등으로 친일파를 중용하였고 농지를 유상매수, 유상분배를 함으로써 농민들은 자기 농지를 갖는 자작농이 되었는데 이와 같이 남북 간의 체제와 정책적으로 상당히 다른 모습으로 자본주의 체제와 공산주의 체제의 각축장이 되어 냉전의 중심에 서게 되니 민족의 분열과 갈등만 심화되어 갔다.

남한에서는 미군정 초기에는 집회, 결사, 언론의 자유가 보장되어 지도층과 국민이 신탁, 반탁으로 갈라져 국민 여론이 분열되었고 모든 사람들이 애국자요, 정치가가 되어 극우에서 극좌까지 수많은 정당이나 단체가 우후죽순처럼 생겨나 정국의 주도권을 확보하기 위한 정쟁과 대립 속에서 분열만 더해 갔고 구림도 그 태풍 속을 비켜 갈 수는 없었으니 이러한 혼란스러움이 구림도 예외일 수는 없었다. 구림사람의 마음속에는 한말 때 정상조, 전병순 등의 의병투쟁과 동학농민전쟁 때의 영암 접주 조정환, 일제강점기의 3.1독립만세운동, 구림유학생이 앞장선 광주학생사건, 해방 후 맨손으로 일본 경찰을 무장해제 시킨 사건에서 나타났듯이 민족의식과 불의에 대한 저항정신이 밑바탕에 흐르고 있었다.

통일된 민족 자주독립 국가는 좌절되고 일제의 지배에 지쳐 있던 국민들은 일제의 연장선에서 미군정에 대한 거부감이 팽배해 있던 차에 건국준비위원회가 와해되어 마을로 돌아온 선배와 유학생들의 영향으로 유능하다는 대표적 열혈 청년 몇몇이 여러 형태의 독서회를 통해 사회주의 이론에 젖어들어 갔다.

거기에 군정 법령 위반으로 형을 살았거나 중학교(당시 6년제)에서 동맹휴학으로 퇴교 당한 학생도 좌경 조직에 발을 들여 놓게 되었다. 이런 모습은 당시 전국적인 농촌 사회의 공통된 현상이었으며, 영암에서도 반촌이며 비교적 지식층이 많았던 신북 모산, 영보, 장암, 용흥, 구림, 엄길, 용산, 미암 학산면 등의 마을 출신들은 잦은 교류와 혈연으로 얽혀 있어 암묵적으로 공감대가 형성되어 있었던 것도 그 원인 중의 하나였을 것이다.

월출산의 빨치산 활동

1946년 6월 이승만이 정읍에서 남한 만의 단독정부수립을 공언한 이후 좌익세력은 더 조직화되고 활동범위를 넓혀 갔으나 1947년 3.1절 주암집회의 발포사건 이후 탄압이 심해지고 마을에서 조직 활동이 불가능해지자 1947년 7월경 영암 이봉천, 등이 은신처를 월출산으로 옮겨 활동하다가 자연스럽게 무장 투쟁의 길을 택하면서 월출산 유격대(빨치산)가 탄생하게 되었다.

초창기에는 일제 때 사용하던 38식, 99식 등 빈약한 소총으로 무장하고 월출산을 중심으로 4~8㎞ 범위 내외인 영암, 덕진, 신북, 군서, 도포, 학산, 서호, 미암 등에서 선전과 조직 확장에 주력하고 식량이나 일용품을 조달해 갔으나 경찰의 탄압이 심해질수록 과격해져 갔다. 이런 와중에 경찰이 동계마을 뒤 냇가 둔치에 마을사람들을 모두 모아 놓고 좌익 쪽에서 활동하고 있는 사람의 열일곱 살의 어린 동생을 '좌익 활동하면 가족도 이렇게 된다'고 하면서 공개 총살하는 사건이 벌어졌다. 빨치산(유격대)들은 월출산을 근거지로 밤에만 마을에 나타난다고 해서 밤손님이라 불렀는데 마을사람들에게 식사 제공이나 협력을 강요하고, 말을 듣지 않으면 위협을 가하기도 하였는데 실제 1948년 말 경 도갑사 주지가 피살되고, 서호정 최규태, 동계리 최윤호 집에 불을 지르기도 하였다.

1948년 5.10선거를 전후해서 빨치산의 활동이 심해져 학암 황산에 있던 경찰지서는 돌과 흙으로 축대를 쌓고 호壕를 사람 키보다 깊게 돌려 파고 대발을 이중으로 둘러쳐 방패막이를 했으며 경찰은 밤이면 지서 밖으로 나오지 못하고 빨치산이 활개치고 다니는 세상이었다. 3일이 멀다하고 경찰지서를 습격하고 경비전화 전신주를 자르고 전화선을 절단하니 마을별로 책임 구역을 정해 밤마다 전신주 하나에 두 사람씩 경비(야번)를 섰으며, 만일 전신주가 잘리면 경비책임자는 말할 수 없는 수모를 당하고 마을에서 돈을 걷어 복구했다.

실제로 제헌국회의원 선거일인 1948년 5월 10일(영암 무투표 당선지구) 죽정마을 담당구역 경비전화 전신주가 잘려 경찰관 3~4명이 공포를 쏘며 마을로 찾아와 전신주의 배상과 복구를 요구함으로써 마을의 좋은 일 궂은일을 도맡아 처리하던 당시 이장 최성규崔星奎(당시 26세, 1923년생)가 전신주의 배상과 복구를 약속하고 점심대접을 한후 였는데 동석했던 기동경찰의 총기 조작실수로 오발사고를 내 이장 최성규가 유탄에 맞아 사망하여 장례를 면민장으로 치루는 일도 있 었다.

1948년 제주도에서 4.3사건이 발생하고 48년 10월 19일 4.3사건 진압을 위해 여수에 대기 중이던 14연대의 육사 출신(3기) 김지회金智會 중위 일당이 '동족끼리 싸울 수는 없다' 며 제주도 파견을 거부하 고 군사반란을 일으켰다. 국군의 토벌작전으로 반란군이 지리산으 로 후퇴하는 도중에 도갑道岬, 동구洞口 출신으로 번개같이 빠르다고 '번개' 라는 별명을 갖고 있는 이성율李成律(하사)이 1개 분대의 반란 군 병력을 이끌고 월출산 유격대에 합류함에 따라 무기도 칼빈과 MI 소총으로 바뀌고 세력도 막강해졌다. 경찰지서는 물론 경찰본서가 습격당하는 사태가 발생하여 국군 20연대 1개 중대가 영암에 주둔하 게 되었다 1949년에는 미암 지서가 빨치산에게 습격당해 무기를 빼 앗기는 일이 발생하여 미암으로 지원 나가는 군인들이 성양리 저수 지둑에 매복하고 있던 빨치산에게 기습당해 큰 피해를 입었다.

그 후 구림마을에 군인들이 들이닥쳐 집집마다 돌아다니며 남녀 노소 모두를 끌어내서 회사정 뜰에 모아놓고 노인들에게 이놈저놈하 고 행패를 부리고 조OO, 최OO의 배 위에 큰 돌을 올려놓고 두들겨 패고 부녀자들이 보는 앞에서 남자 두 사람을 발가벗겨 조리를 돌렸 다. 젊은 사람은 무조건 구타했으며 인간의 한계를 뛰어넘어 차마 입 에 담을 수 없고, 기록에 남길 수 없을 정도로 만행을 서슴지 않아 '꽤씸 부대' 라고 불리고 마을사람들에게서 공권력에 대한 불신은 깊 어지고 거리는 멀어져 갔다.

도갑산 홍개골에서는 현영삼이 지휘하는 빨치산이 경찰 기동대의 포위공격을 받아 8~9명이 사살되었는데 구림사람은 박○○ 등이 있었다. 마을사람들은 밤에는 빨치산에게 시달리고 협박당했으며, 낮에는 경찰의 조사와 감시는 물론, 부역을 강요당하고 마을 이장들은 순찰 경찰이나 의경에게 닭을 잡아 식사를 대접하고 잡부금 걷는 것이 일과였으며, 때로는 마을 단위로 지서에 야참을 제공하기도 하였다.

이런 분위기 속에서 이념이나 사상과는 거리가 멀고 죽어라 일만 하던 평범한 마을사람들이 식사제공이나 식량을 요구하는 빨치산의 청을 거절할 수 있는 사람은 아무도 없었다. 그 중에는 빨치산에 동조한 사람도 간혹 있었겠지만 모두가 순수한 농민이었으며 바람 부는 데로 쓸리는 민초들이었다.

그러나 죽지 않기 위하여 마지못해 한 행동들이 빨치산에게 동조한 범죄자가 되어 빨치산 가족과 함께 보도연맹원이 되어 지서 아래쪽에 천막을 치고 집단 거주시켜 빨치산 습격의 방패막이가 되었다. 집단 거주 지역 밖으로 나갈 때는 허가를 받고 외출해야 했고, 다행히 천막살이를 면한 보도연맹원들도 지서에서 비상경보(싸이렌)가 울리면 논, 밭에서 일하다가도 내팽개치고 지서로 달려가야 했다. 한편 빨치산들은 모병을 한다면서 수시로 집으로 찾아와 남녀를 가리지 않고 입산할 것을 설득하고 강요하며 협박하는 일도 생겨 이를 피하기 위해 많은 청년들이 도시로 피신하거나 군대에 자원입대하는 일도 있었다. 정부수립 후 수십 차례의 빨치산 소탕 작전으로 점차세력이 약화되어 몇 사람 남지 않은 빨치산 잔존세력은 금정면 깊숙한 산속으로 숨어 버렸다.

월출산 마지막 빨치산의 최후

1950년 3월 하순, 즉 6.25전쟁 3개월 전 월출산에서 마지막 빨치산 활동을 하던 세 사람이 주지봉 밑 주재골 중턱 바위 뒤에서 아침 9시까지 잠에 취해 누워 있었다. 이 때 땔나무를 구하기 위해 주재골 골짜기를 올라간 남송정 박○○가 빨치산과 마주쳤다. 서로 당황하고 놀라서 나무꾼은 얼굴이 백지장같이 새파랗게 질렸다. 두 사람의 빨치산이 이 사람을 살려둘 수 없다고 주장하였으나 대장인 구림 출신 최○○이 '이 사람은 내가 잘 아는 사람이고 절대 신고하거나 배신할 사람이 아니다.' 라고 설득해 신고하지 않겠다는 다짐을 받고 살려주었다. 나무꾼은 이 사실을 경찰에 신고하기를 망설이다가 나중에 신고하지 않은 사실이 발각될 때의 후환이 두려워 마을로 돌아와 경찰지서에 신고하고 말았다.

영암경찰서 기동대가 출동하여 주재골 골짜기를 완전히 포위할 때까지도 빨치산들은 이 사실을 알지 못하고 잠에 취해 있다가 경찰이 집중 사격을 가하니 포복으로 도주하려고 안간힘을 썼으나 두 사람은 50m도 못 가서 죽고, 대장은 100여m 더 올라가다 죽었다. 처음 잠을 잤던 자리에는 운동화와 간이식기 등 일용품이 널려 있었고, 총의 개머리판은 바위에 부딪치고 나무에 씻기면서 얼마나 오랫동안 끌고 다녔는지 반질반질하게 닳아 있었으며, 죽은 빨치산 한 사람은 여자였으며 발에는 절이나 성황당에 걸려 있는 울긋불긋한 천으로 발을 싸매고 있었다. 이것이 월출산에 남아있던 마지막 빨치산의 최후 모습이었다.

이 사람들은 무엇 때문에, 누구를 위하여 온갖 고초를 겪으며 앞길이 구만리 같은 아까운 청춘을 받치고 비참하게 죽어갔을까?

7. 민족의 비극 6.25전쟁과 구림

경찰의 철수와 인민군의 점령

1950년 7월 27일 정오 경 구림 북동쪽에서 기관총소리와 소총소리에 대포소리가 간간이 뒤섞여 한 시간 가량 계속 들려왔다. 이 소리는 인민군이 영암에 발을 들여놓은 신호탄이었고, 인민군이 영암에 들어오기 전인 7월 23일 군수를 비롯한 영암유지와 가족들 약 70여명이 영암호(해창, 목포를 왕래하는 정기 여객선)를 이용하여 목포 쪽으로 피난가고 경찰은 7월 24일 해남, 완도 쪽으로 모두 철수하니 군청과 경찰서는 물론 영암읍은 무주공산無主空山이었다. 해남으로 철수했던 경찰이 7월 26일 밤, 다시 영암으로 되돌아왔는데 7월 27일 영암으로 밀고 들어오는 인민군과 이를 방어하는 경찰이 덕진면과 신북면 경계지점에서 교전하는 총소리였다. 27일 오후, 경찰은 해남 쪽으로 다시 후퇴하고 인민군이 영암에 진주하니 이것이 영암에서의 인민공화국의 시작이었다.

텅 비어 있는 모든 기관을 인민군이 접수하고 금정면 국사봉과 장흥 유치有治 산골짜기에서 군경에 쫓겨 은신하고 있던 빨치산의 잔존 세력인 이봉천, 황점택, 최양렬 등이 하산하여 이봉천은 도당道黨으로 올라가고 황점택은 군당 위원장, 최양렬은 인민위원장을 맡고 부위원장들은 북쪽 출신 인민군이 맡아 실권을 장악하고 실무를 지도

하고 있었다. 28일 군서면에서도 잠간 동안의 과도체제로 인민위원장은 양장 김○○, 부위원장 고산리 박○○가 맡고 군서면당위원장은 신흥동 최○○가 맡고 분주소장(지서장)은 고산리 조○○이 맡아 공산 치하에 들어가게 되었다.

마을사람들은 갑자기 바뀐 환경에 얼떨떨한 마음으로 숨을 죽이고 사태를 지켜보고 있었다. 구림 분주소에도 빛바랜 인민군복을 입은 어려보이는(17, 8세쯤) 인민군 두 사람이 파견되었으나 사전에 교육을 받았는지 아니면 이곳 실정을 몰라서인지 말과 행동을 조심하였고 지역 문제에 개입하려 들지 않다가 곧 철수하고 말았다. 인민군이 진주하고 경찰이 후퇴하면서 보도연맹원을 매밀 방죽 위, 도갑산 골짜기 등 인적이 드문 곳에서 집단 처형하였다.

처형당한 사람들의 가족과 6.25전쟁 전에 좌익 운동을 하다 형무소에 가거나 경찰에 의해 죽은 사람들의 유가족들은 가족을 잃은 슬픔에 억울함과 원통한 심정으로 들끓고 있었다.

결국 구림을 비롯하여 모정, 양장, 도갑 등 군서면 일원의 유가족들이 8월초 밤중에 배척골 최○○은 과거 경찰이었다는 이유와 알뫼들 최○○은 경찰지서를 자주 드나들었다는 이유로 타살하였으며 학암 박○○은 일제 경찰이었다는 이유로 타살하기 직전 분주소 직원이었던 정창식이 그 쪽을 향해 공포를 쏘아 저지하여 목숨을 건질 수 있었다. 이들 중 정창식은 '최○○ 같이 좋은 사람을 죽이다니'라며 사표를 내고 분주소원을 그만두었다고 한다. 이 사건 이후 마을사람들과 친구들 사이에도 언행을 조심하고 남의 눈치를 살피며 누구도 믿을 수 없다는 불신과 공포로 마을 분위기가 음산하게 바뀌었다.

구림에서는 이론과 신념을 가지고 좌익 운동을 했던 사람들은 6.25전쟁 전에 거의 죽고 살아남은 한 두 사람이 군내에서 활동하고 있을 정도였다. 유학생들이 학교에 모여 민주학도대를 만들고 연극 연습 등을 하였으나 크게 활약하거나 구림에 영향을 미치지는 못했다.

한편 인민군 치하에서는 마을의 논과 밭에서 생산되는 농산물을 3:7로 인민공화국에 바쳐야 했으므로 마을별로 농민위원회에서 수확량 조사위원을 지명하여 위원들이 수확량을 조사한다며 논에서 벼 낟알을 세고, 밭에서는 조 이삭 수를 조사하여 생산량을 책정하였다. 이런 모습을 마을사람들이 보고 일제시대 때 공출이 연상되고, 농민위원회에서 하는 일이 너무 지나치다는 생각으로 민심이 이반되고 유리되어 갔으나 불평이나 불만을 표시할 수도 없어 냉가슴만 앓고 있었다.

당(공산)에서 모병을 한다고 마을별로 청년들을 회유하고 설득한 바람에 의용군으로 자원입대한 사람도 있었고, 친구들끼리 어울려 두 세사람이 집단으로 입대하는 경우도 있었다.

인민군의 철수와 경찰의 수복

9월 28일 UN군의 인천상륙작전이 성공하여 인민군이 후퇴하기 시작하였다. 영암에서도 10월 1일 군의 기간요원과 남로당 간부들이 금정면에 있는 국사봉으로 입산하고 극소수만 남아 뒤처리를 하고 있었다. 구림에서는 민주학도대에서 활동하던 학생 10여명은 김일성 대학에 보내 준다고 하는 말에 10월 2일 구림을 떠나 월북을 시도해 나주 봉황면까지 갔으나 퇴로가 차단되어 10월 3일 구림으로 되돌아오는 일도 있었다.

또한 인민군 치하에 목포, 무안 등지에서 활동하던 많은 기간요원基幹要員(속칭 목포, 무안부대)들이 영암 월출산으로 입산하기 위하여 9.

28 직후 구림으로 몰려들어 왔다. 구림에 수일 동안 머무는 과정에 큰 가마솥을 몇 개씩 걸어놓고 취사도 하고 4성씨 문각에 분산하여 숙영하면서 대낮에도 회사정에 늘피하게 드러눕거나 마을을 배회하는 등 뒤숭숭하고 어수선한 분위기에 휩싸여 있을 때 당시 영암 군당 위원장이었던 황점택이 지프차를 타고 쫓아와 영암군당의 승인없이 관할 구역에 들어왔다고 거세게 항의하였으며 그 후 그들은 금정면으로 입산하지 못하고 말았다. 뒤처리를 위해 영암에 남아있던 공산당 잔존세력은 소련이나 중국의 넓은 지역에서나 사용하는 초토화전술을 좁은 한국에서도 사용하여 영암군 내에서 영보초등학교를 제외한 모든 기관과 학교 등 중요 건물을 소각하였으며 호적, 지적도 등 행정문서와 학적부 등을 불태웠다. 구림에서도 10월 2일과 3일에 그 일당이 면사무소, 지서, 수리조합, 학교를 비롯하여 대동계사와 회사정 및 교회까지 불태우면서 '양반냄새가 펄펄 난다' 고 했다고 한다.

10월 3일 월북을 시도하다 돌아온 유학생 몇 명과 마을에서 차출된 약 30명의 인원으로 자위대를 조직하여 마을을 순찰하고 밤에는 야경을 서거나 마을 경비 상황을 점검하고 있었다. 한편 인민군 잔존세력 일부와 인공치하에서 활동했던 이성을 잃은 공산 유격대 일부가 우익 쪽에 가까운 군경 가족이나 인공치하에서 반동으로 모함 받았던 사람과 기독교 신자를 잡아 들여 10월 7일 지와목에 있는 김기준 소유 주막에 가두고 불을 질러 교인 6명을 포함하여 28명이 사망하는 잔인무도한 참상도 있었다. 그들이 저지른 죄가 무엇이고 무슨 이유인지 모르면서 억울하게 죽어야만 했다.

그 후에도 인간으로서는 상상할 수 없는 참혹한 살육이 계속되었고, 혼인이나 재산 관계 등에서 생겨난 사소한 감정 때문에 혼란한 틈을 이용하여 보복하는 일도 있었다. 전쟁의 틈바구니에서 살아남기 위한 행위였다고는 하나 인민군 점령기에는 열렬한 공산주의자로 활동하다가 인민군이 물러나고 경찰이 수복한 후에는 경찰의 외곽단체에서 활동하는 투철한 반공주의자로 변신하여 좌우를 넘나들면서 설친 사람도 있었다. 법을 빙자하거나 앞세운 잘못된 권력이 얼마나 무서운 횡포나 폭력을 낳고 그 결과가 얼마나 참혹한 지를 수 없이 보고 듣고 겪었으며 눈이 먼 폭력 앞에 윤리와 도덕이 얼마나 하찮은 것이고 사람이 얼마나 약한 존재이고, 규범이나 법이 얼마나 무력하고 허무한 장식품인가를 6.25전쟁 때 일어난 수많은 사건들이 말해주고 있다.

6.25전쟁 전후를 통한 공포분위기는 예리한 칼날 위를 걷는 것처럼 말 한마디 빗나가거나 눈 한번 잘못 떠도 좌우를 막론하고 힘 있는 자들의 비위를 거스른 행위로 삶과 죽음을 갈라놓는 갈림길이었다.

수복 후 구림의 상황

영암읍 수복은 10월 초순 이루어졌는데 주암과 오산의 야산을 경계로 구림쪽은 미수복지구로 남아있었는데 구림에는 관동군 출신이었던 조○이 북한제 아시보소총(일명 따꿍총) 한 자루를 소지하고 있었을 뿐 무장 세력은 없었고 20~30명의 면 자위대만이 학암 창고에서 기거하고 있었다. 이 무방비 상태의 구림마을을 10월 17일 새벽에 경찰이 포위하여 아무 죄가 없어 피신하지 않고 집에 머물러 있던 힘없는 양민을 집단 학살하여 많은 사람이 사망하였다. 이후 경찰은 구림과 인근 마을을 드나들며 사람이 눈에 띄기만 하면 총질을 해대니 집에 있을 수 없어 산과 들로 피해 다녔다.

매봉 꼭대기에 깃대를 세워놓고 경찰이 읍쪽에서 오면 읍쪽에 대고 기를 흔들고 독천 쪽에서 오면 독천 쪽에 대고 기를 흔들면서, 징을 울리면 집에 있거나 일을 하다가도 마을사람들은 경찰이 오는 반대방향으로 피해 도망 다녔다. 11월 초순 해병대와 경찰의 대대적인 합동 작전으로 월출산에 은신해 있던 공산 유격대 소탕 섬멸 작전이 실시되어 목포, 무안, 해남, 진도부대 등 많은 공산 유격대와 입산자가 사살되었다. 월출산 소탕 작전이후 경찰은 낮에는 구림에 주둔하고 밤에는 영암으로 철수하는 일을 반복하였다. 구림에 있는 대나무를 베어 영암경찰서 외곽에 울타리를 만들기 위하여 대나무를 지게에 지고 경찰서로 운반하여 주고 돌아가는 사람들을 다시 경찰서로 끌고 가 결국 형무소에서 죽어 돌아 온 사람도 있었다. 아무리 전쟁 중이라고는 하나 사람을 죽이고도 '양면괘지 한 장이면 해결된다' 고 하는 공포와 살벌함이 극에 달했던 당시, 이대로 가다가는 마을사람들의 씨를 말리겠다고 느낀 조병희, 최규태, 최홍섭, 박찬걸 등 다섯

28인 묘

사람이 구림의 대표가 되어 죽기를 각오하고 영암경찰서를 찾아갔다.

1950년 11월 하순은 대통령포고령으로 공포된 부역자附逆者 자수 기간 이었는데 이들이 당시 영암경찰서 류기병 서장(1950.7.18.~1951. 1.18. 재직)과 협의하여 인공치하에서 부역한 사실을 자수하면 죄를 사면해 준다는 약속을 받고 돌아와 야번(야경) 선 사람까지 여러 사람들이 자술서를 써서 경찰서에 제출하였다.

12월 15일에는 구림이 완전 수복되고 경찰지서도 설치했으나 언제 지서에 끌려갈 지 몰라 전전긍긍하고 마음은 항상 불안하였다. 당시 구림 출신 인사들 중에는 구림의 사정이나 억울함을 호소할 판검사, 경찰간부, 위관급장교 뿐 아니라 순경 한 사람, 군인 사병 한 사람도 없었으니 순경 한 사람에게도 절절 매며 쥐 죽은 듯이 고개를 숙이고 온갖 설움과 수모를 감수해야 했다.

구림사람들이 6.25전쟁을 통해서 얻은 교훈은 어느 학자가 말했

기독교인의 순교비

듯이 '새는 좌우 날개로 난다'고 나와 의견이 다르고 생각이 다르더라도 조금씩 이해하고 수용하며 적과 동지란 이분법적 사고를 버리고 서로 상대를 이해하고 상부상조하며 더불어 사는 길을 모색하는 것이 우리 사회가 발전하고 모두가 화목하게 살아갈 수 있는 길이 아닌가 한다.

돌이켜 보면 약소민족으로서 영원한 우방도 적도 없는 약육강식이 판을 치는 냉엄한 국제사회에서 이에 대처하지 못한 탓에 일본에게 국권을 빼앗기고 타의에 의해 국토가 분단됨으로써 6.25라는 참극의 불씨를 만들었다. 또한 민족과 국가를 이끌고 갈 지도자들의 잘못으로 민초들은 많은 혼란와 갈등 속에서 갈라서고 휩쓸리며 형제의 가슴에 총뿌리를 겨누는 반인륜적이고 반인권적인 참혹한 일들이 일어나고 말았다.

다행히 국가 차원에서 과거사 조사와 명예회복 등 근현대사의 비극과 상처를 치유하고자 하는 많은 노력들이 이루어지고 있는 이때에 구림에서도 유족회를 만들어 의미있는 사업을 추진하고 있다. 6.25전후를 통해서 희생된 영혼과 그 후손들이 가슴에 맺힌 응어리를 풀고 하늘나라에서나마 서로를 용서하고 화해하며 손을 맞잡고 오갈 수 있는 다리를 놓아주고자 '사랑과 화해의 위령탑'을 세우고자 한다. 〈구림지편찬위원회〉의 2차 목적사업이기도 한 위령탑 건립에 많은 분들이 협력하여 사랑과 화해의 위령탑이 우뚝 설 수 있게 되기를 기대한다.

8. 구림 첫 포위와 양민 희생

1950년 10월 17일 면자위대面自衛隊 간부가 무슨 정보를 얻었는지 분대별로 분산해서 숙영宿營하고 5시까지 본부(학교관사)로 돌아오도록 지시가 있었으나 자위대원들은 이를 지키지 못하고 늦잠을 잔 벌로 동계리 당산나무까지 구보로 되돌아오는 기합을 받고 있었다. 6시경 학암 최용준이 한쪽 다리를 손으로 움켜쥐고 절면서 숨을 헐떡거리고 면 자위대 본부로 뛰어 들어와 '경찰들이 왔다. 빨리 피해라. 나는 총을 맞았다' 고 말하고 급히 집으로 돌아갔다.

그는 신근정 사거리에서 야경을 서고 있다가 경찰의 총에 맞고 필사적으로 도주하여 경찰이 왔음을 자위대에 알려줘 30여명의 자위대원은 서쪽으로 뛰어 고산리 동산을 넘거나 큰 길을 따라 상대 아래로 도망쳐 엄길 쪽으로 피신하여 생명을 구할 수 있었다. 경찰은 여러 차례의 염탐을 통하여 구림에 무장 세력이 없음을 확인하고 영암경찰서 김○○ 경위가 무장경찰 3개 소대를 이끌고 1950년 10월 17일 오전 3시경 구림을 포위하기 위하여 경찰서를 출발하였는데 그 중 일부는 착검을 하고 있었다.

구림을 향하여 오던 중에 경찰은 선인동 비석거리 근처 집에서 자고 나오던 죽정 최○○의 머슴을 칼로 죽이고, 강담안 주막 앞에서 주막집 셋째 아들과 평리 박○○를 자살刺殺한 후 신근정 사거리에서 야경을 서면서 '누구야' 하는 최용준에게 발포하였던 것이다.

경찰 1개 소대는 구림마을 북쪽 언덕을 따라 마을을 수색하면서 서호정 뒷동산을 거쳐 상대로 빠지고 1개 소대는 지와목 고개에서 고산리 뒷동산을 거쳐 남송정 뒷산 상대와 마주보는 지점에 머물고 1개 소대는 신근정에서 도로를 따라 집집마다 뒤지면서 사냥하듯 하며 상대에 이르러 2개 소대와 합류하여 모정 동호리 성양리 해창을 거쳐 영암으로 되돌아갔다.

그 과정에서 야번(경비) 섰던 사람은 물론 논이나 밭에 거름 짐을 지고 가던 사람을 비롯하여 집집마다 수색을 하고 사람들을 불러내 칼이나 총으로 죽이는 참혹한 일이 벌어졌다.

당시 마을에 머물던 사람들은 인민군 점령 시 아무 일에도 관여하지 않은 평범한 사람들이었고 인민군에게 협조하였던 사람들은 인민군이 철수하자 마을을 떠나고 없었다.

학암에서는 영암 망호리로 시집갔던 29세의 주부가 친정에 다니러 왔다가 칼에 찔려 죽고, 알뫼들 길갓집에 사는 17세 처녀는 인공 치하에서 심부름 한번 하지 않았지만 집에서 끌고 나가 면자위대 본부(당시 학암 학교관사) 큰길 가 담 밑에 참혹하게 죽여 놓아 길가는 사람들이 보기가 민망하여 볏짚으로 가려 놓을 정도였다.

딸이 끌려가는 것을 담 너머로 지켜보고 있던 어머니도 관자놀이에 총을 맞고 텃밭에 죽어 있었다. 고산리 알뫼들에서는 경찰이 나이 어린 처녀 두 명을 개천으로 데려와 옷을 벗으라고 협박하였으나 심한 수치심과 부끄러움으로 주저주저하니 한 명을 총으로 쏘아 죽이는 일도 있었다.

고산리 뒷동산에서는 죄 없는 사람은 나오라고 외치자 그 외치는 소리만 믿고 나간 사람들을 한 줄로 세워놓고 총을 쏘았다. 목포중학교 교사로 재직 중 큰집으로 피난 온 최호섭崔豪燮은 마루 밑에 숨어 있다가 외치는 소리를 듣고 '가면 안 된다' 고 만류하는 사촌동생의 손을 뿌리치고 '나는 죄가 없으니 괜찮다' 고 말하며 나갔다가 죽임을 당했다.

넓은 대나무 밭이나 마루 밑에 숨거나, 심지어 합수통(당시 시골 화장실) 인분저장소에서 목만 내놓고 피했던 사람들만이 간신히 살아남았다. 인민군 치하에서 인민군에 협력하거나 좌익 활동과는 무관한 우익성향의 사람도, 한문 공부만 해서 샌님이란 별명이 붙은 처녀 같은 사람도, 남의 집에서 머슴살이 한 사람도, 또 초등학교 6학년인 아이도 희생되었다. 총소리에 놀라고 무서워 도망치는 마을사람들에게 남녀나 노소를 가리지 않고 총탄 세례를 퍼부었다. 신근정 사거리, 학암 사거리, 집 담밑, 솔밭, 텃밭, 동산 위, 논(나락논), 개천가 번덕지, 간척지 등 여기저기 사방에 시체가 널려 있었고 심지어 바로 자기 집 앞에서 죽은 사람도 여럿 있었다. 무장도 하지 않은 양민들이 국민의 생명과 재산을 지키는 경찰의 손에 잔인하게 학살당하였다. 아무 잘못도 없는 양민들이 좌익 세력들에 의해 가족이나 친지가 희생당한 경찰의 분풀이와 복수의 제물이 되어 죽어갔다.

그들이 지나간 뒤에는 마치 무서운 태풍이 몰아쳐 마을을 헤집고 지나간 것처럼 나무는 뿌리째 뽑히고 나뭇가지는 찢기고 부러져 땅바닥에 뒹굴고 푸른 생잎은 떨어져 어지럽고 어수선하게 널려 있듯이, 마을은 음산하고 숙연한 적막과 몸서리 쳐지는 참상과 공포에 휩싸여 닭도 울음을 멈추고 개는 짖는 것을 잊어버린 채 만물이 숨을 죽이고 청천벽력 같은 원통하고 억울한 죽음에 당산바위도 떨고 당산나무는 소리내어 울지도 못하고 슬픔을 삼키고 있었다. 지금도 억울하게 희생당한 영혼들은 잠들지 못하고 구천을 떠돌고 있을 지 모른다.

사건 당시 희생자가 96명이라고 했으나 근래 발행된 〈구림연구〉(경인문화사, 2003)에서는 78명이라 기록되어 있는데 가족들이 외지로 이사하거나 연고자가 사망하여 모두를 정확히 확인할 길이 없다. 한편 6.25전쟁이 한창 때인 1.4후퇴 직전인 1950년 12월 말 경, 영암중학교 2학년을 중퇴하고 국방 경비대에 입대했던 군서면 신기 마을의 신○○이 육군중위 계급장을 달고 고향으로 돌아왔다.

인공치하에서 가족이 죽임을 당하고 가산을 몰수 했는데 이를 배상 받고 원한을 갚기 위해서였다. 군용 트럭을 타고 사병 2명과 함께 구림에 들어와 인공치하에서 분주소원이었던 동계리 최○○, 서호정 조○○을 잡아들여 임시지서(자위대 본부)에서 3일간 혹독한 심문을 해댔다. 1951년 1월 2일 집에 있던 사람, 아침에 생일 밥상을 받고 있던 사람, 지서 복구 부역장에서 일을 하고 있던 사람, 전날 저녁 야경을 서고 늦잠을 자는 사람 등을 지서로 불러 들였다. 말 한마디 물어보지 않고 군 트럭에 싣고 해창지서로 간다면서 지서를 출발하여 호동 잔등을 지나 주암 마을 못 미쳐 도로에서 20여m 거리의 굴청에 밀어 넣고 3명의 군인들이 13명을 집단 학살하였다.

그들은 죽어가면서도 국토를 지키고 국민의 생명을 보호해야할 국군의 손에 죽어 감을 원통해 하고 원망했을 것이다.

당시 분주소에 근무했던 두 사람은 재산을 보전補塡해 주고 살아 남았으니 이것이 당시의 법이요, 사회였다.

첫포위 당시 희생자 명단

성 명	생 년	성별	부락명
최한섭	1905	남	학암
최규순	1923	녀	〃
정장환		남	〃
조정현	1928	남	동계
최판섭	1918	남	〃
최재균	1923	남	〃
최재우	1922	남	〃
정대산	1914	녀	〃
최연님	1932	녀	〃
최도출	1908	남	〃
최구림댁	1898	녀	〃
김용년	1931	남	〃
문영요	1930	녀	〃
신옥진	1920	남	〃
최순호	1936	남	〃
강현수	1909	남	고산
최관섭	1913	남	〃
최또섭	1910	남	〃
최싹섭	1910	남	〃
이재상		남	〃
최호섭	1926	남	〃
최경준	1908	남	〃
최임섭	1899	남	〃
최가원	1930	남	〃
최은섭	1918	남	〃
최재성	1929	남	〃
최삼님	1933	녀	〃
최벽익	1915	남	〃
전부덕	1924	녀	〃
김낙실	1927	남	〃
조재윤	1916	남	〃

성 명	생 년	성별	부락명
최규완	1923	남	서호정
최외석	1912	남	〃
최규순	1923	녀	〃
김화수(병규 모)	1909	녀	〃
최병규 처	1930	녀	〃
최재열	1930	남	〃
전주이씨(복천댁)	1929	녀	〃
조영복	1924	남	〃
조영우	1919	남	〃
최규현	1916	남	〃
최기우	1931	남	〃
박남철	1920	남	〃
박성재	1919	남	〃
박만철	1917	남	〃
박봉재	1902	남	남송정
박찬정	1896	남	〃
박훈재	1928	남	〃
박훈재 처	1932	녀	〃
박순희	1934	녀	〃
조귀례	1933	녀	〃
조시환	1804	남	〃
오병현	1916	남	〃
박넙례	1918	녀	〃
최현묵	1892	남	〃
조지환	1894	남	〃
최병직	1918	남	신흥리
박명재	1928	남	평리
김성현	1931	남	〃
최규호 머슴		남	죽정
문삼자	1929	남	〃

부상자 명단

성 명	생 년	성별	부락명
쉰개리댁	1905	녀	동계
최운섭	1903	남	고산
최재경	1917	남	〃

성 명	생 년	성별	부락명
최용준	1906	남	학암
최순묵	1903	남	서호정

주암 앞 사망자 명단

성 명	생 년	성별	부락명
최재림	1907	남	동계
박현규	1918	남	고산
최재환	1914	남	〃
최길만	1920	남	학암
최석호	1932	남	동계
최옥남	1932	녀	고산
박옥재	1928	남	죽정

성 명	생 년	성별	부락명
최재화	1931	남	죽정
최규환	1929	남	〃
산촌댁	1903	녀	평리
박기봉	1924	남	〃
이민영	1914	남	〃
박삼규	1933	남	죽정

김기준 주막사건 사망자 명단(위령탑 기록에 근거함)

이영순	최남규	최영규	최행례	천중이	최영숙	이정심
박점례	최정순	한광택	김정님	김치빈	김홍오	이이순

김봉규	천양님	김상락	김창운	김덕경	정성례	노형식
노병철	노병현	최경애	(기독교 교인들)			

성명 미상 4명

제8장

보다 나은 삶의 터전을 일군 구림의 개척정신

1. 구림 재도약을 이끈 일심계

1950년대 사회상

구한말 나라를 위하여 목숨을 바친 이 고장 출신 의병 정상조, 전병순의 의로운 희생정신, 인권과 자주의 기치 아래 불의에 맞선 동학농민전쟁의 영암 일원의 접주로 그 선봉에 섰던 조정환, 국권 회복을 위한 3.1독립만세운동에 마을 사람 모두가 참여하였고 선진 교육을 받아 장래가 유망하고 장차 이 고장과 나라를 위하여 일할 구림출신 광주유학생들이 일제 강점기 1, 2차 학생운동에 앞장서서 불의에 항의하던 기개와 저항정신은 물론 해방 후 맨손으로 일제日帝 군경의 무장을 해제시킨 청년들의 행동은 구림사람들의 기개와 선비 정신의 표출이었다. 이러한 정신을 이어온 구림도 6.25를 통하여 몸과 마음이 짓밟히고 뭉개졌으며 가슴에는 응어리진 상처만 가득했고 부역附逆이란 말 한마디에도 움츠렸던 마음들이 1950년대 후반이 지나면서 안정되어 가고 있었다.

한반도 남단에 위치한 농촌 마을에서 살고 있는 구림사람들은 어려서는 외갓집, 커서는 처갓집 나들이가 고작이었다. 서울이나 대처大處(도시)에 나들이 한다는 것은 거리도 멀었지만, 경제적으로도 어려워 한두 번 서울에 다녀 올 수 있는 사람은 선택 받은 사람이었고, 한번도 서울에 가보지 못하고 일생을 마치는 사람이 대부분이었다.

그러나 교통의 발달로 인적, 물적 교류가 활발해 지자 새로운 문화와 풍습들이 농촌으로 흘러들고 견문도 넓혀갔지만, 그 당시만 해도 여자들은 고작 일제의 유물인 몸뻬(작업복 바지)를 작업복으로 입을 정도였으며 남자들이 입는 '바지'는 입지 않은 것이 농촌의 모습이었다. 그런데 서울에서 한두 해 살다가 고향집에 온 어느 집 딸이 몸에 딱 달라붙는 나팔바지를 입고 나타나니 마을사람들 눈이 휘둥그레지고 '서울에서의 생활을 알만하다'거나 '보기 민망스럽고, 흉하다'고 쑥덕거리고 지레짐작으로 입방아를 실정이었다.

지금은 남녀가 교제해서 결혼하는 것도 부모에게 효도하는 것으로 의식이 바뀌었지만 당시에는 남녀가 나란히 길을 걸어가기만 해도 이상한 눈으로 보고 누가 누구와 연애한다고 소문이 나면 부정한 사람으로 취급되어 중매 서 줄 사람이 없어 혼인줄이 막힐 정도였다. 전쟁의 후유증으로 남의 일에 간섭이나 참견하지 않고 눈에 거슬리는 행동도 못 본 척하며 몸조심하는 풍조가 마을에 퍼져 있었다.

이로 인해 이제까지 전통을 잘 지켜오던 마을이 자제력을 잃고 규범이 해이해지기 시작해 분별력 없는 청소년들이 주위를 의식하지 않은 채 천방지축 버릇없는 행동이 자주 일어났다. 더군다나 지와목 고개에 김모씨가 운영하는 주막에서 엿장수와 고물상을 겸하다 보니 장물성 물품까지 매입, 소년들의 탈선을 조장하게 된 현상도 있었다. 좀도둑이 성행하여 길가에서 말리던 벼를 훔쳐서 팔아먹기도 하고 닭장을 통째로 뜯어가는 닭 도둑도 있었고, 한밤중에 청소년들이 노래를 부르거나 떠돌며 몰려다니는 풍기 문란한 행위가 빈번해졌다.

6.25 전까지만 해도 구림은 유교와 향약의 행동 규범 틀이 몸에 배어 있었고 대동계가 도덕과 윤리의 중심이 되어 마을을 이끌어 왔으므로 동네에서 많은 사람과 여러 씨족이 서로 선의의 경쟁을 하면서

도 주먹다짐이나 다툼도 거의 없었다. 오랫동안 함께 살아오면서도 민, 형사 소송 사건이 한 건도 없을 만큼 서로 양보하며 이해하고 타협하는 아량을 갖추고 상대방의 처지를 존중하고 내 체면도 지키며 서로 조신操身하며 형제처럼 지내는 정겨운 마을이었다.

일심계의 창립과 활동

시대가 바뀌고 환경이 달라지면서 사람의 의식도 달라져야 했지만 구림 어른들과 마을사람들의 생각은 그 자리에서 맴돌고 있었다. 어느 시대에나 급격한 변화가 있을 때마다 되풀이되는 말이지만 구림 어른들의 입에서 저절로 '말세야, 말세.'라는 말과 한숨이 섞여 나왔다. 이런 마을의 모습을 보고 청년들을 중심으로 유교적 윤리관을 바탕으로 도덕과 규범을 지켜 내려오는 구림의 전통을 지켜야 한다는 공감대가 이루어졌다. 선배들이 꾸린 구림청년단의 활약을 거울삼아 모임을 만들기로 하고 이 취지에 동의한 몇 사람이 1958년 일심계一心契를 창립하게 되었다. 학암의 조인환, 동계의 최길호, 최철종, 최규봉, 고산의 최재영, 조호현, 조재민, 최재출, 남송정의 최일묵, 서호정의 조영희, 조재린, 최병규, 신흥동의 최철호, 최금규 등 백암동이 빠진 동서구림의 여섯 개 리의 14명이 창립 계원으로 참여하였다. 계의 출자금은 벼 한 가마니로 그 당시 형편으로는 상당히 많은 금액이었다. 계의 규약은 다른 친목계와 대동소이하였으나 특기할 만한 것은, 1. 좀도둑 방지를 위한 방범활동, 2. 미풍양속을 해치는 행위의 감시·선도, 3. 구림 사회의 발전에 기여, 4. 계원의 후입은 전원 찬성 후 결정, 5. 계의 명의로 정치활동 금지 등이었다. 그 당시만 해도 모든 모임이나 단체들은 경찰이나 정보기관원들의 감시의 대상이었으며 공무원이 선거에 깊숙이 관여하고 있었기 때문에 정치

일심계원의 면면, 조재민, 최병규, 최철종, 조재린, 최철호, 최재출, 최길호, 조인환, 최금규, 최일묵

활동 금지조항을 삽입한 것은 시비의 소지를 없애기 위함이었다. 그러나 일심계의 문서가 영암경찰서에 들락거리는 수난을 겪기도 하였다. 계장은 연장자인 조영희가 맡다가 일신상의 이유로 그만 두고 조재린이 이어 맡고 유사는 계원들이 차례대로 맡아 월 1회씩 모임을 가졌다. 첫 모임에서 계원들이 교대로 매일 밤 모여 마을 방범활동과 풍기 단속을 하기로 하고, 또 일심계가 지향하는 취지와 목적을 위해 각 마을별로 20~40세까지 친목계를 조직하기로 하였다. 한 예로 동계리는 '동청계'라 하고 조갑현이, 고산리의 '고산친목계'는 최재경이 계장을 맡았다.

일심계에서는 구림청년회를 조직하고, 확성기 설치, 농로 개설, 농사강의 및 구림농협을 창립하고 전기 가설의 수용가 모집과 독려, 우체국 전화가설 회선 확장, 5일장의 개설, 학교의 이전 등 구림의 크고 작은 일들을 토의하고 아이디어를 창출하여 주요 사업을 입안하는 마을의 중추적이고 핵심적인 역할을 하였다. 마을의 여론을 조성

하여 공감대를 넓히고 이를 실천하였으며 모든 일을 적극적으로 추
진할 수 있었던 것은 마을 친목계와 끈끈한 유대 관계는 물론 계원들
의 적극적인 협조와 뒷받침이 있었기 때문이었다.

한 가지 일화를 소개하면 당시 자전거 한 대 값이 정조 5가마니 정
도였는데 일심계원이 자전거를 구입하기 시작하자 마을사람들도 한
두 사람씩 구입하기 시작하게 되었다. 이를 계기로 일심계원, 친목계
원과 마을사람들의 친목과 단합을 위하여 1박 2일로 자전거 여행을
하기로 하였다. 일심계원은 물론 고산리 최재경, 이민규, 죽정의 최
진규, 오중선 등 여러 사람이 동행하여 구림을 출발하여 독천을 거쳐
성전을 돌아 계곡면으로 빠져 대흥사를 탐방하고 해남에서 1박하였
다. 비포장도로에 다리가 없는 개천이 많아 신발을 벗고 자전거를 메
고 개천을 건넌 것도 추억거리였고, 자전거 20여 대가 지나가는 모습
이 당시로서는 진풍경이었기에 길가는 사람마다 뒤돌아보고 들에서
일하던 사람들이 일손을 놓고 손을 흔들어 보이기도 하였다.

강진을 돌아 월출산 풀짓제와 영암을 거쳐 한 사람의 낙오자도 없

1959년 해남, 강진, 영암을 자전거로 여행하는 계원들

이 구림에 무사히 도착하였다. 이 자전거 여행 후 구림에는 새로운 모습이 생겨났다. 구림은 논이 멀어 대섬 밑이나 검주리 앞 지남들 오리셈 근처의 논에 한번 갔다 오면 한나절이 족히 걸렸는데 논에 물 대러 갈 때나 농약을 치러 갈 때도 분무기 약통을 짊어지고 자전거를 타고 갔으며 소나 돼지 풀을 베어서 자전거 뒤에 싣고 돌아오는 풍경이었다. 자전거는 병충해 관찰이나 논밭을 둘러보러 가는 것도 한번 갈 것을 두 번 가게 되어 농사 일에도 유용했으며, 실생활에 많은 보탬이 되었다.

이와 같이 1950년대 농촌에 새바람을 일으키며 구림 청년들의 재도약의 계기를 마련했던 일심계가 급격한 산업화와 함께 지금은 해체되었지만, 청년들이 보다 나은 구림을 만들기 위한 하나된 마음으로 모임을 만들고 봉사와 선도적 실천을 했다는 점은 의미 있는 일이라 할 수 있다.

2. 구림청년회와 농촌운동

구림청년회의 탄생

6.25전쟁 후 구림 청년들은 해방직후 생동감과 활기가 넘쳤던 구림청년단의 자랑스러운 모습을 떠올리며 가슴에 간직한 채 그 때를 그리워하는 심정이었고, 더구나 6.25전쟁을 전후해 침체된 마을 분위기를 되살리고 대대로 이어져온 농경문화에서의 탈피를 염원하고 있었다.

그 염원을 실현하기 위한 한 방법으로 일심계원은 물론 각 마을

구림청년회 기념사진

친목계원과 계원이 아닌 사람들도 한데 묶어 구림 청년 모두가 참여하는 구림청년회를 만들어 구림 발전의 추진 동력으로 삼기로 일심계에서 결의하였다.

1958년 봄 동서 구림에 거주하는 20~40세까지의 청년 200여명이 성기에 있는 아천 전주이씨 제각에 모여 구림청년회 회칙을 제정하고 초대 회장에 최길호, 부회장에 최남두와 최철종, 총무에 최금규, 재정에 조인환, 임원에 최재영, 최문석, 최병기, 조재린, 최철호, 최일묵 등을 선출하였다.

방송실 설치 결의와 자금 모금

안건 토의에 들어가 맨 처음 마을 방송실 설치 건이 상정되었다. 당시 구림에는 전기가 들어오지 않아 전기라디오는 사용할 수가 없었으며 외국 부품으로 조립생산하기 시작한 국산 트랜지스터 라디오가 마을에 한두 대 있었을 뿐이었다. 또한 전화도 없었으며 신문은 마을 이장에게 배달되는 서울신문을 돌려보는 처지라서 정보를 얻는 데 목말라 하던 참이었다.

방송실을 만들어 확성기로 뉴스나 날씨, 또는 농사정보와 공지사항을 알려주어 마을사람들에게 유용한 정보를 제공하고 아침에 농사일을 나갈 때나 저녁 무렵 일을 마치고 돌아올 때 음악을 틀어주면(들려주면) 어떻겠는가 하는 제안자의 설명에 참석회원 모두가 환영하며 대찬성이었다.

그러나 마을에 전기가 들어오지 않은 상태에서도 확성기 설치가 가능한 지 여부를 전기와 음향기기에 대하여 해박한 지식을 가졌으며 일본관서공업을 나온 최문석에게 문의한 결과 가능하다는 설명을 듣고 적극 추진키로 만장일치로 결의하였다.

이는 많은 설치비와 운영경비가 소요되는 문제가 있음에도 불구하고 무에서 유를 창조하는 대담한 용기와 결단이었다.

결의 직후 찬조모금에 들어가 재정을 담당하는 조인환이 정조 5석, 최길호 회장이 정조 3석을 비롯해 임원 모두가 1석~5두씩을 기부하니 그 자리에서 정조 17~8석이 모금되었다. 회원들은 용기백배하여 환호성을 올리고 막걸리를 권하며 오랜만에 장단에 맞추어 노래도 부르고 정담도 나누면서 성황리에 구림청년회 창립총회가 끝났다.

특히 재정을 맡은 조인환은 비교적 생활에 여유가 있기도 했으나 마을에 대소사가 있을 때마다 솔선수범해서 경제적으로 도움을 주었고 모든 일에 잘 협조하였다.

다음날부터 임원들이 모여 모금 계획을 세우고 결과를 점검하며 서로 격려하고 용기를 북돋아 모두가 하나 되어 모든 정력을 쏟아 부었다.

마을별로 담당구역을 정하여 모금하기도 하고 모금이 어려운 곳은 여럿이서 함께 독려하기도 하였다. 이와 같은 임원들의 헌신적인 노력이 모두가 어려웠든 당시에도 마을 사람들에게 감동을 주어 성의를 다해 모금에 협조해 주고 격려를 아끼지 않아 시들어가는 열정을 되살리고 나태해지기 쉬운 단체 행동에 채찍질과 활력소가 되어 되돌아와 59년 이른 봄 100여 석의 벼를 모금할 수 있었다.

방송실 설치 작업과 운영

1959년 3월 마을 방송시설 설치에 착수하기로 하고 전기 전문가인 최문석과 최재영, 최규웅을 목포 전파사로 보내어 방송실 설치비용을 알아보았다. 앰프 1대, 대형 확성기 50W짜리 4개 전축1대 발전기 1대 자동차용 배터리 2개와 전선일체 그리고 시운전까지의 공사비의 견적이 거의 정조 100여 석에 가까웠으나 이를 임원 전체회의에 보고하고 검토 후 계약을 체결하고 방송설비를 설치하기로 하였다.

방송실은 마을 중앙에 위치한 최태호집 길 쪽 방을 사용할 수 있도록 쾌히 승낙해 사용하기로 하였다. 확성기 1대는 학암 최문석 집 뒤 높은 팽나무에 서쪽으로 향하게 매달고 1대는 불무등 소나무 위에 동계 고산 쪽으로 향하게 설치하고 서호정 뒷동산 나무 위에 서호 남송정 쪽으로 1대와 신흥동 백암동 쪽으로 1대 등 2대를 설치하였다.

최문석, 최치호, 최영용이 얼굴과 팔다리를 긁혀가며 큰 나무를 타고 올라가 확성기를 설치하고 전선을 길가 가로수나 벚나무를 지주 삼아 곳곳의 나무에 매달며 끌어 군용 전기선 수천 미터를 방송실과 연결하는데 온 힘을 다했다. 몸을 돌보지 않고 확성기 설치에 적극 협조한 사람들이 있었고 구림마을 사람들의 열화와 같은 성원이 있었기에 이런 큰일을 해낼 수 있었다. 드디어 3월 하순경에는 방송개시를 자축하기 위하여 6.25때 불타 없어진 회사정 앞뜰에서 마을별로 항아리에 막걸리를 가득 채워놓고 콩나물 배추김치와 삶은 돼지고기를 안주 삼아 소박한 잔치를 벌였다.

확성기 소리가 처음 울려 퍼질 때 회사정 뜰에 모인 남녀노소 모두가 우리가 해냈구나 하는 성취감과 자부심으로 아낌없는 박수를 보내며 환호하고 기쁜 마음을 감추지 않았다. 식순에 따른 행사 중에서도 최태용이 사회를 본 노래자랑은 젊은이와 부녀자들에게 대단한 인기였다. 이 자리에는 학산면 용산리를 비롯하여 서호면 몽해리, 아천리, 엄길리 등 이웃면 동네 사람들도 찾아와 축하해 주었다.

방송실은 청년회 2대회장인 최철종의 책임 하에 운영하였으나 최치호崔治鎬, 최영용崔永鏞, 최원호崔源鎬 등이 시간만 나면 방송선로의 보수나 운영에 적극 협조하여 원활히 운영될 수 있었다. 발전기를 가동하여 배터리에 충전해서 방송하였으므로 항상 시끄럽고 많은 사람들이 모여들었으나 집주인 최태호씨는 귀찮은 내색 없이 방송실 앞 매화나무에서 딴 매실로 빚은 매실주를 제공하며 어려운 일이 있을 때마다 격려해 주어 방송실 운영에 큰 힘이 되었다.

방송 내용과 운영비 조달

방송은 아침, 점심, 저녁 뉴스와 날씨를 중계하고 농사정보는 물론 농사짓는 방법을 강의하고 음악을 방송하였다. 아침에는 음악이 흐르는 마을과 들길을 따라 즐거운 마음으로 일터로 나갈 수 있었고 저녁노을이 서쪽하늘을 물들일 즈음 농사일을 마치고 지친 몸을 끌고 집으로 돌아올 때도 피로가 풀리고 발걸음도 한결 가벼웠다. 어떤 때는 돼지나 송아지가 우리를 뛰쳐나와 이를 찾는 안내방송을 하기도 하였다.

구림 확성기 소리는 바람결을 따라 지남 동호리 모정까지 들리고 서호면 아천리나 몽해리, 엄길리까지 실려 가기도 하고 주재봉 밑 산골짜기나 산몰냉이의 나무꾼 귀에까지 들렸다.

방송실 운영비를 확보하기 위하여 학파농장 농지상환투쟁위원회 위원장인 최철종과 총무 최금규, 경작인 대표 최재영이 상의하여 투쟁위원회로 환원된 경작권을 피해 경작인에게 돌려주고 남은 경작권 2방구(2,400평)를 정조 12섬에 팔아 운영비에 보태기도 했다. 한편 1960년 4.19혁명직후 실시한 7.29국회의원 선거 때 영암 망호리 출신 이백우 후보 선거운동을 한 최태호, 최철종이 사례비로 받은 10만환을 방송실 운영경비로 보태기도 하였다. 그 후 농업협동조합이 발족하고 전기가 가설됨에 따라 농업협동조합 구판장으로 방송실을 이전하여 구판장을 맡고 있던 최규웅이 운영을 겸임하였다. 이후 이 방송실을 서호정 박은이 유료 유선방송으로 전환하여 집집마다 소형 스피커를 설치하고 방송을 계속하였다. 청년회에서 운영했던 방송실은 우리나라 농촌에서 마을 자치로 방송실을 운영한 최초가 아닌가 한다.

농로 개설과 운송수단

구림청년회에서는 방송실 개소 후 농로를 개설하기 위하여 농지가 줄어들지 않게 하천 재방을 확장보수에 이용하기로 하였다. 상대에서 하천 둑을 따라 학파농장까지, 남송정 정자나무에서 하천 재방을 따라 장실로 해서 간척지 들머리까지 두 방향으로 농로 개설 작업에 착수하게 되었다.

청년회와 마을 친목회 회원을 중심으로 마을사람을 동원하고 방송으로 농로 개설의 필요성을 설명하니 많은 마을사람들이 울력에 참가해 힘을 모으니 한 방향에 하루씩 이틀 만에 농로를 완성할 수 있었다.

농로 개설 작업을 할 때 여자들도 여러 사람이 나왔으나 돌려 보낼 정도로 많은 사람들이 적극 참여해 주었다.

구림에는 일제 강점기에 제주조랑말로 쇠발통 수레를 끄는 마차가 고산리 최웅섭, 서호정 최태석, 동계리 최길보, 최선(싹)섭, 송만수, 강현수, 조태환, 현태호, 최화섭 등 8~9대가 있었다.

일제는 물자의 수송수단으로 주로 마차를 이용하여 공출로 거두어들인 벼 비료 등을 운반케 하였고 태평양 전쟁말기에는 무안군 망원면 군사비행장 건설현장에 1주일씩 강제로 노력동원을 하기도 하였다. 마차의 소유자는 징용에 끌려가지 않아 징용에 끌려가지 않기 위하여 마부가 된 사람도 있었다. 6.25전쟁을 거치면서 자동차 폐타이어와 재생타이어를 구하기가 쉬워 쇠바퀴 마차가 고무타이어 바퀴 마차로 바뀌고 고르지 못한 지면에서도 운행이 용이해 마차수도 늘었고 소가 끄는 우마차도 생겨났다.

　농촌에서 하는 일 중에 쉬운 일이 없지만 그 중에서도 모심기는 허리가 끊어지게 아프고 5, 6월의 보리타작은 껄끄러운 보리 까스라기가 살을 파고드는 고통이 따르고 논, 김매기는 찌는 듯한 더위와 뜨거운 열기에 숨이 턱턱 막혀오는 고통이 있지만 지게질 같은 힘든 노동에 비할 바가 못 되었다.

　눈 코 뜰 사이 없이 바쁜 가을에는 아침 일찍부터 어둠이 깔릴 때까지 60kg정도 되는 벼 열 뭇을 지게에 지고 나르다 보면 멜빵은 양 어깨를 파고들고 짐은 등을 짓누르며 오르막길을 종종 걸음으로 오

청년들의 쓰레기 수거와 하천 청소

르내리다 보면 숨을 헐떡거리고 다리는 거들거리는데 다음 쉬는 장소까지 한 지게통발(300~400거리)을 참고 견디고 가야 하는 고통은 이루 말할 수 없었다.

이런 벼 나르기를 20~30일 동안 계속해야 하는 형편이니 몸은 파김치가 되고 골병이 들지 않는 것이 기적 같은 일이었다. 구림은 농지가 먼 곳이 많아 서호정에서 배척골 골짜기까지 고산리에서 오리샘까지 동계리에서 성기윗들까지 학암에서 평리 앞까지 무거운 지게를 지고 하루에 7~8번 왕복하면 하루해가 저물었다. 농사일은 품앗이가 많았고 일할 사람이 없는 집은 지게일 할 사람을 구하려면 많은 어려움이 있었다.

지게로 하는 일이 힘든 일이지만 이웃간의 인정으로 마지못해 승낙하는 경우가 대부분이었다. 이런 어려움 중에서도 가장이 장병에 몸져 누워 있거나 어린 손자를 데리고 혼자 사는 할머니가 볏단을 묶어 놓고 보름, 스무날이 지나도록 일꾼을 못 얻어 어찌할 바를 모르고 발만 동동 구르고 시름에 잠겨 있을 때 마을사람과 일꾼들이 의논하여 식전食前 등짐을 해 주기로 결정하게 되면 이른 새벽이 그분들의 논에서 벼 한 짐씩을 저다 마당에 부렸다.

하루아침에 20~30짐은 거뜬히 져 들어오는데, 주인아주머니나 이웃 사람들은 아침식사로 국과 밥에 막걸리도 한 사발 곁들여 준다. 모두가 십시일반으로 힘을 보태는 상부상조하는 미덕으로 이웃간의 정리를 더욱 두텁게 하였다.

이런 어려움을 해결하기 위하여 농로를 만들고 우마차를 이용하여 지게 지는 일을 줄여야 한다는 공감대가 형성되어 있어 농로 개설에 어느 때 보다도 적극적이었고 호응도가 컸다.

농로가 개설되니 하루에 예닐곱이 해야 하는 지게 일을 우마차를 이용하면 한두 사람으로 할 수 있었다. 이와 같이 편리해지니 우마차가 드나들 수 있게 골목을 넓히고 집 마당까지 들어갈 수 있도록 사립을 넓혔다. 그 후 논갈이 하는 소까지 동원하여 수레를 끌고 큰 들이나 성기 밭에 퇴비를 내고 똥장군(액비)을 여러 개 묶어 실어 나르고 콩동까지 운반하게 되니 농사일에 큰 변화가 일어났다.

새로운 농법 도입과 농촌의 변화

당시까지 전통적인 농법을 답습해 왔으나 조금 더 편리하고 효율적으로 농사를 짓고 수확량을 늘리기 위해 새로운 지식과 농법을 활용해야 한다는 생각을 하게 되었다.

이를 위하여 농촌지도소 주선으로 전남도 농촌진흥원 심효섭 연구관을 초빙하여 겨울과 봄의 농한기에 고등공민학교 교실을 빌려 농사강의를 들었다. 심효섭 강사의 명강의가 인기가 있어 청장년들이 적극 참석하여 산성, 알칼리성 토양의 측정과 심경과 객토의 효과 이화명충과 벼멸구와 도열병의 효과적인 방제 방법은 무엇인가? E.P.N 파라치온 같은 침투성 농약은 어디에 어떻게 사용하는가? 등 땅에 무조건 씨만 뿌려 키우는 때보다 토양에 맞게 작물을 가려 심는 것을 알게 되었고 벼멸구를 방제할 때는 논에 기름을 뿌려 바가지로 물을 끼얹던 원시적인 방제 방법에서 보다 발전한 농사정보와 방법 등을 듣고 배울 수 있었다.

이를 이용하여 조생종 벼를 심어 짧은 기간에 조기 출하하여 높은 가격을 받기도 하며 효과적이고 새로운 농법을 시도해 보려는 의욕과 희망이 넘쳐 났으며, 이웃 마을이나 이웃 면 등 전국 어느 농촌보다도 농사문화가 한발 앞서 나갈 수 있었다.

지금은 농촌에서 높은 소득을 올리기 위해 작물을 조기재배 및 촉

성재배로 특수작물 재배가 주류를 이루고 있는 실정이나 아무리 농사기술이 발전해도 아직은 천재天災를 막을 수 없는 것이 지금의 현실이다.

구림의 기상대氣象臺인 주지봉朱芝峯이 하얀 수건을 뒤집어쓰고(구름이 정상에 걸쳐 있음을 말함), 구름이 골짜기 아래로 내리 삭으며, 주재골 바위 위에 빨래를 널면 (바위 위에 물기가 저기압으로 햇빛에 반사되어 하얗게 빨래를 널어놓은 것 같이 보임) 며칠 사이에 큰 비가 오기 마련인데 비는 가래제로부터 장대같이 쏟아지며 몰려온다.

더군다나 넓은 도갑 골짜기에서 한데 모아진 바람이 원봉(가새바위)과 죽순봉 사이의 좁은 협곡을 빠져 나오면서 무서운 폭풍우로 변해 구림 주변의 들판을 헤집어 농사를 망쳐 놓고 동네에서는 감나무와 거목들의 가지가 부러지고 찢기며 초가지붕은 날아가고, 담장 옷은 벗겨지고, 사람이 몸을 가누지 못할 만큼 바람이 거세게 불어 닥치니 특수 작물이나 촉성재배의 필수 조건인 비닐하우스의 설치와

청년회의 연막 소독 봉사 활동

유지가 불가능한 것이 구림의 지리적 조건인데다 마을 구성원의 노령화로 비닐하우스 한 동 없는 낙후된 농촌으로 전락하고 말았다.

그 당시 이와 같은 청년운동이 농촌계몽개조운동으로 발전되고 계승되어 결국 구림농업협동조합 설립운동으로 이어져 2대 최철종 회장을 거쳐 3대 최금규 회장을 끝으로 구림청년회는 자연스럽게 해체되고 젊은 사람들의 힘과 열정이 협동조합 운동으로 결집하게 되었다. 5.16군사쿠데타 이후 새마을운동이 시작되었으나 구림은 이보다 4~5년 앞서 새마을운동과 같은 농촌운동을 시작하였으니 다른 지역보다 앞서가는 마을로 알려지게 되었다.

또한 구림청년회가 해체된 20여년 후인 1988년 11월 25일 다시 구림청년회를 조직하여 초대 최동희 회장을 시작으로 1999년 12대 정승 회장까지 지역사회 발전과 경노잔치, 청소년가장 돕기로 경노효친 사상을 일깨우고 이웃과 더불어 사는 미덕을 베풀며 미풍양속을 이어 나가는데 진력하였다.

또한 도로변의 풀베기, 여름철 마을의 방역소독, 갈대 숲 가꾸기, 나무심기 등 주변의 정화운동과 자연보호 활동을 하였으며 공해를 추방하기 위해 양어장폐쇄운동에 동참하였으며 구림벚꽃축제를 주관하여 왕인문화축제로 발전시켰으며, 전국 5대 축제로 선정되는 계기를 만들고 그 초석이 되었다. 이와 같이 많은 업적을 남긴 구림청년회가 벚꽃축제에서 왕인문화축제로 자리바꿈 하는 과정에서 발전적으로 해체되고 1999년 12월 5일 정승 회장 때 군서청년회로 통합되었다.

구림鳩林

박철 朴澈

한 폭의 그림과 같이
아름답고
황홀한 역사는 흐르고……

태양太陽처럼
빛남과 밝음에 가득한
한줄기 전통傳統

얽히고
모이고
엮어진 이 곳
여기 불멸不滅의 고장
구림이 있다

이 성진星辰의 종언終焉이 있어도
남아야 할
월출月出의 뫼 아래
능라綾羅보다도
수려秀麗이 감도는 동계천東溪川!!!

봄 여름 가을 겨울
늘푸른 죽림竹林의 지조志操
오순도순
살아온
순박順朴한 겨레
여기 이뤄진 시詩의 마을
구림이 있다

지난 날의
쓰린
경험經驗이 새롭고……

오직 하나
번영繁榮에의
거룩한 기치旗幟 아래
힘과
마음들
뭉쳐진 이 곳
여기 중흥中興의 터전
구림이 있다

거센 재기再起에의 불을 안고
너도
나도……

기름진 땅
광망廣茫한 바다
모두 한갓 이 길을 위爲해

달려야 할
싸워야 할
오늘이 있고
내일이 있고……
여기 영화榮華로울 고장
구림이 있다

1953. 5. 6

3. 일등 구림농협을 만들기까지

구림청년회의 활동으로 여기저기에 농로가 개설되고 마을과 들에 확성기 소리가 울려 퍼지며 새로운 방법의 농사강의에 머리를 끄덕이면서 구림마을은 중병을 앓던 사람이 병을 이겨내고 일어나듯이 활력 있고 생기가 돌기 시작하였다. 뜻있는 젊은 사람들은 국가정책이나 산업분야에서 소외되고 농사에만 의지하고 있는 농촌의 현실을 타개할 묘책이 없을까 고민하고 있었다. 그 무렵에는 영산포나 목포 영암 등지에서 나락장사(벼수집상)들이 구림을 빈번하게 드나들고 있었으나 시세를 알 수 있는 정보를 손쉽게 얻을 수가 없었으므로 수집상들이 원하는 가격에 벼를 팔 수밖에 없었다.

1960년경은 인플레이션이 극심할 때였으므로 팔고 나면 밑진 것 같아 억울한 생각이 들고 마음은 항상 아쉽고 찜찜하였다. 그 당시에 우리나라의 농촌에서 목돈을 마련할 수 있는 작물은 논농사에서 얻은 벼가 주였고 콩, 팥, 깨 같은 것을 팔아 용돈이나 푼돈으로 썼다. 그 외에 구림은 감나무 있는 집이 많아 추석 때 아직 익지도 않은 풋감을 팔거나 대밭이 있는 집은 대나무를 팔아 목돈을 마련하고 명주 베나 모시 베를 팔아 약간의 현금을 만질 수 있었다. 이와 같은 농촌 환경을 개선하고 소득의 확대를 위해서는 특수작물을 전문적으로 재배하거나 축산의 규모를 확대하는 길밖에 없다고 생각하고 있었다.

이를 위해서 농촌진흥청의 기술지도와 농민들의 발상의 전환이 필요하며, 피나는 노력과 연구가 뒤따름은 물론, 농산물의 판로 확보를 위하여 소비조합이나 협동조합의 조직이 필요하다는 결론에 도달할 수 있었다. 그러나 협동조합을 조직하기 위해서는 필요한 자금은 물론 어떻게 조직하고 어떻게 운영해야 하는지 조차 알 수가 없어 막막하였다.

일본 농촌을 배워 이기자

이를 알아보기 위해 전남 농대에 재직하고 있는 최재율 교수에게 문의하고 월산 출신인 박정재씨 댁을 1960년 겨울에 찾아가기로 하였다. 박정재씨는 서울대를 졸업하고 행정고시에 합격하여 한국은행 조사부장과 1958~1960년과 1971~1973년까지 두 차례에 걸쳐 한국은행 동경지점장을 역임하였으며 농업경제와 농업통계에 대한 논문을 다수 발표한 농촌경제 전문가였고, 조삼환과는 친구 사이고 최

구림조합 임직원과 마을 이장단

길호와는 진외사촌간이었다. 조삼환, 최재영, 최병규, 최길호, 최철종, 최금규, 최철호, 최재출 등 8명이 구림을 출발하여 서울 흑석동 박정재씨 집을 찾아 갔다.

박정재씨는 우리들의 대선배이고 고위직에 계셨던 분인데 소탈하고 겸손한 성품인지라 우리들이 자고 난 아침에도 이부자리 밑에 손을 넣어보며 '간밤에 방이 춥지 않았느냐'며 신경을 쓰고 친절을 베풀어주어 우리가 민망할 지경이었다.

동경지점장 재직시 일본 북해도에서 큐슈(九州) 끝 가고시마까지 농촌을 샅샅이 찾아다니며 촬영한 슬라이드를 보여 주었다. 그 중에 일본 사람들이 일생에 꼭 한 번 올라가봐야 한다는 후지산을 노인들이 지팡이를 짚고 기를 쓰고 힘들게 올라가는 광경도 있었다. 이를 관람한 후 우리나라 농촌실정을 이야기하고 질문과 토론도 하며 농촌 문제에 대한 자문을 받았다. 결론은 농촌을 살리려는 굳은 의지와 끈질긴 인내심이 필요하며 협동조합규모가 커야 건실한 경영을 할 수 있는데 구림마을이 적합하고 아주 좋은 조건이라는 것이었다.

슬라이드를 보면서 우리 농촌에 비해 일본 농촌의 이상적인 환경과 구조에 감탄하고 8명 모두가 이틀 동안 뜻있게 보내고, 돌아오는 길에 〈농업세계〉, 〈농업과 구영構營〉이라는 일본 농업 월간잡지 15권을 선물로 받아왔다. 우리는 이 책을 여러 사람이 돌려가며 열심히 읽어 일본 농촌의 실태를 어렴풋이나마 알 수 있었다. 1950~60년대 일본은 패전국이면서도 한국 전쟁으로 인한 특수와 잠재된 기술력과 근면성을 바탕으로 눈부신 성장을 하고 있었고, 기업의 성장으로 사람을 구하기 위하여 회사 사장이나 간부가 학교 앞에서 진을 치고 대기하고 있는 형편이므로, 농촌 사람들이 도시로 빠져 나가 농촌 인구가 줄어들고 경운기, 이앙기 등이 보급되기 시작하여 농촌이 기계화

되어 가는 과정이었다. 물가는 비교적 안정되어 은행 대출금이자는 연 11% 정도였다. 농업협동조합이 조직되어 조합원이 농협이 운영하는 공판장의 자기 상자에 무, 배추, 당근 등 농산물을 갖다 놓으면 농협 직원과 상인이 같이 와 즉석에서 낙찰해 가거나 농협직원이 품목, 품질, 숫자를 확인하고 농협 자동차로 운반 및 판매하여 판매한 돈은 조합원 개인 통장에 입금시켰다. 이와 같이 농협에 저축된 예금은 신용이 있는 조합원에게 싼 이자로 대출해 주고 여유자금은 군농협으로, 군농협에서는 도지부로, 도지부에서는 중앙회로 예치하는 바람에 중앙회는 그 돈의 운용에 고민까지 하는 수준이었다.

반면에 우리 농촌의 현실은 너무도 처절한 상황이었다. 당시의 우리나라 물가상승률은 변동이 심하여 통계를 못 낼 정도였고 심할 때는 년 40~60%가량 치솟기 일쑤였고 은행이자 또한 24~30%정도였다. 농촌에서는 봄에 벼 한 섬(1석)을 색가리로 빌려 쓰면 그 해 가을에 이자로 벼 5할을 더해 갚은 경우는 보통이었고, 봄에 보리 한 가마를 빌려 가면 가을에 벼 한 섬으로 (당시는 보리와 쌀의 가격격차가 심했다) 갚았다. 또 한참 어려울 때는 곱 색가리라고 봄에 벼 한 섬을 빌리면 가을에 두 섬을 갚아야 할 경우도 흔히 있었다.

이것도 논을 적게 벌거나 신용이 없는 사람은 빌려 쓰기가 어려워 남을 통해서 빌려다 쓰기도 하였는데 그야말로 죽지 못해 빌려 쓰는 형편이었다. 또한 당시에는 은행 대출을 쓸 수 있는 것만으로도 큰 특혜였고, 은행대출을 받으려면 아는 사람을 총동원하고 소개료가 대출원금의 5~7% 정도는 보통이고, 심할 경우에는 10%를 주기도 하였다. 일본과 우리나라를 비교하면 하늘과 땅, 천당과 지옥의 차이였으나 일본도 고도성장 그늘에는 농촌의 희생과 사회 문제가 뒤따랐다. 젊은 사람들의 이농현상이 두드러지고 대를 이어온 농사를 내팽개치고 도시로만 나가려고 하여 '오토바이를 사 준다', '차를 사 준다'고 젊은 사람들의 비위를 맞추고 달래야 했고, 처녀들이 도시로 빠져나가 농촌으로 시집 올 사람이 없어 며느릿감에게 최고의 조건을 붙여 며느리로 맞아들여야만 했다. 농촌문제가 일본의 커다란 사회문제가 되어갔는데 돌이켜 보면 일본이 겪은 모든 과정을 10~20년 차를 두고 우리나라가 뒤따라가고 있으며 다음은 중국이 겪을 차례인 것 같다.

구림농협의 탄생

일본 잡지를 읽은 사람들은 일본농촌의 흉내라도 낼 수 있었으면 하고 머리를 맞대고 고심하고 있었다. 구림사람들은 자존심이 강하고 고집이 있는데다 각자 나름대로 똑똑하다고 생각하고 있었으나 6.25전쟁을 겪은 후 경계심과 상호불신이 깔려 있어 무슨 일에 휩쓸리거나 앞장서려고 하지 않고 눈치만 살피는 풍조가 만연되어 웬만한 노력과 공으로는 사람들의 마음을 움직일 수 없었다. 또 한편으로는 한번 믿음을 주면 마을 전체가 한 덩어리가 되어 차돌 같은 응집력과 무서우리만큼 저돌적인 추진력을 발휘하는 특성이 있기도 했다.

젊은 사람들이 농협문제로 많은 고민을 하고 있을 때 영암읍에서 서울신문 지국을 운영하고 있는 목포고등학교 출신 최장호가 우리들의 귀에 솔깃한 정보를 들려주었다. 농업은행에서 특별저리자금으로 50만원을 융자 받을 수가 있는데 융자를 받기 위해서는 얼마간의 경비가 필요하다는 것이었다. 50만원이면 당시 벼1석이 1,000원 내외였으니 벼 4~500석에 해당하는 상당한 거금이었다. 61년 5.16쿠데타 이후 국가재건최고회의에서 농어촌 고리채 정리법과 더불어 농업협동조합법이 개정 공포되어 농업은행이 농협으로 개편될 무렵이었다. 고심 끝에 고산리 최재영, 동계리 최길호, 최철종, 서호정 최병규, 신흥동 최금규, 최철호 등과 의논하여 1인당 벼 5석씩을 거출하여 융자비용으로 쓰기로 결정하고 위 6명이 차주가 되어 융자 수속을 하였다. 그야말로 당시로서는 무모한 특단의 결단이었다.

공포된 농협법은 군 조합장은 무보수 명예직으로 하고 농업은행 지점장이 농협 전무이사가 되어 실질적인 권한과 조합운영을 책임지게 되어 있었다. 우리 구림농협도 이 법을 따르기로 하고 비용을 분담했던 6명이 모여 머리를 맞대고 토론과 토의를 거듭하였다. 그 당시 사회상으로 보아 구림에서 이 거금으로 협동조합을 운용하게 되면 신문기자, 정보기관에서 주시할 것이고, 온갖 이유로 압력을 행사하거나 트집을 잡아 금전을 요구할 것이 틀림없는데 6.25때 마을 자위대라도 한 사람들이니 좋은 방법이 없을까 고민을 거듭하였다. 우리 여섯 사람 중에서 제일 나이가 많은 사람보다 9살 정도 어리지만 사상적으로 자유롭고 읍내 출입도 하고 있으며 융자에 공도 있으니 최장호를 앞에 내세우고 여섯 사람 중 최철종이 실무를 책임지는 상무이사 겸 경리를 맡고 나머지 사람은 이사를 맡기로 하였다.

조합원을 모집하기 위하여 농협 설립의 취지와 필요성을 일심계를 중심으로 각 마을 친목 계원들과 마을사람들에게 설명하고 설득하는 한편, 청년회 방송실을 통하여 열심히 홍보한 결과 조합원 출자금이 1구좌에 벼 1두씩이었는데 학암, 동계, 고산, 서호정, 남송정, 신흥동 등 6개 부락에서 300여명의 조합원을 모집할 수 있었다. 드디어 1961년 6월 1일 조합장 최장호, 상무이사 최철종, 이사 최병기, 최재영, 최길호, 최금규, 최철호, 감사 현영찬, 조재린으로 짜여진 대한민국 최초의 자생 이동농업협동조합이 탄생하였다.

구림농협의 활동

농협 설립 즉시 정미소와 구판장 설치를 시작하였다. 정미소는 동계리 해주최씨 문각 옆에 알뫼들에 있는 최규만 소유의 정미소 시설을 옮겨 와 기관장은 김일태가 맡고, 운영책임은 고산리 최재영 이사가 맡기로 하였다. 최재영은 농사가 많아 자기 농사일도 힘겨웠지만 오직 마을과 농협을 위해서 정미소의 운영을 책임질 것을 쾌히 승낙해 주었다. 농협운동에 뛰어든 사람들은 너나 할 것 없이 옆도 돌아보지 않고 열과 성의를 다하여 앞만 보고 모든 역량과 노력을 쏟아부었다. 최재영도 그 중 한 사람으로 머리도 명석하고 경우도 밝고 논리적이며 이해심과 추진력이 대단해서 어떤 어려움에 부딪쳤을 때 '안 되겠다', '어렵겠다.' 는 부정적이고 회의적인 말 보다는 한번 결정되면 '한번 해 보세' 하고 용기를 돋우고 밀고 나갔다.

당시 농가에서는 한번에 많은 벼를 도정하여 쌀을 저장해 놓고 살던 때였으므로 많은 양의 쌀은 마차를 이용해 운반해 주는 편의도 제공하였다. 가을이나 여름 정미소가 한창 바쁠 때는 새벽부터 밤늦게까지 먼지를 뒤집어쓰고 일하는 최재영 이사가 안타까워 농협임원 뿐 아니라 조합원들도 번갈아 정미소를 찾아와 격려하고 변변찮은 안주와 술로 컬컬한 목을 달래주기도 하였다. 구림에 전기가 들어 온 한참 후 전기 동력선을 연결하여 최문석의 자문을 받아 발동기를 5마력짜리 전동식 모터로 교체하고 제분기, 현미기를 구비하여 면모를 일신한 정미소로 만들었다.

또 한편으로 구림은 그때까지 5일장이 없어 생활필수품 구입에 어려움이 많았는데 조합원의 편의를 위해 구판장購販場을 만들기로 하고 장소를 구림 중심부인 구림교 다리 근처 현영창씨 대밭으로 결정하여 여러 차례 교섭 끝에 어렵게 승낙을 받았다. 구판장 건물은 영

암면 개신리에서 5칸 기와집을 구입하여 목수인 최민호의 지휘로 이전하여 구판장과 농협 사무실로 사용하였다. 구판장을 설치하였으나 장사를 해 본 경험이 있고 농협운동에 동참할 수 있는 사람을 구하기가 어려워 고심 끝에 나주에서 이사 온 최규웅 내외가 장사에 경험이 있다고 해서 구판장 책임을 맡기기로 하였다. 구판장 설치의 취지에 맞도록 고무신, 미역, 멸치 등에서 학용품까지 800여 가지의 잡다하고 많은 종류의 일용품을 취급하였으나 목포에서 도매로 구입하여 판매하는 형식에 그쳤다. 조합원이 필요로 한 물건을 모두 갖출 수가 없는 한계와 쌀이나 팥, 계란 등 농촌의 생산품을 사들이거나, 교환해 줄 수 없는 어려움에 부딪칠 수밖에 없었고, 기존의 점포의 반발도 뒤따랐다.

청년회 때부터 시작한 농사강의는 농협 발족 후에도 매년 계속해

종자소독법, 병충해 방제 등의 교육을 받으며 병충해 방제 때 D.D.T, B.H.C 같은 분말 농약을 마포자루에 담아 막대 끝에 매달아 털면서 온 논을 누비는 작업이 등에 짊어진 수동식 분무기로 바뀌고 그 후에는 일본에서 수입한 동력 분무기를 농협에서 구입하여 조합원들이 빌려 쓰게 하였다. 지긋지긋한 지게질을 하지 않으려고 80여 대의 손수레를 한 대에 정조正租(벼) 한 섬씩을 주고 농협에서 공동 구매하여 보급하게 되니 우마차牛馬車와 더불어 110여 대의 운반 수단이 생겨나 지게 없는 마을로 널리 알려지게 되었다. 또한 농한기에 부업을 장려하기 위해 농협 보조와 융자로 새끼 꼬는 기계 80여 대, 가마니 짜는 기계 20여 대를 보급하였다.

1960년 6월 구림초등학교가 서호정에서 신근정으로 옮겨 오고 고등공민학교는 초등학교 자리로 61년 10월 이사하게 되어 비어있는 고등공민학교건물을 구입하여 교무실은 사무실로, 교실은 학암 창고와 함께 비료보관 창고로 이용하였다. 얼마 후 양곡보관 업무도 농협으로 이관 받아 뽕나무 밭 700여 평을 더 사들여 100평짜리 양곡 보관 창고를 신축하였는데 양곡 장기 보관 시 태양열에 의한 감량減量을 없애기 위해 단열제로 조인환 정미소에서 왕겨를 갖다 지붕 위에 두툼하게 깔고 슬레이트를 덮는 지혜까지 짜내면서 창고 건설작업에 조합 임직원이 총동원되었다. 이로써 양곡 보관 창고는 120여 평이 되었다. 수매한 양곡이 많아 창고가 부족하여 마람을 엮어 수백 가마를 창고 마당에다 야적하였는데 이와 같이 사업도 확장되고 업무량도 많아져 농협의 틀이 잡히면서 최금규가 상무이사를 맡고, 직원도 최태용, 최재상, 박춘배, 조자연 등 5~6명으로 늘어나 구림마을이 활기차고 생동감이 넘쳤다.

전국 일등 농협으로

당시로서는 농협전남 도지부나 영암군 농협 관내에 구림같이 규모 있고 조직적으로 운영하는 농협이 없었으므로 도지부나 영암군 농협에서 큰 관심을 갖고 적극적으로 후원해 주었다. 구림농협이 활발하게 움직이고 있을 즈음인 1963년 7월 서울 동아라디오방송(동아일보 소속)에서 기자가 녹음기를 메고 구림농협을 취재차 찾아왔다. 이틀간 머물면서 마을과 농협을 취재하고 돌아가 방송을 내보냈는데 뜸부기 우는 소리를 효과음으로 넣고 조합정미소 기계 돌아가는 소리, 구판장 이용광경, 지게 없는 마을 등을 연출하고 구림의 농촌 풍경을 소개하였는데 이 모습이 우리 고향이고 구림인가 하고 감탄사가 절로 나왔다. 그 후에 알려진 바에 의하면 농협 전국경진대회를 앞두고 도지부에서 취재를 주선했다고 한다.

동아방송에서 구림의 모습이 방송된 후 KBS TV, MBC 라디오에서도 취재차 왔었는데 퇴비증산을 위해 손수레 수 십 대에 풀을 가득 싣고 도갑에서 줄줄이 내려오는 광경, 정미소, 구판장 이용 풍경, 벼 종자 소독법 강의와 실험들을 실연하고 고산리 창고에서 부업으로 대바구니 만드는 죽세공기술竹細工技術을 익히고 기계로 새끼를 꼬고, 가마니 짜는 현장을 취재해 갔다.

1963년 9월 10일 서울 시민회관에서 전국농업협동조합 경진대회가 개최되었다. 전국에서 모여든 농협 관계자들이 1, 2층을 가득 매운 가운데 행사가 진행되고 마지막에 경진대회 심사 결과 발표가 있었는데 A급 1등 전남 영암구림이동조합이라고 사회자가 발표를 했을 때 그 기쁨은 이루 말할 수 없었다. 우레와 같은 박수갈채 속에 구림조합장 최장호가 단상에 올라가 목에 꽃다발을 받아 걸고 소감을 발표하는데 다시 한번 장내가 떠나갈 듯한 박수소리가 끝없이 들려

왔다. B급 1등은 남제주군 무릉武陵이동조합이 차지했으며 C급 1등은 경남 고성군 봉발鳳鉢이동조합으로 돌아갔다. 이날 저녁 KBS TV(당시에는 KBS에 흑백 TV국만 있었음)에 조합장 최장호를 비롯하여 최재영, 최길호, 최철종, 최금규 이사가 출연하여 도시와 농촌의 협력과 유대관계에 대해서 1시간가량 대담을 하기도 하였다. 국가재건최고회의 의장상과 우승기 그리고 부상으로 거금 50만원을 받아 구림에 돌아오니 마을사람들이 신근정에서 농협 사무실까지 진을 치고 늘어서서 '잘했다', '장하다'를 연호하며 격려를 아끼지 않았다. 이 영광은 구림사람들의 기개와 저력은 물론 협동의 결정체였음은 두말할 필요가 없다.

전국경진대회에서 일등 후 광주, 목포를 비롯한 여러 방송국에서 취재하고 경기도 김포, 강원도 횡성(원주), 경상도 등 전국 각 지역의 많은 조합에서 시찰단이 구림을 다녀갔다. 견학 온 분들을 모시고 정미소, 구판장은 물론 벼 종자 소독법을 실험해 보이기도 하고, 마을을 두루 구경시켜 주었더니 여러 사람의 입에서 '마을 규모나 풍치가 전국에서 일등할 만한 여건을 갖추었다'고 감탄하며 '이 마을사람과 사돈 한 번 맺었으면 좋겠다.'는 사람도 있었다. 1963년 10월 정미소 책임자였던 최재영 이사가 37세의 젊은 나이로 요절하고 67년 최철종 이사가 다른 지방으로 이사감에 따라 농협 창립 당시의 이사진이 바뀌고, 초대 감사인 조재린, 현영찬을 비롯해 조영현, 최평묵, 최치만, 최재우 등이 감사로서 조합발전에 기여하였다.

농협의 면단위 통합과 미래

농협의 구조조정으로 1969년부터 시작한 1면 1농협으로의 합병작업이 70년 7월 마무리 되어 군서농업협동조합으로 출범하였으며 조합장에는 최장호가 선임되었다.

이동조합의 합병으로 한국 이동농협의 효시였고, 전국 최상급 일등조합이며 전국농협운동의 선봉에 섰던 구림조합은 역사에서 사라졌다. 너무나 아쉽게도 지금은 구림농협의 자랑이었던 전국 일등 상장, 우승기, 농림부장관 표창장 등과 같은 구림농협을 상징하고 땀과 열정의 결정체인 그 무엇도 찾아볼 수 없다. 구림농협은 살기 좋은 이상적인 농촌을 만들겠다는 일념으로 모든 역량과 열정을 쏟아 부었던 구림의 희망이었다.

현재의 통합 군서농협은 최장호를 필두로 최금규, 양기희, 최재상, 박찬원, 최금섭이 조합장을 역임했으며 현재 오정용이 군서농협장으로 수고하고 있다.

2000년대에 들어서서 전국 여러 곳에서 조합원의 집단탈퇴라는 극단적인 행동들이 나타나고 있다. 농협 본래의 모습인 농민이 주인이 되는 농협, 자생적이고 자주적인 농협, 관료화하지 않는 봉사하는 농협, 농민으로부터 믿고 따르고 사랑 받는 농협이 되기 위해서는 이를 위한 부단한 노력과 농협인 모두의 뼈를 깎는 개혁이 뒤따라야 할 것이라 생각된다.

마을별 농기계 보유 현황(2005년도)

	경운기	트랙터	콤바인	이앙기	건조기	비료살포기	예취기	기타
학 암	16	9	4	20	7	20	45	9
동 계	19	12	5	9	10	19	47	3
고 산	16	5	3	7	7	17	42	3
서호정	15	8	5	8	7	15	16	
신흥동	1	2	1	3	1	9	10	
백암동	17	8	5	9	7	17	15	1
죽 정	70	16	3	26	13	25	39	6
평 리	13	6	4	7	10	20	25	
계	167	66	30	89	62	142	239	22

4. 문명의 빛 전기 가설

6.25전쟁 후의 전기 사정

지금으로부터 50여 년 전인 1950년대에는 한 군에서 전기 혜택을 받는 곳은 읍을 제외하면 한두 마을에 불과했다. 구림도 전기가 가설되지 않아 석유등잔으로 밤을 밝히고 어머니나 누나들은 등잔불 밑에서 바느질이나 밤 세워가며 길쌈을 했고 어린이들은 등잔불 밑에서 엎드려 책을 읽고 글씨를 썼다. 특별한 경우에는 양초를 쓰는 경우도 있었고 부잣집이나 살림형편이 좋은 집은 석유램프를 한 두 개씩 사용하고 있었는데 호야를 들고 불을 붙이고 끄는 불편한 점이 있었어도 최고급 조명 기구였다.

영암은 전기선로가 무안 일로면 천호리에 철탑을 세워 영산강 주룡목을 건너 학산면 하은적산 아래 철탑으로 끌어 산을 타고 독천을 거쳐 강진, 병영을 경유해 연결되어 있었고 독천에는 일본 사람이 경영하는 큰 알루미늄 광산이 있어 전기를 이용해 삭도를 설치해 주룡목 포구까지 광석을 운반하였는데 이 광산을 위해 독천을 경유하였을 것이다.

일제 강점기에는 시계도 희귀해 들에서 일하는 사람들은 신작로로 먼지를 날리며 지나가는 하얀 버스를 보고 쉬는 시간이나 참 먹을 시간을 짐작하고 독천 광산에서 12시경에 발파하는 소리를 오포라

하여 점심때를 알리는 신호로 삼기도 하였다.

6.25전쟁 전에는 영암군에서는 영암읍, 독천, 신북 지역이 전기를 공급받았는데 등잔불 밑에서 자란 구림의 어린 학생들은 영암에서 전기불만 보아도 신기해서 두리번거리며 기가 죽고, 영암 아이들이 촌놈이라고 놀려대도 할말을 잊었고 읍에서 2층 집만 보고와도 친구들에게 2층집 본 자랑을 늘어놓았다.

구림의 전기가설 추진

당시 전기선이 독천에서 강진, 병영, 영암으로 이어졌으나 1950년 6.25전쟁 이후 전선은 물론 전신주가 잘리어 배전 선로가 흔적도 없이 파괴되어 전기 공급을 받지 못하고 있었다. 6.25전쟁이 끝나고 전후 복구 작업이 시작되었는데 전기도 전쟁 재해 복구공사에 포함되었다.

마침 구림 평리 출신으로 서울전기학교를 졸업한 박권재朴權在가 한전의 전쟁재해 복구공사 목포지점 책임자로 근무 중이었다.

박권재는 구림마을의 숙원인 전기가 들어오는 사업을 할 수 있는 절호의 기회라고 생각하고 구림이 전쟁복구 지역은 아니었으나 전기를 공급하는 기존 선로를 변경하여 독천에서 구림을 경유하여 영암으로 변경해 줄 것을 상공부와 한전 본사에 여러 번 건의하였다. 선로 변경을 건의한 이유는 독천-강진-병영-영암 선로는 많은 거리를 우회할 뿐 아니라 전기를 공급할 큰 마을이 적고 산악지대가 많아 가설공사뿐 아니라 보수공사에도 많은 어려움과 재정적 부담을 가져오므로 독천에서 구림을 거쳐 영암까지 직선으로 변경하면 이런 문제를 해소할 수 있다고 건의하였다. 이와 같은 사유로 상공부로부터 그 타당성이 인정되어 선로변경이 승인됨으로써 복구공사를 진행하게 되었다.

전쟁 재해지역이 아닌 구림지구 즉, 동서구림, 도갑리의 전기 수용가 신청을 받아본 결과 300여 호에 불과해 한전 측으로부터 500호 이상 되어야 한다는 통보가 왔다.

여러 가지 어려움을 무릅쓰고 일을 성사시킨 박권재의 입장과 노고에 보답해야 한다는 부담도 컸고 좋은 기회를 놓쳐서는 안 된다는 결의로 각 부락 이장, 청년회, 마을 친목계 등을 총동원해 마을사람들을 설득하고 권고한 결과 522호의 수용가 신청을 받는데 성공하였다. 옥내 공사비는 본인이 부담하고 외선 공사비 약 5,300만 환은 전쟁재해 복구 공사비에서 충당하여 1960년 늦은 봄 공사가 시작되었다.

당시 마을 건물은 오래된 초가가 많아 공사에 어려움이 있었으나 공사가 순조롭게 진행되어 1960년 12월 25일 성탄절에 맞추어 오후 5시경 전기가 점화되었다. 5w정도의 등잔불을 쓰다가 20~30w의 전깃불을 쓰게 되니 천지가 개벽하여 마을 전체가 별천지가 되고 어두컴컴한 곳에서 광명 천지로 나온 것 같았으니 그 기쁨이야 어디에 비하랴!

지금은 산골짜기 외딴 마을이나 육지에서 떨어진 섬에도 한전에서 회사부담으로 전기를 공급해 주지만 그때는 같은 동내인 구림에서도 큰 동네와 거리가 떨어진 법수거리, 배척골, 지장개등, 백암동 등의 마을은 예산 부족으로 전기가설이 안되어 혜택을 받지 못하는 아쉬움을 남겼다. 당시 옥내 공사비는 정조1석대 9,800환이었으며 전력계량기가 부족해 정액제로 호당 전등 4등을 일몰시부터 밤 12시까지 켰는데 요금 156환이었다.

5.16이후 대만에서 전기계량기가 수입되어 목포지점에 배당된 계

량기 전체를 박권재 공무과장이 영암 지역으로 배당해 제1착으로 종량제로 변경하여 전기를 공급받게 되었다. 종량제 전기료는 기본료 3㎾까지 156환으로 초과사용요금은 1㎾당 26환 40전이었다. 박권재는 구림공사 후 목포일보 기자가 전쟁 재해복구 지역이 아닌 구림을 전쟁복구 지역으로 포함시켰다고 트집을 잡고 신문에 기사화 하겠다고 위협하는 바람에 고초를 겪는 곤욕을 당하기도 하였다. 구림사람들은 박권재의 애향심과 전기화 사업의 어려운 일을 성사시킨 노고에 감사해 하고 있다.

5. 구림 5일장 개장

시골의 5일장과 구림

1960년경까지만 해도 닷새 만에 열리는 5일장은 많은 등짐장사들이 비단과 포목, 고무신, 그릇, 어물 등을 파는 가게를 펼쳐놓고 주민들에게 생활에 필요한 물건을 팔았다. 농가에서는 쌀, 콩, 팥, 깨 같은 농작물과 모시 베, 명주 베는 물론 닭, 염소, 돼지 같은 가축까지 내다 파는 만물 교역장이자 환전소換錢所가 되었다. 농촌에 자금을 조달하는 창구였으며 시집보낸 딸이나 친정이나 친척들의 소식을 사

장가에 있는 옹기전

옛날에는 고무신도 기워 신었다

람들을 통해 전해 듣기도 하는 정보 소통의 장이며 만남의 장소가 되기도 하였다.

구림에서 북동쪽으로 20리인 영암이나, 남서쪽으로 20리인 독천에 5일장이 있었으나 600여 호가 모여 사는 호남에서는 보기 드문 큰 마을인 구림에는 장이 없었다. 60년대 전반까지 구림에는 신근정 사거리에 윗점방과 장터를 떠도는 등짐장수들의 잠자리나 식사를 제공하는 간이 여인숙이 있었고 학교 가는 길목인 서호정 부잣집 방앗간 아래, 점방이 있었는데 담배, 눈깔사탕과 과자류, 공책, 연필, 습자지, 도화지 같은 문구류를 팔고 있었다.

이따금 손가락이 여섯 개인 육손이란 별명을 가진 황아장수가 이른 봄부터 늦가을까지 동계리 해주최씨 문각 담장 옆에 포장을 치고 동내 점방에서는 볼 수 없는 손거울, 옥반지, 구슬, 손전등, 담뱃대 등 잡화류와 분, 크림 등 여자 화장품, 자수실과 각종 액세서리에서부터 물감, 양잿물까지 갖추어 놓고 마을 부녀자와 아이들의 호기심을 자극하고 마음을 들뜨게 만들었다. 아이들이나 부녀자들은 이런 물건을 갖고 싶은 욕심에 보고 또 보며 황아장사 앞을 맴돌다 부모 모르게 가족들의 식량인 쌀을 퍼오거나 보리, 콩 등 잡곡을 갖고 와 원하는 물건과 맞바꾸고는 했었다.

당시 쌀독에서 쌀을 퍼 온다는 것은 부녀자의 부정과 같이 금기시되어온 불문율과 같은 관습이었고 남의 손가락질을 받거나 비난의 대상이 되기도 했으나 갖고 싶은 욕구를 억제할 수는 없었다. 황아장수는 땅거미가 들면 짐을 챙기는데 물건값으로 받은 곡식이 많아 주막집에 넘기거나 간이 여인숙에 맡기고 돌아가곤 했다. 이런 환경에서 5일장은 농경사회의 때 묻은 상징이기도 하고, 농촌 생활의 애환이 투영된 자화상이기도 했다.

60년대의 농사일들

1970년대 이앙기가 보급되기 전의 모내기는 품앗이로 얻은 일꾼들이 논 한가운데 못줄 앞에 한 줄로 늘어서서 논둑에서 못줄잡이가 '어~이 어~이' 하는 소리에 맞추어 모를 심느라 허리를 굽혔다가 폈다를 수백 번 반복하면서 점심밥 바구니가 떠오르는가 어린 딸이 갓난애를 업고 따라 오는 지 쳐다보다가 점심때에 미나리에 무친 홍어회를 안주삼아 텁텁한 막걸리 한 사발을 들이키는 그 맛은 이제까지 아팠던 허리도, 피로도 모두 잊게 하는 시원함이었다.

묵은 배추김치와 자반고등어를 반찬으로 점심을 때우고 논두렁 아무데나 드러누워 허리를 펴고 토막 잠을 자는 둥 마는 둥 청하다가 다시 모내기를 시작한다. 오후 새참이 지나 허리는 끊어질 듯 아파오고 몸은 지칠 대로 지쳐 얼마 남지 않은 논배미도 커 보이고 심란할 때 막걸리 기운이 거나하게 오른 목청 좋은 모내기꾼이 모춤을 잡고 서서 구성지게 '자진 농부가' 한 대목을 뽑아낸다.

모내기 전 논을 고르는 써래질

모심기

'어~어 여루 상사디여' 하고 선소리를 하면 모꾼들도 따라 '어~어 여루 상사디여' '아나 농부야 말듣소' '어~어 여루 상사디여' '아나 농부야 말들어, 서마지기 논배미가 반달만큼 남았네, 어어 여루 상사디여' '네가 무슨 반달이냐 초생달이 반달이로다' '어어 여루 상사디여' 이렇게 뒷소리를 따라 부르다 보면 허리아픔도 피곤함도 씻은 듯이 날아가고 어느덧 뒷 논둑에 와 닿는다. 모심기가 일찍 끝나면 시부모를 모시는 아낙네는 저녁밥 지으려고, 아기 엄마는 아이 젖 주려고 손발을 대강 씻고 종종걸음으로 집으로 사라지고 부지런한 단홀애비는 보리밭으로 달려가 보리를 베거나 묶는다.

모내기가 끝나면 미루어 놓았던 보리타작을 했는데 보리 탈곡기가 보급되기 전에는 보리를 마당에 널어 뙤약볕에 말려 가면서 도리깨로 타작을 했다. 4, 5명의 일꾼들이 한조가 되어 선도리깨가 이끄는 대로 쫓아다니며 도리깨로 내리쳐 보리를 터는데, 선도리깨가 '어이 여기 있다 여기 있어' 선소리를 하면 일꾼들이 '어이 여기 간다 여기 가' 하며 더위와 피로를 잊으려고 어울림소리를 하며 사정없이 보릿대를 때려 부숴 재친다. 숨이 차서 목구멍에서는 헌 장구 소리가 나고 입은 쓸개 씹은 입같이 쓰고, 보리가 보복이라도 하듯 껄끄러운 보리 까스라기(까끄라기)가 비 오듯 흘러내리는 땀으로 범벅이 된 살에 파고드는 괴로움을 다른 어떤 고통에 비하랴!

보리타작 후에 논김매기에 들어가 만들이(마지막 김매기) 때가 되면 그 동안 자란 벼가 사람 가슴팍까지 올라와(당시 벼는 키가 컸다) 논에서 김매기 하는 사람은 안보이고 벼 끝만 까닥까닥 거린다. 5, 6월(음력) 찌는 듯한 더위에 빽빽하게 들어선 벼 포기 사이를 누비며 팔을 휘젓고 다니다 보면 뜨거운 김이 목구멍으로 울컥울컥 달려들고 규산으로 날이 선 벼 포기에 팔뚝의 튀어나온 핏줄이 씻겨 피가 삐죽삐죽 배어 나와 구렁이 허물 같은 자국을 남긴다.

햇곡식이 만발한 늦가을에 8, 9명의 일꾼을 얻어 나락(벼) 등짐을 할 때에는 성양리, 장사리, 도리촌 바닷가 마을사람들이 잡은 맛조개

보리나 콩 타작을 하는 도리깨질

발로 밟아 벼를 터는 탈곡기 작업. 일명 기계 홀태

를 사서 가을에 찬 이슬을 맞고 자란 연한 호박에 버무린 맛회와 새우, 게, 납삭, 모치새끼, 서대, 망둥어, 꼬막 등 온갖 잡어가 뒤섞인 사발것(사발 그릇으로 파는 잡어)을 조린 찌개의 시원하고 산뜻한 맛은 그 무엇과도 비교 할 수 없었다.

아껴두었던 큰 장닭을 잡아 큰 솥에 가을무를 썰어 넣고 끓인 닭국물과 막걸리를 옹베기에 담아 바가지를 띄워 내놓으면 등짐꾼들이 선 채로 한 사발씩 마시고 쏜살같이 달려 나간다. 점심때가 되어서야 꽃등짐꾼(선등지꾼)이나 곱재비 등짐꾼(한번에 두목 지는 등짐꾼)이 모두 모여 가을배추로 버무린 겉절이와 푸짐한 햇 반찬을 곁들여 윤이 번지르르 흐른 옥씨 같은 쌀밥을 고깔 고봉으로 담은 밥그릇이 놓인 밥상을 받는다. 점심때는 등짐꾼뿐 아니라 이웃 어른과 큰집, 작은집 식구들이 모여 점심을 함께 하는데 평소에 살림이 어려워 고기 맛을 보기 힘든 시절이었기에 짱둥어국이나 닭국물에 뜬 노오란 기름을 보고 '어, 기름 떴네' 하고 반가워했고 금년 농사 이야기, 하늘의 고 마음이 화제가 되는 밥상머리에 가을 갈치가 빠질 수 없었다.

시골생활과 5일장

일꾼을 얻어 봄에 모내기 할 때나 가을에 추수할 때마다 장을 보아야 했지만 기제사, 추석, 설 등 명절에도 5일장에서 물건을 사야하고 비상전만 안 들르고 다 들러야 한다는 아들, 딸 시집장가 보낼 때도 장에 가야 했다. 5일장은 주로 부녀자들이 보러 다녔는데 아끼고 아껴 모은 달걀 몇 꾸러미나 밤잠을 설치며 손끝이 닳도록 공 들여 짠 명주 베와 모시 베, 쌀, 콩, 팥 등을 목이 움츠려 들만큼 머리에 이고 후들거리는 다리로 왕복 40리(16㎞)나 되는 영암, 독천장까지 걸어다녀야 했다. 새끼 돼지를 사면 큰대나무 구덕이나 망태에 담아 머리에 이거나 어깨에 들쳐 메고, 염소는 끌고 오는데 앞에서 끌면 끌수록 뒤로 더 힘차게 버티어 꼼짝달싹 하지 않아 한바탕 애를 먹다가 '염소는 앞세우고, 뒤에서 몰아야 잘 가는 것이요' 하는 촌로村老의 귓뜸으로 염소를 끌고 가는 요령을 터득하기도 했으나, 한여름 뙤약볕이나 북동풍이 몰아치는 겨울에 장보기란 큰 고역이 아닐 수 없었다.

영암에서 목포(용당)까지 하루 3회 왕복하는 24인승 버스를 타면 사람을 짐짝처럼 밀어 넣어 몸을 꼼짝할 수 없어 다리가 저리고, 얼굴을 돌려 숨쉬기조차 힘들어 대바구니나 돼지 같은 짐을 가지고 버스를 탄다는 것은 생각도 할 수 없었다. 찌든 가난 때문에 힘들게 살던 시절에는 장터 주막집 큰 솥에 펄펄 끓는 먹음직스러운 돼지비개가 둥둥 떠다니는 돼지국물을 바라보기만 하고 주린 배를 움켜쥐고 돌아오는 마당에 차비가 아까워 몸은 고단해도 다리품을 파는 것이 마음이 한결 편했다.

1960년대 들어 버스의 운행 횟수도 늘어나고 장날이면 마을에서 우마차 한두 대가 짐을 싣고 장을 오가는 편에 무거운 물건은 우마차에 실어 보내고 사람은 뒤따라가는 정도로 편한 장보기가 되었다. 수십 년 동안 반복되는 이런 고생과 불편을 겪으면서도 구림에 장이 서지 않은 것은 시장을 이용할 수 있는 사람이 적을 것으로 예상되어 시장의 유지나 발전에 자신이 없었던 것도 한 가지 이유였지만 더 큰 요인은 따로 있었다.

오랜 세월동안 마을사람들에게는 사농공상이란 직업의식이 은근히 잠재되어 있었고 청빈을 덕목으로 하는 올곧은 선비정신에 젖어 맹모삼천지교가 시사하듯이 마을에 장이 있으면 너무 잇속만 챙기거나 이해타산만 따져 배추 한 포기, 호박 한 개도 장에 내다 팔게 되어 서로 나누는 미덕은 사라지고 인심은 각박해지며 아이들이 시장가에서 장사하는 것만 보고 배운다는 염려 때문이기도 했다.

구림 5일장 개설

그러나 산업화 과정에서 생활환경과 사회의식도 많이 바뀌어 구림만 농경 사회로 남아 있을 수 없음은 물론, 부녀자들의 장보는 부담을 덜어주고 마을사람들의 경제적 발전을 위해서도 5일장은 절실히 필요하였다.

5일장의 필요성을 절실하게 느낀 구림사람들은 일심계를 비롯한 각 마을 친목계에서 1965년 가을추수가 끝나자 시장 개설을 적극 추진하기로 하고 설립추진위원장에 조인환, 위원에는 각 마을 이장을 포함하여 조영희, 최대원, 조재민, 최재성(학암), 최금규, 최철호, 최용, 이성헌, 최재호, 박성주 등을 선임하였다.

먼저 시장 위치를 신근정 사거리동쪽에 위치한 조인환 정미소 위쪽으로 정하고 약 2,500평의 시장 부지를 매입하기 위하여 토지 매입 자금을 각 마을별로 할당하였다. 특기할 것은 조인환이 개인 소유의 밭 500여 평을 추진위원회에 기부하여 이 땅을 기본으로 동구림 34-7번지 일대 2,418평의 시장 부지를 확보할 수 있었고 당시 시가는 평당 500원 정도였는데, 추진위원장이 조인환에서 박석암, 최장호로 이어졌다.

영암군에서는 시장 부지 위에 412.5㎡(124.7평)의 상가 건물과 노점 35개를 설치하여 1966년 5월 19일에 2일과 7일에 장을 열기로 하고 '구림 시장'이 개설되었다. 시장 개설 기념으로 7일간 난장亂場을 트고 씨름판을 열어 성황을 이루었다. 시장의 개장으로 구림사람들의 소원이 풀리고 월곡리, 성양리, 동호리, 모정리, 양장리 등과 학산, 서호면 일부에서도 구림시장을 이용하게 됨으로써 시장이 활기를 띠었으나 우시장은 성업이 되지 않아 폐쇄하고 우시장 터 457평을 매각함으로써 현재 6,484㎡(1,961평)의 시장 부지만 남게 되었고 그 동안 시장 건물도 많이 퇴락하였다.

생활양식이 도시화 되어가고 통신과 교통의 발달로 구림에서 목포나 광주까지 1시간 내외면 갈 수 있게 되어 농촌과 도시의 구분이 없어지는 현실이다. 대도시에서는 백화점, 할인점 때문에 재래시장이 쇠퇴하고 동네 구멍가게가 없어지는 현실이 5일장에도 같은 영향을 미치게 되었다.

자연히 광주나 목포에서 물건을 구입하게 되고 홈쇼핑이나 택배가 발달해 집에 앉아서도 필요한 물건을 구입할 수 있게 되어 구림시장에서는 토산품이나 채소, 생선 정도가 거래되는 실정이어서 5일장이 힘겹게 명맥만 유지되고 있다.

6. 구림 유일의 기업체였던 주조장

술은 옛날부터 인간의 생활과 밀접한 관계를 맺어 왔지만 농경사회에서의 술(농주農酒)의 존재는 대단한 것이었다. 기제사忌祭祀나 잔치에도 술은 빠지지 않지만 농사일을 하면서 힘들게 일하다 목마를 때 막걸리 한잔은 갈증을 가시게 하고, 배가 고플 때 텁텁한 막걸리를 마시면 배고픔을 면하고, 막걸리 한 잔으로 취기가 오르면 힘이 저절로 솟아 일이 힘든 줄 몰랐으며, 몸이 피곤할 때 한 잔 술이 피로를 풀어주는 마력을 갖고 있는, 어느 때나 빠지지 않는 기호식품이다.

일제 강점기에 나주세무서에서 허가를 받아 그 술을 제조 판매하는 '군서(구림)주조장'이 있었는데 구림에서는 유일한 기업체였다. 군서면 신덕정 태생인 김재신金在信이 신근정 사거리에서 지와목 고개로 가는 신작로 왼쪽에 '군서주조장'을 운영하다가 8.15 직후 죽정 최완규가 주조장을 인수받았다. 그러다 6.25전쟁 중에 최완규가 사망함으로써 장자인 최종성이 유산을 상속받았으나 3, 4년 후 최양규가 경영하기 시작하여 지금은 그의 장남인 최종덕이 대를 이어 주조장을 경영하고 있다.

군서주조장의 막걸리는 물이 좋아 영암군 내에서 술 맛이 좋기로 소문이 나 있었으나 태평양전쟁 당시 식량 사정이 악화되어 막걸리도 배급형태인 할당제로 공급받아 파는 형식으로 바뀌어 애주가들이 애를 태웠다. 술꾼(애주가)들은 두세 사람이 모여 술을 찾아 나서 이 주막 저 주막을 기웃거렸는데 강담안 주막에 술이 없으면 월산 정자나무 밑 주막에는 있겠지 하고 찾아가는데 월산 주막에도 없으면 호동 잔등 주막까지 원정을 하며 막걸리를 찾아 십여리 길도 마다하지 않았다.

농촌에서는 막걸리가 필요할 때가 많았는데 힘든 농사일을 할 때도 항상 술이 있어야 했으며, 혼인이나 회갑잔치는 물론 상사가 나거나 기제사 때도 술이 필요하였으나 술값이 만만치 않았다. 그래서 사람들은 당시 집에서 허가 없이 술 만드는 것을 엄금하고 있었으나 단속 당할 것을 걱정하면서도 집에서 술을 담가 먹었다. 당시에 막걸리 한 말 값이 쌀 3되 값을 넘었으나 쌀 2되로 술을 담그면 막걸리 1.5말을 생산할 수 있었으니 어려웠던 그때에는 어쩔 수 없었다.

태평양전쟁 시에는 식량이 부족하여 보리쌀이나 좁쌀로 담근 텁

지아목에 있는 구림의 유일한 기업체였던 군서주조장

텁한 막걸리도 없어서 못 마실 지경이었다.

일제 강점기 지식인이나 민족운동가들은 고등계형사나 순사의 감시를 두려워했으나 일반 서민(농민)들의 제일 두려운 존재는 산감(山監: 산림 감시원)과 세무서 직원이었는데 농촌 생활환경이 취사나 난방용 땔감을 산에서 조달하였으며 막걸리도 담그지 않을 수 없는 실정이었다. 산감과 세무서 직원은 준사법권을 갖고 있었는데 산감은 산에서 채취한 땔나무를 지게에 지고 내려오면 길목을 지키고 있다가 나뭇단을 빼앗고 집집마다 돌아다니며 수색하여 산에서 채취한 나무라도 발견되면 벌금을 부과하고 구류까지 살리기도 하였으며 세무서 직원들은 정기적으로 1분기에 1회나 또는 지역 주조장의 요청으로 밀주 단속을 나왔다. '술 뒤로 왔다'는 소문이 마을에 퍼지면 누룩(곡자曲子)을 감추고 술동이를 마당이나 헛간의 거름배늘(퇴비 더미)속을 파고 묻어 감추기도 하고 대나무 밭에 숨기거나 어떤 사람은 술동이를 머리에 이고 논이나 밭으로 나가는 진풍경도 연출하였다. 술은 냄새가 나는 음식이기 때문에 단속을 나오면 들통이 나기가 쉬웠고 세무서 직원들은 신발도 벗지 않은 채 집안을 들락거리면서 수색을 하였는데 술의 양이나 누룩의 짝수(수량)에 따라 무거운 벌금을 납부하게 하였다. 밀주 단속이 나오면 마을사람들은 주조장에서 세무서 직원들에게 단속을 요청한 것으로 생각하고 주조장을 원망했는데 단속 나온 세무서 직원에게 닭을 잡거나 음식을 마련하여 식사를 제공하고 접대하는 일이 많아서 오해를 사는 경우도 있었다.

일제 강점기가 끝나고 6.25사변이 휴전협정상태에 들어가면서부터 서서히 막걸리 소비가 증가하기 시작하였다. 바닷가에 사는 사람들은 생선안주에 소주를 즐겨 마셨으나 구림사람들을 비롯하여 농사일 하는 사람들은 막걸리를 좋아하여 60년대 중반부터 70년대 중반까지 군서주조장은 최고의 전성기를 누렸다. 월산에 주조장 분점을 두어 배달하는 분점 직원들이 3~4명 정도였으며 구림에서 근무하는 4~5명을 합하면 주조장 직원이 10명 정도였으니 구림에서 직원이 제일 많은 사업장이었다.

술은 주로 자전거로 운반하였는데 짐빠리 자전거에 막걸리 5~6말씩을 싣고 비포장도로를 통해 각 마을로 배달하였다. 막걸리의 수요가 많았을 때에는 마차나 경운기에 막걸리를 가득 싣고 오전, 오후 두 차례씩 여러 마을을 순회한 적도 있었다.

또 주조장에 술꾼들을 위하여 선술 칸을 만들어 고춧잎 조림이나 묵은 김치 등 간단한 안주를 마련해 놓고 막걸리를 팔았는데 애주가들에게 인기가 대단했다. 나무로 만든 반승 한 되 나무 되를 술동이에 집어넣고 휘휘 저어 막걸리 사발에 가득 부어주면 단숨에 술을 들이켜고 마련해 놓은 안주로 입맛가심을 하고 입술을 쌱 훔치고 미소를 띠고 나오며 만족해했다.

지금은 농주의 제조가 자유로워졌지만 오히려 번거로워서 집에서 술을 담그는 집은 거의 찾아볼 수 없고 여러 가지 특성이 있는 많은 종류의 술들이 생산되어 판매되고 있어 한때 번창했던 주조장도 명맥만 유지하고 있는 실정이다.

7. 서호강과 학파농장

서호강의 추억

지금의 구림도기문화센터(옛 초등학교) 아래 쪽 큰길 옆에 신흥동 앞들에 농업용수를 공급하는 고래샘이 있고 이 물줄기를 따라 내려 가면 현준호가 서호강을 간척하기 이전인 1920년대만 해도 배가 드 나들었던 작은 선착장인 상대바위가 있다. 여름에 학교 수업이 끝난 개구쟁이들이 책보를 팽개치고 옷을 훌렁 벗어 던지며 상대바위 위 에서 시퍼런 냇물로 뛰어 내리는 호기를 뽐내기도 하면서 입술이 시 퍼레지도록 시간 가는 줄도 모르고 물놀이를 했던 곳이다.

1943년까지도 이 상대바위에서 서쪽으로 이삼백 미터 쯤 내려가 면 시인, 묵객들의 시제詩題가 되었던 서호강이 2~3km의 너비로 서호 면 아천포에서 성재리 쪽으로 길게 펼쳐져 있었다.

신흥동 앞을 지나 지금의 백암동 들머리에 신흥동 앞들 물을 토해 내는 수문이 있었는데, 여기가 새원머리(新垣頭)로 사람들이 바닷길 을 드나드는 관문이기도 한 작은 포구였다. 여기서 가깝게는 성재리, 해창 멀리는 목포까지 볏가마니나 잡다한 짐을 실어 나르고 가끔 사 람도 편승하는 중선배의 발착지이고 뜰망배(큰 대나무를 +자로 엮어 끝 에 그물을 달아 끌어 올려 고기 잡는 배)의 모항이고 휴식처였다.

모내기를 하고 보리 타작이 끝날 무렵이면 황석어黃石魚(조기새끼)

를 실은 배가 몇 척씩 들어와 황석어 한 말과 겉보리 몇 되를 맞바꾸어 지져 먹거나 조려 먹고 남은 황석어를 햇볕에 말리는데 쇠파리가 달려들어 이를 쫓는데 갖은 애를 먹는 일도 있었다.

구림에는 독천 쪽에서 신작로를 따라 지와목 고개를 올라선 마루턱에 주막이 있었고 영암 쪽에도 구림으로 들어서는 신작로에서 죽정으로 들어가는 갈림길 가에 강담안 주막이 있었는데 새원머리에도 주막이 있었다. 주막에는 뱃사공이나 선부船夫, 배로 운반할 짐을 지고 온 사람이나 짐을 싣고 온 마부 등이 막걸리로 목을 축이기도 하고 동네 애주가들도 들르곤 했다. 새원머리에서 강을 건너다보면 썰물 때는 강 건너 서호면까지 맨발로 건너다닐 수 있는 펀펀한 갯벌이 드러나고 짱뚱어가 뛰어 놀고 게가 발발거리고 숨바꼭질하는 운동장이 된 갯벌 사이를 지렁이가 지나간 자국처럼 꾸불꾸불한 개옹(해구)이 이어져 있다.

이 갯벌에 바닷물이 들어오면 뛰어 놀던 짱뚱어도 발발거리던 게

영산강 줄기인 현 금강마을 앞 주룡목 강 풍경, 옛날 서호강을 빼닮았다

도 물속으로 숨어버리고 짱뚱어를 낚던 낚시꾼도 게, 고막, 맛 등을 잡던 아낙네도 뭍으로 밀려나고 조용하고 평화로운 바다가 펼쳐지며 잔잔한 물결만이 한가롭게 강기슭에 부딪치며 철썩거린다.

강 한가운데에는 소나무가 우거진 대섬(大島)이 떠 있고, 지금의 백암동 앞에는 도선국사의 전설이 서려있는 흰덕바위(白衣岩)가 물위로 하얗게 머리만 내밀고 있다.

서쪽 산에 해가 걸치면 은적산 족도리봉의 산 그림자가 강물 위에 드리우고 강 위를 아천포에 있는 하얀 큰 창고를 향해 고기잡이 배 사이를 누비며 쫓기듯 달아나는 짐을 실은 조그만 통통배(발동선)가 하얀 물꼬리를 남기며 잔잔한 물결을 일으키고 지나가면 바다위에 비친 붉게 물든 저녁노을의 영롱한 빛깔이 파도에 부서지며 보석을 뿌려놓은 듯 찬란하게 수를 놓는다. 이때 고기잡이 뜰망배 어부는 기다림에 지친 듯 그물을 올리고 느릿느릿 노를 저으며 강기슭으로 뱃머리를 돌린다. 농군들의 마지막 김매기인 만들이가 끝나면 추석 때까지는 가꾸어 놓은 밭곡식이나 논농사인 벼가 홍수나 태풍의 피해를 겪지 않고 잘 여물어 주기만 기다리는 농촌에서는 농사철임에도 가장 한가로운 때이다.

이때 낮에는 산에서 풋나무를 해서 마당에 펼쳐 말리고 달이 있는 밤이면 물때에 맞추어 병아리를 가두어 키우던 가리를 매고 이웃집 몇 사람과 서호강으로 고기잡이 가리질을 하러 간다. 갯벌 바닥이 반반해서 큰 위험 없이 바닷물이 들기 시작해 사람 가슴팍까지 차 올라올 때까지 열을 짓거나 따로 떨어져서 가리질은 한다. 재수 좋은 날이면 숭어나 모치(모쟁이)를 잡아 제찬 음식으로 봉奉하기도 하고 운저리, 납삭 등 잔고기도 서운치 않게 잡아 재미를 보기도 하지만 종종 허탕을 칠 때도 있다.

원래 덕진만에 연해있는 서호강은 갯벌이 좋아 꼬막, 맛, 모치, 망둥어, 납삭, 운저리, 새우 등 여기서 잡은 생선은 전국에서 제일 맛좋은 수산물로 학자들도 인정하지만 그 중에서도 숭어의 알로 만든 어란은 옛날부터 임금님 수라상에 오르는 진상품이었다고 한다. 그 아름다운 정경을 표현한 이경석의 〈서호십경〉 중 '향포관어香浦觀魚'는 아스라한 옛날을 넘어 이제 기억 저편의 풍경화가 된 셈이다.

水氣蒼蒼浦口香수기창창포구향
    물기는 짙푸르고 포구엔 향기 그윽한데
網中銀躍滿漁船망중은약만어선
    그물 속 뛰는 고기 고깃배에 가득하네
閒居長占濠梁興한거장점호양흥
    한가롭게 호랑다리 즐거움 마음껏 누리니
却笑秋風憶膾忙각소추풍억회망
    가을바람에 이는 회 생각 도리어 우습구나

학파농장의 탄생

이와 같이 숱한 사연과 추억이 얽힌 서호강을 간척하기 위하여 1939년 현준호가 조선총독부에서 간척사업 허가를 얻어냈다.

현준호(1889~1950)는 구림학교 초대교장이었던 현기봉(현진사)의 아들로 일본 명치대를 졸업하고 일제 강점기에 호남은행을 설립하여 운영해 온 사업가요, 만석군의 갑부였다. 구림에서는 당시 최현 면장이 서호강을 막으면 구림마을에 큰 재앙이 온다고 극구 항의하고 반대했으나 일제가 식량증산에 혈안이 되어 있을 때였음으로 받아들여지지 않았다.

지금의 구림사람들은 서호강을 간척하지 않았으면 얼마나 좋았을
까 하는 아쉬움도 있지만 당시는 한 치의 땅이라도 더 얻고자 발버둥
치던 때였으므로 농토가 많이 생긴다고 하니 오히려 기대가 크고 환
영하는 분위기였다.

　　현준호는 1934년 미암면 간척사업의 경험과 축적된 기술을 바탕
으로 1943년 공사를 시작해 1944년 서호면 성재리와 군서면 양장 매
부리 사이 1.2㎞ 제방을 만들고, 물막이 공사를 완료하여 총면적 이
백만 평의 간척지를 만들었다. 이 물막이 공사에는 영암군 일원에서
구경꾼이 몰려들어 양장 메부리 언덕과 제방 성제리 뒷산이인산인해
를 이루었다. 이로써 서호강은 없어지고 현준호 부친인 현기봉의 아
호를 딴 '학파농장'이 생겨났다.

　　학파농장은 666ha(43,000평)를 직접 경작하였고 그 외 농지는 경작
료(소작료)를 받고 임대하였다. 농지를 따라 이주한 사람들로 농장 주
변에 군서면 백암동, 서호면 학파동을 비롯한 9개 마을이 새로 생겼

성재리 포구, 옛날에는 제법 큰 선착장이자 어항이었다

으며 1952년경에는 전체 950세대의 소작농 중 구림은 191호 농가에 559 두락을 경작하고 있었다.

농장 남쪽이나 농장 기슭 쪽은 1944년경부터 개답되어 농사를 지을 수 있었으나 북쪽인 모정 양장쪽은 용수 부족과 해독(염독)으로 한참 후에야 농사를 지을 수 있었다. 경작료는 3:7제였으나 가뭄이 들면 염독이 심하여 농사를 망치거나 수확이 줄어 경작료를 내지 못하는 사례가 종종 생겨나 경작권을 회수해 가는 경우도 생겨 농장과 경작인 간에 분쟁이 일어나기도 했다.

1차 농지상환운동

또한 1960년 4.19혁명 후 서호면 학파동 마을 이석종을 중심으로 경작인들이 간척농지상환을 요구하는 운동을 시작해 구림 쪽도 동조해 줄 것을 요청함에 군서 쪽에서는 위원장 최철종, 총무 최금규를 선출하고 당시 법률 공부를 한 조재욱의 자문을 받아 진정서와 연판장을 작성하여 농림부와 학파농장에 제출하였다.

그러나 아무런 반응이 없어 현영원 사장을 직접 찾아가 담판을 하기로 하고 서호면에서 이석종 외 1인, 군서에서 최철종, 최금규, 조재욱 등이 현영원이 사장으로 있는 신안해운 사무실로 찾아가 진정서도 전하고 요구조건을 제시하였다.

이에 대해 현 사장은 '지금 학파농장은 계속 적자를 보고 있습니다. 하루빨리 정리했으면 좋겠는데 선친(현준호)께서 이룩해 놓은 유업이며 법규상으로 농장이 완공된 후 20년이 지나야 처분할 수 있게 되어 있어 이러지도 저러지도 못하고 있습니다. 저는 미국에서 국제회계사 자격증을 얻어 큰 회사 감리만 몇 군데 맡아도 편하게 살 수 있습니다.' 라고 진지하게 말하는 것이었다.

알고 보니 간척농지상환에 대한 법령도 미비한 상태였고 학파농장이 준공도 받지 않은 상태였으므로 농지상환이란 요원한 일이었다.

결국 경작료 미납으로 경작권을 빼앗긴 사람들에게 경작권을 돌려주기 위해 농지 50방구方口(1방구=1,200평)를 요구했으나 36방구만 얻어 돌아올 수밖에 없었다. 36방구를 군서면과 서호면이 반으로 나누어 18방구로 빼앗긴 경작권을 돌려주고 2방구가 남아 방구 당 정조 6석씩에 경작권을 팔아 당시 구림청년회 방송실 운영 경비로 충당하였다.

2차 농지상환운동

농장에서는 그 동안에 1호, 2호 저수지와 4개의 양수장을 설치하고 1962년 비로서 학파농장 준공계가 제출되었다. 1960년 이 후 농지상환운동은 잠복 상태에 있었으나 1988년 서호면 박찬수(몽해), 군서면 김상재가 앞장서고 박신환이 총무가 되어 학파농장 상환투쟁을 전개했는데 정부 관계부처와 학파농장에 진정서, 탄원서 등을 제출하였다. 투쟁위 측에서 '농지무상 양도, 소작제 폐지'를 요구했으나 성과와 반응이 없자 거의 매일 농장 사무실 앞에서 시위를 하다가 결국 경작료(소작료) 납부거부운동과 사무실 점거농성으로 시위가 격화되어 갔다.

이와 같은 상황으로 학파농장 측과 경작인 간에 갈등과 대립으로 감정의 골만 깊어 가고 문제 해결의 실마리를 찾지 못하였다. 결국 영암 군수 전정식全正植이 학파농장 현영원 사장과 농업진흥공사를 여러 차례 방문하여 설득하고 절충하면서 소작인(경작인)들에게 자제를 호소하였다. 수습에 전력하고 있던 중 당시 영암 출신 국회의원인 유인학 의원의 발의로 간척지 양도소득세 면제특례법이 제정되고 농지대금은 농업진흥공사를 통해 금리 연 3%, 20년 분할상환 조건으로 융자받아 학파농장 측에 농지대를 지불하기로 하였다.

이로 인해 이제까지 투쟁에 앞장섰던 박찬수 등을 중심으로 한 투쟁위원들은 물러나고 서호면 5개 리에서 이연호, 이종석, 이하균, 김청진, 김남식과 군서면 4개 리에서 김윤호, 장광호, 조종수, 최기홍을 경작자 대의원으로 선출하고 박기춘(백암동)을 위원장으로 학파동 김남식을 총무로 하는 수습위원회격인 학파농장 농지상환추진위원회를 만들어 농지를 유상 매수하고 모든 교섭권한을 박기춘 위원장에게 위임하기로 결의하였다.

이 과정에서 1차 투쟁 위원들과 2차 위원들의 문서 인수인계 시에 실화로 농장 사무실 전체가 소실되는 불상사도 있었다.

박기춘 위원장과 현영원 사장 사이에 밀고 당기는 여러 차례의 절충 끝에 1995년 농지대를 평당 6,500원(㎡당 1,960원)으로 합의함으로써 8년간의 산고 끝에 분쟁이 매듭 지어졌다.

이로써 경작인들은 50년 숙원인 내 땅을 갖게 되고 회사는 골치 아픈 분쟁을 해결하면서 일시불로 받은 대금을 산업 자본화 할 수 있는 기회를 얻게 되었다. 또한 구림에서는 동구림 67세대 615두락, 서구림 78세대 878두락 계 145세대에 1,493두락의 논이 개인 소유가 되었다.

8. 농지와 경지정리사업

구림은 큰 마을임에도 농지면적이 좁아 한 섬지기 20~30두락 (4,000~6,000평)을 가진 자작농은 20집을 넘지 못했고 30~50마지기 농토를 가진 집이 부자였는데 다섯 손가락을 꼽을 정도였다. 죽정에는 200여 두락을 가진 벼락부자라는 박찬호가 있었고 성기들에서 200여 두락의 농지를 경작하는 북송정에 사는 조재인(1882~1905)은 7대를 이어 재산을 지키며 조부자라는 소리를 듣고 살았었다. 또한 천석군이었던 구림 제일의 부자였던 최동식(1859~1943)은 남다른 부지런함과 이재理財에 밝았으며 그의 아들 최현은 군서면장을 18년동안 재직하면서 2대에 걸쳐 천석군을 일구어냈는데 구림 일원은 물론 군서면 양장과 학산면 금강마을 앞바다를 막아 농지를 넓이는 등 영암군을 중심으로 1,000여 두락의 농지를 소유하고 있었으나 1949년 농지개혁법 시행으로 농지가 소작인 소유로 귀속되고 말았다.

농지, 경지정리 사업

구림의 남쪽인 왕인박사유적지 앞(아천이씨 제각) 성기동에서 시작된 들판은 성기천을 사이에 두고 남쪽은 밭, 북쪽은 논으로 신작로까지 이어진 들을 성기들이라 하고 돌정자 서남쪽에 있는 들을 당새기들, 남송정 서남쪽에 하천 둑으로 둘러싸인 들을 시경들이라 했는데 이를 총칭해서 앞들이라 불렀다. 주지봉에서 뻗어 내린 야산과 돈바우에서 지장개등으로 이어진 산등성이 사이에 길게 펼쳐진 들은 왕부자들(배척골 앞들)인데 시경들과 왕부자들은 끝머리에서 개울(천)을 사이에 두고 만나서, 앙상한 소나무 몇 그루와 잡목이 서 있는 바위 반, 흙 반인 옛날 바다였던 시절을 그리워하는 100여 평 되는 소섬小島을 가운데 남겨놓고 한 층을 내려서면 장실(윗장실, 아랫장실)들이다.

장실들에서 구림천을 건너뛰어 상대바위를 넘으면 신흥동 앞들(새원머리들)이 마을과 동산에 둘러싸여 옴팍하게 들어앉아 있다. 북송정과 동정자 뒷동산 밭에서 이어진 방죽골들이 모정으로 올라가는 모정잔등에서 멈춰 서서 새원머리 주막 뒤에서 합쳐져 학파농장과 이어진다. 마을 북쪽은 도갑산 수박등과 노적봉露積峰 산기슭에서 내려 펼쳐진 들판이 지남방조제를 지나 영산강 간척지에 이르며 무안 땅이 아스라이 보인다.

1941년에 축조된 성양 1, 2호. 저수지가 멀리 보인다

지남방조제를 막기 이전인 옛날에는 선돌(立石-배 밧줄을 매던 돌)에 밧줄로 매어진 배들이 파도치는 대로 떠밀리면서 바다 위에 떠 있고 저만치 떨어진 곳에 두어 채의 인가가 서 있던 한적한 어촌이 지남들이 생기면서 들 한복판에 평리坪里(들몰)라는 큰 마을이 자리 잡게 되었다. 죽정竹亭 뒤에는 뒷등밭, 선인동仙人洞에서는 신등밭 등으로 밭이 들몰까지 이어져 있었는데 도갑저수지가 생기면서 논으로 개간되었고 김정지, 통새암골, 오래샘께, 꼬작논, 구래실 등 여러 가지 이름으로 불리던 것을 합해 큰들(뒷들)이라했고 모정 방죽 아래 동호리 앞 지남제까지의 들을 지남들이라 불렀다. 도갑산은 바위산으로 비가 오면 물이 땅에 스며들지 못하고 바로 흘러내려 뒷들은 도갑천을 보洑로 막아 죽정 뒤에서 논까지 도수로導水路를 만들어 관개용수灌漑用水로 사용하였는데 10일 이상을 지탱하지 못했다.

　3년이 멀다 하고 크고 작은 가뭄이 찾아 들어 계천溪川을 막아서 보를 만들거나 냇갈 바닥을 파서 웅덩이를 만들었고 논 모퉁이의 안

가새바우에서 내려다 본 지남들

쪽에 들샘을 파서 용두레나 고리두레로 하루 종일 물을 품어 올려도 3~4마지기(두락)의 논을 적시는데도 힘겨웠다. 샘을 팔 경제적 여유가 없거나 지리적 조건이 맞지 않은 사람들은 하늘만 쳐다볼 수밖에 없었다.

1937년 가뭄에는 지남들의 큰 들판이 피 밭으로 변해 초등학교 학생들을 동원해 며칠동안 피베기 작업을 하기도 했는데 당시만 해도 일년 흉년 들면 굶어서 부항난 사람도 있었고 가뭄으로 한번농사를 망치면 그 후유증이 3년은 갔는데 형편이 나아지는가 하면 또다시 가뭄이 들어 곤란한 생활이 반복되는 상황에서 벗어날 수가 없었다. 큰 흉년이 들면 아예 가사를 정리하여 식구들을 데리고 만주나 북간도로 농업이민을 가거나 평안도나 함경도 탄광이나 발전소 공사장에 품팔이 간 사람들이 속출하였다. 마을에 남아있던 사람들도 봄과 여름에는 쑥이나 나물을 캐서 죽을 쑤어 먹으면서 연명하고 설익은 보리이삭을 쪄서 말려 맷돌에 갈아 죽을 쑤어 먹기도 하였으며 초가을에는 풋나락(벼)을 베어다가 올벼쌀(찐쌀)를 만들어 먹기도 하였다.

큰들의 밭작물은 주로보리, 콩, 녹두, 목화 등이었으나 특히 무, 배추 등의 채소가 잘 되어 청수대근靑首大根인 개량외무(일본 무라는 뜻)가 일품이었는데 밭에서 일하거나 길을 가다가도 땅 위로 튀어나와 있는 무를 쭉 뽑아 껍질을 벗겨 먹으면 사근사근하고 달콤해서 맛있고 먹음직스러웠으며 요기가 되었다. 동치미를 담가서 기나긴 겨울밤 어머니들은 물레를 돌리며 길쌈하다가 사랑방에서는 새끼를 꼬거나 멍석을 엮다가 꺼내온 동치미 무를 길게 내리 쪼개어 하나씩 들고 먹으면 시원하기도 하고 궁곤증을 달래기도 하였는데 이를 영산갈비라는 애칭으로 부르기도 했다.

이와 같이 가뭄에 시달리던 중에 1941년 일제 강점기 조선총독부

에서 당시 63만원의 사업비를 들여 25정보 규모의 성양저수지 제1
호, 제2호를 축조했는데 도갑천에서 흘러내린 물을 끌어들여 저수지
를 채웠다. 이 저수지 축조에는 군서면 전체 주민이 동원되었는데 마
을별로 인부를 할당하고 노임은 생색내기 정도였고 소년이나 아녀자
는 땅다댁이(다지기) 일을 하고 장정들은 바지개로 흙짐을 져 흙을 날
라 둑을 쌓았다.

저수지가 완성된 후 신근정에 수리조합사무소를 개설하여 저수지
를 관리하고 수세水稅를 징수했는데 광복 후 최선웅씨가 조합장을 맡
기도 했으나 6.25전쟁 후 과도적으로 박석암씨가 조합장, 최선웅씨
가 이사를 맡고, 4~5명의 직원이 있었으나 1961년 11월 30일 영암수
리조합으로 통합되었다.

지남들은 성양리저수지와 모정방죽으로 수리안전답水利安全畓이
되었고 죽정 숫골(방청거리)과 깊은 다리에 소류지小留池을 만들고 가
사태 앞에 방죽과 방죽골에도 저수지가 있어 웬만한 가뭄에는 농사

1976년 완공된 도갑저수지, 이 저수지로 인해 뒷들밭이 모두 논으로 개간되었다

를 지을 수 있게 되어 평균 수확량이 증가하여 가뭄의 고통에서 벗어날 수가 있었다. 그러나 용수로가 완비되지 않아 남의 논을 지나서 물을 공급받는 불편함이 있어 마을사람끼리 물싸움을 하는 경우도 있었다. 한편 금비(화학비료)는 금값이어서 시비施肥를 하지 못했던 관계로 마지기 당 벼 수확량은 일석오두一石五斗에서 이석二石이 보통이었고, 논둑이 딱 벌어지게 농사가 잘 되었다고 해야 이석오두였으며 석섬三石 내기는 하늘에 별따기였다. 해방 후 구림청년단에서 농로를 개설하기 시작해 6.25전쟁 후 구림청년회에 이르기까지 4개의 농로가 개설되었으나 논이나 밭머리까지 이르지 못하여 등짐으로 도로까지 져 날라야 했다. 또한 지금은 경운기 트랙터 등으로 논을 갈아 기계 한 대당 수백 마지기씩 농사를 지을 수 있지만 그 당시만 해도 논갈이는 모두 소로 쟁기질을 해 농사일을 해 나갔다. 소 한 마리 값이 논 두 마지기 값과 맞먹을 정도여서 영세농들은 소를 가질 엄두도 못 내고 대농들이 소를 길렀는데 깔둥이(소먹이풀을 베거나 잔심부름하는 어린 머슴)을 두어 소의 뒷바라지를 했고 소 한 마리가 60~70두락 고동뿌사리(덩치가 큰 숫소)는 100두락 가까이 논갈이(농사)를 할 수 있었는데 소 없는 영세농들은 모심을 날도 소의 작업 일정과 진도에 따라 날을 받을 수밖에 없었다.

일제강점기에는 공출에 수탈당하고 연속된 가뭄으로 파산이나 농업이민으로 마을을 떠난 사람들이 팔고 간 논, 밭이 거래되었고, 1949년 농지 개혁법의 시행을 앞두고 지주와 소작인 사이에 음성적으로 거래가 이루어졌으나 6.25 후까지 논, 밭의 이동은 거의 침체 상태에 있었다. 머슴 세경(일년 상주노임) 외에 추석, 설에 무명옷 한 벌(조끼, 버선까지)과 고무신 한 켤레씩을 제공받았다. 한편 1970년대 들어서면서 농촌인구가 급격히 줄어들고 경운기, 트랙터, 콤바인, 이양기 등 농기계가 보급되어 기계화 영농이 시작되면서 경지정리의 필요성이 절실해져 1974년부터 경지정리 사업이 시작되어 1999년까지 꾸불꾸불하고 들쑥날쑥한 논두렁과 계단식의 논을 논둑은 직선화하고 바닥은 평평하고 반듯하게 바둑판같이 정리하였으며 용배수로用排水路와 농로가 논머리까지 개설되어 농업의 현대화와 기계화가 가능하게 되었다. 또한 구림에서는 도갑리저수지를 1억 3천 8백만 원의 사업비를 들여 1974년 착공하여 1976년 준공함으로써 죽정 뒤에서 평리까지 밭(큰들)을 논으로 바꾸고 경지정리를 하여 관계용수를 공급받게 되었다. 그 후 목포와 삼호면 사이의 영산강하구에 둑을 쌓아 영산강이 담수호가 됨으로써 양수장을 설치하여 물을 퍼 올려 영산강유역은 물론 영암군 지역의논에 농업용수를 공급하게 되어 경지정리 효과를 배가시키고 가뭄을 모르는 농사짓기 편리한 농지가 조성되었다.

이와 같은 좋은 영농조건을 갖추고 한편으로 발전과 개발이라는 명목으로 성기들 일대에는 왕인박사유적지 부대시설이 들어서고 돌정자 앞들은 주차장과 도로가 개설되어 선대부터 수백 년 동안 정겹게 불리던 들 이름들은 잊혀지고 학암에서 언덕을 따라 법수거리까지 이어졌던 울창한 송림과 뒷동산에 병풍처럼 둘러섰던 아름드리 소나무는 잘려지고 바람 따라 물결치던 대나무 숲은 뿌리째 뽑혀졌으니 그 빼어났던 아름다운 풍광과 포근하고 아늑했던 정취는 찾을 길이 없다. 동내 길들이 넓어지고 사통팔달로 뚫려 아스팔트나 시멘트로 포장되어 생활이 편리해지고 옛날의 궁핍했던 생활에서 벗어나 열 곱절은 더 유복한 생활을 꾸리고 있으나 마음 한 구석이 허전하고 아쉬움이 남는 것은 어찌된 일일까?

1950년 농지 및 산업현황 (출처: 〈시의 마을 구림〉, 1953년)

- 동서구림리

  논畓 2,756반反 = 2,733,235㎡ = 826,800평 = 4,134두락

  (1두락 200평)

  밭田 1,819반反 = 1,803,975㎡ = 545,700평 = 5,457두락

  (1두락 100평)

- 가구당 평균 경작 면적

  논畓 5.2반反 = 5,157㎡ = 1,560평

  밭田 3.4반反 = 3,371㎡ = 1,020평

- 농수산물 수확량

  벼   3,750석石   보리   1,555석石

  콩   126석石   밤   95석石

  면화 67,000근 (1949년도) 식부면적 1,184반反

        28,000근 (1952년도) 식부면적   623반反

- 축산물

  소 88마리(6호당 1마리)   돼지 4호당 1마리   닭 1호당 2마리

  성우成牛 1마리당 경작면적 6정보 = 18,000평 = 90두락

- 임산물

  죽림竹林   15정보(4,500평)

  과수(감)   약 20만개(= 시가 100만환)

  채소   품질이 뛰어나나 자가용으로 소비

1950년 전후 구림의 농지 거래가격 및 인건비 실태

년 도	논(1두락 200평)	밭(1두락 100평)	상머슴	꼬마둥이	비 고
1945년 전	2~2.5석(정조)	8두(정조)	3.5~4석	1가마	정조정조-당시는 현금거래
1949년	10,000~15,000원	5,000원	4~5석	1~3가마	소작경작자-양도시 10,000원 일반인 매도시-15,000원(두락당)
1950~60년	3석	1석	5~6석	4가마	
1960~70년	6~7석	1.5~2석	6~7석	5가마	
1970~80년	12~15석	2.5~3석	7~8석	초동깔둥이	경운기, 트랙터 보급과 위탁농으로 머슴제도 없어짐
1980~90년	16~18석	3.5~4석	X	X	밭이 논으로 경지 정리됨
1990~2000년	25~30석	X	X	X	
2000~05년	23,000 ~25,000원(평당)	X	X	X	통화안정으로 현금거래

상머슴 - 쟁기질이 가능한 머슴

1963년 9월 3일 물가 (출처: 〈조선일보〉)

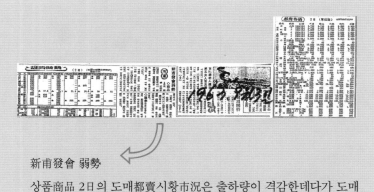

新甫發會 弱勢

상품商品 2日의 도매都賣시황市況은 출하량이 격감한데다가 도매 상들의 매석買惜 기세氣勢로 서울의 쌀값은 올랐으나 지방의 쌀값은 계속 떨어지고 있다. 서울의 쌀값은 1등품이 한 가마에 3,700원 2등품 이 3,400원으로 하룻 사이에 가마당 400원 내지 500원이 반등하였으 며 지방에서는 100원 내지 200원씩 계속 떨어지고 있다.

당시에는 이렇게 물가의 오르내림이 심했고, 서울과 지방의 물가격차도 컸다

<도 매 물 가>　　　　　　　　　　　　　　　　　　　　1963년 9월 2日 (단위 : 원)

품 명	단 위	규 격	서울	부산	대구	광주	목포
쌀	상 품	100 *l* (叺)	3,700	3,700	3,400	3,650	3,300
찹쌀	〃	100 *l* (叺)	4,700	4,400	5,000	3,700	4,100
보리쌀	〃	100 *l* (叺)	2,800	2,700	2,700	2,500	2,100
콩	〃	100 *l* (叺)	2,600	2,600	2,700	2,600	2,600
적두(팥)	〃	100 *l* (叺)	4,000	3,900	3,800	3,700	3,500
녹두	〃	100 *l* (叺)	3,400	4,000	4,500	3,000	3,000
참깨	〃	100 *l* (叺)	5,600	5,000	6,200	5,600	5,600
밀가루	3급품	22kg(袋)	절품	절품	절품	절품	절품
닭걀	상 품	10개	62	52	51	48	50
고추	중 품	60kg	13,500	15,000	14,000	15,000	15,000
식염	천일염	60kg	520	660	630	560	560
설탕	순백당	30kg	3,600	3,600	3,100	3,400	3,600
청주	상 품	10병	2,350	1,800	2,300	1,800	2,200
사과	홍 옥	18.75kg	500	380	450	470	400
배추	상 품	3.75kg(箱)	40	35	33	35	28
무우	〃	3.75kg(箱)	40	25	17	30	26
건명태	〃	짝 (600尾)	11,000	9,500	11,000	11,500	11,500
김	개량품	100束	7,500	7,000	7,300	6,500	6,000
면사	23수	181.44kg	30,000	30,700	30,500	30,500	31,500
인견사		90.72kg	절품	절품	절품	절품	절품
나이론사			1,920	1,850	1,900	2,000	2,000
광목	상 품	36.58kg	1,050	1,020	1,051	1,055	1,070
나이론직물	상 품	21.95kg	1,920	1,850	1,900	2,000	2,000
육송	상 품	才	30	30	30	30	31
라왕	상 품	才	46	44	45	43	45
배니아합판		3×6尺(장당)	140	130	130	140	145
판유리	100坪	100평	1,700	1,700	1,600	1,650	1,750
시멘트		42Kg(袋)	260	절품	300	절품	250
연탄	19공탄	200개	1,400	1,500	1,400	1,500	1,600
휘발유	A급	드럼	4,578	4,779	4,400	4,600	4,850
모조지	연連		1,600	1,650	1,600	1,700	1,600
금	99%(소매)	3.75kg	870	850	880	860	870
은	80%(소매)	3.75kg	200	230	300	230	250
고무신	백색남자	10컬레	550	540	500	540	540
고무신	백색여자	10컬레	390	380	300	380	380

경지 정리 현황(2004년도)

지 구	면적(ha)	공사금액(원)	준공년도
지남지구 1차	350	96,439,000	1974년
도갑지구	144	95,271,000	1995년
지남지구 2차	360	9,107,000	1999년
학용지구(배척골 내밀)	68.89	393,384,000	1987년
돌정자, 장실, 신흥동 앞들	수해 복구 사업과 경지 정리 병행		1974년

동 · 서구림과 도갑리의 토지 소유 현황(2004년도)

지 역	전	답	임야	대지	총면적
동 구 림	319,773㎡ (96,730평)	514,025㎡ (155,491평)	2,560,999㎡ (774,698평)	211,661㎡ (64,027평)	3,606,458㎡
서 구 림	340,693㎡ (103,059평)	2,161,372㎡ (653,812평)	395,251㎡ (119,562평)	138,325㎡ (41,834평)	3,035,641㎡
도 갑 리	341,493㎡ (103,301평)	1,196,726㎡ (362,007평)	8,596,694㎡ (2,600,488평)	144,672㎡ (43,730평)	10,279,585㎡
총 면 적	16,921,684㎡				

마을별 경작 면적 현황(2004년도)

마을별	답	전	계(Ha)
학 암	78.4	14.0	92.4
동 계	68.6	12.7	81.3
고 산	68.0	7.0	75.0
서호정	76.4	6.3	82.7
남송정	44.4	10.3	54.7
신흥동	24.4	4.5	28.9
백암동	47.2	10.0	57.2
죽 정	111.9	26.3	138.2
평 리	57.6	2.0	59.6
계	576.9	93.1	670.0

300평당 수확량(2004년도)

벼 - 485kg

마늘 - 1,178kg

고추 - 294kg

콩 - 172kg

참깨 - 69kg

9. 맑은 물을 지켜낸 양어장 철거시위

구림천과 양어장 허가

월출산 줄기의 도갑 아흔 아홉 골짜기에서 모여든 구림천의 물은 구림마을 한가운데를 지나 학파농장으로 흘러든다. 구림은 월출산과 구림천의 지리적 영향으로 2~3m만 땅을 파면 어디서나 맑고 시원한 물이 샘솟아 공동우물이 있는 신흥동과 백암동을 제외하면 집집마다 우물이 있었다. 따라서 구림 처녀들은 물동이를 이어보지 못해 우물 없는 동네로 시집가면 이에 적응하느라 한참동안 애를 먹기도 했다. 그리고 전염병이 돌아도 우물가에서 전염될 염려가 없어 별탈 없이 잘 넘어갔다.

이렇게 맛있고 시원한 물이 변하기 시작한 것은 1960년 후반부터로, 신근정을 중심으로 많은 상점과 집이 들어서면서 정화되지 않은 생활하수가 그대로 땅속으로 스며들면서부터였으나 물을 식수로 사용하지 못할 정도는 아니었다.

그러나 1988년 도갑리 177-7번지의 임야 1,200평을 구림과 아무 연고도 없는 모 방송국 기자인 박○○가 산림훼손허가를 얻어 무허가로 민물고기 양어장을 하면서 수질이 극도로 악화되기 시작하였다.

구림마을의 지질구조는 장마나 폭우로 큰물(홍수)이라도 나면 넓은 뒷 냇가가 뒤집혀 크고 작은 돌밭으로 변해 때때로 흔하고 많은 것을 비유한 말로 '뒷 냇가 자갈인 줄 아느냐' 할 정도로 아래층에는 많은 자갈이 깔려 있고 그 위로 모래와 두터운 양토가 덮여져있어 여과수조濾過水槽같은 구조이다. 도갑에서 검은 물감을 풀면 서호정 상대 개천으로 검은 물이 스며 나오게 될 정도여서 구림천 상류인 죽정 양어장에서 내려 보낸 정화되지 않은 오수가 구림마을의 땅 밑으로 스며들 수밖에 없었다.

이와 같은 환경을 잘 알고 있는 마을사람들은 양어장 허가 전인 1989년 7월 10일 여론 수렴 과정에서도 반대를 했으며 양어장 완공 후 마을에 반대 여론이 들끓어 1989년 7월 29일 자발적으로 '구림 환경보존회'를 조직하게 되었다. 회장에 최재갑, 부회장에 각 마을 이장과 청년회장을 선출하여 89년 8월 15일 최남두 외 466명 명의로 양어장 허가를 반대하는 진정서를 전남도, 영암군청, 영암경찰서 등에 제출하였다.

영암군에서는 이와 같은 구림마을 여론을 무시하고 세 차례나 서류 보완과 재신청을 반복하며 전남도로부터 '수질을 오염시키면 면허를 취소할 수 있고 시설 보완을 조건부'로 90년 2월 14일 양어장을 허가해 주고 말았다. 주민 2,000여명의 생명과 직결된 민원을 무시하고 수질을 오염시키는 양식업을 허가해 준 것은 기자라는 위세 때문이었는지, 외부 유력인사의 압력 때문이었는지, 아니면 다른 이유가 있었는지 구림사람들은 지금까지도 그 사실을 이해하지 못하고 있다.

양어장 폐쇄운동

양어장 허가 후에도 정화 시설이나 배수관 시설은 하지 않고 부패된 사료 찌꺼기와 항생제와 방부제 등의 약품이 뒤섞인 폐수를 구림천으로 계속 방류하니 그 후유증이 현실로 나타나기 시작했다.

농사일을 마치고 돌아오면서 뒷 냇가(구림천)에서 얼굴과 손발을 씻는 것이 생활화되어 있던 구림사람들인데 물에서 악취가 나고, 소가 개울물 먹기를 거부하고 특히, 더운 여름에는 썩은 냄새 때문에 하천 변에 사는 집은 악취로 인해 코를 들 수도 없고 피부병이 생겨나고 구림천에 살고 있는 물고기가 죽어서 물 위로 떠오르는 지경에 이르렀다. 또한 구림천변에 살던 젊은 사람들이 암으로 죽어갔는데, 오염된 물 때문이란 소문이 파다하게 퍼져갔다.

양어장 측은 군의 시설 개선 명령이나 주민들의 요구 조건인 배수관 설치도 무시하고, 양어장을 계속 운영하여 구림사람들의 심기를 자극하고 감정을 돋구어 물리력을 행사하게 유도하는 결과를 낳았다. 결국 90년 8월 양어장 대표 박○○가 근무하는 방송국 앞에서 박○○의 해임을 요구하는 강력한 시위를 벌이고 군청과 양어장 앞에서 계속 항의 시위가 이어지면서 90년 8월 24일에는 전라남도에서 양어장 면허를 취소하고 대표 박○○는 90년 12월에 방송국에서도 해임되었다. 이런 결과에도 불구하고 박○○는 90년 8월 24일자로 광주고법에 면허취소 집행정지 가처분신청을 내고 양어장을 계속 운영하면서 폐수를 방류하여 구림사람들의 분노는 이루 말할 수 없었다.

법도 무시하는 행위 때문에 마을사람들은 양어장 앞에 천막을 치고 91년 8월 17일부터 밤, 낮으로 폐수 무단 방류를 감시하고 배수구를 시멘트로 틀어막아 11일간 농성을 계속 하였다. 91년 8월 23일 구림의 9개 마을 이장단은 영암군의 미온적 태도에 항의하여 집단 사표를 제출했으며 양어장과의 거리가 100여m 밖에 안 되는 구림초등학교는 지하수가 극도로 오염되어 식수는 물론 청소할 때 손발을 씻으면 피부병이 생겨 이런 상태에서 학교에 보낼 수 없었으므로 학생들이 등교를 거부하는 사태가 91년 8월 22일부터 3일간 계속 되었다.

마을사람들이 총동원된 양어장 폐쇄항의에도 아랑곳 하지 않자 91년 8월 28일 350여명의 마을사람들이 경운기, 트랙터 등 농기계를 앞세우고 영암 - 독천 간 13번 지방도로를 1시간 동안 점거 농성하고 군청으로 몰려가 군수와 면담을 요구하였으나 군수이하 관계 직원들 모두가 피하고 면담에 응하지 않아 항의조차 하지 못하고 돌아올 수 밖에 없었다.

양어장 방화사건

8월의 불볕더위에 지치고 맥이 빠져 허탈할 심정으로 점심도 거른 빈속에 몇몇 사람들이 술을 마신 상태에서 구림으로 돌아오다 양어장 앞에 이르자 울분이 치밀어 올라 양어장을 이대로 두어서는 안 된다는 생각에 이르렀다. 분한 마음과 양어장이 없어져야 한다는 마음 하나로 양어장으로 몰려가 잘 타지도 않는 재질로 덮여 있던 양어장 지붕에 방화하고 양어장에 산소를 공급하는 기계의 전원을 파괴하고 말았다. 답답한 마음 때문에 양어장 폐쇄를 위한 적극적인 행위가 마치 위법한 행위를 기다리고 있는 듯한 양어장 측을 도와주는 꼴이 되고 말았다.

잘 조직화된 단체 행동이나 시위도 일탈하고 과격해지기가 쉬운데 우리 생명줄인 수자원을 보호하기 위해 양어장이 하루 빨리 폐쇄되어야 한다는 욕심이 앞서 행정관서에 건의하고 항의하면서 과격한 시위에 이른 것은, 중구난방이고 제멋대로인 여러 개성을 가진 조직화되지 않은 마을사람들을 끌고 양어장 폐쇄투쟁에 적극적으로 앞장서 온 최재갑 위원장과 집행부 임원들의 말 못할 애로와 노고를 인정하고 불가항력적이었다고 하더라도 이 사건으로 인해 그 노력이 하루아침에 물거품이 됨은 물론 세 사람이 형사처벌을 받고 민사상의

손해 배상까지 감수해야 했으므로 좀 더 계획적이고 조직적이었으면
하는 아쉬움이 남는다.

이 사건 때문에 9월 29일부터 마을사람 몇 명이 경찰서에서 불법시
위와 건조물 방화 혐의로 조사를 받게 되고 많은 사람들이 경찰서에
소환당했으며 수사가 어디까지 확대될 지 알 수 없었다. 경찰수사에
효과적으로 대처하기 위해서 수습위원회를 구성하여 대표에 최복이
선임되었다. 마을 전체를 위한 항의 시위 결과, 최정식과 박찬대가 모
든 책임을 지고 최정식은 방화혐의로, 박찬대는 불법시위 협의로 기
소되고 말았다. 수습위원장 최복과 마을사람들의 노력으로 1991년 9

월 박OO는 기소유예로 동년 12월 최OO은 1년 6개월의 집행유예로 각각 석방되고 최OO은 약식 기소되어 일금 일백만원의 벌금을 선고 받았다. 양어장 폐쇄투쟁으로 양어장은 철거되었으나 이로 인하여 학암 412만원, 고산 443만원, 동계 355만원, 서호정 310만원, 남송정 279만원, 신흥동 52만원, 죽정 100만원, 평리 50만원 등 합계 2,056만 원이라는 거액을 모금하여 경비로 충당하였고, 몇 사람에게는 개인적으로 전과자를 만들어준 결과가 되었으나 한편으로는 마을의 공익과 마을 전체를 위해서 대표적으로 모든 책임을 걸머지고 희생했다고 본인은 물론 마을사람들도 인식하고 감안해야 할 것이다.

문제는 여기서 끝나지 않고 1994년 양어장 주인 박OO가 최재갑, 최평수, 박경석, 조준, 박찬대, 최정식, 조종수, 서영규 등을 상대로 법원에 피해보상 청구를 제기하고 원고 박OO는 여수수산대학에 의뢰하여 평당 양어하는 숫자에 양어장 평수를 곱하고 기타 피해를 합쳐 총 피해보상으로 10억 8천만 원을 청구하였다. 88년 양어장을 시작해서 15년, 양어장 폐쇄 후 12년 만인 2003년 9월 1일에 2억원의 손해 배상 판결을 확정 받았으며 그 동안의 이자까지 합하여 3억 여원을 마을사람들이 부담하게 되었고, 시위 등 제반 경비까지 합하면 3억 원 이상 되었다.

우리는 이 사건을 통하여 왜 자연을 보존해야 하는지, 공해란 얼마나 무섭고 많은 피해를 줄 수 있는지 등의 큰 교훈을 얻었고, 자제력을 잃은 개인의 순간적인 작은 실수가 자신은 물론 마을 전체나 이웃에게 큰 부담과 고통을 줄 수 있다는 것을 마음 깊이 새겨야 할 것이다. 또한 행정 기관의 장이나 관계 직원의 안이하고 경솔한 판단과 시행착오가 주민에게 얼마나 많은 정신적 고통과 피해를 주고 경제적 부담을 주는 것인지 확실히 깨달아야 할 것이다.

제9장

구림의 인재양성과 교육

1. 해방 전 구림유학생 현황

　호남의 3대 명촌 중의 하나인 구림은 백제, 신라, 고려 시대에 걸쳐 왕인박사를 비롯해 선각대사, 도선국사, 최지몽, 수미왕사 등 역사에 기록될 만한 큰 인물들이 탄생하였으나 근래에는 그런 인물이 탄생하지 않았다. 이것은 유교의 가르침과 대동계의 영향으로 겸양謙讓과 청빈淸貧, 화목和睦, 점잖음을 덕목德目으로 알고 살아오면서 시류에 영합하지 않으려는 기질과 산 좋고 물 좋은 자연환경 속에서 여러 씨족들이 호형호재하고 지내는 인심 좋은 분위기에 젖어 현실에 안주하며 외부로 진출하려는 노력이나 도전정신이 부족한 것이 원인 중의 하나였을 것이다.

　그러나 그것이 전부가 아니다. 굴곡 많은 한국의 근현대사를 지나오면서 그 비극적 역사의 한가운데 구림이 있었고, 구림의 인재들이 이로 인해 희생되었기 때문이라고 볼 수 있다. 일제강점기에 온 민족이 뭉쳐 일어났던 3.1만세운동 때 구림에서도 많은 사람이 일본 경찰에 체포되어 고통을 받고 구림을 대표하는 지도급 인사들이 중형을 받아 형무소에서 복역 후 죽거나 은거하며 희망을 잃고 좌절하고 말았다.

　아울러 근대 교육을 받고 나라의 기둥이 되고 후배들을 이끌어 줄 촉망받는 구림의 인재들이 광주학생사건 주모자로 연루되어 학교를 퇴학당함으로써 꿈도 펴보지 못하고 초야에 묻혀 살았다. 6.25전쟁을 전후해서는 똑똑하고 마을을 대표할 만한 장래가 유망한 젊은 청년들이 사회에 진출하여 능력을 발휘할 수 있는 기회도 얻지 못하고 좌우의 이념 대립으로 희생되고 말았다. 어수선한 해방 정국에서 전형적인 군인 기질을 가진 조환, 현영월 같은 이들도 좌익과 우익의 틈바구니에서 갈등하고 있는 주위의 분위기에 밀려 꿈을 펴지 못했으니 안타까울 따름이다.

조선이 중국, 러시아, 일본 등 열강의 각축장이 되어 1905년 일본에게 국권을 빼앗긴 후 근대교육과 애국적 인재양성의 필요성을 인식한 우리 민족은 배워야 살아남을 수 있다는 것을 알고 많은 서당과 사립학교를 설립하였다.

옛날부터 구림은 유학과 대동계의 영향으로 글을 숭상하고 배움에 대한 의욕이 강한 특성을 갖고 있었다. 산모가 난산으로 고생할 때 구림에서는 '아- 나 책' 하면 순산하고 영암에서는 '아- 나 돈' 하면 순산한다는 우스개 소리가 있을 정도였다. 구림에서도 1907년 대동계에서 구림학교를 설립 개교하여 1917년 구림공립보통학교로 개편되었는데 전남 도내 27개 일반 사립학교 중의 하나였다.

당시에는 관리나 훈도(선생)도 칼을 차고 위엄과 권위를 세우고 학생 모집을 하고 다녔는데 초기에는 '왜놈 개글 안 배운다' 고 심하게 거부하고 재학 중에 끌어 내리기도 한 예가 종종 있었는데 나중에는 '여자는 울타리 밖으로 나가면 안 된다' 는 풍습을 깨고 여자도 배워야 한다고 빠르게 의식이 바뀌어 갔다. 마을은 크나 농지가 적은 농촌 마을이다 보니 초등학교라도 갈 수 있는 아이는 그 중에서도 선택받은 사람이었다. 이런 환경 속에서 객지로 중학교(상급학교)에 갈 수 있는 사람은 집안이 경제적으로 여유가 있거나 특출한 재주가 있는 사람이었기에 선망의 대상이었고 장래가 촉망되는 사람으로 대접 받고 집안이나 마을사람들의 희망이기도 했다.

당시 학비를 마련할 수 있는 방법은 쌀농사와 밭작물에 기댈 수밖에 없었다. 다행히 구림은 대나무와 감나무가 많아 이를 팔아 학비를 마련하고 돼지나 송아지를 키워 팔아서 보탰다. 특기할 것은 어머니, 누나, 누이동생이 모시를 째느라 손톱 밑에 피멍이 들고 모시를 삼느라 입술이 부르트고 입병이 나도록 모시길쌈을 했다. 목화를 타고 물레질하며 밤을 새며 잠을 설쳐 눈가가 벌겋게 짓무르도록 베를 짜서 내다 팔아 학비를 마련했다. 먹고 살기도 벅찬 모진 세월에 공부를 한다는 것은 그런 피눈물의 희생 위에서 이었다.

 이러한 여러 가지 어려움 속에서도 1945년 8.15광복 이전에 상급 학교에 진학할 수 있었던 사람들을 소개하면 다음과 같다. 그들은 가족들의 그런 헌신적 뒷바라지를 받고 훌륭한 동량이 되어 가족과 지역에 이바지하였고, 특히 주권을 뺏긴 나라의 독립을 위해 모진 고초에도 아랑곳 않고 선각자가 되어 독립운동 등 시대가 요구했던 소임을 수행했던 것이다.

1945년 광복 전 상급학교 졸업 및 재학생 현황

이 름		생년월일	출신학교
조희정	曺喜定	1888. 2. 25	경성측량기술학교
박규상	朴奎相	1893. 2. 12	경성약학전문학교
최기준	崔基俊	1896. 1. 7	경성중동고보학교
최철섭	崔澈燮	1898. 1. 14	광주농업학교
최상호	崔相鎬	1902. 5. 23	광주도립사범학교
박찬직	朴燦直	1902. 7. 19	보성전문학교
최병태	崔秉台	1903. 5. 15	목포상업학교
최운섭	崔雲燮	1903. 5. 22	광주농업학교
최재찬	崔在燦	1905. 3. 26	목포상업학교
최규하	崔圭夏	1905. 5. 3	목상일본와세다대학교
최오길	崔吾吉	1906. 4. 21	광주도립사범학교
최영암	崔英岩	1906. 12. 6	광주고보학교
최규창	崔圭昌	1908. 2. 9	광주고보학교
최규성	崔圭星	1908. 10. 20	광주고보학교
박두재	朴斗在	1911. 3. 11	목포상업전수학교
최창호	崔昌鎬	1912. 7. 19	목포상업학교
최기섭	崔琪燮	1912. 10. 16	해남농업실습학교
최규문	崔圭文	1913. 8. 3	광주고보학교
조태현	曺泰鉉	1914. 9. 22	목포상업학교
최재학	崔在學	1918. 1. 5	전북고창중학교
최 건	崔 健	1919. 9. 19	일본철도중학교
최규희	崔圭熙	1920. 4. 7	목포상업전수학교
박남재	朴南在	1920. 6. 27	제주농업학교
박현종	朴炫從	1921. 4. 17	광주서중, 경성제대
최재봉	崔在鳳	1921. 7. 20	광주고보, 경성고등공업
최재우	崔在于	1922. 1. 6	일본구주 가호중학교
박성재	朴星在	1922. 3. 5	목포 상업학교
최명규	崔鳴圭	1922.	광주 서중학교
조재수	曺在銖	1922. 11. 9	광주농업 · 광주사범강습과

이 름		생년월일	출신학교
박권재	朴權在	1923. 8. 6	서울전기학교
최문석	崔文錫	1924. 2. 1	일본관서공업학교
최규진	崔圭晋	1924. 2. 5	광주서중학교
박현채	朴炫採	1924. 7. 28	광주사범학교
박찬우	朴燦宇	1924. 8. 26	서울전기학교
최태석	崔太錫	1924. 12. 25	광주서중학교
손석찬	孫錫燦	1924.	일본와가야마고수중학교
최재옥	崔在玉	1925. 2. 10	여수수산학교
최명호	崔明鎬	1925. 3. 10	전북이리농림학교
최재윤	崔在允	1925. 3. 15	광주사범특별강습과
최규택	崔圭宅	1925. 4. 6	일본동경구단중
노준태	魯俊泰	1925.	일본도시보리중
최규을	崔圭乙	1925. 4. 26	광주서중학교
최광호	崔光鎬	1925. 5. 7	광주농업학교
최남열	崔南烈	1925. 9. 21	송정리공업학교
최규란	崔圭蘭	1925. 11. 7	서울보성중학교
최대원	崔大元	1925. 11. 26	일본철도학교
최호섭	崔豪燮	1926. 11. 25	일본이마미아중학교
최선호	崔善鎬	1927. 1. 13	일본관서공업학교
최두호	崔斗鎬	1927. 8.	여수수산학교
조인환	曹仁煥	1928. 2. 15	일본스가모도중학교
조희동	曹喜東	1928. 3. 17	여수수산학교
박 철	朴 澈	1928. 7. 26	광주서중학교
조재석	曹在晳	1929. 4. 17	목포중학교
최해남	崔海南	1929. 6. 24	목포문태중학교
최용우	崔容禹	1929. 11 .23	목포공업학교
최재형	崔在瀅	1930. 2. 24	광주서중학교
최철호	崔喆鎬	1930. 3. 4	일본대판제국상업학교
박동재	朴凍在	1931. 3. 18	광주농업학교

2. 민족혼을 길러낸 구림초등학교

1876년 병자우호조약(강화도조약)으로 강제로 개항과 개방을 하게
된 우리나라와 민족은 힘없는 나라의 주권과 깨우치지 못한 민족의
운명이, 힘 있는 선진제국 앞에서 얼마나 무력하고 나약한 지, 또 얼
마나 비참하게 수모를 당해야 하는 지 똑똑히 지켜볼 수밖에 없었다.
우리나라의 현대적 학교교육은 구한말부터 시작되었다. 최초의 신
식교육은 미국 선교사들에 의해서 설립된 기독교계 사립선교학교들
이었다. 그러다 학교교육 제도를 만들고 교육과정을 갖추기 시작한
것은 1890년대 갑오경장 이후부터였다. 1895년 교육칙서敎育勅書가
발표되고 나라를 다시 세우고 민족의 자주성을 지킬 수 있는 길은 오
직 교육에 있고, 넓은 세계를 보고 발을 넓히며 새로운 지식을 가진
애국적인 인재를 길러내는 길은 또한 교육밖에 없다는 일념으로 '배
워서 남 주나', '아는 것이 힘이다' 라는 구호와 함께 교육의 열기가
들불처럼 번져 학교 설립이 홍수를 이루었다.

1905년 을사늑약 이후 1911년 일제의 1차 교육령이 발포되기까지
전국적으로 5,000여 개의 공립 및 사립학교가 설립되고 학생수도 20
여만 명에 이르렀다. 전남에서도 공립보통학교가 광주(1906년), 무안
(목포 1907년), 나주(1907년), 영암(1908년), 담양, 동복, 진도, 창평(장흥
1909년), 순천, 구례(1910년) 등에 설립되고 사립 보통학교가 15개교,

일반학교(사립)가 27개교나 개교하였다.

구림학교의 설립

구림에서는 1907년 전라全羅 이감사李監司의 권유로 대동계에서 현기봉玄基奉이 주축이 되어 학숙學塾을 설립하여 지역 청장년들에게 신학문 교육을 실시하였다. 학교의 규모는 정확한 기록이 없어 단정하기는 어려우나 설립 후 10년간 운영한 것으로 보인다. 당시 학제로 보아 수업 년한이 4년이었다.

1910년경에는 4학급의 소규모 학교로 대동계 강수당 건물을 교사로 이용한 것 같다. 처음에는 서당식 교육을 벗어나지는 못하다가 점차 현대식 교육 방법을 도입하여 10년간 운영하다 1917년 공립학교가 되었다. 공립학교로 개편할 때 대동계에서 논 600두락(120,000평), 임야 20정보(60,000평)와 학교 부지로 서구림리 364번지에 있는 3,000여 평의 땅과 현금 18,000원圓을 기부하였다. 이 부지 위에 현대식 건물을 신축하고 본격적으로 공립학교로서 신교육을 실시하게 된 것이

구림초등학교의 옛 모습

다. 일본의 지배에 강하게 저항했던 유생들을 회유하기 위하여 일본은 지방의 노유老儒들에게 은사금恩賜金을 지급하고 유생들의 세력 기반인 향교의 재산을 몰수하여 공립보통학교의 건설과 유지비로 충당함으로써 단체 행동과 독립운동 자금 줄을 봉쇄하였다.

대동계의 학교에 대한 기부도 이런 맥락에서 생각할 수 있다. 1923년부터 수업 기간이 6년으로 연장되었으며 해방 후까지 일면일교一面一校로 운영되어 원거리에서 통학한 사람이 많았다. 영암군에서는 서창(1921년), 신북, 금정(1923년), 장천(1924년), 도포(1927년), 학산(1927년) 등의 학교가 구림학교 보다 나중에 개교하였다. 따라서 초창기에는 구림에 친척이 있는 덕진, 영보 영암면 탑동 학산 용산 화소 학산 금강 등 다른 면에서 구림학교로 온 학생들도 많았으며 다른 군에서 유학 온 사람도 더러 있었다.

1950년 6.25전쟁 당시 화재로 교실과 부속 건물 등이 전부 타 버려 한동안 교실 없이 수업을 하기도 했다. 당시에는 네 성씨 문각과 마을 창고에서 수업을 하는 등 어려움이 많았다. 1952년경에는 오래된 집을 옮겨지어 임시교실로 이용하기는 했으나 책상이 없는 것은 물론이고 흙바닥에 짚 가마니를 깔고 앉아서 수업을 받았으니 어려움은 마찬가지였다.

학교 이전과 분교

그 시절 학교 시설은 부족하고 학생수는 넘쳐 나자 1953년에 군서남교가 모정리에 세워져 분교해 나갔다. 군 원조 물자로 정규교실 세 칸을 신축하여 이 교실을 다시 칸막이로 나누어 여섯 개로 사용하였으나 2부로 수업을 할 수 밖에 없었다. 그러나 학교가 마을 가운데 자리하고 있어 주민들에게 여러 가지로 피해가 따랐고, 통학거리가 멀어 월곡리와 성양리에서 이의를 제기해 학교 이전이 공론화되어 현재의 위치로 옮기기로 하였다. 학교 부지 중 사유지는 구림학교 관할 주민 부담으로 매입하고 면유지는 면의회의 결의로 학교 부지로 편입되어 동구림리 일대 7,200평이 확보되었으나 땅을 고르는 일이 큰 과제였다.

지금 같으면 중장비를 동원하면 며칠이면 가능했을 것이나 60년 대는 중장비는 그림의 떡이고 사람을 동원해서 땅을 다지는 길밖에 없었다. 전 주민이 동원되어 마을별로 할당된 면적을 괭이로 파고 삽으로 떠서 지게로 져 나르며 고르는 작업이 몇 달 계속되었다. 주민들의 노력으로 어렵게 땅을 고르고 국고 보조와 주민 부담금으로 1960년 4월에 정규교실 5간이 완공되어 두 곳(서호정과 신근정)에서 정상 수업이 이루어졌다. 이 후 교육 당국에서 1961년 6간의 교실을 증축하고 6.25전쟁 이후 약 10여 년간의 교실 부족 현상을 해결할 수 있었다. 1967년 군서중앙교가 월곡리에 개교하여 분교가 이루어졌으며 구림교는 넓은 교지에 교실만 덜렁 지어 놓아 삭막하게 느껴졌으나 교직원과 기성회 임원들의 헌신적 노력과 주민들이 기증한 나무로 정원이 조성되어 학생들의 정서를 순화 시킬 수 있게 되었다. 구림교는 1968년에는 22학급에 1,254명까지 학생수가 증가하였으나 산업화로 많은 사람들이 농촌을 떠나 학생수가 1992년 에는 6학급에 150명으로 급감하였다.

학교 통합과 미래

1999년에 하나의 면에 하나의 학교 시책으로 통합되어 10학급으로 학생수는 224명이었다. 또한 두 대의 통학버스가 있어 이를 이용하여 어려움 없이 학교에 다닐 수 있게 되었다. 또한 교실 15실, 급식

소 1실, 특별교실 3실, 체육관 1실, 유치원 2실 등이 있으며 각종 첨단 교육 자료와 시설이 구비되어 교육환경은 어느 학교에 못지않으나 학생수의 감소로 학교발전이나 유지에 어려움이 뒤따르고 있다.

구림초등학교는 2002학년도까지 86회 6,181명의 졸업생을 배출한 유서 깊은 학교로 일제 강점기에도 전남의 명문인 광주서중학교, 광주사범학교, 광주농업학교, 목포중학교, 문태고등학교, 여수수산학교, 목포공업학교, 목포상업학교, 전주사범학교 등은 매년 빠지지 않고 입학(진학)생을 배출하였다. 특히 학교가 의로움을 존중하고 충과 효와 예를 숭상했던 유림촌儒林村의 한가운데인 구림 서호정에 자리 잡아 그 환경에서 어른이나 선배들에게서 보고, 듣고, 배운 것이 바탕이 되고 몸에 배인 올곧은 선비정신이 나라를 위하고 민족을 아끼는 민족정신을 머리 속에 각인 시켜 일제에 항거하고 민족운동에 뛰어든 구림교 출신 학생들이 많았다.

1919년 4월 10일 구림독립만세 시위에 구림교 전교생이 떨쳐 일어나 시위에 동참했으며, 1925년에는 일본인 교장이 학생들에게 모

1960년 서호정에서 신근정으로 이전한 현재의 구림초등학교

욕적인 언사로 모욕한다고
항의하고 교장 배척 동맹
휴학을 감행했으며, 1929
년 광주학생운동의 선봉에
섰던 광주고보 최규창, 최
상호, 김필재, 최규문이 있
고, 광주고보 동맹휴학 사
건의 최규성, 1944년 제2
광주학생 사건인 무등회사

일인교장배척 구림
교 동맹휴학 〈조선
일보〉기사 1925년
4월 5일자

건 때의 광주서중 최태석이 있다. 또 1932년 일본인 지주와 사음舍音
의 횡포에 맞서 항의하며 소작쟁의를 일으킨 전남농업협의회 사건에
최상호, 최규창, 박찬걸, 최규관이 앞장섰고, 1934년 전남사회운동협
의회 산하에 야경단, 야학, 독서회 등을 전남 일원에 조직하여 문맹
퇴치와 민족교육에 앞장섰던 최규문, 최병휘, 채우동, 최기섭이 있는
데 이들은 모두 퇴학당하고 옥고를 치러야했다. 위와 같이 구림교는
나라와 민족을 위해 자기희생을 감수하고 몸을 바친 민족운동가를
길러낸 요람이었다.

또한 학생들 사이에 욕설이 없는 학교로 알려져 구림초등학교에
서 욕설 없는 학교에 대한 세미나를 개최할 만큼 가정교육과 학교 사
회교육 등이 잘 이루어져 있다고 할 수 있다. 이어 앞으로 한국과 일
본의 초등학생들이 서로의 문화와 역사를 이해하고 우의를 다지며
인류의 평화와 발전에 기여하기 위하여 각종 교육 자료의 교환과 문
화교류를 활발하게 전개하기 위하여 구림초등학교(교장 한영대)와 일
본 매본시스가하라소학교(菅原小學校 校長 吉本直貴 요시모도 나오기) 사
이에 교류 협력의 약정을 2004년 11월 3일 체결하였다.

구림초등학교 역대 교장

대수	이 름	재직기간	비 고
1	현기봉玄基奉	1907년	구림사립학교 개교, 학숙형태,4년제로 발전
2	일본인	1917년	공립 보통학교로 개편
3	정국채鄭國采		
4	조병원曹秉源		
5~9	일본인		
10	김인배金仁培	1938~41	
11	일본인-흑택黑澤	1941~45	
12	곽인섭	45.08.15~46.08.31	
13	이상설	46.09.01~48.08.31	
14	김한필	48.09.01~50.12.31	
15	최오길	51.01.01~51.09.30	
16	김길도	51.10.01~53.12.30	
17	박태홍	54.01.01~54.10.15	
18	김용선	54.10.16~61.07.31	
19	전용복	61.08.01~63.11.10	
20	한봉기	63.11.11~70.09.13	
21	이상서	70.09.15~74.08.31	
22	류창선	74.09.01~79.08.31	
23	박기수	79.09.01~80.07.28	
24	정세국	80.09.01~86.02.28	
25	윤관현	86.03.01~91.02.28	
26	김상희	91.03.01~96.02.29	
27	모봉섭	96.03.01~97.02.28	
28	최정석	97.03.01~98.08.31	
29	김상수	98.09.01~00.04.15	
30	김재진	00.04.16~03.02.28	
31	이주현	03.03.01~04.02.29	
32	한영대	04.03.01~현재	

3. 문화마을의 기틀 군서고등공민학교

학교 설립

1950년 6.25전쟁이라는 동족상잔의 참혹한 전쟁은 우리 민족이 엄청난 고통과 전화戰禍는 아랑곳 않고 계속 되고 있었다. 구림사람들도 어수선하고 가라앉은 분위기에 일이 손에 잡히지 않아 안절부절못하며 하루하루를 흘러가는 세월에 떠밀리듯이 뜻 없는 삶을 이어가고 있었다. 이 땅에 발을 붙이고 사는 사람들 모두가 그러했듯 구림에 사는 청소년들도 그 분위기와 환경에서 벗어날 수 없었다. 작게는 집안의 기둥이요, 마을의 희망이며 크게는 국가의 장래를 짊어져야 할 청소년들이 가난과 전쟁의 소용돌이에서 갈피를 못 잡고 우왕좌왕 할 때 희망을 심어주고 앞길을 열어 주고자 일어선 분들이 있었다.

서호면 장천초등학교와 함평 엄다초등학교에서 교편을 잡았던 최대원崔大元 선생은 교육자적 양심과 이 마을 선배로써 이런 청소년들을 위해 사명감을 갖고 중학교 과정인 고등공민학교高等公民學校의 설립을 결심하였다. 당시 초등학교 복직원을 내놓고 있던 최재형崔在瀅 선생에게 이 생각과 계획을 제의하여 두 분이 뜻을 모아 발벗고 나서게 되었다. 당시 여건으로 보아 하늘을 잡고 돌이뱅이를 치는 무모함이었다.

당시 교통 사정이 불편하기도 했지만 청소년이나 학부형을 만나기 위해서는 이 동네 저 동네를 발품을 팔고 찾아 다녀야 했는데, 구림은 물론 호동, 월산, 도장, 성지촌, 모정, 양장 등 군서면 일원은 물론 학산면 신복천, 신소정, 서호면 화소, 몽해, 아천, 엄길에서 성재리까지 두 분은 누비고 다녔다. 논, 밭에서 일하는 학부형에게까지 찾아가 고등공민학교 설립 취지와 자녀교육의 절실한 필요성을 설명하고 동의를 얻는 데까지는 대단한 용기와 끈기가 필요했고, 부르튼 발로 삼고초려도 마다하지 않았다.

당시 농사는 특별한 경우가 아니면 놉(일꾼)을 사지 않고 가족끼리 작업을 하였으므로 14~15세 되는 아이들도 절실한 일손이었다. 이런 이유로 부모들은 아이들을 학교에 보내는 것이 그리 쉬운 일은 아니었다. 반면 아이들은 학교에 가고 싶어 떼를 쓰다가 부모에게 얻어맞

군서고등공민학교 교사들(1955년)

거나 쫓겨나는 아이들도 종종 있었다. 또 어떤 학부형은 선생님들에게 공연히 아이들을 부추겨 바람을 넣는다고 원망하는 사람도 있는 실정이었다.

학교의 개교와 수업

최대원 선생과 최재형 선생의 끈질긴 노력으로 학생 13명을 모집하여 죽정마을회관에서 수업을 시작하였는데 이때가 1951년 3월 초였다. 군서고등공민학교의 개교가 주위에 알려지면서 망설이던 부모들도 아이들을 학교에 보내게 되어 날이 갈수록 늘어 학생 수가 40여명에 이르렀고, 급기야 죽정회관이 비좁아 동구림 학암 창고를 빌려 이사하기에 이르렀다.

창고를 청소하고 허물어진 담장을 다시 쌓고 바닥을 골라 헌 가마니를 깔고 칠판을 걸고, 세로 40cm, 가로 1m 정도 되는 판자로 두 사람이 함께 쓸 수 있는 앉은 책상도 만들었다. 일할 사람도 고용할 처

제1회 졸업생 기념 사진(1954년)

지가 못 되어 두 선생과 학생들이 이 일을 해냈다. 이렇게 시설을 갖추는데도 경제적으로 부담이 적지 않았으나 해야 한다는 생각 하나로 앞뒤를 돌아보지 않고 밀고 나아갔다.

군서고등공민학교의 인가를 신청하고 초대 교장에 초등학교 교장선생님인 김길도 선생이 겸임하였고, 당시 군서 면장이었던 박석암을 명예 교장으로 위촉하여 면사무소에서 약간의 소모품을 공급 받으면서 학교는 최대원 선생의 책임 아래 운영되었다.

1951년 10월에는 군서고등공민학교 설립 인가를 받았는데, 설립인가 때 교육신문사 편집국장으로 재직 중이던 구림 출신 박철朴澈의 도움이 컸으며 인가 후에도 행정적으로 많은 도움을 주었다. 교사는 최대원, 최재형과 교직 경험이 있는 학암 최용(여선생) 등 세 분이 중학교 과정의 교과서를 중심으로 과목별로 분담하여 수업을 진행 하였다. 학생들은 교과서가 없어 국어, 영어, 수학 등 필수 과목은 선배로부터 헌책을 물려받거나 빌려서 사용하였으며 헌 교과서를 구입하

제2회 졸업생 기념 사진(1955년)

여 사용하기도 하고 선생님들이 칠판에 적은 글을 공책에 베껴 교과서 대신 사용하기도 했다.

공책은 비료포대나 시멘트 포대 등 글씨를 쓸 수 있는 종이를 끈으로 매어 사용하기도 하였다. 가난하고 살림이 어려워 중학교에 보내지 못할 환경임에도 불구하고 학교에 보내주신 부모님께 감사하며 비록 맨 바닥에 가마니를 깔고 의자 없는 앉은 책상에서 공부를 했지만 그 동안 배움에 굶주리며 목말라 했던 한풀이라도 하듯이 열의와 성의가 대단하였다. 선생님들도 출세나 보수를 뛰어넘어 청소년들의 장래와 고장의 앞날을 생각하며 교육자로써의 사명감으로 모든 열정을 쏟아 부었다.

학교가 개교한 다음 해인 1952년도 신입생 모집에는 50여명의 학생들이 입학하였는데 신복천, 엄길, 성재리 등 다른 지역의 학생들도 있었고 여학생도 26명이나 되어 이 학생을 수용할 수 있는 교실이 필요했다. 구림에는 예전부터 초등학교 관사가 학암, 동계, 남송정 등 세 곳에 한 채 씩 있었는데 학암창고(당시 교실) 마당 앞 관사는 6.25인공치하에서는 면자위대 본부, 수복 후에는 임시 경찰지서로 쓰이기도 한 얄궂은 운명의 건물이었으나, 고등공민학교 교사로 빌려 쓰게 되어 부족한 교실 문제를 해결하였다.

학교생활과 발전과정

조재수, 박금재, 최용, 송상현, 최철종, 김순덕 선생이 새로 부임하고 최재형 선생은 초등학교에 복직되었으며 최용 선생(여선생)은 가정으로 돌아갔다.

남자 학생과 세일러복을 입은 여학생들이 학교수업이 끝나면 밖으로 쏟아져 나와 희희덕거리고 와자지껄하게 떠들고 거리를 누비고 지나가면 마을은 한결 활기차고 생기가 넘쳐 났다. 동계리 당산에서 신근정 사거리까지 길 양쪽에 벚나무가 심어져 있었는데 벚꽃이 활짝 필 때는 벚꽃 터널 속에 걸어가는 학생들의 정겨운 모습은 잘 그려진 한 폭의 수채화 같았다.

학교의 교훈이 일편단심, 애토건설, 주경야독이었듯이 학생들은 농번기에 일손이 모자라는 농가에 열흘 정도씩 모를 심거나 보리를 베어주고 가을에는 벼를 베어 주기도 하여 약간의 사례비를 받았다. 이 돈들을 모아 학교의 책상이나 의자 탁구대나 배구공, 농구대 및 농구공을 마련하는데 쓰기도 하였고, 따로 모아 졸업여행 때 경비로 보태 쓰기도 하였다.

당시 영암군 학교 중에서 비교적 체육시설이 잘 되어 있어 수업이 끝난 후에 선생님과 학생들이 어울려 탁구, 배구, 농구를 하기도 하였다. 소풍은 도갑사가 단골이었으며, 졸업여행은 소록도, 백양사, 대흥사 등으로 다녔다. 학생들이 모를 심어준 것이 물 위로 떠올라서 농사를 망쳤다고 논 주인이 찾아와 항의를 하기도 하고 가을 벼 베기 때는 사방에서 벼를 베어 들어가자 논 가운데로 몰린 고라니가 후다닥 뛰어나가 놀라기도 하고 고라니를 잡는다고 야단법석을 떨 때도 있었다.

농촌에서 일 잘하는 사람의 하루 품삯은 옛날 되로 고봉 쌀 한 되였는데 학교 한달 수업료도 그에 준해서 80~100환 정도였다. 교직원의 급료는 월산 박금재 선생의 말씀이 급료를 주지 말고 아침에 출근하면 하루에 '건설' 담배 한 갑씩만 책상 위에 놓아 주었으면 좋겠다고 했는데 당시 담뱃값이 20환이었으니 미루어 짐작할 만 하다. 1953년 3회 입학생을 모집하여 학생 수가 150여 명이 되자, 도의 보조를 받고 일부는 마을에서 부담하여 동구림 53의 2번지 뽕나무 밭 500여

영암군 배구대회 우승기념 사진(1954년)

평을 사들이고 교무실 한 간 교실 두간을 신축하여 5개 반으로 나누어 수업을 하였다.

배구코트도 만들고 농구대도 세워 체육 활동이 활발했으며 1954년 8월에는 영암군 배구대회에서 영암농고를 물리치고 우승한 적도 있었다. 또 김종진, 최복동, 고정숙(여선생)이 선생으로 부임하였고, 학교는 발전을 거듭하여 1959년 3월 21일에는 문교부 지정 고등공민학교로 인가되고 어려운 교육환경 속에서도 고등학교 입학 검정 시험에 90%가 합격하는 기적을 이루어 냈다. 1954년 2월 27일 29명의 첫 졸업생이 탄생하였는데, 입학생 중에는 다른 학교로 전학 가거나 가정형편 등으로 학교를 졸업하지 못한 사람도 있었으나 어려운 환경 속에서도 열심히 노력한 결과였다.

선생님들의 한결같은 사랑과 보살핌에 더하여 학생들의 인고의 노력으로 방황을 끝내고 각자 재능을 살리고 희망을 찾아갔다. 군서 고등공민학교의 설립은 구림마을의 의식 수준을 한 단계 끌어 올리고 문화마을의 전통을 이어갈 수 있는 기반이 되고 지역사회 발전의 원동력이 되었다. 당시 다른 지역의 농촌 처녀들은 중등교육을 받을 여건이 되지 못하였지만 군서고등공민학교 출신 여학생들은 구림이란 마을 배경과 함께 좋은 배우자를 맞을 수 있는 중학교 졸업이란 조건을 하나 더 갖춘 셈이 되었다.

문교부 인정 학교로 승격되고 구림초등학교가 지금 자리하고 있는 신근정의 황산 밑으로 이전한 1961년 10월에 옛 초등학교 자리인 서구림리 364번지로 학교를 옮겨 비로소 교실다운 교실에서 수업을 받게 되었다. 아울러 문예, 체육, 웅변 등 특별활동도 활발해졌으며 이 고장 여성들에게 부덕을 쌓고 기능 교육을 위해 양재학원도 병설 운영하였다.

1964년 1월 구림중학으로 승격 개편되기 이전의 초창기에 박기재, 조인환, 문발, 이석우, 문재태, 최은주, 박찬민, 김송산자(여선생) 등의 선생님들이 군서고등공민학교 발전에 이바지 하였으며 1966년 1월 18일 13회 졸업생까지 725명의 졸업생을 배출하였다. 군서고등공민학교 졸업생들이 국내외 여러 분야에서 활동할 수 있는 계기를 만들어 줄 수 있었던 것은 최대원, 최재형 두 선생이 교육자로서의 사명감과 선각자로서 이를 실천한 헌신적인 노력의 결과일 것이다.

졸업생 중에는 많은 교수와 교사, 공무원, 사업가, 언론인, 군인 등 여러 분야에서 활동하고 있다. 고향에서도 면장, 농협 조합장, 신용금고 이사장 등과 군, 면 등 행정 기관에서 근무하면서 주민들의 삶에 기여하거나 마을의 중추적 인물로서 지역 사회의 전통과 규범을 지켜주는 버팀목 구실을 하는 졸업생도 많이 있다. 외지에서 성공하기도 힘들고 어려운 일이지만 고향에서 전통과 규범을 지켜 나가는 일 역시 힘들고 어렵다는 것을 항상 잊어서는 안 되고 그들에게 마음

속 깊이 감사해야 할 것이다. 고등공민학교 제1회, 2회 졸업생들이
학암에 건립한 최대원 선생의 공적비에는 선생님의 은덕에 감사하는
따뜻한 마음이 기록되어 있다.

4. 군서고공의 대를 이은 구림중학교

옛날부터 높은 교육열과 전통을 이어가고 있는 구림에서는 지역 인재들의 중등 교육 필요성을 절감하고 뜻있는 분들의 노력과 지역 주민들의 협조로 1951년 사립 군서고등공민학교를 설립하여 중등교육과정을 가르치기 시작하였다.

이후 학교 관계자들과 주민들의 노력으로 1959년에는 사립에서 도립으로 개편되었다.

1963년 정부의 1면 1중학교 설치 방침에 따라 1964년 구림중학교로 승격되어 오늘에 이르고 있다. 서구림리 서호정에 있던 교사를 학교에서 확성기 사용으로 인한 민원 등으로 교사 이전의 필요성이 대두되어 여러 가지 어려움이 있었음에도 불구하고 당초 구림송계에서 구림고등학교 이전을 위하여 기부한 부지가 여유가 있어 동구림리 414-6로 옮기기로 하고 1994년 교사 신축을 시작하여 1996년 2월 교사 신축을 완료하고 이전하였다.

중학교를 옮김에 따라 폐교가 되었던 서구림리 364번지에 있던 옛 구림중학교 건물은 영암도기문화센터로 활용되고 있어 폐교 활용의 모범 사례로 꼽히고 있다.

구림중학교는 2005년 39회 졸업생을 배출하였으며 그 수는 5,926명에 이른다.

구림중학교 교사. 고등학교 바로 아래 고산리 뒷동산에 있다

　구림중학교로 승격 후 현재까지 14명의 교장 선생님이 재직하였으며, 구림중학교의 교육 목표는 다음과 같았다.

1. 마음 닦기를 통하여 바르게 행동하는 사람(도덕인)
2. 알차게 배우고 익혀 진로를 탐색하는 사람(지성인)
3. 질서를 지키면서 서로 돕고 봉사하는 사람(협동인)
4. 소질과 특기를 살려 정보화 사회를 창의적으로 개척하는 사람(창의인)
5. 심신을 단련하여 건강을 관리하는 사람(건강인)

　현재 농촌 인구의 감소와 고령화로 취학 아동이 줄어 학생 수가 69명밖에 되지 않아 중학교의 통폐합 문제가 거론될 것으로 예상되어 구림에서 나고 자라며 중학교를 다니며 하나하나 철이 들며 세상을 배웠던 많은 구림사람들은 실로 안타깝기만 하다.

구림중학교 역대 교장

구 분	성 명	부 임	이 임	기간
고공초대	김길도	1951.11.20	1953.03.29	1.8
2대	박석암	1953.02.10	1959.07.29	6.5
3대	노중철	1959.07.30	1961.11.30	2.4
4대	김정수	1961.11.30	1962.07.10	0.8
구림중초대	김학인	1962.07.11	1965.05.14	2.1
2대	이용의	1965.05.15	1968.05.20	3.0
3대	이창옥	1968.05.21	1975.08.30	7.3
4대	임종인	1975.09.01	1976.08.30	1.1
5대	정진감	1976.09.01	1981.09.01	5.0
6대	차경춘	1981.09.01	1986.09.01	5.0
7대	윤순희	1986.09.01	1988.08.31	2.0
8대	김경우	1899.09.01	1992.08.31	4.0
9대	신장섭	1992.09.01	1996.08.30	4.0
10대	나귀선	1996.09.01	1999.08.31	3.0
11대	최병희	1999.09.01	2000.08.31	1.0
12대	민종록	2000.09.01	2001.08.31	1.0
13대	김현재	2001.09.01	2003.02.28	1.4
14대	김연석	2003.03.01	현재	

5. 기능인의 요람 구림공업고등학교

구림실업고등학교 개교

군서고등공민학교가 1964년에 구림중학교로 승격되어 구림은 물론 인근 마을사람들도 다른 지역으로 학교를 보내야 하는 번거로움과 경제적 부담을 덜 수 있었다. 그러나 상급학교인 고등학교를 다니기 위해서는 영암읍이나 광주, 목포 등으로 유학을 가야 할 처지에 있었다. 구림중학교 출신 학생들이 다른 지방으로 유학하지 않고 고등학교에 진학하기 위하여서는 구림에 고등학교가 있어야 한다고 생각하고 있을 때인 1967년 신북과 독천에서 고등학교 설립 유치운동이 벌어지고 있다는 소문이 구림까지 들려왔다. 이에 따라 구림에서도 최규태, 박석암, 최치만, 박찬걸, 현영창, 조영현, 최재우, 조재수, 박찬우, 최문석, 최대원, 조인환, 최길호, 최장호 등이 고등학교 설립에 대해 협의하게 되었다.

고등학교 설립 유치 운동을 벌이고 있는 신북은 금정, 시종, 도포, 덕진 일부 등 넓은 학구를 확보할 수 있고 독천은 미암과 삼호, 서호 일부를 끌어 들일 수 있어 여러 가지 면에서 고등학교를 유치하기에는 구림보다 유리하였다. 신북이나 독천에 고등학교가 먼저 설립되면 구림은 고등학교 설립이 불가능할 것이 불을 보듯 뻔했다. 결국 마을사람 모두가 힘을 모아 학교 유치운동에 참여하여 고등학교 유치설립추진위원회를 구성하고 위원장에 조인환, 부위원장에 최길호, 총무에는 최문석을 선임하였다. 우선 위원회 경비로 조인환이 정조 1석을 기부하고 나머지는 마을에서 부담하기로 하였다. 추진위원을 비롯하여 마을사람들이 아는 사람들을 동원하여 광주에 제일여관(최건 춘부장 경영)에 숙식을 하면서 도교육청과 교육위원을 찾아다니며 고등학교 설립을 위하여 끈질기게 노력한 결과 '당신들의 열의와 성의에 감복했소' 라는 언질을 받고 돌아온 후 1967년 10월 7일 구림실업고등학교가 정식으로 인가되었다. 구림중학교 동쪽에 교실 세간을 지어 1968년 3월 6일 약 50여명의 신입생을 맞이하여 개교하였다.

개교 당시에는 구림실업고등학교였으나 1972년 구림종합고등학교로 바뀌었다가 1년 후 구림고등학교로 다시 학칙 변경하였고, 1990년 9월 15일 구림공업고등학교로 교육내용이 바뀌고 17학급을 인가받아 지금에 이르고 있다. 이와 같이 초창기에 1년이나 몇 년 간격으로 학교 이름과 학칙을 자주 변경하게 된 것은 지역 사회의 바람과 실

고산리 뒷동산에 있는 구림공업고등학교

정에 적응하기 위해 고등학교 교육의 방향 설정을 위한 진통이었을 것이다. 1968년 50명의 신입생을 맞아 들여 1971년 1월 16일 34명의 제 1회 졸업생을 배출한 이후 어려운 여건 속에서도 1999년 제29회에는 252명이 졸업한 적도 있었으며, 이후 농촌인구의 감소로 학생수가 점점 줄어들어 2004년 제34회 졸업생은 115명으로 감소했다.

학교의 이전

중학교와 고등학교가 교정을 함께 사용하여 바람직하지 못한 일이 일어나고 학교 주변의 마을사람들에게도 소음 피해나 불편을 주는 부작용이 나타나 중학교와 고등학교를 분리해야 한다는 여론이 지배적이었다. 분리를 바라는 마을사람들의 요구로 최규태, 박찬걸, 최치만, 조영현 외 여러분들이 고등학교이전추진위원회를 구성하여 사산을 관리하던 송계松契에서 명당자리인 사산 19,000평을 제공 받아 전남 교육위원회에 기증함으로써 고등학교 이전을 확정하고 최대원, 조영회, 최재우 3대에 걸친 기성회장 재임시 교사를 신축하고 이전하게 되었다. 송계에서 사산을 제공 받을 때 최대원 선생이 장래를 위하여 많은 땅을 제공받으려고 주장하여 그 고집을 꺾지 못하고 승낙했으나 고등학교 신축 이전 후에도 대지가 많이 남아 최대원은 물론 후임 육성회장 최재우까지 마을사람들에게 원망을 들어야 했다. 그 후 남은 대지에 중학교를 신축 이전하고 중학교 자리는 도기문화센터가 되었으니 선견지명이 있었다고 할 것이다. 이와 같이 송계와 마을사람들의 이해와 협조로 중학교에서의 7년간의 더부살이에서 벗어나 1975년 2월 19일 현 신축교사로 이전한 후인 1976년 9월 1일 중·고등학교가 분리되었다. 학교 이전 후학교 시설은 물론 교육 설비를 늘려 VTR, TV, 타자기는 물론 전기,

전자실습실, 과학실, 컴퓨터 36대, 금속실습실, 멀티미디어실, 어학
연수실, 독서실에 기숙사까지 완비해 어느 일류 공업고등학교에 못
잖은 훌륭한 교육 환경을 만들었다. 이런 교육 환경을 만들기까지
는 이용의 일대 교장을 비롯하여 이창옥, 엄종인 교장 등 현 14대
김연옥 교장에 이르기까지 학교에 재직하셨던 교장선생님들이 꾸
준히 노력한 결과라 할 수 있을 것이다. 제1회부터 2005년 2월 12일
제35회까지 무려 6,080명의 졸업생을 배출하여 지역사회의 발전과
인재 양성에 기여하였다. 학생 부족으로 폐교에 직면한 중·고등학
교나 대학이 그 학교만이 갖는 특성을 살리고 교육의 질을 높여 학
생들이 도시학교에서 시골학교로 역류하는 현상이 가끔 보도되고
있기에 구림사람들 모두는 구림공업고등학교의 또 한번의 웅비를
기대하고 있다.

구림공업고등학교 역대 교장

대 순	이 름	부임 년월일	이임 년월일
1	이용의	1968.03.06	1968.05.21
2	이창옥	1968.09.21	1975.09.01
3	임종인	1975.09.01	1977.09.01
4	박동오	1977.09.01	1979.03.01
5	이한중	1979.03.01	1983.03.01
6	류대용	1983.03.01	1986.11.07
7	정인환	1986.11.07	1992.03.01
8	박춘기	1992.03.01	1995.09.01
9	오균남	1995.09.01	1998.03.19
10	김순보	1998.04.22	1999.09.01
11	박인석	1999.09.01	2001.08.30
12	지영섭	2001.09.01	2003.02.28
13	문홍범	2003.03.01	현 재

6. 유아교육과 왕인어린이집

농촌의 농번기는 눈코 뜰 사이 없이 바빠서 고양이 손도 빌려야한다는 말이 있다. 봄에 농사일이 시작되면 가을 추수가 끝날 때까지일이 끝없이 이어져 어린 아이를 기르고 돌보는 것은 늘 뒷전이었다. 아침에 아기 젖을 먹이고 방문을 뒤로 걸어 잠그고 논, 밭에 가면 점심때가 되어야 집에 돌아오는데 아이는 그 동안 울다 지쳐서 눈물과콧물을 흘리면서 쓰러져 잠이 들어 있는 것이 아이들의 모습이었다. 어려운 환경에서 성장하여 대여섯 살이 되면 형이나 누나, 또는 이웃집 아이들과 어울려 마당에서 소꿉장난을 하거나 골목이나 개천(도랑)가에서 모래나 흙을 장난감 삼아 노는 것이 아이들의 일과였다. 1960년 후반 들어 영농기술이 발달하고 농촌 경제 상황이 조금 나아지자 도시나 소득이 많은 사람들이 하던 영, 유아의 조기교육이 국가시책으로 농촌에서도 이루어졌고, 오늘날의 유치원격인 어린이 집이생겨났다. 구림에서도 1970년 9월 최진호가 동계리 알뫼들에 보건복지부 인가를 얻어 '구림어린이집'을 개소하게 되었다. 시설만 제공하면 보육교사나 운영비를 정부에서 보조해 주어 큰 보탬이 되었다. 처음 보육교사로 교직 경험이 있었던 김홍점(조재욱 부인)과 박점복(주암), 최은희(동계리)가 재직하였는데 원생수가 140여명에 이를 때도 있었다. 어린이집이 잘 운영되던 중 운영자인 최진호의 개인적인

488 · 호남명촌 구림

사정으로 문을 닫게 된다. 그 후 죽정 마을의 새마을 지도자인 최복의 노력으로 영암군에서는 첫 번째로 내무부에서 인가한 새마을유아원을 1981년 3월 죽정 마을회관에서 개원하였다. 원장은 최복에 이어 정경순, 신인순 등으로 이어졌는데 보육교사는 최은회 등이었다. 승합차로 유아원생들의 등하교를 도와 먼 곳에서도 다닐 수 있어 원생이 120여명에 이를 때도 있었다. 새마을 유아원은 1993년까지 이어 오다가 농촌인구의 감소와 고령화로 원생수가 줄어 더 이상 운영이 될 수 없었다. 이어 1996년 6월 29일 안순자가 영유아의 교육을 위하여 동구림리 41-5번지의 대지 400평 지상에 자기 자금 1억원과 군에서 지원한 1억 6천만 원으로 48평의 2층 건물을 지어 '왕인 어린이 집'을 개소하였다. 특히 252평의 놀이터가 있어 어린이들이 마음껏 뛰어 놀 수 있는 공간을 마련하여 이상적인 유아원을 운영하고 있다. 보육교사 6명이 어린이를 보살피며 2005년까지 280명의 졸업생을 내고 현재 원생수 110명으로 구림의 유아교육에 힘쓰고 있다.

신근정(학암)에 있는 왕인 어린이집

7. 고향사랑 장학회

　우리나라는 예부터 청렴하고 훌륭한 인재를 키우는 일에 힘써왔다. 특히 자질이나 재능이 뛰어났으나 가정형편이 어려워 초야에 묻힐 뻔한 사람을 찾아내어 인재로 키우기 위해 드물게나마 장학사업이 옛날부터 있어왔다.

　지금은 각 나라들이 장학제도를 잘 갖추어 놓고 인재양성에 온 힘을 쏟고 있으며, 더 나아가 외국의 인재들을 자기 나라나 회사로 끌어가기 위해 파격적인 좋은 조건을 제시하며 돈으로 싸서 모셔가기 위한 경쟁이 국가적으로 치열한 것이 현실인데, 우리나라는 예전에 비해선 장학제도가 많이 발전했다고는 하나 아직도 선진 외국의 수준의 언저리에 머물고 있는 실정이다.

　구림은 어느 고장보다 문을 숭상하고 향학열과 교육열이 남다르게 강한 곳인데도 공동체 생활을 위한 제도나 모임은 비교적 잘 갖추어져 있는 편이지만, 교육이나 인재양성에 대한 책임은 각자 개인에게 전적으로 맡겨 공동체적 장학 사업은 존재하지 않았고 그 불모지였다.

　이것은 모두 각자의 생활도 힘들었던 시기에 한 사람을 중?고등학교와 대학까지 마치려면 농사 밑천인 황소도 팔고, 논밭을 정리하고도 어머니의 노고와 멍든 손끝으로 짜여진 무명 베, 모시 베, 명주 베까지 팔아 학비에 보태야 하는 큰 돈이 필요했으므로 '가난은 나라도 못 막는다.' 는 속담과 같이 엄두도 못 냈을 것으로 생각된다.

다만, 막대한 재산을 가졌던 대동계나 각 문중에서 소규모나마 장학재단을 꾸리지 못했을까? 하는 아쉬움과 의문이 남는다.

이와 같은 장학제도의 황무지였던 구림에 1976년 박찬우 등 군서면 일원의 유지 16명이 뜻을 모아 '구림장학회' 를 조직하게 된다. 당시에 김해김씨 소유의 조각 논 282평을 사들여 그 논에서 나는 소출 벼 3가마로 가정형편이 어려운 학생 3명에게 장학금을 매년 지급한 것이다. 그러나 세월이 흐르면서 장학회원 중 여러분이 타계하고 또 출향한 사람들이 많아 그 명맥을 2000년까지 힘들게 이어 오다가 조직이 와해되어 군서면 도갑리 274-3번지의 조각 논도 아직까지 이전 못하고 있다.

이런 정황을 안타깝게 생각하던 경향 각지에 거주하는 50~60대 세대들이 구림 장학회의 취지와 그 정신을 살리고 대를 이어가야 한다는데 뜻을 모아 2004년 30여명이 3,000여만 원의 성금을 갹출하여 '구림고향사랑장학회' 를 조직하였다. 최복이 회장의 책임을 맡아 2005년 2월 5일 구림공업고등학교 입학식 때 2명의 학생에게 50만원씩의 장학금 지급을 시작으로 장학사업의 첫발을 내디뎠다.

우리는 흔히 자기 노력으로 성공한 사람을 칭찬하고 표창하는데 익숙해 있지만, 인재를 길러내고 훌륭한 자질과 재능을 가진 사람을 감싸고 도와주는 데 인색했던 것을 자인하지 않을 수 없다. 나날이 변해가는 현 사회 환경에서 고향이나 씨족이란 개념도 희미해져 머지않아 그 단어 자체를 잊어버릴 때가 다가오고 있음을 피부로 느끼고 있는 이 시점에서 나는 누구이고, 우리는 누구인가를 되뇌여 기억하며 고향과 연緣을 이어가며 사랑할 수 있는 사람을 많이 길러내는 일은 그 자체로 소중한 일이다. 뿐만 아니라 고향의 발전을 위해서도 장학사업은 절실하다 할 것이다.

이제 막 걸음마 단계인 고향사랑장학회가 발전하고 성장하기 위해서는 많은 과제들이 있다. 티 없는 순수한 마음에서 출발한 회원들이 보다 열심히 헌신하여야 하며, 공명정대한 일처리와 사업으로 이 고장 사람들을 비롯해 많은 사람들이 이 장학회 회원으로 동참할 수 있도록 하며, 튼튼한 재정적 기반을 다지는 일 등이다.

400년 전의 구림의 대동계가 그랬듯이 오랜 세월이 지나 장학회의 전통을 기억하고 유지하는 모범적인 모임으로 성장할 수 있기를 갈망한다.

제10장

구림사람들과 함께 한 여러 기관들의 변천

1. 구림도기와 영암도기문화센터

옛 불무둥의 모습

윗 고산리나 알뫼들 사람들이 앞들에 갈 때나 아이들이 들샘에 먹감으러 갈 때도 황토라기보다는 적토에 가까운 사산 잔등을 넘어 다녔는데 잔등을 넘어서면 으슥한 낮은 골짜기에 상여집이 있었다. 상여집 앞을 지날 때는 어른들도 몸이 으스스했는데 어린이들은 무서워서 한달음에 그곳을 빠져 나가곤 했다. 지와목에서 남송정 마을까지 뻗어 내린 나지막한 언덕으로 이루어진 마을 뒷동산은 집을 지을 때나 벽을 바를 때 짓이기면 이길수록 끈적끈적해지는 황토땅으로 이루어져 있다.

고산리 돌정자에서 동산 밑으로 난 길을 따라 남송정으로 가는 중간쯤에 동산 밑 언덕이 소쿠리같이 U자형으로 파인 곳이 있었는데 이곳에는 오래 전부터 유약을 더덕더덕 발라 불에 녹아내린 반질반질한 도기나 옹기의 조각들이 널려 있었고, 이것들이 흙 속에 어설프게 파묻혀 울퉁불퉁 튀어나와 사람 다니기가 여간 불편한 것이 아니었다. 그런데 고구마나 심어먹을 쓸모없는 황토와 불편하고 귀찮을 정도로 널려 있던 도기와 옹기 조각들이 1,200여 년 전에 도기의 역사와 구림 문화의 발자취의 상징이라니!

도기문화센터의 탄생

이 구릉 일대를 1986~1996년까지 이화여자대학교 박물관에서 발굴조사를 한 결과 8~9세기경 신라시대 때의 것으로 보이는 가마터가 서구림 319번지(남송정)에서 시작하여 약 1km에 걸쳐 산재해 있는 것을 발견하였다.

출토된 유물은 독, 대사시, 대호, 사각편병, 주판알모양의 유병 등 일상생활 도기와 유약을 바른 도기가 출토되었다. 특히 유약을 바른 도기는 우리나라에서 처음 제작된 것으로 확인되어 '구림도기'로 명명하였고 일본의 사리끼세도의 도기보다 약 200~300년 앞선 것으로 추정되어 국가사적 제338호로 지정되었다. 옛날 남양, 울산과 더불어 중국의 화남, 화중지방과 가까운 구림은 신라시대 3대 무역항이었으며 물길이 발달하여 운송이 편리하고 월출산이 지척에 있어 땔감(연료)을 구하기 용이하고 하얀 규석이 섞인 점토질이 강한 황토가 많아 도기의 생산지로 최적의 요건을 갖춘 곳이었다.

구림 고산리 뒷동산에 있는 가마터

이와 같이 가마터와 유물이 발굴됨에 따라 영암군에서는 왕인문화축제일에 맞추어 '구림 도기 특별전'을 열어 줄 것을 이화여대 박물관에 요청하게 되었다. 마침 서구림 364번지에 있는 구림중학교가 고등학교 아래쪽으로 신축이전 하여 건물이 남아 있었다. 이 건물의 활용방안을 여러 가지로 구상 중이었으며 야외 음악당으로 활용할 계획도 있었으나 이곳을 구림도기 특별전시장으로 활용할 것을 최재상 군의원의 발의로 군의회에서 토의 의결하였다. 박일제 군수가 도교육위원회와 절충 끝에 7억원의 예산으로 영암군에서 매수하여 영암도기센터에 임대하게 되었다.

1997년 1월부터 영암 도기센터의 건축설계와 병행하여 '구림도기'의 재현과 상품성, 발전성 등 계획을 수립, 검토한 후 착공하여 1년 11개월만인 1999년 9월 9일 영암도기센터가 준공되었다. 그 이후 2003년 11월까지 '흙의 여정', '한일도기전'을 비롯해 특별 도기전을 여덟 차례 개최했으며, 지금도 해마다 계속되고 있다.

도기문화센터의 현황

구림도기가마에서 우리나라 역사상 최초로 고화로 시유도기를 생산했는데, 구림도기에서 시작된 녹갈색, 황갈색, 흙색도기는 고려의 녹갈유, 황갈유, 흙유도기로 발전 되었으며 그 전통이 현재의 옹기까지 계승되고 있다. 옹기 제품은 그 쓰임새에 따라 장독, 젓독, 쌀독, 소주고리, 초병, 약탕기, 시루, 약뇨병 등으로 불리며 크기와 모양에 따라 큰독, 단지, 병, 자배기 ,옹배기, 투가리 등으로 분류된다.

옹기는 투박하면서도 수줍은 듯한 소박함과 털털하고 구수함이 농사꾼의 심성 같기도 하고, 기교없고 단조로운 듯한 단아한 멋은 꾸밈없고 청빈한 선비의 심덕을 닮은 듯하다. 발굴 조사로 지상에 드러난 1,200여 년 전의 도기 가마2기는 옛 모습 그대로 보존되고 있다.

1999년 영암도기문화센터를 개관함과 동시에 이곳에 가마 2기를 설치하여 생활도기를 개발 생산하고 '영암도기'란 상표를 붙여 보급하고 있다. 또 2003년에는 옛날 방식의 5칸짜리 장작 가마를 설치하였는데 장작 가마는 가스 가마와 달리 불의 세기(강약)와 각도에 따라 그릇의 생김과 광택이 다양해지는 요변窯變현상을 기대할 수 있어 한층 질 좋은 도기의 생산이 가능해졌다고 한다.

또한 전통방식으로 제조되는 유약도 영암도기의 아름다운 빛을 내는데 큰 몫을 하는데 소나무 태운 재와 황토를 갈아 앉힌 물을 적절히 배합하면 녹갈, 황갈, 흙갈의 중후하면서도 싫증나지 않는 색상을 지닌 도기를 생산하는 2대 요소라 한다. 토기는 800~1,000℃에서 굽고 도기는 1,200~1,250℃, 청자, 백자 등 자기는 1,300℃에서 굽는 것으로 굽는 방법에 따라 여러 가지로 구분되고 있다.

도기센터에 있는 임희성 연구사와 이화여대가 2002년 2월에 '황토를 이용한 도자기 제조방법'에 관한 특허인증을 받았는데 100% 황

영암도기문화센터 전시실

토로 만든 도기는 국내에서는 유일하고 세계적으로도 드문 사례라고 한다. 도기생산을 담당하고 있는 김정길은 28세 때부터 이화여대 도예연구소에서 30년 여 간 봉직하고 2000년 8월 퇴직한 후 이곳에서 근무하고 있는데 생활도기를 종류별로 영구 보존할 명품을 만들어 도기문화 센터 1층 전시실에 전시하고 싶은 꿈과 도자기사를 새로 쓴다는 각오로 연구와 일에 몰두하고 있다. 항상 새로운 것을 개척하는 자세와 꾸준하고 사심 없는 연구가 영암 군민 모두가 원하는 일본의 아리다(有用)같은 세계적인 도기문화센터로 태어날 수 있을 것이다. 생명을 싹 틔우며 정화하고 치유하는 황토로 만든 도기를 생산 보급하여 인류의 질병을 치유하고, 혼탁한 정신을 정화하며 세계평화를 싹틔우는데 기여할 수 있었으면 한다.

2. 기관들의 변화와 새 단장

구림에 있었던 옛 면사무소

군서면郡西面은 1814년(순조 14년) 서시방西始坊과 서종방西終坊으로 나누어져 있었는데 1898년(광무 2년) 방坊을 면面으로 고쳐 부르게 되었다. 서시면은 주암舟岩 마을에 면역소面役所를 두고 34개 마을을 관장하였고, 당시의 마을은 외따로 떨어져 집이 두세 채 만 모여 있어도 마을로 불렸다. 서시면은 주암을 비롯해 성지천省之川, 미남美南, 양지陽地, 지남指南, 월암점月岩店, 금지등金池嶝, 월산月山, 정자등亭子嶝, 호동虎洞, 마산馬山, 오목천五木川, 오산伍山, 정사두停蛇頭, 척동尺洞, 자경自耕, 저동苧洞, 야등冶嶝, 성암星岩, 도리道里, 신덕정新德亭, 도화桃花, 송계松契, 여운천女雲川, 평장平章, 보화등寶花嶝, 남천南川, 이화정梨花亭, 신흥新興, 신기新基, 장사長沙, 가내말加乃末, 모가정毛可亭, 해창海倉 마을 등이다.

이어 서종면은 율정栗亭에 면역소面役所를 두고 율정, 서호정西湖亭, 남송정南松亭, 북송정北松亭, 국사암國師岩, 고산高山, 동계東溪, 학암鶴岩, 쌍와촌雙蛙村, 신근정新根亭, 선인仙人, 평리坪里, 선장仙掌, 죽정竹亭, 모정茅亭, 비죽鼻竹, 양장羊場, 동변東邊, 동구洞口 등 19개 마을로 이루어져 있었는데 1914년 4월 14일 행정구역 개편으로 서시면과 서종면을 병합하여 군서면으로 개칭하고 면사무소를 서구림리 율정에 두었다. 그 때 마을도 리里로 합쳐 서구림리, 동구림리, 도갑리, 모정리, 양장, 성양, 동호, 월곡, 마산, 해창, 송평리, 도장 등 12개 리가 되었다. 1973년 영암면이 읍邑으로 승격하면서 송평리를 영암읍으로 흡수 통합함으로써 현재 군서면은 11개리 31개 자연부락으로 이루어져 있다.(1988년 영암군 발행〈영암 마을 유래지〉에 근거함)

율정에 있던 면사무소를 3대 면장 최명섭崔鳴燮 때 논과 밭으로 둘러싸인 허허벌판인 신근정 도로변 동구림리에 15-14번지 약 300평의 대지위에 면사무소를 신축이전 하였다 한다.

특기할 것은 1929년 4월 10일 구림에서 일어났던 3.1독립만세운동 때 사용했던 태극기, 독립선언문, 독립운동가 등을 군서면 사무소에서 등사판으로 재직 중이던 면 직원들이 손수 제작 배포한 자랑스러운 역사를 갖고 있다.

그리고 1924~1942년까지 18년간 군서면장으로 재직한 최현崔炫 면장은 신근정에서 양장매부리까지 월산앞에서 신덕정까지 신작로

현재의 면사무소

를 개설하고 신근정에서 동서남북 사방으로 길을 따라 벚나무를 심었는데 벚꽃 철이면 꽃이 터널을 이루어 장관을 이루었다.

　이와 같은 유서 깊은 면사무소가 6.25 때 소실되고 신축하였으나 1956년 지방자치 시행으로 군서면장에 선출된 최건崔健 면장이 다수 면민의 숙원이었든 면사무소 이전을 받아들여 1957년 군서면 사무소를 월곡리로 신축 이전하였다. 이 면사무소 자리에는 황산 밑에 있던 군서지서가 옮겨와 군서치안센터로 군서면 치안을 담당하고 있다. 면사무소를 율정에서 신근정으로 신축이전 했을 때 작은 느티나무가 거목의 정자나무가 되어 지나온 역사를 간직한 채 지금도 푸르름을 더하며 세상을 지켜 보고 있다.

구림에 면사무소가 있던 당시까지의 면장 명단

대 순	이 　름	부 임 기 간
1	조병민　曹秉민	
2	김종화　金鐘和	
3	최명섭　崔鳴燮	
4	최 현　崔 炫	
5	박찬석　朴燦錫	
6	최규철　崔圭哲	
7	김원배　金元培	
8	최흥섭　崔興燮	1948. 9.10~1949.12.19
9	박한석　朴漢錫	1949.12.20~1950. 4.17
10	박석암　朴錫岩	1950. 4.18~1952. 4.24
11	박한석　朴漢錫	1952. 4.25~1954. 4.24
12	박석암　朴錫岩	1954. 4.25~1956. 8. 9
13	최 건　崔 健	1956. 8.20~1958. 4.17

군서 치안의 파수꾼 군서지서

군서지서郡西支署는 일제강점기 3.1독립만세운동이 있기 전까지는 영암경찰서에서 순회 출장근무형식으로 치안을 명분 삼아 주민 감시를 위해 임시주재하거나 파견되어 근무하였다. 1921년에야 비로소 학암 황산凰山 남쪽언덕바지에 사무실과 2개의 유치장을 갖춘 함석지붕으로 된 건물을 신축하여 영암경찰서 군서주재소로 명명하였는데 일본인 순사부장 한 명과 조선인 순사 한 명이 근무하였으며 순사부장의 관사는 주재소 옆에 붙어 있었다.

중일전쟁과 태평양전쟁이 한창이던 1940년을 전후해서는 순사부장 1인, 순사 2인이 근무하면서 징집영장집행, 전시동원령에 의한 징용인부차출, 위안부모집, 유언비어단속 등의 역할도 하고 행정 업무인 산림법 위반이나 벼의 공출을 독려하는 일들을 협조하였다.

순사들은 검은 제복에 견장을 붙이고 긴 칼을 차고 다니며 주민 앞에서 권위를 세우고 위압감을 주면서 무언으로 심리적 압박을 가하는 효과를 연출했다. 동학난, 의병활동, 3.1독립만세운동 등을 통하여 순사에 대한 공포심이 뇌리에 새겨져 있던 우리 국민들은 우는 아기에게 '저기 순사 온다. 울면 순사가 잡아 간다' 하면 울음을 뚝 그칠 정도로 무서워했다.

일제가 물러간 해방 직후 민간인들이 치안대를 조직하여 치안유지에 일조했으나 1946년 2월 건국준비위원회가 해산되고 미군정이 각 기관을 접수했는데 구림에서도 영암경찰서 군서지서라는 명칭과 순사부장은 경사, 순사는 순경으로 바꾸어 부르게 되고 잠시 동안이었지만 최OO이 지서장, 하OO가 차석으로 3~4명의 경찰관이 근무하였다.

해방 정국의 혼란과 1948년 여순 사건 후 공산유격대의 활동이 극

심해 3일에 한 번 꼴로 지서를 습격하였으므로 이를 방어하기 위해 황산 위 일본 신사 자리에 '도지카' 같이 돌담으로 망대를 쌓고 대나무 발을 이중삼중으로 둘러치고 대발 밑으로 사람의 키만큼 깊게 호를 파서 군사방어진지 같이 만들어 유격대의 침입을 막느라 큰 고초를 겪었다.

50년 6.25 후 3개월 동안의 인공치하에서는 영암보안서 분주소라는 간판으로 조○○이 분주소장을 맡고 5~6명의 분주서원이 있었다. 50년 10월 3일 인민군이 퇴각하면서 지방 유격대 잔존세력이 관공서와 큰 건물을 방화 소각하는 과정에서 여러 곡절과 시련과 한이 서려 있던 군서지서도 소실되었다. 1950년 12월 중순 구림이 수복되어 학암에 있는 초등학교 관사를 임시지서로 사용하다가 51년 옛 황산지서 자리에 지서를 신축하여 이전하였다. 한국 전쟁이 끝나고 치안이 안정되었던 1957년 면사무소가 월곡리로 옮겨감에 따라 면사무소 자리인 동구림리 15-14번지로 군서지서가 옮겨와 현재에 이르고 있

신근정 옛 면사무소 자리에 있는 군서치안센터

다.

군서주재소, 치안대, 경찰지서, 분주소, 경찰지서, 파출소, 치안센터로 이름이 바뀌는 곡절이 있었듯이 시련 많았던 우리 민족의 발자취를 돌아보는 것 같다. 지금은 935㎡(283평)의 대지 위에 121.59㎡(36.8평)의 반듯한 2층 슬라브 건물인 군서치안센터는 면민과 호흡을 같이 하며 사회 질서 유지와 주민의 편의 제공에 이바지 하고 있다.

군서 의용소방대

원래 소방대는 1939년 '경방단' 으로 출발하였는데, 경방단은 군서주재소에 소속된 단체로 치안유지의 보조 역할을 하였고, 6.25전쟁 전후에는 경찰의 각종 작전에 동원되기도 하였다. 일제 강점기 때 신근정 면사무소 뒤편 큰길가에 수동으로 움직이는 소방용 펌프가 비치되어 있었으나 마을 초가집에 불이 났을 때 신근정까지 달려가 소방펌프를 끌고 화재 현장에 도착했을 때는 불이 걷잡을 수가 없었고 주민들이 우물에서 양동이나 다른 물동이로 물을 퍼다 소방펌프 물통에 붓고 한쪽에 네 사람씩 여덟 사람이 손으로 소방펌프를 작동하여 불을 끄는 것이 최선이었고, 잔불 정리나 옆집으로 불이 번지는 것을

옛날 수동식 소방펌프

막는 정도의 역할이 전부였다고 할 수 있다.

　또 일제 강점기 때부터 해방 이후까지 매년 봄이면 영암에서 면 단위로 참가하는 의용 소방대경연대회가 열렸는데 높은 장대 끝에 바구니를 매달아 놓고 소방펌프에서 나오는 물의 힘으로 바구니를 터뜨리는 경기와 제식 훈련을 하였는데, 어린이들은 도시락을 가지고 구경을 가고는 하였다. 이 경연대회에서 군서면은 자주 일등을 하여 11개 읍면 중 잘 훈련된 조직과 단결력을 과시하기도 하였다. 1등을 하면 트럭을 빌려 타고 노래를 부르면서 구림으로 돌아왔는데, 돌아오는 길에 노랫소리가 들리면 우승을 했구나 하고 짐작할 수 있었다.

　이 의용소방대가 발전을 거듭하여 지금은 118평의 대지 위에 건평 65평의 청사를 갖추고, 2대의 현대화된 소방차를 보유하고 있다. 군서 의용소방대의 연혁을 보면 1939년에 조선총독부령에 의거 설립된 경방단의 1대 대장 박상윤, 2대 최규문에 이어 1945년 경찰국

청년회관 옆에 있는 군서의용소방대

산하 의용소방대 창설(1954년 1월)로 3대 박찬걸, 4대 최규용, 5대 조재린, 6대 조영희, 7대 최길호, 8대 최영전, 9대 문춘기 대장 때에 최준기 씨의 부지 기부로 소방대사가 만들어지고 소형 소방차도 배정받았으며 10대 박수남, 11대 박현도 대장 때는 자치 자금 및 대원들의 성금으로 소형 소방차 1량을 구입 운용하여 12대 최종호 현 대장 때 비로소 대형 소방차를 배정받아 부대장에 박홍기 총무에 박동진, 방호에 김용선, 지도에 최운국 부장들이 수고를 하고 있다.

군서우체국

일제 강점기에는 우체국이 영암, 신북, 독천 세 곳에 있었다. 당시에는 전국적으로 전화 보급률이 낮아 전화로 소식을 전할 수 있는 여건을 갖춘 곳이 많지 않아 급한 기별은 전보를 이용했는데 시골에서는 빠르면 이틀 늦으면 사흘 만에 배달되기도 했으며 우편은 거리의 원근에 따라 7일부터 10일 후에나 받아 볼 수 있었다. 우체부를 기다렸던 사람들은 먼 객지에 나가 있는 자식(가족)이나 남편의 안부 때문이었고, 안부 편지도 부주전상서父主前上書로 시작된 사연이 '먼 산에 잔설殘雪이 희끗희끗 할 때 슬하膝下를 배퇴拜退한 후 소식을 전하지 못하여 죄송하오며 그간 부모님께서는 옥체玉體 일향만강一向萬康하옵시고' 등으로 틀에 박힌 듯한 투의 안부 편지지만 가뭄에 단비같이 반가웠고 다음으로는 상급학교 합격통지서나 돈벌이 간 남편에게서 돈 부쳤다는 소식이었다.

구림에서는 점방이나 우체부에게 직접 절수切手(우표)를 사서 편지를 부쳤고, 전보를 치거나 소포를 보내거나 찾아 올 때 꼭 영암우체국까지 20리 길을 다녀와야 했다. 이 같은 어려움이 해방 후까지 계속 되었으나 5.16 후 별정우체국설치법이 공포되어 1962년 7월 15일 군서면 동구림리(신근정) 41-7번지의 330평의 대지 위에 82.5㎡의 목조 건물을 신축하여 군서우체국을 개설하고 조인환曹仁煥이 우체국장에 취임하였다.

우체국장 조인환과 직원 1명, 집배원 조영신 등 3인으로 군서면 북부 송평리, 해창, 오산, 주암 등을 제외한 군서면 일원을 집배集配 구역으로 하고 있었다.

초창기에는 우편, 환금, 예금, 보험 업무를 취급하였는데 전화는 '농촌에서 무슨 전화 쓸 일이 있겠는가' 하는 생각으로 전화수용가가 적어 구림 내의 통화도 1회선으로 영암우체국 교환대의 중계를 받게 되어 여간 불편한 것이 아니었다. 청년들이 적극적인 전화증설 운동으로 60여명의 수용가를 확보하여 자석식磁石式 100회선 교환대를 군서우체국에 설치하게 되어 불편을 덜고 첫 교환원으로 안숙자와 조은숙이 근무하였다. 구림에 전기가 들어오고 5일장이 서고 협동조합과 우체국까지 생겨나니 구림사람들은 비로소 문명 세계로 발을

군서우체국

들여 놓은 심정이었다.

이와 같이 정보소통에 기여 했던 조인환 우체국장이 1977년 1월 28일자로 길호근에게 우체국을 양도하였는데 길호근 국장은 군서면 동구림리 48-37의 대지 541㎡ 지상에 2층 슬래브건축 163㎡를 신축하여 1979년 5월 9일 이전하였다.

2005년 현재는 길호근 국장과 직원 3명(사무원)으로 우편 예금, 보험 업무를 취급하여 온라인 서비스와 현금자동지급기를 설치하여 주민들에게 편의를 제공하며 잘 운영하고 있다.

1987년 5월 27일 전화업무 광역화로 교환업무가 폐지되었으나 2005년 군서우체국 관할에 1,983대(관공서, 호텔, 모텔 제외)의 전화가 소통되고 있다.

농민을 위한 군서 농협

처음 각 마을 단위로 조직되었던 이동조합이 구림농협과 월곡농협의 형태로 유지되어 오다가 1970년 7월 15일 군서농업협동조합으로 합병되어 (군서면 동구림리 44-6번지) 초대 조합장에 최장호가 취임한 후 2002년 3월 1일로 11대 조합장 오정용이 취임해 현재에 이르고 있다. 현재 본소의 청사는 1층 160평, 2층 155평으로 1993년 3월 29일 신축 준공하고 분소는 월곡리 465-12번지에 1996년 신축하고 미곡종합처리장도 같이 준공되었다. 농산물 보관창고는 본소에 자재판매장(43평)과 보관창고를 포함 4동, 월곡 지소에 농산물 집하장 포함 3동, 모정에 100평 넓이의 62호 창고가 있다.

임직원은 2005년 4월 현재 21명이며, 총자산은 520억원이다. 주요 취급업무로는 종합판매장(하나로마트)과 비료, 농약, 농자재 판매를 비롯하여 농산물 가공사업으로 '달맞이 쌀' 이란 상표로 쌀을 생산하

군서농협 청사

고 있으며, 전국 쌀 품평회에서 1, 2등을 할 정도로 그 품질을 인정받고 있다. 군서단위농협은 조합원의 편의를 위해 각종 농사자금과 농기자재를 판매하고 있으며 농촌 생활 향상을 위해 진력하고 있다.

서민의 벗 군서새마을금고

새마을금고는 농협과는 달리 주로 서민을 상대로 여수신 업무를 취급 운영하고 있다. 군서새마을금고는 1982년 7월 10일 설립준비위원회를 구성하여 1982년 7월 14일 창립하면서 초대이사장에 박찬우, 1999년 2월 25일 제2대 이사장에 최복이 취임하였다. 원래 새마을운동의 일부인 저축운동의 일환으로 옛 내무부에서 면 단위마다 권장한 사업으로 현재도 행자부의 지휘 감독을 받고 있다. 2001년 금융결제원 가입으로 금융업무가 온라인화되어 모든 금융 기관(은행 포함)과 입출금 거래가 가능해졌다.2004년 4월 30일 현재 임원으로는 이사장, 부이사장, 이사 6명, 감사 2명, 직원은 상무 1명, 남녀 직원 각 2

새마을금고

명 등 6명이 실무를 담당하며, 새마을금고는 서민들에게 금융 편의를 제공하고 애로 사항을 수용하려고 노력하고 있다.

3. 면민회관의 준공

1980년대부터 중앙정부의 보조로 군 또는 면에 새마을회관이나 군민, 면민회관이 건립되기 시작하였는데 구림에서도 면민회관을 구림에 건립하기 위하여 면민회관 건립추진위원회가 구성 되었다. 위원장에는 최길호가 선임되고 추진위원에는 최대원, 양기회, 이찬식, 임인묵, 김관호, 김용정, 전중수, 장주빈, 최재갑, 강선옥, 박동현, 최복, 김길평, 조종수, 전선남, 최기욱 등이 선임되었다.

군서면 동구림리 48-73번지(지금의 장터 맞은편) 일대 500평의 대지 위에 건물은 철근 콘크리트로 100평으로 2층 구조로 하기로 결정하였다.

정부의 보조금을 지원 받으려면 자체 자금이 확보되어 있어야 했는데 자체 자금으로 구림보림계에서 2,000만원을 기부하고 구림에 있던 농촌지도소 군서분소를 월곡리 면사무소 옆으로 이전 신축하기로 합의하여 그 쪽 주민들(성양리, 월곡리, 마산리, 도장리, 해창리)이 1,000만원을 기부하여 3,000만원의 건축기금을 마련할 수 있었다.

1983년 4월 9일 면민회관 기공식과 함께 공사를 진행하면서 국고 보조금을 신청하였다. 국고 보조금 신청 후 추진위원장과 위원들이 수시로 군청과 내무부(현 행정자치부)를 방문하였는데 당시 내무부 차관보로 있던 전석홍(전 국가보훈처 장관)의 적극적인 노력과 지원으로

죽정으로 올라가는 길 옆 방청거리에 있는 군서청년회관

5,000만원의 국고 보조금을 받을 수 있었다. 그러나 자금이 부족하여 추진위원들의 노력으로 부산에 거주하는 장영이 1,000만원(의자 200조, 비품포함)을 기부하고, 그 외에도 여러분이 면민회관의 건립을 위하여 기부하여 주었다. 추진위원들의 노력에도 불구하고 건립 자금이 부족하여 1층만 완공하고 2층은 골조 공사만 마친 뒤 방치되어 있었다.

　　당시 면장이던 양기회가 지역구 국회의원과 군수, 서장, 각면 유지들의 연석회의를 군서면민회관으로 유치하여 회의를 개최하였다. 연석회의가 끝난 후 최길호 면민회관 건립추진위원장이 당시 영암지역구 국회의원인 김식 의원에게 면민회관의 공사중지 사유를 설명하고 지원을 요청하여 면민회관을 완공할 수 있었다. 그 후 면사무소가 있는 월곡리에 새로운 면민회관이 생겼으며 구림의 면민회관은 구림지역의 노인회관과 청년회관으로 이용되고 있다.

4. 구림교회의 성장

어느 시대에나 국가의 제도와 틀을 바꾸거나 사회적 변화를 시
도할 때는 기득권을 지키려는 사람과 새로운 변화를 시도하려는 사
람 사이에 큰 진통과 희생이 뒤따르기 마련이지만 한국에 있어서의
종교 전래의 역사도 예외일 수는 없었다. 불교 전래의 진통으로 신
라에서 이차돈의 죽음이 있었고, 광해군 2년(1610년) 허균으로부터
싹트기 시작한 천주교天主敎가 남인南人 명사名士들에게 전파되었으
나 1785년 사교邪敎로 규정되어 1801년 신유사옥辛酉邪獄으로 이승
훈, 이가환, 정약종, 권철신과 청나라 신부 주문모周文謨등과 신도
300여명이 처형되고 정약전, 정약용 형제가 유배되는 옥사가 있었
으며, 그 후에도 천주교에 대한 박해는 계속되어 한국인 최초의 신
부神父인 김대건金大建이 형장의 이슬로 사라졌다.

개신교改新敎는 고종 21년(1884년) 국가권력이 약화되어 세계열강
이 조선에 영향력을 행사하려는 세력다툼의 와중에 개화사상이 물밀
듯 들어오는 비교적 자유로운 환경에서 미국 북장로회北長老會의 알
렌Allen과 언더우드Underwood가 들어오고 미국 북감리회北監理會의
아펜젤러Appenzeller가 이어 들어와 선교사업을 폈는데 서재필, 이상
재, 윤치호 등 당대의 명사들이 이에 동조하였다. 개신교는 신식교육
을 위한 학교를 설립하였으며 새로운 과학기술과 의술을 소개하고,

민족의식을 고취함과 아울러 금주, 금연, 미신타파, 남녀평등, 일부일처 등 새로운 풍조를 일깨우며 자유주의와 신분상의 평등과 사랑을 앞세움으로써 상민常民의 호응을 얻는데 전력을 다하였다.

일제 강점기에는 천조대신天照大神과 신사를 받드는 일본 종교에 반하고 일본이 기독교 국가인 미국과 영국의 적대국이 됨으로써 많은 고초를 겪었다. 해방 후 38선으로 국토가 양분되고 북쪽에 공산정권이 들어섬으로써 공산체제에 반대하던 기독교인을 비롯한 많은 사람들이 남쪽으로 피난하게 되었다. 아는 사람이나 연고가 없어 의지할 곳 없는 피난민들은 정신적인 위안과 외로움을 달래기 위해 교회로 몰려들어 인산인해를 이루었다.

반공을 앞세운 미군정을 거쳐 이승만이 대통령으로 취임함으로써 개신교의 위치가 굳건해지고 기독교 신앙이 입신출세나 사업성공의 바탕이 되기도 하였다. 기독교인들은 그 엄격했던 밤 12시 통행금지를 어겨도 성경을 갖고 있거나 교회에 갔다 온다고 하면 무사히 통과가 될 정도로 사상검증의 보증수표였다.

구림의 사상과 기독교 전래

구림은 가까운 도갑산에 1,200년 전에 창건된 유명한 도갑사가 있어도 4월 초파일을 전후해서 부녀자 몇 사람이 불공을 드릴 정도로 불교 포교가 어려운 수백 년의 전통을 지닌 유교 마을이었다. 그에 더하여 대동계의 영향과 유교 규범으로 묶여 있는 마을이기도 하다. 여필종부女必從夫, 남녀칠세부동석男女七歲不同席이라는 등식으로 남녀 구별이 엄격하고 여자들은 혈족이나 친인척 이외에는 상면相面할 기회가 드물었던 당시의 시대상은 물론 집안이나 가문의 명예를 중요하게 여기는 전통이 구림사람들의 가슴속에 자리 잡고 있었다.

이런 환경 속에서 구림에 기독교가 싹튼 것은 1922년 구림 보통학교 교장부인 김숙자金叔子, 김학동을 중심으로 동구림 고산마을에 기도처를 갖고 기도모임을 계속하던 중 목포노회木浦老會 조하파 목사, 조마그레와 맹애다 부인 등의 후원으로 고산마을에 목조 건물로 예배당을 세우고 '대한예수교장로회 구림교회'라 명명 하면서부터이다.

　　덩치도 크고 코가 뾰족하며 노랑머리에 푸른 눈을 가진 서양 사람(목사)의 앞에 모여 앉아 기도를 드리는 생소한 서양종교를 구림사람들이 받아들인다는 것은 대단히 어려운 일이었다. 더군다나 부모에게 효도하고 선조를 모시고 받드는 것을 근본으로 하는 유교사회에서 제사를 모실 때 지방紙榜도 없고 술잔도 못 올리며 배례拜禮도 못하게 하는 극히 이단異端적인 기독교의 신자가 된다는 것은 집안 식구들은 물론 가문중과 주위 사람들로부터 아주 미친 사람 취급을 받을 각오가 없으면 안 되었다. 이와 같은 분위기를 반영하듯 교장부인이란 당시 지식인 위치에 있던 사람이 중심이 되었지만 교인은 주위를 의식하지 않고 비교적 처신이 자유로운 미망인,

동계리 당상바우 옆에 있는 구림교회

자손이 없는 사람과 신체장애인 등 소외되고 외롭게 사는 사람과 구림의 사족 집안이 아닌 부녀자들이었다. 이들은 정신적인 위로와 마음을 달래려고 교회로 모여 들었는데 김강정, 최이순, 신요순 등 열 사람을 넘지 못했다.

이들이 강진에서 최장로를 맞아 들였으나 교회 운영에 어려움을 겪으면서 떠나고 김두경(여) 외 7명의 교역자가 거쳐 가는 중에 구림 인근의 학산면, 서호면 등에서 구림 교회로 신자들이 모여 들었다. 이 신자들 중에서 학산면 상월리 나옥매는 후일 상월교회의 설립을 주도하고 서호면 김칠량, 진주댁 외 4명은 서호교회를 일구는데 진력하였다. 6.25전쟁으로 교회당이 불타 없어지고 공산당들이 지아목 고개 주막집에 양민을 가두고 불을 질러 학살하였는데 이때 노盧집사 가족 4명을 비롯한 6명의 교인도 함께 순교하였다.

구림 교회의 건립

6.25전쟁 후 1951년 최이순 집사의 대나무 밭을 정지하여 예배당을 신축하고 김원섭 목사 뒤를 이어 지한홍 목사가 부임하였고 1956년 최의순 집사가 권사로, 이신홍 외 4명이 서리집사가 되었으며 앞을 못 보는 맹인 조영임 집사는 구림교회 역사의 산 증인으로 신앙생활을 계속하고 있다. 박찬숙 전도사에 이어 박찬우 장로가 시무하다가 1961년 신복교회로 전임되고 1969년 5월 유성일 전도사가 부임해와 김간수, 최진호 집사가 봉사하면서 '구림어린이집'을 최진호 소유의 대지 위에 신축하고 옛 교회 건물을 철거하고 40평 규모의 구림교회를 신축하였다. 교회신축자금이 부족하여 신자들이 냇가에서 모래를 가져오고 시멘트 벽돌을 만드는 등 피나는 노력과 시종교회 문길한 장로와 서호교회 김재선 장로가 건축 설계와 감독을 해 주어

교회를 신축할 때 큰 힘이 되었다. 마침내 구림교회는 1972년 4월 영암군에서 두 번째로 번듯한 시멘트 벽돌 건물의 교회당을 갖게 되었다. 주일학교 학생 100~150명, 학생회 30~40명, 교인수 70~80명을 확보할 수 있게 되었으며 1976년 11월에 최진호 집사가 장로로 장립되었다.

교세는 날로 번창하여 1980년 4월 곽해석 안수집사를 주축으로 모정리에 군남교회를 설립하고 1983년경 김길평, 김명준 등 여러 사람이 군서면 월곡리에 군서중앙교회를 건축하고, 1984년 4월 김상호 장로가 동구림 학암 산기슭에 황금교회를 설립하였다. 이와 같이 구림교회는 신흥교회, 상월교회, 서호교회, 군남교회, 중앙교회, 황금교회 설립의 모태가 되었다.

또한 최진호 장로가 미국에서 증축헌금을 보내오고 출향 인사들이 헌금을 보태어 18평을 증축하니 현재 교회 건물은 60여 평이다. (이런 와중에도 교회 역사상 최초로 1997년 이스라엘 방면의 성지순례를 다녀왔다.) 2002년 5월 3일 최일부씨 댁 대지 일부를 사들여 현재의 봉사관과 목사 사택을 신축하여 구림교회 80주년 예배를 드리고 최재경, 이득기 집사, 장립 외 4명 등의 권사취임식도 가졌다. 전통 유교의 영향이 많이 남아 있는 구림의 환경 속에서 오랫동안 명맥을 유지하면서 구림교회가 현재와 같이 발전을 하게 된 것은 교역자와 신도들의 유별나고 독실한 신심의 결과일 것이다. 이와 같은 쉽지 않은 환경에서 성장한 후손 중에서 박찬숙, 최인호, 김용대, 노중기, 최승호, 김신호 목사가 탄생하였으며 구림 출신 인사들 중에서 많은 사람들이 기독교 신자가 되어 시대의 변화를 실감하게 되었다.

5. 단방약과 의료환경의 변화

단방약

60년 전인 1940년까지만 해도 농촌에서는 병원 등의 의료시설이
나 약이 없어 머리에 상처가 나서 피가 나면 된장을 싸매고, 음식을
잘못 먹거나 세균에 감염되어 설사를 하면 약쑥을 달여 마셨다. 음식
에 체하면 소금을 한 움큼 입에 털어 넣고 물을 마셨으며, 뼈가 부러
지면 산골을 갈아먹고 발목이나 손목이 삐면 치자와 밀가루를 반죽
해서 삔 부위에 발랐다. 뜨거운 물에 화상을 입으면 감자를 갈아 붙
여 화기를 빼내고, 아이들은 놀다가 손가락이나 발가락을 다쳐 피가
나면 흙가루를 상처에 뿌리거나 쑥 잎을 다져서 상처에 지혈을 시키
는 방법 등으로 대처해왔다.

옛날에는 이와 같은 단방약(單方藥)이 수 없이 많았는데 당시 구림
에서는 동계리 당리 할머니(최권섭의 어머니)가 의원 못지않게 단방약
에 정통하여 상처가 나거나 아프기만 하면 마을사람들이 할머니를
찾아가 도움을 청하였는데 신통하게도 잘 낫기도 하였다. 단방약을
이용한 원시적인 치료법이 많은 세월을 이어 오면서 경험적인 임상
실험과 체계적으로 이론을 확립하여 과학화 한 것이 오늘의 한의학
이라 할 수 있을 것이다.

중국의 양자강 남북유역에는 자생하는 약초가 풍부하여 사람들이

비옥한 토지 때문에 정착생활을 시작하면서 이를 이용한 약물요법이 발달해 신농본초경神農本草經의 발상지가 되었다.

우리나라에는 불교의 전래시기에 한자와 함께 중국에서 전래된 것으로 기록되어 있고, 백제는 의학사醫學士, 채약사採藥士를 두어 이를 연구케 함으로써 한의학과 본초학에 대한 지식이 크게 발달했다고 한다.

조선조에 들어 세조世祖 때에 향방집성방鄕方集成方을 만들고 의방류취醫方類聚를 편찬한 것이 기초가 되어 허준이 조선의 실정에 맞는 독자적인 의서 동의보감을 만들었고 이것이 일본과 중국에 보급되어 동양의학 발전에 큰 영향을 끼쳤다.

서양 의학은 천주교가 들어오고 고종 21년(1884년) 기독교가 들어오면서 선교사들에 의하여 우리나라에 소개 되었다. 1910년 일제 강점기가 시작되면서 일본이 한의漢醫 절멸주의絶滅主義를 기도하면서 의생제도醫生制度를 과도기적으로 도입하였으나 한의학은 쇠퇴하고 양의학이 주류를 이루게 되었다. 조선조 말이나 일제 강점기에는 한 면에 한의원이 한두 개 정도, 양의원은 한 군에 한 개 정도로 열악한 의료환경이었다.

의료환경 변화

1940년 당시만 해도 의료시설이라고는 군서면 일원에 구림(평리), 양장, 월산에 한약방이 있을 정도였다. 구림의 한약방은 장흥 출신인 최정희崔正熙(1884~1965, 호는 익화)가 간도에서 안창호 등과 교류하다가 1933년 귀국후 한의사 시험에 합격하여 의생醫生 자격을 얻어 서호면 아천포에서 평산한의원을 경영하던 중 최현, 최임규 등의 권유로 구림에 들어와 평리에서 1935년경 한약방을 경영하기 시작하였다. 익화 의원은 누가 보아도 재주로 뭉쳐진 기인奇人이었는데 명의로 소문이 나 있었고, 연세가 많음에도 환자가 거동이 불편하여 움직일 수 없으면 지팡이에 의지하여 구림 일대의 환자를 직접 방문하여 병세를 정확히 진단하여 처방을 내려주는 수고를 아끼지 않았다. 또 약을 지어 먹을 수 있는 형편이 못된 사람은 단방약을 일러주어 병을 다스리게 하는 적선을 베풀고 천문 지리에도 일가견이 있어 비 오는 날을 미리 짚어내기도 했는데 79세의 천수를 누리고 세상을 하직했다.

여수에서도 일시적으로 한약방을 경영하였고, 아들 최성기가 평리에서 한약방을 경영하다가 손자인 최진호가 1963년 '삼대한약방'이란 이름으로 대를 이어 가업을 이었다. 그 후 동계리 알뫼들 교회 앞으로 한약방을 옮기고 상호를 '중앙당한약방'으로 바꾸어 지금에 이르고 있다.

1940년대에는 구림에 한약방은 있었으나 병이 나면 약 한 첩 써보지 못하고 죽어가는 사람이 많았고, 입에 풀칠하기도 힘든 시절이라 조금 아픈 것은 참고, 견디기 어려우면 단방 약에 의지하다가 병이 덧나 몸져누울 정도가 되어야 쌀이나 잡곡으로 약값을 치르고 약 몇 첩 지어다 복용하는 것이 고작이었고, 이로 인해 병이 악화되고 치료할 시기를 넘겨 회복이 불가능하게 되는 경우도 많았다.

이와 같이 몸에 병이 들면 한약에 의지하다가 일제 감정기가 끝나고 미군이 주둔하면서 군용의약품이 시중이나 농촌으로 흘러 들어오고 도시에는 양약방이 많이 생겨났다. 모두가 양약을 사용해 보지 않은 체질로 약에 대한 내성이 없어 통증에 잘 들고 효과가 빨라 쉽게 치유되었으므로 자연스럽게 양약을 선호하게 되었고, 한약방은 뒤로 물러 앉아 보약을 짓거나 침을 시술하는 쪽으로 바뀌어 갔다.

특히 페니실린은 만병통치약으로 인식되어 상처에 바르거나 열이 날 때도 페니실린 주사를 맞고 눈병에도 몇 방울씩 떨어트렸다. 군 위생병 출신이나 주사를 놓을 수 있는 사람은 페니실린 주사를 놔주고 병을 치료하는 의사 행세를 하는 사람도 있었다.

일본오사카물료학교日本大版物療學校 출신인 조재설曺在設(1922년 생)이 영암군으로부터 군서면 공의로 위촉되어 지금의 지서 옆에 진료소를 개설하고 마을사람들을 진료를 담당하고 있었는데 1959년 4월 30일자로 서호면 공의로 위촉되어 의료를 담당하게 되었다. 또한 평리에서는 고약을 제조하여 판매하였는데 약효가 뛰어나 평리고약이라는 이름이 서울까지 소문이 났었으며 종기는 물론 늑막염 고름을 빨아내는 데까지 효험이 있다고 하여 유명하였는데 고약을 만들던 분이 돌아가시고 좋은 양약들이 많이 생산되기 시작하면서 그 명맥이 끊기고 말았다.

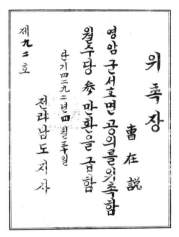

당시의 공의 위촉장

1957년에는 해남 출신인 최준기가 구림사람과 친분관계로 구림으로 이주하여 신근정에 인재약방을 개업하여 구림은 물론 인근 마을과 면 사람들의 치료에 큰 도움을 주면서 현재에 이르고 있다. 의원이나 병원이 없었던 시기에 조재설이나 최준기는 의료환경이 황무지 같은 열악한 환경 속에서 사람들의 건강과 생명을 돌보아주고 때로는 병을 치료해 주는 의사 역할까지 함께하여 많은 사람들이 그 혜택을 받았다.

병을 치료해 주고 생명을 구해준 고마움을 잊지 못하여 소박한 선물(농수산물)을 갖고 이들을 찾아오는 사람도 많았다. 1963년 3월부터 알뫼들에 영화당한약방을 꾸민 이득기도 구림의 의료기관으로 일조하면서 구림사람의 건강을 돌보며 성업 중에 있으며 1964년 목포에서 의원을 하던 박백규가 박내과의원을 개업하였으나 오래가지는 못했다.

1990년 이후 의원이나 한의원이 몇 차례 개설되었으나 개업과 폐업을 되풀이하다가 현재는 인제약방, 중앙당한약방, 영화당한약방과 함께 군서의원과 새서울약국이 있다.

영암보건소 군서지소

구림에 정식 자격을 가진 의사가 처음 개원한 것은 1964년에 박백규내과였다. 그러나 웬만한 병이 아니면 병원에 가지 않고 약방에서 구입한 약으로 치료하거나 중병을 앓는 환자들은 형편이 괜찮으면

신근정에서 죽정으로 올라가는 길 옆에 있는 보건소

목포나 광주의 시설이 좋은 병원을 찾는 실정이었다. 따라서 병원을 계속 운영할 수 없어 의원은 다른 곳으로 옮겨가고 말았다. 1985년에 의사가 없는 무의촌에 의료 혜택을 주기 위하여 정부에서 농촌 면 단위에 보건소 지소를 설치하게 되고 군서면에도 구림에 보건소 지소가 개소하였다.

위치는 영암군 군서면 동구림리 34-7번지이며 대지 694㎡, 지상에 2층으로 건평은 216.7㎡이다. 현재 보건지소에는 내과의사 1명과 치과의사 1명을 비롯하여 의사 2명과 직원 3명이 근무하고 있다. 주요한 업무를 보면 보건 업무, 방문 보건, 모자 보건, 가족계획, 건강검진과 진료 및 예방 접종, 치과 진료 보건 등이다. 현재 일반의사 박재성, 치과의사 김은식 의사가 진료를 담당하고 있다.

6. 구림사람들 직업의 과거와 현재

옛날 농촌지역은 모두가 농사를 절대적 주업으로 하고 그 외의 일들은 부업으로 알고 종사해 왔지만 부업을 갖고 있는 사람은 극소수에 불과했고 구림도 예외는 아니었다. 구림은 8.15해방 후 1960년대 후반에 들어서면서 5일장과 많은 상점이 들어서면서 농업 이외의 직업이 생겨나기 시작했지만 상업에 종사하는 사람 중 원래 구림사람은 극히 드물고 다른 마을에서 이주해 온 사람들이 주를 이루고 있다. 현재는 많은 사람들이 산업화의 영향으로 도시로 이주하고 농촌이 노령화 되면서 65세 이상의 농가가 대부분이어서 직접 농사를 지을 수 없어 농지를 위탁 경영하거나 임대하고 있는 실정이다.

일제 강점기와 1960년대 직업현황

업종별	위치	경영자	비　　고
점　방	신근정	박찬성	
	알뫼들	최웅규	학암
	서호정	최규태	동계리
	고산리	박봉윤	
비단전	서호정	최규철	서호정 점방 옆
숙박업	신근정	박덕일	신근정 점방과 같이 있었음
주　막	죽정	박구림	죽정 뒷길 들머리 큰길가
	학암	김기준	지아목 언덕 못 미쳐

업종별	위치	경영자	비 고
주 막	서호정		상대바위 옆 길가
	신흥동		새원머리
대장간	학암	김기준	주막 옆
통쟁이	학암	김규성	알뫼들 위쪽
염 색	동계리	김인택	무명베에 검은 물, 쪽물 동계리 중앙지점
양복점	고산리	조관현	검은 무명베로 학생복 제조, 고산리 골목 어귀
사진관	학암	박화상	알뫼들 위 자기 집에서
자전거포	학암	이창열, 최정섭, 박현만	이어 받아서 경영
한약방	평리	최정희	
정미소	서호정	최현	구관장 양원찰
	동계	최재관	
	학암	최동현	장천, 화소, 월산에서 경영
목 수	고산리	주윤하	도편수
	고산리	최문섭	대목
	고산리	최우섭, 최정섭	목수
	남송정	최오봉	목수 배척골
이 발	학암	최한섭	신근정 사거리
	동계리	최구섭	순회 이발
선 박 (운송) (어업)	서호정	최현	중선배
	서호정	박경석 조부	뜰망배 어선
	신흥동	김기만	김인옥 부 중선배
	신흥동	최경묵	뜰망배 어선
	학암	최동현	중선배
우마차	동계	최웅규	4륜 우마차
	학암	최동현	〃
	서호정	최현 박찬걸	〃
	죽정	박찬호	〃
마 차	구림일원	최웅섭 최길보 강현수	제주말(조랑말)로 끄는 마차
	구림일원	최태석 송만수 최은섭	〃
제 과	동계리	최재성	중일전쟁이후 설탕 부족으로 폐업, 센베이 제조

현재 직업 현황(2005년)

업종별	수	소재지	업종별	수	소재지
다 방	3	학 암	농약사	2	〃
한 차	1	〃	세 탁	1	〃
식육점	2	〃	택 배	1	학 암
	1	고 산	화 원	1	〃
슈 퍼	4	학 암	학 원	2	〃
약 국	1	〃	문 구	2	〃
약 방	1	〃	노래방	1	〃
한약방	1	동 계	샷 시	1	〃
	1	고 산	농기계	2	〃
정미소	1	〃	건강원	1	〃
	1	남송정	토 건	2	〃
목공소	1	학 암	자전거	1	〃
사진관	2	〃	체육관	1	〃
떡방아간	1	〃	카센타	2	〃
	1	고 산	주유소	1	〃
참기름집	1	학 암	건 재	1	〃
주조장	1	〃	분재야생화	1	〃
화장품	1	〃	중화요리	1	〃
가축사료	1	〃	일반음식점	16	도갑, 학암
호 프	3	〃	일반식당	5	학 암
용달화물	5	〃	호텔모텔	3	도 갑
가 스	1	〃	기념품	1	학 암
전통식품	2	〃	택 시	2	〃
미장원	4	〃	농 사 (2005년 직불제 현황에 의거함)	85	도갑리
병의원	3	〃		154	동구림리
지업사	1	〃		101	서구림리
철 물	2	〃			
전 자	1	〃			
이 발	1	〃			

7. 구림의 자동차 보유현황과 내력

    일제 강점기인 태평양전쟁 당시에는 농촌(구림) 사람들의 삶이란 입에 풀칠하기도 어려웠고 물자가 부족하여 차라고 이름 붙여진 것은 마차(짐 싣는 마차)와 자전차自轉車 밖에 없었다.

    자전차도 시골에서는 어린이용은 구경할 수도 없었고 어른용인 높이 8인치 자전차가 큰 마을에 서너 대 작은 마을에 2대 정도 있었다. 어린이들이 자전차를 탈 때엔 발이 페달에 닿지 않아 자전차 틀(삼각형 후레무) 사이로 발을 집어넣고 옆으로 타야 했는데 이를 '새 자전차 탄다'고 하고 타이어나 튜브의 질이 나쁘고 도로가 비포장인 자갈길이었기 때문에 펑크가 자주 나서 튜브는 펑크 때우는 자국으로 누더기가 되어 있었다.

    오토바이나 자동차는 1년에 열손가락으로 꼽을 정도로 가끔 지나다녔는데 자동차 소리만 나면 아이들이 큰길가로 몰려나와 구경하고 공해나 공기오염이 무엇인지 모르던 세상이었기에 휘발유 타는 냄새를 맡으려고 차 꽁무니를 쫓아 다닐 정도였다.

    구림 최초의 자동차는 1960년경 서호정 박석훈 - 조재성 공동 소유한 차량번호 전남 872의 화물 자동차였으며, 1965년 경 조인환 소유의 정미공장에서 벼 수집과 쌀 반출용으로 차량번호 전남 2067과 전남 5022의 화물차 2대를 운영하였다.

경운기와 동력분무기는 1960년대 후반 학암마을 최준기가 처음 구입하여 약초재배와 특수작물, 그리고 관상수 등의 재배를 시작하였으며 동계부락 최길호와 더불어 특수작물재배와 기계를 이용한 영농을 시작한 개척자적 역할을 하였으며 오토바이는 1968년경 최재상이 처음 구입하여 사용하였다.

마을별 자동차 보유 현황(2004년 농협 통계)

부락별	오토바이	승용차	화물차	소방차
학 암	50	160	60	2
동 계	27	18	13	
고 산	28	17	8	
서호정	16	5	7	
남송정	10	7	6	
신흥동	8		1	
백암동	13	7	4	
죽 정	32	30	21	
평 리	17	8	6	
계	210	252	126	2

구림을 소개한 책들과 참고문헌

구림마을은 그 오래된 역사만큼 역사서 및 여러 고서, 유고집 등 여러 사료에 소개되어 있다. 뿐만 아니라 구림청년회, 각 문중의 문헌자료 등도 구림을 소개하고 있는 중요한 자료들이다. 여기서는 단행본 형태로 체계적으로 구림을 다룬 책들을 소개한다.

시의 마을 구림

1953년(단기 4286년) 군서유학생 동지회에서 유학생 최재율이 편집 주간이 되고 박철(교육신문사 편집국장)의 편집과 원고 교정 등의 지도를 받으면서 합동문화사에서 만들어진 73쪽의 구림 향토지이다. 지금 출판된 책들과 비교하면 초라하고 부족하지만 구림에 있는 고적 古蹟과 구림에서 출생한 유명한 인물과 구림에 주재하는 기관을 소개하고 지리적 개요와 환경, 산업실태와 현황 등을 실었으며 유학생들의 수필과 시, 농촌과 구림의 미래를 위한 논설 등 여러 가지 내용으로 되어있다. 표제의 구림이란 글씨는 의재 허백련 선생이 쓰셨고, 그림은 회사정을 그려 넣었는데 학산면 화소 출

신이고 구림 초등학교를 졸업한 소송 김정현의 작품이다. 지금 생각해도, 당시는 한국 전쟁의 막바지였고, 생사의 갈림길을 넘나들고 끼니를 이어 목숨을 부지하기조차 힘겨웠고 민심조차 흉흉했던 환경과 분위기 속에서 향토지를 발행하려는 발상 자체도 엉뚱했지만, 어떻게 자료를 수집하고 원고를 모아 1953년 7월 27일 휴전 협정이 조인되고 포성은 멈췄지만 아직도 포연砲煙은 가시지 않고 전장戰場을 맴도는 7월 31일 인쇄하고 8월 1일 이책을 발간할 수 있었을까? 그 용기에 경의를 표한다.

더군다나 면사무소와 군서양조장에서 약간의 자금을 제공받았으나 책을 만드는 비용으로 턱없이 부족하여 대동계의 후원을 하늘같이 믿고 편집진들이 대동계를 방문했으나 당시 구림 일원에 대단한 영향력이 있는 최모 계원이 원고를 한번 슬쩍 보고 일언지하에 거절함으로써 편집 간부들이 십시일반으로 비용을 충당하여 책을 펴 낼 수 있었다니 그 노력과 관심이 어느 정도였는지 감탄할 수밖에 없다. 이것은 6.25 전쟁 전후를 통해 철저하게 짓밟히고 뭉개진 구림사람들의 자존심을 되살리기 위한 처절한 몸부림이요 절규이자 그 결과물일 것이다.

구림

사단법인 향토문화 연구원(원장 김정호)이 마을 시리즈로 구림, 구례군 구만들과 나주 금안동을 책으로 엮어내는 과정에서 첫번째로 만들어낸 책이다. 송광은(전남대), 김숙환(향토사학자), 성춘경(전남문화재 위원), 천득염(전남공대), 손형부

(광주 박물관 학예 실장), 박래호(한학자), 이해준 교수(목포대) 등이 같이 만든 책으로 구림 ① 지형의 형성과정, ② 지리적 환경, ③ 고적과 고대인물사, ④ 신앙생활 등 총 4편과 부록으로 크게 나누어 편성한 것으로 전문지식이 없어도 쉽게 읽고, 이해할 수 있게 289쪽으로 엮어져 있다.

구림 연구

이 책은 한국학술진흥재단 지원으로 전남대학교 호남문화 연구소가 학술 연구 과제로 편집해서 엮어낸 책이다. 정근식(전남대), 홍성흡(전남대), 박명희(전남대), 표인주(전남대), 추명희(전남대), 김병인(순천대), 김준(목포대) 교수 등의 공저로 경인 문화사를 발행처로 484쪽으로 2003년 2월 25일 발행했다.

책은 총 4부로 나누어 구성되어 있는데,

1부. 대동계의 성립에서 현재까지의 마을
    역사
2부. 대동계 성립기의 사족 사회의 재산 형성 과정과 전통 형성 과정
3부. 일제 강점기부터 한국 전쟁을 거쳐 농촌 근대화가 진전, 변화되는
    과정
4부. 전통의 지속과 재구성 되어가는 과정과 그에 수반된 축제, 구림의
    역사와 문화를 심층적으로 분석한 학술서적이다

참고문헌

고죽집, 최경창 저 · 권순열 역, 전일실업출판국, 2002.

광주독립운동의 주역들, 최성원, 고려원, 2001.

광주학생운동연구, 아세아문화사, 이종범 · 이애술 외 7인, 2000.

구림 대동계지, 구림대동계, 중앙인쇄사, 2004.

구림 연구, 정근식 · 홍성훈 외 5인, 경인 문화사, 2003.

구림, 김정호, 향토문화진흥원, 1992.

〈구림〉, 구림청년회, 밀알기획인쇄, 1995.

대숲에 앉아 천명도를 그리며, 구림 대동계, 돌베개, 2003.

마을 유래지, 영암군, 광주일보 출판국, 1988.

박사 왕인, 김창수, 창명사, 1995.

새벽을 여는 사람, 유인학, 생각하는 백성, 2003.

시의 마을 구림, 군서유학생동지회, 합동 문화사, 1953.

안용당 자료집, 조태환, 범아인쇄㈜, 2002.

양오당, 배승종, 낭주 인쇄, 2001.

영암군 향토지, 영암군 향토지 편찬위원회, 영암인쇄, 1972.

영암신문, 발행 · 편집인 문배근

우리 생활과 예절, 전례연구위원회, 성균관, 1992.

우리 역사, 한영우, 경세원, 2004.

〈월출산 도갑사〉, 월출산도갑사, 월출산도갑사, 2003.

이조가사정선, 이상보, 정연사, 1970.

이천 사람들의 삶과 놀이, 홍순식, 민속원, 2004.

한국의 자생풍수, 최창조, 민음사, 2002.

한의학계론, 생화학교수협의회, 정담사, 2000.

호남기행(남유록과 남행집), 이하곤 저 · 이상주 편역, 이화문화, 2003.

원고를 보내주신 분들

〈호남 명촌 구림〉의 출판을 위해 바쁘신 중에도 틈을 내어 정성껏 옥고를 보내주신 노고에 머리 숙여 감사드립니다. 본지의 편집과정에서 보내주신 원고의 일부를 첨삭添削하게 되었습니다. 집필자의 의도가 손상되지 않았기를 바라며 많은 분들이 집필 과정에 참여하고 짜임새있는 책을 위한 편집위원회의 숙고를 헤아려 주시길 부탁드립니다. 아울러 여기에 제출원고 목록을 생략한 것은 여러 가지를 숙고하고 참작한 것임을 널리 이해해 주셨으면 감사하겠습니다.

박 철(朴 澈, 1928) 전남 매일신문 사장, 전 국회의원

박형식(朴燐湜, 1928) 전 초등학교 교사, 지리연구가

최철종(崔哲鍾, 1929) 본지 편찬위원회 회장

최재형(崔在瀅, 1930) 전 초등학교 교사, 전 대동계 공사원

최재율(崔在律, 1930) 전 전남대학교 교수, 농대학장

최철호(崔喆鎬, 1932) 전 전남대학교 교수, 사대학장

최인호(崔仁鎬, 1933) 전 한전 근무

최원호(崔源鎬, 1934) 본지 편찬위원

박장재(朴張在, 1934) 본지 편찬위원, 전 경무관

조태환(曺兌煥, 1935) 조경찬 9대손

최승호(崔昇鎬, 1936)   전 광주일보 사장, 전 조선대학교 이사장

박석주(朴錫柱, 1936)   전 조선대학교 교수, 사대학장

최재상(崔在湘, 1938)   전 군서농협 조합장, 면장, 군의원

유인학(柳寅鶴, 1939)   한대 명예교수, 세계거석문화협회 총재, 전 국회의원

최   복(崔 洑, 1940)   본지 구림지역편찬위원회 회장, 새마을금고 이사장

김인옥(金仁玉, 1941)   자영업

최   영(崔 瑩, 1941)   본지 편찬위원, 전 선거관리위원회 사무국장

조금은(曺金銀, 1942)   전 배명고등학교(서울) 교장

조연수(曺鍊洙, 1944)   본지 편찬위원

현삼식(玄三植, 1948)   본지 구림지역편찬위원회 총무

최   영(崔 泳, 1949)   본지 편찬위원, 서울시청 근무

전철수(全哲洙, 1950)   한국철도시설공단 경영기획처장

임선우(林善友, 1950)   선산임씨 종회임원

최영걸(崔英傑, 1952)   본지 편찬위원회 총무, 제기시장 전무

최용진(崔容鎭, 1953)   본지 편찬위원회 부총무, 대운섬유 사장

박정석(朴正錫, 1955)   광주 대성여고 교감